KB149822

원행을묘정리의궤

혜경궁홍씨 회갑연

원행을묘정리의궤

혜경궁홍씨 회갑연

이효지 · 정길자 · 정낙원 · 김현숙
유애령 · 최영진 · 김은미 · 차경희

교문사

추천사

《원행을묘정리의궤》의 출간을 축하합니다

《원행을묘정리의궤》의 내용을 정밀하게 분석하고 해석하여 도표로 정리하고 음식명과 재료의 기록만을 근거로 조리법을 추정 연구하여 《원행을묘정리의궤》라는 제하의 대작을 출간함을 먼저 축하합니다.

《원행을묘정리의궤》는 이 책에서 알리듯이 조선 22대 왕 정조가 1795년에 어머니 혜경궁 홍씨를 모시고 아버지 사도세자의 묘 현륭원을 참배한 행차 내용을 상세하게 수록한 기록입니다. 행차의 다섯째 날인 윤2월 13일에는 어머니 혜경궁 홍씨의 회갑을 축하하여 화성행궁 봉수당에서 회갑 축하 연회를 열어드리고 8일 만에 환궁하였는데 회갑연 상차림을 비롯하여 이 여드레 동안에 왕과 왕족 행차에 수행한 신하 모두에게 대접한 조석 식사 차림이 상세하게 수록되었으므로 이 기록은 조선왕조 궁에서 행한 평소의 식사 경영 모습을 알 수 있는 귀한 기록입니다. 이렇게 귀하고 방대한 내용을 하나하나 빠짐없이 분석하여 알기 쉽게 도표로 정리하고 음식 이름과 재료 이름만을 근거로 조리법을 유추하여 음식의 실체를 알도록 발표하셨으니 이 지대한 연구 성과는 우리 전래음식, 특히 조석 밥상 음식 연구에 크나큰 공헌입니다.

현대 여러 나라는 서로 문화 교류가 빈번합니다. 특히 동서양의 다양한 음식 맛을 쉽게 경험하면서 바로 동화하고 바쁜 생활에서 자칫 가공식품과 시판음식에 의존하는 생활을 하다 보면 고슬고슬하게 지은 맛있는 밥에 콩간장, 콩된장 맛의 국, 찌개, 토착 나물거리 생채, 숙채, 세계가 탐내는 김치로 차린 조석 밥상이 멀어집니다. 오랜 역사를 거쳐 다듬어 온 수많은 반찬 음식의 이름조차 잊혀져 갑니다. 이러한 때에 《원행을묘정리의궤》에 수록된 궁중의 평소 음식 차림의 연구 발표는 우리 풍토와 어울리면서 이어진 수많은 상용 음식이 우리 음식문화의 근간임을 다시 상기하게 합니다.

본 연구에서 발표하신 혜경궁 회갑연 상차림과 그간 여러 번 발표되었던 의례 상차림은 우리 의례음식 문화가 깊은 윤리와 도덕성, 사회성을 함축하고 의례음식 종류가 다양하고 조리법 상차림 구성 원리가 과학적임을 인식하게 합니다. 특히 본 의궤에는 정조가 아버지 사도세자의 묘 현륭원 참배 행차 여드레 동안 어머니 혜경궁 홍씨에게 궁중에서는 공무와 규범에 묶여 쉽지 않던 효를 손수 극진하게 실행하는 기록이 가슴을 울리는 깊은 감명을 주었습니다.

끝으로 귀하고 소중한 방대한 자료를 정밀하게 해석하고 분석하여 도표화하고 음식과 재료의 이름만을 근거로 조리법을 유추하여 실체 음식으로 발표하신 본 연구는 우리 음식문화 발전에 지대한 공헌입니다. 연구원 여러분의 높은 학구정신과 지속적인 노력에 감축하고 더욱 깊은 연구가 있기를 기대합니다. 또한, 오랜 기간 연구원 여러분을 격려하고 선도하시면서 선생님의 학구열을 기울여 대작을 출간하신 이효지 교수님께 가슴 깊이 감축하고 축하합니다.

2021년 1월

중앙대학교 명예교수 윤서석

차례

3부. 날짜별 음식과 상차림

4부. 일상식의 음식과 조리법

5부. 혜경궁 홍씨의 회갑상

6부. 나가는 말

1부

들어가는 말

들어가는 말

《원행을묘정리의궤(園行乙卯整理儀軌)》는 1795년 정조(正祖)가 화성으로 행차하여 아버지 사도세자의 묘인 현륭원(顯隆園)을 참배하고, 어머니인 혜경궁(惠慶宮) 홍씨의 회갑연을 열고 다시 궁으로 돌아가는 8일간의 기록이다. 《정리의궤》란 정조가 현륭원에 행차하는 일을 주관하는 정리의궤청을 설치하고 이곳에서 발간한 모든 기록을 말한다.[1] 의궤는 왕실이나 국가의 행사가 있을 때 행사의 택일, 준비작업, 필요한 경비의 조달 방법과 액수, 각지에서 조달되는 물자의 종류와 분량, 행사 주관기관의 관리 등을 자세히 기록한 책이다.

《진연의궤(進宴儀軌)》, 《진찬의궤(進饌儀軌)》, 《진작의궤(進爵儀軌)》, 《수작의궤(受爵儀軌)》 등에는 왕실의 행사에 차려진 의례음식이 기록되어 있으나, 모두 연회식이다. 《원행을묘정리의궤》는 8일간의 행차에서 왕과 왕족, 수행한 신하들이 먹은 일상식과 봉수당(奉壽堂)과 창덕궁 연희당에서의 연회식이 빠짐없이 기록되어 있으므로 조선시대 궁중의 일상식을 연구할 수 있는 유일한 단서라 할 수 있다. 그러나 아쉽게도 의궤에는 음식명만 있거나, 음식명에 사용된 재료와 분량만 있을 뿐 조리법은 전혀 기록되어 있지 않다. 이에 필자들은 그 시대의 고문헌들을 참고하여 《원행을묘정리의궤》의 조리법을 유추하였다.

---

1) 수원화성박물관, 수원화성박물관 역사자료총서 1 정조대왕 을묘년 수원행차 220주년 기념 출판 '원행을묘정리의궤 역주', 2018: 옥영정, '새자료 한글본 정리의궤의 서지학적 분석과 역주' 연구 보고서, 한국학 중앙연구원, 2008. 정조는 1794년 12월에 현륭원(사도세자의 묘)에 행차하는 일을 주관하는 정리소(整理所)를 설치하였고, 1795년에는 어머니 혜경궁 홍씨를 모시고 현륭원에 행차하고 화성행궁에서 회갑잔치를 거행한 일을 의궤로 간행하기 위해 정리의궤청을 설치했다. 정리의궤란 정리의궤청에서 현륭원 행행(行幸, 왕의 행차)과 화성성역에 관한 일을 모두 기록한 의궤라고 할 수 있다.

그간《원행을묘정리의궤》에 대한 현대어 번역이나 각 학문 분야에 따른 연구가 있었지만, 음식에 대한 깊이 있는 연구는 부족하였다. 필자들은 이 책을 기획하며《원행을묘정리의궤》의 음식을 낱낱이 살펴보고자 하였다. 먼저 혜경궁 홍씨와 정조의 8일간의 식단과 죽수라(粥水剌), 조수라(朝水剌), 주수라(晝水剌), 주다소반과(晝茶小盤果), 석수라(夕水剌), 야다소반과(夜茶小盤果) 등의 매끼 식단을 일목요연하게 정리하고, 상차림 반배도를 제시하였다. 또한, 음식명에 따른 조리법을 농서(農書), 유서(類書), 조리서(調理書) 등에서 그 연원을 찾고, 음식의 원형을 유추하였다.《원행을묘정리의궤》 기록 중 대부분은 고문헌에서 재료나 조리법을 확인할 수 있었으나, 음식명은 같지만 조리 방법이 변화된 것들도 있었다. 몇몇은 고문헌에서도 연관성을 찾을 수 없어 음식명만으로는 어떤 음식인지 유추할 수 없었고, 현재는 전해지지 않고 사라진 음식도 있었다.

본 책에서는 8일간 차려진 음식을 일상식과 의례식으로 나누고, 일상식은 주식류와 찬물류로 나누어 정리하였다.

주식류는 밥, 죽, 미음, 국수(면), 만두, 떡국(병갱), 분탕으로 분류하였다. 찬물류는 갱·탕, 고음, 조치, 열구자탕, 전철, 찜, 초, 볶기, 구이, 적, 전유화, 편육, 족병, 좌반, 회·어채, 각색어육, 수란·숙란, 채, 젓갈, 절육, 침채, 장으로 분류하였다. 이 중 조치에 기록된 음식은 찜[蒸], 초(炒), 볶기[卜只], 탕(湯), 잡장(雜醬), 장자(醬煮), 장전(醬煎), 장증(醬蒸), 만두(饅頭), 수잔지(水盞脂) 등 10가지로 다양하여 그 정의를 내리기가 단순하지 않았다. 현재에는 조치라 하면 찌개를 가리키고, 찜, 초, 볶기, 탕, 만두는 독립된 조리법으로 분류되고 있어서 이 분류법을 따랐다. 장증은 찜에 포함시켰으며, 나머지 잡장, 장자, 장전, 수잔지만 조치로 보았다.

의례식은 주식과 찬물류를 제외한 떡류, 약반, 유밀과, 다식, 유과, 당류, 숙실과, 정과, 과편, 음청류로 분류하였다.

200여 년의 세월이 흘러도 여전히 빛을 발하는 정조의 효심이 가득한《원행을묘정리의궤》 연구에 미약하나마 도움이 되기를 바란다. 이 책을 마무리하면서 아쉬운 점은 음식을 재현해 보고 싶었으나 너무 방대한 작업이라 손을 대지 못한 점이다. 음식의 원형을 유추하기 위한 연구들에 오류가 있을 수도 있으니 이는 후학들의 연구에서 바로 잡기를 바라는 마음이다.

2부

정조의 화성행차 8일

정조의 화성행차 8일

첫째 날(윤2월 9일)

정조는 묘시(卯時, 오전 5~7시)에 창덕궁 영춘헌(迎春軒)에 나와 말을 타고 수정전(壽靜殿)에 가서 할머니께 인사를 드렸다. 정조는 할머니인 정순왕후(貞純王后)와 부인인 효의왕후(孝懿王后)는 궁에 남기고, 어머니인 혜경궁 홍씨와 두 누이인 청연군주(淸衍郡主), 청선군주(淸璿郡主)와 떠났다. 묘정 3각(卯政三刻)[2] 정조는 가마[轝, 여][3]를 타고 돈화문(敦化門)까지 나온 후 임시로 만든 막차[4]에 들어가 혜경궁 홍씨를 기다렸다. 혜경궁 홍씨는 창덕궁 자경전(慈慶殿)에서 가마를 타고 돈화문으로 나왔다. 정조는 돈화문에서 혜경궁 홍씨와 인사를 나누는 의식을 치른 뒤 말을 타고 출발했다. 어가를 따라간 인원은 1,779명, 말은 779필, 행렬의 길이는 1km 정도였다.

행렬은 한강을 건너기 위해 미리 건설한 배다리[舟橋][5]로 진입하였다. 배다리 중간 홍살문에 이르자 정조는 말에서 내려 혜경궁 홍씨가 탄 가마로 가서 문안 인사를 드렸다. 정조는 다리를 건너 용양봉저정(龍驤鳳翥亭, 지금의 동작구 본동)에 먼저 도착하여 어머니가 쉴 곳과 수라의 찬품을 살피고, 어머니를 맞이하였다. 창덕궁에서 노량참까지의 거리는 10리였다. 혜경궁 홍씨는 안으로 들어가서 휴식을 취하고 조다소반과와 주수라를 들었다.

---

2) 묘정 3각(卯正 三刻): 오전 6시 45분경.

3) 여(轝): 제왕(帝王)의 지친(至親)들이 쓰던 탈것.

4) 막차(幕次): 의식이나 거둥 때에 임시로 장막을 쳐서, 왕이나 고관들이 잠깐 머무르게 하던 곳.

5) 주교(舟橋): 작은 배를 엮어 강을 건널 수 있게 설치한 물에 떠 있는 다리.

노량참에서 음식을 들고 휴식을 취한 후 오초 2각(吾初 二刻, 오전 11시 30분)에 13리 떨어진 시흥참으로 향했다. 정조는 문성동 앞길에서 행차를 잠시 멈추게 하고, 혜경궁 홍씨의 가마 주변에 청포장을 치도록 한 후 정리사(整理使)[6]가 건네준 미음다반을 직접 들고 가서 혜경궁 홍씨에게 올렸다.

이후 행차는 문성동을 떠나 시흥참으로 향했다. 시흥참은 이번 행차를 위해 새로 지었다. 정조는 먼저 도착하여 건물을 두루 살피고 어머니를 기다렸다가 모시고 들어갔다. 날이 저물고 저녁시간이 되었다.

시흥참 옆에는 음식을 준비할 10칸짜리 수라가가(水刺假家)와 수행원들을 위한 음식을 준비할 집으로 5칸짜리 공궤가가(供饋假家)를 지었다. 이곳에서 혜경궁 홍씨, 정조, 두 군주에게 주다소반과, 석수라, 야다소반과를 올렸다. 정조는 혜경궁 홍씨가 드실 석수라를 일일이 살펴본 후 올리게 하였다. 정조는 날씨가 좋고 어머니가 건강하시니 매우 기쁘다고 하면서 여러 신하들에게도 음식을 내렸다.

둘째 날(윤2월 10일)

시흥참에서 하룻밤을 묵은 일행은 다음날 아침 조수라를 드시고 묘시(卯時, 오전 5~7시)에 사근참으로 출발하였다. 시흥에서 20리 길이었다. 대박산평(大博山坪)을 지나 만안교를 건너 안양점 앞길에서 행차를 잠시 쉬면서 미음다반을 혜경궁 홍씨에게 올렸다. 청천평(晴川坪)에 이르자 정조는 다시 말에서 내려 혜경궁 홍씨에게 문안을 드렸다.

정조는 먼저 사근참에 도착하여 시설을 점검하고 혜경궁 홍씨의 가마가 도착하자 안으로 모셨다. 사근참에는 임시로 5칸짜리 수라간, 5칸짜리 공궤가가를 지었다. 사근참에서 주다소반과와 주수라를 올렸다. 점심 후 비가 내리기 시작했으나, 우구(雨具)를 갖추고 행진을 계속했다.

행렬은 미륵현(彌勒峴, 현재의 지지대고개, 사근고개)에 도착했다. 미륵현은 비가 와서 땅이 질고 미끄러웠다. 정조는 잠시 말에서 내려 어머니에게 문안을 드렸다. 미륵현을 넘어 진목정(眞木亭)에 도착하여 잠시 쉬면서 정조는 미음다반을 혜경궁 홍씨께 올렸다.

일행은 화성에 이르러 장안문으로 들어가 팔달문(八達門)과 종가(鐘街)를 지나 화성행궁의 신풍루(新豐樓)에 도착하였다. 좌익문과 중양문(中陽門)을 지나 봉수당에 이르렀다. 정조는 혜경궁 홍씨를 봉수당 왼편에 있는 장락당(長樂堂)으로 모셨다. 창덕궁에서 화성 행궁까지의 거리는 63

6) 정리사: 1794년 수원에 설치된 정리소의 총책임자. 정2품 관직.

리, 화성행궁에서 현륭원까지는 20리였다. 정조는 중양문 왼편에 있는 왕의 처소인 유여택(維與宅)으로 갔다. 혜경궁 홍씨, 왕, 군주에게 주다별반과, 석수라, 야다소반과가 올려졌다.

셋째 날(윤2월 11일)

묘시 3각(卯時三刻, 오전 5시 45분경)에 정조는 팔달문에서 서남방으로 약 2km 떨어진 팔달산 남쪽 기슭에 있는 향교로 갔다. 대성전(大成殿)에서 참배를 한 뒤 정조는 향교의 시설 수리, 전토와 노비를 지급할 것을 명하고 행궁으로 돌아왔다.

진시(辰時, 오전 7~9시)에 행궁의 오른편에 있는 낙남헌에서 문무과 별시를 거행하였다. 정조는 자궁께서 오래 사시기를 기원하는 내용의 "근상천천세수부(謹上千千歲壽賦)"를 시험문제로 냈다. 왕은 이어서 무과를 치르기 위해 수험생을 하나씩 불러 활을 쏘게 하였다. 이날 문과에 합격한 사람은 5명, 무과는 56명이었다.

신시(申時, 오후 3~5시)에 봉수당에서 회갑잔치의 예행연습을 하였다. 대신, 내빈, 외빈들도 초대되었다. 악기를 설치하고 악공들이 음악을 연주하고 여령들이 음악에 맞춰 헌선도(獻仙桃), 환환곡(桓桓曲) 등 춤을 연습하였다. 연습이 끝난 후 혜경궁 홍씨는 여령들에게 각종 옷감을 상으로 내렸다.

이날 화성행궁에서는 죽수라, 조수라, 주다소반과, 석수라, 야다소반과를 올렸다.

넷째 날(윤2월 12일)

인정 3각(寅正 三刻, 오전 4시 45분경)에 정조는 어머니를 모시고 사도세자의 능인 현륭원(顯隆園)에 참배하기 위하여 출발하였다. 현륭원 부근에 있는 원소참에는 음식을 준비하기 위해 미리 가건물 5칸을 지었다. 행차는 화성의 남문인 팔달문으로 나와 남으로 향했다. 어가는 상류천점(대황교 남변) 앞길에서 잠시 휴식을 취했다. 왕은 자궁에게 미음다반을 드리고 병조판서에게 혜경궁 홍씨의 몸 상태가 좋지 않으니 원소인 현륭원에서 삼령차蔘苓茶 1첩을 다려 놓고 대기하라고 하였다.

어가는 다시 출발하여 현륭원에 도착하여 혜경궁 홍씨를 모시고 재실로 들어갔다. 왕은 삼령차를 어머니에게 올렸다. 혜경궁 홍씨가 장내로 들어가자 비통한 울음소리가 장 밖까지 들렸다. 이에 왕은 다시 삼령차를 드렸으나 혜경궁 홍씨는 드시지 않았다.

참배 후 일행은 귀환 길에 올랐다. 하류천에 이르자 잠시 휴식하면서 자궁께 미음을 올리고 원소참에 도착하여 주다소반과와 주수라를 드렸다. 각신 승지, 사관에게 음식을 내렸다. 식사가 끝나자 다시 출발하여 화성행궁에 이르러서 왕은 혜경궁 홍씨를 모시고 장락당으로 들어갔다.

화성행궁에서 주다소반과, 석수라, 야다소반과를 올렸다.

다섯째 날(윤2월 13일)

진정 3각(辰正 三刻, 오전 8시 45분)에 봉수당에서 혜경궁 홍씨의 회갑잔치가 시작되었다. 혜경궁 홍씨의 자리는 행궁 내전의 북벽에 남쪽을 향해서 놓여졌다. 왕의 자리는 어머니의 동쪽에 배치되었다.

혜경궁 홍씨에게는 70기(器)의 진찬과 12기의 소별미를 올렸고, 정조와 두 군주에게는 20기의 진찬과 9기의 소별미를 올렸다. 15명의 내빈에게는 11기의 상을 드렸다. 신하들은 상·중·하로 나누어 상은 11기의 음식, 중은 8기의 음식, 하는 6기의 음식이 차려진 상을 주었다. 군사들에게도 떡, 탕, 건대구를 주었다.

잔치가 끝난 후 잔치를 준비한 관리와 잔치에 출연한 여령, 수행한 관리들에게 푸짐한 상을 내렸다. 화원(畫員)으로 하여금 진찬도 병풍을 만들게 하였다.

이날 화성행궁에서는 죽수라, 조다소반과, 조수라, 만다소반과, 석수라, 야다소반과를 올렸다.

여섯째 날(윤2월 14일)

묘초 3각(卯初 三刻, 오전 5시 45분경)에 왕은 백성들에게 쌀을 배급하고 죽을 똑같이 나누어 먹도록 하였다. 정조는 죽 한 그릇을 가져오게 하여 직접 맛을 보고, 백성들에게 따뜻한 죽을 나누어 주도록 지시하였다. 그리고 국가의 보호가 필요한 사민(四民, 홀아비, 과부, 고아, 독자) 50명에게는 쌀 19석 3두, 가난한 사람[賑民] 261명에게는 쌀 17석 2두 6승, 소금 1석 4두 7승 8홉이 지급되었다.

진시(辰時, 오전 7~9시)에는 노인을 위로하는 잔치를 낙남헌(落南軒)에서 열었다. 초대된 노인은 서울에서 따라온 노인 관료 15명, 화성에 사는 노인 384명이었다. 90세 이상 17명, 80세 이상 197명, 혜경궁 홍씨와 동갑인 61세 노인 171명을 초대하였다. 이날 왕에게 올린 상과 신하, 초대된 노인들에게 똑같은 음식을 주었다.

이날 화성행궁에서는 죽수라, 조수라, 주다소반과, 석수라, 야다소반과를 올렸다.

일곱째 날(윤2월 15일)

화성행궁을 떠나 사근참에서 점심을 들고 시흥 행궁에 도착하는 것이 이날의 여정이었다. 전정 3각(辰正三刻, 오전 8시 45분경)에 화성행궁을 출발하여 진목정교에 이르러 잠시 휴식을 가졌다.

왕은 미음다반을 혜경궁 홍씨에게 올렸다.

휴식 후 여정을 계속하여 사근참에 도착하였다. 정조는 먼저 도착해서 혜경궁 홍씨의 가마를 맞이하고 안으로 모셔 주다소반과와 주수라를 올렸다. 식사를 마치고 시흥행궁을 향해 출발하였다. 안양교 앞에 이르러 휴식을 취하고 혜경궁 홍씨에게 미음다반을 올렸다. 저녁 무렵에 시흥행궁에 도착했다. 왕은 먼저 도착하여 시설을 점검한 후 혜경궁 홍씨를 맞이하였다. 시흥행궁에서는 주다소반과, 석수라, 야다소반과를 올렸다.

여덟째 날(윤2월 16일)

아침에 조수라를 들고, 묘시(卯時, 오전 5~7시)에 일행은 시흥행궁에 나와서 노량참으로 향하였다. 문성동에서 휴식을 마치고 다시 길을 떠나 번대방평(番大坊坪)에서 휴식을 취하고 왕은 미음다반을 혜경궁 홍씨에게 올렸다. 휴식 후 만안현(萬安峴)을 거쳐 노량참에 도착하였다. 노량참에서는 주다소반과, 주수라를 올렸다.

식사를 마친 일행은 한강의 배다리를 건너 한양으로 입성하여 창덕궁에 도착하여 8일간의 장엄한 화성행차가 드디어 막을 내렸다.

행차의 뒷마무리

각종 시상(施賞)

화성에서 귀경한 지 5일이 지난 윤2월 21일 창덕궁 춘장대에서 어가를 따라 다녀온 신하와 장교와 군졸들을 위로하기 위한 잔치가 벌어졌다. 이날 참석자는 모두 3,846명이었고, 백병(白餠) 3개, 대구어 1편, 황육적 1곶, 술 1그릇의 음식이 제공되었다.

잔치가 끝난 후 춘장대에서 무사들의 무예를 시험한 후 상품을 하사하였다. 장교와 군병 3,536명에게 돈 2전 7푼이 지급되었다.

《원행을묘정리의궤》 제작

정조는 윤2월 28일 주자소에 의궤청을 설치하고 의궤를 제작하도록 하였다. 비용은 원행에서 쓰고 남은 돈으로 충당하였다. 의궤의 편찬은 2년 뒤인 1797년 3월 24일에 이루어졌다. 보통 5부 정도를 필사본으로 만드는 것이 관례이지만, 《원행을묘정리의궤》는 금속활자로 100부를 인쇄하였다. 내용은 당시 원행의 전모를 거의 완벽하게 재현할 수가 있을 정도로 자세하였다. 당시의 정치, 경제, 사회, 문화, 과학기술 그리고 18세기 궁중 생활사를 한눈에 볼 수 있는 귀중한 자료이다.《원행을묘정리의궤》의 각 권에 수록된 내용은 다음과 같다.

권수(卷首): 택일(擇日), 좌목(座目), 도식(圖式)

제1권: 전교(傳敎), 연설(筵說), 악장(樂章), 치사(致詞), 어제(御製), 어사(御射), 전령(傳令), 군령(軍令)

제2권: 의주(儀註), 절목(節目), 계사(啓辭)

제3권: 계목(啓目), 장계(狀啓), 이문(移文), 내관(來關), 수본(手本), 감결(甘結)

제4권: 찬품(饌品), 기용(器用), 배설(排設), 의장(儀仗), 반전(盤纏), 장표(掌標), 가교(駕轎), 주교(舟橋), 사복정례(司僕定例)

제5권: 내외빈(內外賓), 참연노인(參宴老人), 배종(陪從), 유도(留都), 공령(工伶), 당마(塘馬), 방목(榜目), 상전(賞典), 재용(財用)

부편(附編, 부록)

1. 1795년 6월 18일 서울 연희당에서 혜경궁 홍씨의 정식 회갑잔치
2. 1795년 1월 21일 사도세자의 회갑을 맞아 사도세자 사당인 경모궁에서의 참배
3. 태조 이성계의 아버지인 환조의 탄신 8회갑(480년)을 맞이하여 정조가 영흥본궁에 관리를 보내어 작헌례를 올리는 행사
4. 1760년 사도세자가 목욕을 위해 충청도 온양행궁에 갔을 때 기념으로 심은 느티나무가 35년의 세월이 지난 1795년 큰 나무로 성장한 것을 기념하여 이곳에 영괴대비(靈槐臺碑)를 세우고 당시 세자를 수행한 관원들을 조사하여 시상한 내용을 정리한 것이다.

연희당 회갑잔치

혜경궁 홍씨의 진짜 생일인 6월 18일에 창덕궁(昌德宮) 연희당(延禧堂)에서 회갑잔치를 열었다. 혜경궁 홍씨에게 82기의 음식과 83개의 상화를 올렸으며, 40기의 주별미상(晝別味床)을 올렸다. 주별미상은 식사를 하기 위한 음식으로 소별미와 같은 것이다.

그리고 굶주린 사람[饑民] 5668호를 선발하여 총 102석 6두의 쌀을 나누어 주었다. 6월 18일에 서울과 지방 주민의 세금을 탕감하도록 하였다.

서울~화성시 정조능행차 59.2km
전 구간 최초 재현

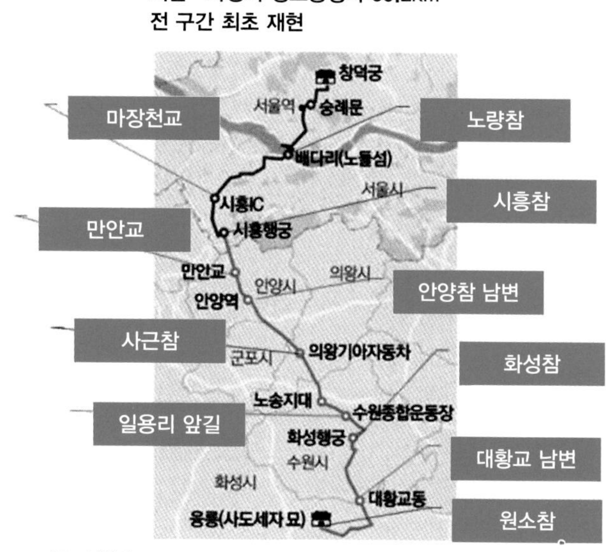

자료: 서울시

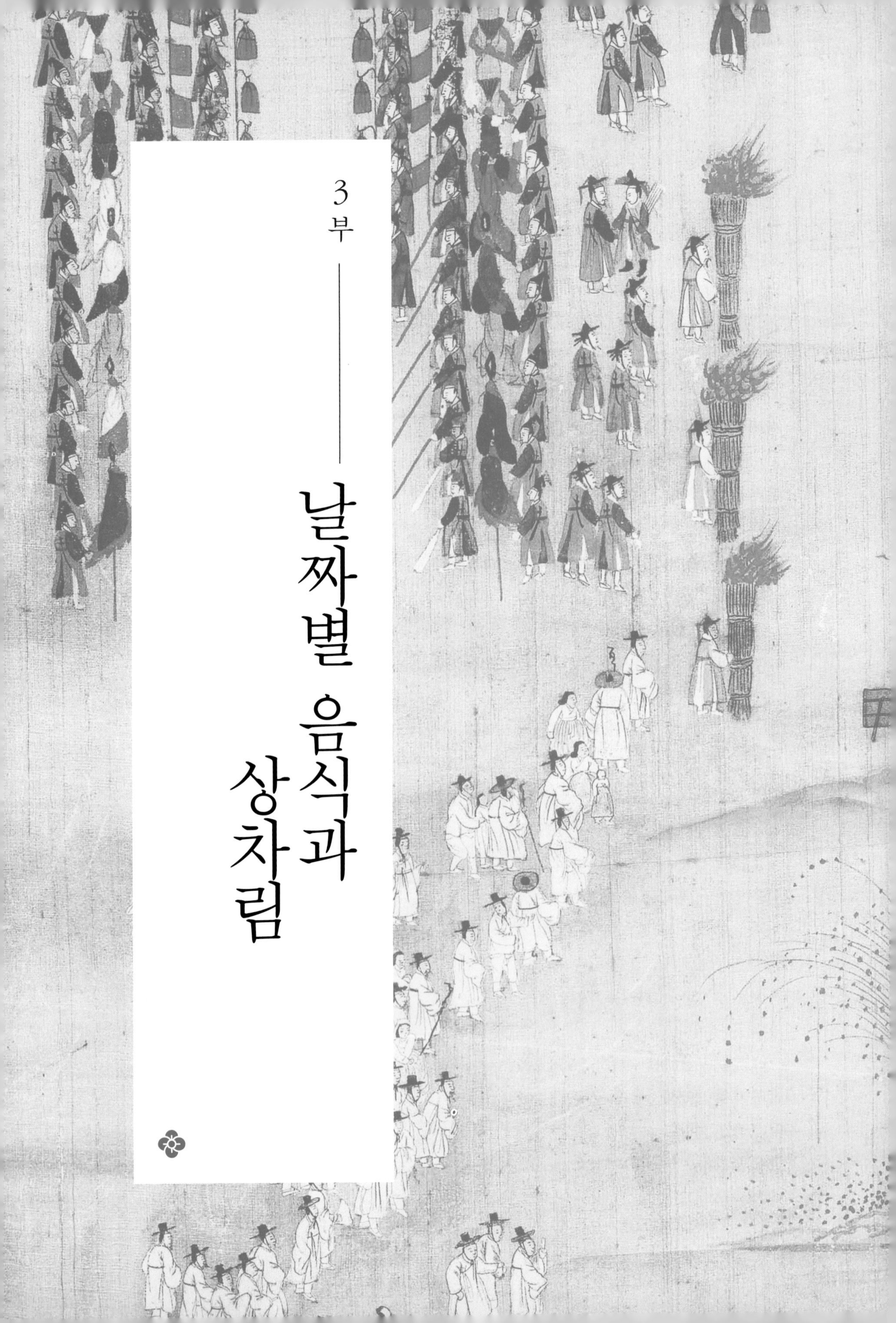

3부

날짜별 음식과 상차림

날짜별 음식과 상차림

찬품(饌品)

附綵花　채화는 부록으로 실었다.

各站盤果水剌及進饌時 饌案器數並自本所 稟旨磨鍊而

각 참의 반과와 수라를 올릴 때와 진찬 때는 찬안 기수 모두를 본소에서 임금께 아뢰어 명을 받아 마련한다.

饌排高低出尺量 下送各站使之 依式擧行

찬의 높낮이 배치에 대한 높이尺와 양量을 각 참에 보내어 의식을 거행하게 한다.

윤2월 9일

노량참(鷺梁站)

乙卯閏二月初九日 出宮時晝停

을묘 윤2월 9일에 출궁 때에 낮에 머무시고,

十六日 還宮時 晝停 水剌間 設於

윤2월 16일 궁으로 돌아오실 때 낮에 머무시기 위한 수라간을 설치한다.

鎭將大廳及 內衙排設 假家二間設於 龍驤鳳翥亭

진영 장관의 대청 및 안채에 배설하고, 가가假家 2간을 용양봉저정에 설치한다.

東挾門外 畿營擧行 郎廳初一日 下直 初三日 出站

동협문 밖 경기감영에서 거행하고, 낭청[7]은 초하룻날 임금께 작별을 아뢰고, 초 3일날 참을 떠난다.

● 윤2월 9일 장소별 상차림의 종류

날짜	장소	상차림	내용	비고
1일차 윤2월 9일	노량참 (鷺梁站)	조다소반과 (早茶小盤果)	- 자궁께 올리는 1상	윤2월 16일 주다소반과와 같음
		조수라 (朝水剌)	- 자궁께 올리는 1상 - 대전께 올리는 1상 - 청연군주, 청선군주 진지 각 1상	윤2월 16일 주수라와 같음
	중로 마장천 교북 (中路 馬場川 橋北)	미음 (米飮)	- 자궁께 올리는 1반 - 청연군주, 청선군주 각 1반	
		궁인 및 내외빈 본소 당상 이하 원역 공궤(宮人及內外賓 本所 堂上 以下員役供饋)	- 궁인 30인 - 내빈 조반 1상 - 외빈 5원 - 본소 당상 6원, 낭청 2원, 각신 3원, 장용영 제조 1원, 도총관 1원 - 내외책응감관 2원, 검서관 2원, 각리 2인 - 별수가장관 20원 - 본소장교 11원 - 본소서리 16인, 서사 1인, 고지기 3명	윤2월 16일 돌아오실 때와 같음
	시흥참 (始興站)	주다소반과 (晝茶小盤果)	- 자궁께 올리는 1상 - 대전께 올리는 1상 - 청연군주, 청선군주 각 1상	윤2월 15일 주다소반과와 같음
		석수라 (夕水剌)	- 자궁께 올리는 1상 - 대전께 올리는 1상 - 청연군주, 청선군주 진지 각 1상	윤2월 10일 조수라와 같음 윤2월 15일 석수라와 같음 윤2월 16일 조수라와 같음
		야다소반과 (夜茶小飯果)	- 자궁께 올리는 1상 - 대전께 올리는 1상 - 청연군주, 청선군주 각 1상	윤2월 15일 야다소반과와 같음
		궁인 및 내외빈 본소 당상 이하 원역 공궤(宮人及內外賓 本所 堂上 以下員役供饋)		윤2월 9일 석반과 같음 윤2월 10일 조반과 같음 윤2월 15일 석반과 같음 윤2월 16일 조반과 같음

7) 낭청(郎廳): 조선 후기 비변사·선혜청·준천사(濬川司)·오군영 등의 실무담당 종6품 관직.

1. 조다소반과(早茶小盤果)

初九日　윤2월 9일

十六日 回鑾時 晝茶同

윤2월 16일 궁으로 돌아오실 때 주다(晝茶)와 같다.

자궁[8]께 올리는 1상(慈宮進御一床)

十六器 磁器 黑漆足盤

16기의 음식을 자기에 담아 흑칠족반에 차린다.

	음식명	그릇 수	고임 높이(高)	재료 및 분량
1	각색병(各色餠)	1기(器)	5치(寸)[9]	粘米一斗 白米八升 赤豆四升 菉豆三升 大棗五升 生栗五升 石耳五升 乾柿三串 眞油一升 實栢子一升 艾一升 淸二升 生薑二升 辛甘草末三合 梔子一錢 松古三片 桂皮末一兩 찹쌀 1말, 멥쌀 8되, 팥 4되, 녹두 3되, 대추 5되, 밤 5되, 석이 5되, 곶감 3꼬치, 참기름 1되, 잣 1되, 쑥 1되, 꿀 2되, 생강 2되, 승검초가루 3홉, 치자 1돈, 송기 3조각, 계핏가루 1냥
2	약반(藥飯)	1기		粘米大棗實生栗各三升 眞油五合 淸一升五合 實栢子艮醬各一合 찹쌀 3되, 대추 3되, 밤 3되, 참기름 5홉, 꿀 1되5홉, 잣 1홉, 간장 1홉
3	면(麪)	1기		木末三升 菉末五合 生雉一脚 黃肉三兩 鷄卵三箇 艮醬一合 胡椒末一夕 메밀가루 3되, 녹말 5홉, 꿩 1각, 쇠고기 3냥, 달걀 3개, 간장 1홉, 후춧가루 1작[10]
4	다식과(茶食果)	1기	5치	眞末一斗 眞油淸各四升 乾薑末五分 桂皮末一錢 實栢子五合 胡椒末五夕 砂糖一圓 밀가루 1말, 참기름 4되, 꿀 4되, 생강가루 5푼, 계핏가루 1돈, 잣 5홉, 후춧가루 5작, 사탕 1원

계속

8) 자궁(慈宮): 조선 시대 임금의 후궁 또는 왕세자빈(王世子嬪)이 출생한 아들이 왕위에 오른 경우, 그 임금의 생모를 임금이나 신료들이 지칭하는 용어. 자(慈)는 자모(慈母)의 줄임말로 어머니를 의미하고 궁(宮)은 후궁 또는 빈궁(嬪宮)의 줄임말이다. 임금의 생모가 후궁 또는 빈궁일 경우 자궁이라 한 것에 비하여 적모(嫡母)는 자전(慈殿)이라 하였다. 이는 조선 시대의 궁중용어에서 임금이나 왕비와 관련된 건물을 전(殿)이라 하고 그 아래의 후궁이나 세자빈에 관련된 건물을 궁(宮)이라 한 것과 관련된다. 여기서는 혜경궁 홍씨(惠慶宮洪氏)를 일컫는다.

9) 치(寸): 길이의 단위. 약 3.03cm. 처음 단위가 생길 때는 사람의 몸을 기준으로 '寸'은 손가락 하나의 너비를 의미하였으나, 나중에 寸은 손목에서 맥박이 뛰는 곳까지를 가리켜서 한 '치'의 '마디'를 뜻한다.

10) 작(勺): 夕음은 '사'로 읽고 용량의 단위인 '勺'이다. 손으로 한줌을 움켜쥘 만한 분량을 세는 단위로 쓰인다. 1홉(合)의 10분의 1에 해당되는 양이다.

	음식명	그릇 수	고임 높이(高)	재료 및 분량
5	각색강정 (各色強精)	1기	4치	粘米三升五合 實荏子八合 細乾飯實栢子各一升五合 松花七合 眞油二升五合 白糖二斤八兩 淸五合 芝草二兩 찹쌀 3되5홉, 실깨 8홉, 세건반 1되5홉, 잣 1되5홉, 송화 7홉, 참기름 2되5홉, 백당 2근8냥, 꿀 5홉, 지초 2냥 回鑾時 各色軟絲果所入 粘米五升 細乾飯眞油各二升 芝草五兩 淸五合 白糖一斤五兩 實栢子三升五合 돌아오실 때 각색연사과. 재료와 분량: 찹쌀 5되, 세건반 2되, 참기름 2되, 지초 5냥, 꿀 5홉, 백당 1근5냥, 잣 3되5홉
6	각색다식 (各色茶食)	1기	4치	黃栗黑荏子松花葛粉各二升五合 臙脂三椀 淸一升六合 五味子三合 말린 밤 2되5홉, 흑임자 2되5홉, 송화 2되5홉, 칡전분 2되5홉, 연지 3사발, 꿀 1되6홉, 오미자 3홉
7	각색당 (各色糖)	1기	4치	八寶糖 門冬糖 玉春糖 人蔘糖 菓子糖 五花糖 雪糖 氷糖 橘餠合四斤 팔보당, 문동당, 옥춘당, 인삼당, 과자당, 오화당, 설탕, 빙당, 귤병 합하여 4근
8	산약 (山藥)	1기	3치	山藥六丹 마 6단
9	조란 율란 (棗卵 栗卵)	1기	4치	大棗五升五合 熟栗五升五合 黃栗二升五合 桂皮末四錢 淸一升五合 實栢子四升 대추 5되5홉, 삶은 밤 5되5홉, 말린 밤 2되 5홉, 계핏가루 4돈, 꿀 1되5홉, 잣 4되
10	각색정과 (各色正果)	1기	3치	蓮根七本 山査三升五合 柑子柚子生梨木苽各四箇 冬苽四片 生薑一升五合 淸二升二合 연근 7뿌리, 산사 3되5홉, 감귤 4개, 유자 4개, 배 4개, 모과 4개, 동아 4조각, 생강 1되 5홉, 꿀 2되2홉
11	수정과 (水正果)	1기		生梨七箇 淸五合 胡椒五夕 배 7개, 꿀 5홉, 후추 5작
12	별잡탕 (別雜湯)	1기		黃肉熟肉觧昆者巽猪胞猪肉熟猪各肉二兩 頭骨半部 秀魚半半尾 陳鷄一脚 海蔘鷄卵各二箇 全鰒菁根各一箇 靑苽半箇 朴古之一吐里 水芹半丹 眞油艮醬各一合 菉末蕈古各五夕 實栢子胡椒末各二夕 쇠고기 2냥, 숙육 2냥, 소의 양 2냥, 곤자소니 2냥, 저포 2냥, 돼지고기 2냥, 숙저육 2냥, 두골 ½부, 숭어 ¼마리, 묵은닭 1각, 해삼 2개, 달걀 2개, 전복 1개, 무 1개, 오이 ½개, 박고지 1토리, 미나리 ½단, 참기름 1홉, 간장 1홉, 녹말 5작, 표고버섯 5작, 잣 2작, 후춧가루 2작
13	완자탕 (莞子湯)	1기		菁根三箇 陳鷄二首 黃肉觧猪肉各三兩 海蔘鷄卵各五箇 全鰒三箇 昆者巽二部 靑苽二箇 菉末一合 蕈古一合 胡椒末五夕 艮醬二合 무 3개, 묵은닭 2마리, 쇠고기 3냥, 소의 양 3냥, 돼지고기 3냥, 해삼 5개, 달걀 5개, 전복 3개, 곤자소니 2부, 오이 2개, 녹말 1홉, 표고버섯 1홉, 후춧가루 5작, 간장 2홉
14	각색전유화 (各色煎油花)	1기	4치	秀魚三尾 肝二斤 觧三斤 生雉二首 鷄卵一百箇 眞油三升 眞末菉末木末各二升 鹽七合 숭어 3마리, 간 2근, 소의 양 3근, 꿩 2마리, 달걀 100개, 참기름 3되, 밀가루 2되, 녹말 2되, 메밀가루 2되, 소금 7홉

계속

	음식명	그릇 수	고임 높이(高)	재료 및 분량
15	각색어채 (各色魚菜)	1기	4치	秀魚三尾 胖一斤 全鰒二箇 海蔘五箇 蔈古石耳各一合 辛甘草一握 숭어 3마리, 소의 양 1근, 전복 2개, 해삼 5개, 표고버섯 1홉, 석이 1홉, 승검초 1줌 回鑾時 華陽炙所入 黃肉四斤 胖猪肉各八兩 全鰒三箇 海蔘七箇 眞油 眞末各二升 石耳蔈古各一合 胡椒三夕 鷄卵四十箇 生葱二十五丹 桔莄二丹 實荏子艮醬各一升 돌아오실 때 화양적. 재료와 분량: 쇠고기 4근, 소의 양 8냥, 돼지고기 8냥, 전복 3개, 해삼 7개, 참기름 2되, 밀가루 2되, 석이 1홉, 표고버섯 1홉, 후춧가루 3작, 달걀 40개, 파 25단, 도라지 2단, 실깨 1되, 간장 1되
16	편육 (片肉)	1기	4치	熟肉猪肉各六斤 숙육 6근, 돼지고기 6근
	청 (淸)	1기		淸三合 꿀 3홉
	초장 (醋醬)	1기		艮醬二合 醋一合 實栢子一夕 간장 2홉, 초 1홉, 잣 1작
	상화 (床花)	10개 (箇)		小水波蓮 紅桃別三枝花 別建花 各一箇 紅桃間花三箇 紙間花四箇 소수파련 1개, 홍도별삼지화 1개, 별건화 1개, 홍도간화 3개, 지간화 4개

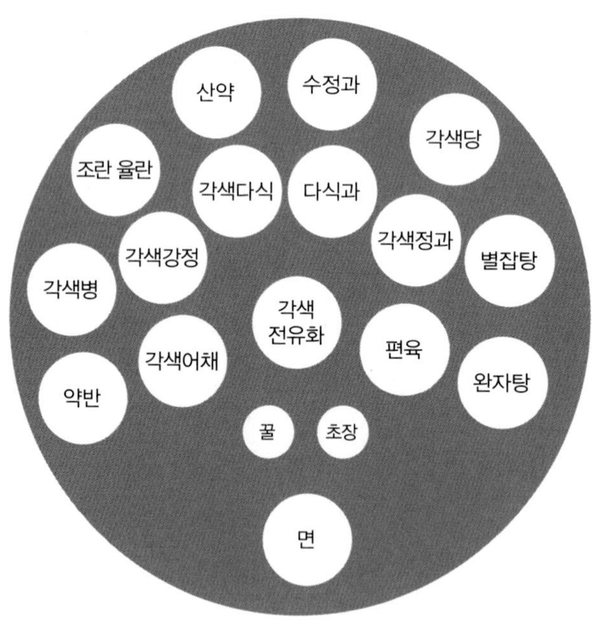

윤2월 9일 자궁께 올린 조다소반과

2. 조수라(朝水剌)

初九日　윤2월 9일

十六日 回鑾時 晝水剌同

윤2월 16일 돌아오실 때의 주수라도 같다.

2.1 자궁께 올리는 1상(慈宮進御一床)

十三器 元盤十器 鍮器 挾盤三器 畵器 黑漆足盤

총 13기로, 원반에는 10기의 음식을 유기에 담고, 협반에는 3기의 음식을 화기에 담아 흑칠족반에 차린다.

	구분	음식명	그릇 수	내용
1	원반(元盤)	반(飯)	1기	赤豆水和炊 팥물로 지은 밥
2		갱(羹)	1기	魚腸湯　어장탕 回鑾時 雜湯　돌아오실 때 잡탕
3, 4		조치(助致)	2기	秀魚蒸 骨湯　숭어찜, 골탕 回鑾時 秀魚蒸代軟鷄蒸 돌아오실 때 숭어찜 대신에 연계찜
5		구이(灸伊)	1기	黃肉 猪乫飛 牛足 秀魚 生雉 쇠고기, 돼지갈비, 우족, 숭어, 꿩 回鑾時 錦鱗魚 腰骨 胖 雪夜炙 돌아오실 때 쏘가리, 등골, 소의 양, 설야적
6		좌반(佐飯)	1기	鹽民魚 不鹽民魚 片脯 鹽脯 鹽松魚 乾雉 全鰒包 醬卜只 염민어, 불염민어, 편포, 염포, 염송어, 건치, 전복쌈, 장볶기
7		생치병(生雉餠)	1기	回鑾時 魚饅頭 돌아오실 때 어만두
8		해(醢)	1기	生鰒 石花 蛤醢 생복, 석화, 조개젓 回鑾時 松魚卵 大口卵 白鰕醢 돌아오실 때 송어알, 대구알, 백하젓
9		채(菜)	1기	朴古之 水芹 桔莄 菁笋 竹笋 蔥笋 靑苽 박고지, 미나리, 도라지, 무순, 죽순, 파순, 오이 回鑾時 熟菜 돌아오실 때 숙채
10		담침채(淡沈菜)	1기	白菜　배추 回鑾時 菁根 돌아오실 때 무
		장(醬)	3기	艮醬 蒸甘醬 醋醬 간장, 증감장, 초장

계속

	구분	음식명	그릇 수	내용
11	협반(挾盤)	생복증(生鰒蒸)	1기	生鰒蒸 생복찜 回鑾時 胖卜只 돌아오실 때 양볶기
12		양만두(胖饅頭)	1기	胖饅頭 양만두 回鑾時 全鰒熟 돌아오실 때 전복숙
13		각색적(各色炙)	1기	乫飛 牛足 腰骨 雪夜炙 散炙 갈비, 우족, 등골, 설야적, 산적 回鑾時 雪夜炙代生雉 돌아오실 때 설야적 대신 꿩

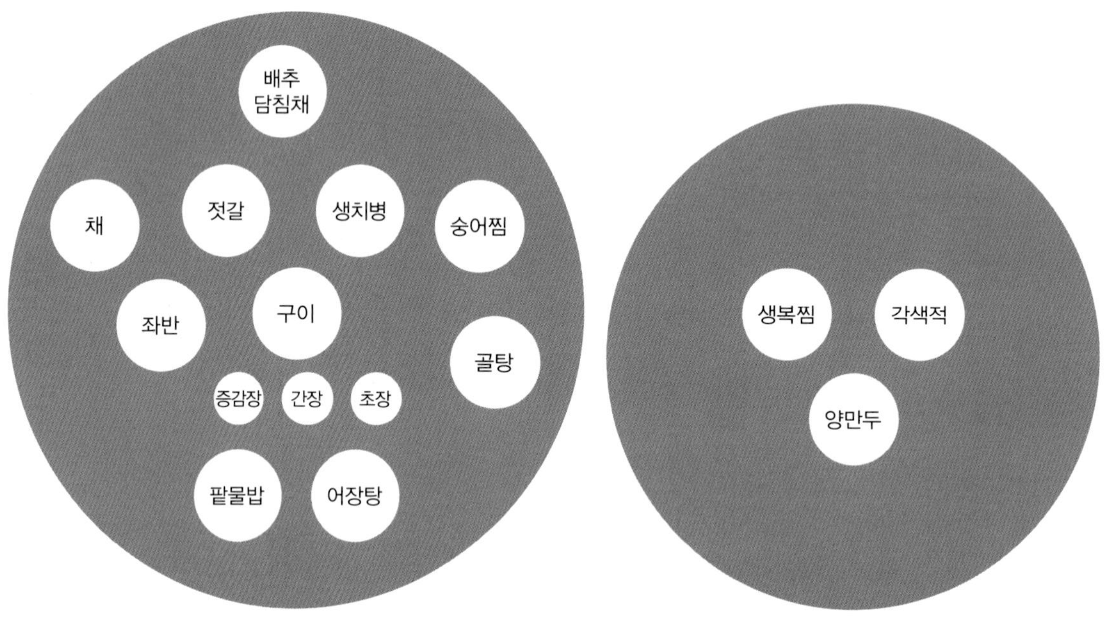

윤2월 9일 자궁께 올린 조수라

2.2 대전[11]께 올리는 1상(大殿進御 一床)

七器 鍮器 黑漆足盤

7기의 음식을 유기에 담아 흑칠족반에 차린다.

11) 대전(大殿): 임금이 거처하는 궁궐, 또는 임금 자신을 지칭(指稱)하는 말. 궁궐을 말하는 경우에는 대내(大內)라고도 하고, 임금을 말할 때에는 대전마마라고도 함. 여기서는 정조(正祖)를 이름.

	음식명	그릇 수	내용
1	반 (飯)	1기	赤豆水和炊 팥물로 지은 밥
2	갱 (羹)	1기	魚腸湯 어장탕 回鑾時 雜湯 돌아오실 때 잡탕
3	조치 (助致)	1기	骨湯 골탕 回鑾時 軟鷄蒸 돌아오실 때 연계찜
4	구이 (炙伊)	1기	黃肉 猪乫飛 牛足 秀魚 生雉 쇠고기, 돼지갈비, 우족, 숭어, 꿩 回鑾時 錦鱗魚 腰骨 雪夜炙 돌아오실 때 쏘가리, 등골, 설야적
5	채 (菜)	1기	朴古之 水芹 桔莄 菁笋 竹笋 蔥笋 靑苽 박고지, 미나리, 도라지, 무순, 죽순, 파순, 오이 回鑾時 肉膾 돌아오실 때 육회
6	담침채 (淡沈菜)	1기	白菜 배추 回鑾時 菁根 돌아오실 때 무
7	해 (醢)	1기	生鰒 石花 蛤 蟹醢 생복, 석화, 조개, 게젓 回鑾時 佐飯 鹽民魚 不鹽民魚 片脯 藥脯 鹽脯 乾雉 全鰒 醬卜只 돌아오실 때 좌반으로 염민어, 불염민어, 편포, 약포, 염포, 건치, 전복, 장볶기
	장 (醬)	3기	艮醬 蒸甘醬 水醬 간장, 증감장, 수장

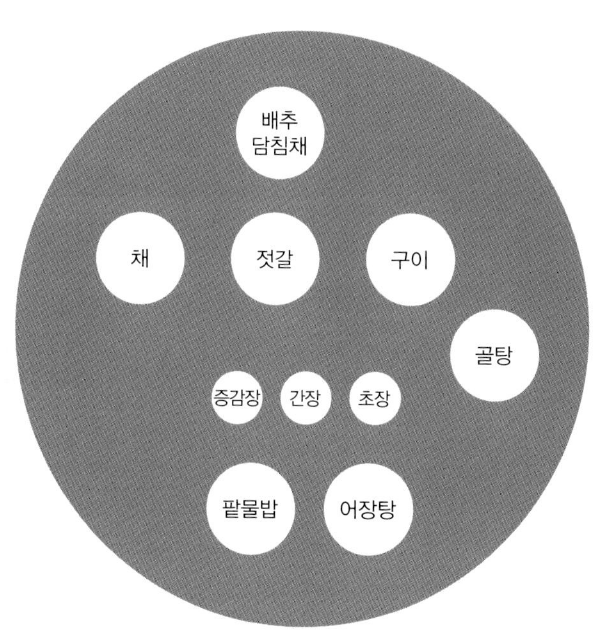

윤2월 9일 대전께 올린 조수라

2.3 청연군주[12] 청선군주[13] 진지 각 1상(淸衍郡主淸璿郡主進止各 一床)

每床 各 七器

상마다 각 7기

因下教盤器饌品依御床 磨鍊故不疊錄 以下各站並同

반기와 찬품은 어상에 의거하여 마련하도록 전교를 내렸으므로, 기록을 중복하지는 않으며 이하의 각 참에서도 이와 같다.

3. 미음(米飮)

出還宮入站時 及中路該站 堂郞率書吏熟手陪 架子先詣整備待 駕至奉進 以下各站並同

궁을 떠나 돌아올 때, 참에 들어갈 때 중로에서는 해당 참의 당랑[14]이 서리[15]와 숙수[16]를 거느리고 가는데, 서리와 숙수는 먼저 나아가 가자를 정비하고 기다리다가, 가마가 도착하면 받들어 올리고 이하 각 참에서도 이와 같다.

中路馬 : 川橋北

마장천 다리 북쪽의 가는 길에서

---

12) 청연군주(淸衍郡主): 1754(영조 30)~1814년(순조 14). 장조(莊祖)로 추존된 사도세자(思悼世子)의 딸이며 모친은 혜경궁 홍씨로 널리 알려진 헌경왕후(獻敬王后)이다. 세자의 딸이었기에 공주가 아닌 정2품에 해당하는 군주로 불렸다. 1765년(영조 41년) 음력 윤2월 2일 참의를 지낸 김상익의 아들 김두성과 정혼하고, 음력 4월 11일 혼례를 거행하였다. 김두성은 훗날 김기성으로 이름을 고쳤으며, 군주와 혼인하여 광은부위(光恩副尉)[7]에 책봉되었다. 소생으로는 교리(校理) 김재창(金在昌)과 직장(直長) 김재삼(金在三)이 있다. 1899년(고종 36)년에 청연군주(淸衍郡主)에서 청연공주(淸衍公主)로 추증되었다.

13) 청선군주(淸璿郡主): 1756~1802년. 장조(사도세자)와 헌경왕후(혜경궁 홍씨)의 차녀이다. 장헌세자(莊獻世子, 莊祖)의 딸이어서 원래 청선군주였으나, 1899년 공주로 추봉되었다. 1766년(영조 42) 연일 정씨 송강 정철의 6대 손이자 정인환(鄭麟煥)의 아들인 정재화(鄭在和)와 결혼하였다. 정재화는 혼인 후 흥은부위라는 칭호를 받았는데 1899년 군주가 공주로 추봉되면서 함께 흥은위(興恩尉)로 추봉되었다.

14) 당랑(堂郞): 같은 관아(官衙)에 있는 당상관(堂上官)과 낭청(郎廳)이다.

15) 서리(書吏): 경각사(京各司)에 속(屬)하는 아전(衙前)의 하나이다.

16) 숙수(熟手): 잔치와 같은 큰일 때의 조리사(調理師). 대령숙수(待令熟手)는 궁중(宮中) 소주방(燒廚房)에 소속(所屬)하여, 궁중(宮中)의 잔치 때 음식(飮食)을 만드는 일을 맡아 하던 남자(男子) 숙수.

3.1 자궁께 올리는 1반(慈宮進御 一盤)

三器 畫器 圓足鍮錚盤

3기의 음식을 화기에 담아 둥근 굽이 달린 유기 쟁반에 차린다.

	음식명	그릇 수	내용
1	미음 (米飮)	1기	大棗米飮 대추미음 回鑾時 白甘米飮 中路 白米飮 淸具 돌아오실 때 백감미음, 가는 도중에는 백미음. 꿀을 갖춘다.
2	고음 (膏飮)	1기	胖 全鰒 陳鷄 紅蛤 소의 양, 전복, 묵은닭, 홍합
3	정과 (正果)	1기	山査 木苽 柚子 冬苽 生梨 生薑 煎藥 산사, 모과, 유자, 동아, 배, 생강, 전약

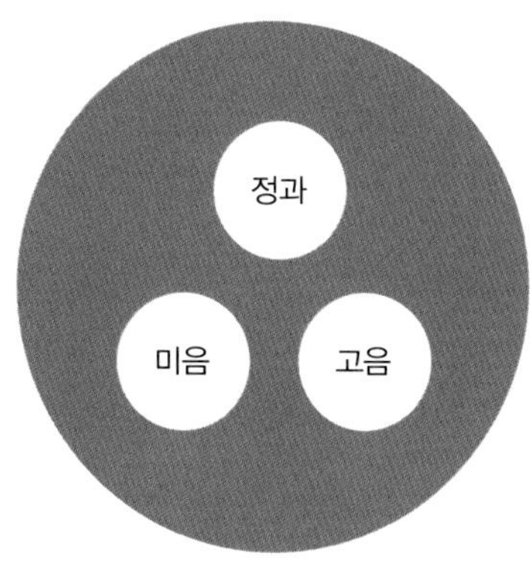

윤2월 9일 자궁께 올린 미음상

3.2 청연군주 청선군주 각 1반(淸衍郡主 淸璿郡主 進止 各 一盤)

每盤 各三器 畫器 圓足鍮錚盤

반마다 각 3기의 음식을 화기에 담아 둥근 굽이 달린 유기 쟁반에 차린다.

	음식명	그릇 수	내용
1	미음 (米飮)	1기	大棗米飮 대추미음 回鑾時 白甘米飮 中路 白米飮 淸具 돌아오실 때 백감미음, 가는 도중에는 백미음. 꿀을 갖춘다.
2	고음 (膏飮)	1기	胖 全鰒 陳鷄 紅蛤 소의 양, 전복, 묵은닭, 홍합
3	정과 (正果)	3기	山査 木苽 柚子 冬苽 生梨 生薑 煎藥 산사, 모과, 유자, 동아, 배, 생강, 전약

4. 궁인[17] 및 내외빈 본소 당상 이하 원역에게 제공된 음식(宮人及內外賓 本所 堂上 以下員役供饋)

初九日 윤2월 9일

十六日 回還時同

윤2월 16일 돌아올 때도 같다.

4.1 궁인 30인[18](宮人三十人)

鍮盒 合盛 大隅板

유기합에 담아서 대우판에 차린다.

반(飯) 3합, 갱(羹) 3합, 채(菜) 3합, 적(炙) 30꼬치(串)

4.2 내빈[19]의 아침밥 1상(內賓早飯一床)

七器 鍮器 黑漆足盤

7기의 음식을 유기에 담아 흑칠족반에 차린다.

---

17) 궁인(宮人): 나인. 고려(高麗)·조선(朝鮮) 시대(時代)에, 궁궐 안에서 왕과 왕비를 가까이 모시는 내명부를 통틀어 이르던 말. 궁인의 벼슬에는 빈(嬪)·귀인(貴人)·소의(昭儀)·숙의(淑儀)·소용(昭容)·소원(昭媛)·숙원(淑媛) 등(等)이 있다.

18) 사람을 세는 단위는 원(員), 인(人), 명(名)으로 기록되어 있는데, 지위의 고하를 구별하였다. 원(員)은 외빈, 본소당상, 낭청, 각신, 장용영제조, 도총관, 내외책응감관, 검서관, 별수가 장관, 본소장교를, 인(人)은 각리, 본소서리, 서사, 궁인을, 명(名)은 고직, 여령 및 악공, 장인 들을 세는 단위로 쓰였다.

반(飯) 1기, 탕(湯) 1기, 조치(助致) 1기, 찬(饌) 3기, 침채(沈菜) 1기, 장(醬) 1기

4.3 외빈 5원(外賓五員)

飯羹鍮器 饌磁器 合盛 大隅板

밥과 갱은 유기에 담고, 찬은 자기에 담아 대우판에 차린다.

반(飯) 5기, 탕(湯) 5기, 찬(饌) 1기, 침채(沈菜) 1기, 장(醬) 1기

4.4 본소 당상[20] 6원, 낭청 2원, 각신[21] 3원, 장용영제조[22] 1원, 도총관[23] 1원 (本所堂上六員郎廳二員閣臣三員壯勇營提調一員都摠管一員)

飯羹鍮器 饌磁器 各盛 小隅板

밥과 갱은 유기에 담고, 찬은 자기에 담아 각각 소우판에 차린다.

반(飯) 1기, 탕(湯) 1기, 찬(饌) 1기, 침채(沈菜) 1기, 장(醬) 1기

4.5 내외책응감관[24] 2원, 검서관[25] 2원, 각리[26] 2인(內外策應監官二員 檢書官二員 閣吏二人)

鍮器 各盛 小隅板

유기에 담는데, 각각을 소우판에 차린다.

반(飯) 1기, 탕(湯) 1기

---

19) 내빈(內賓): 나라에 경사가 있을 때 궁중에서 베푸는 잔치에 참예(參詣)하는 명부(命婦)이다. 명부는 조선 시대 국가로부터 작위를 받은 부인들을 통틀어 일컫는 말로, 여관(女官)으로서 품계를 가진 자이다. 종친의 딸과 아내, 문·무관의 아내들에게 벼슬을 주는데 왕궁과 세자궁에 딸린 내명부(內命婦)와 종실 및 문·무관의 아내인 외명부(外名婦)의 구별이 있었다.

20) 당상(堂上): 문관(文官)은 정3품(正三品) 명선대부(明善大夫)·봉순대부(奉順大夫)·통정대부(通政大夫) 이상(以上), 무관(武官)은 정3품(正三品) 절충(折衝) 장군(將軍) 이상(以上)의 벼슬 계제(階梯). 이례(吏隷)의 상관(上官)에 대(對)한 칭호(稱號)이다.

21) 각신(閣臣): 규장각(奎章閣)의 벼슬아치.

22) 장용영제조(壯勇營提調): 정조 13년에 창설해서 수원부에 베푼 군영 사무장.

23) 도총관(都摠管): 오위도총부의 우두머리.

24) 내외 책응감관(內外策應監官): 군대를 지원하는 기관의 우두머리.

25) 검서관(檢書官): 기록을 점검해 바로잡는 관리.

26) 각리(閣吏): 규장각의 아전.

4.6 별수가장관[27] 20원(別隨駕將官 二十員)

반(飯) 2행담(行擔)[28], 탕(湯) 2동이(東海), 침채(沈菜) 2항(缸).

4.7 본소장교 11원(本所將校十一員)

반(飯) 1행담(行擔), 탕(湯) 1동이(東海).

4.8 본소서리[29] 16인, 서사[30] 1인, 고지기[31] 3명(本所書吏十六人 書寫一人 庫直三名)

반(飯) 2행담(行擔), 탕(湯) 1동이(東海).

시흥참(始興站)

初九日出宮時 宿所十五日還宮時 宿所水剌 假家十間宮人及本所堂上以下供饋

윤2월 9일 출궁 하실 때와 윤2월 15일 궁으로 돌아오실 때는 숙소에서 수라를 잡수시고, 가가(假家) 10간의 궁인 및 본소당상 이하에게 음식을 제공한다.

假家五間設於 始興堂東墻挾門外 畿營擧行行宮塗褙鋪陳 户曹與行郎廳 初一日下直 初三日出站

가가(假家) 5간을 시흥당 동쪽 담장 협문 밖에 설치하고, 경기감영에서는 행궁을 도배하고 앉을 자리를 마련한다. 호조는 거행하고, 낭청이 초하룻날 임금께 작별을 아뢰고 초 3일날 참을 나간다.

---

27) 별수가 장관(別隨駕 將官): 임금의 대가에 수행하는 종 9품인 군영의 초관.
28) 행담(行擔): 길 가는 데 가지고 다니는 작은 상자(箱子). 흔히 싸리나 버들로 결어 만듦.
29) 본소서리(本所書吏): 관아의 문서를 관장하던 아전.
30) 서사(書寫): 글씨를 쓰고 베끼는 사람.
31) 고지기(庫直): 창고·묘·정자 등을 지키는 사람.

5. 주다소반과(晝茶小盤果)

初九日 윤2월 9일

十五日 回鑾時同

윤2월 15일 돌아오실 때와 같다.

5.1 자궁께 올리는 1상(慈宮進御 一床)

十七器 磁器 黑漆足盤 以下盤果盤及器皿同

17기의 음식을 자기에 담아 흑칠족반에 차린다. 이하의 반과상 및 기명은 같다.

	음식명	그릇 수	고임 높이(高)	재료 및 분량
1	각색병 (各色餠)	1기 (器)	5치(寸)	粘米一斗 白米八升 赤豆四升 菉豆三升 大棗實生栗石耳各五升 乾柿三串 眞油實栢子艾各一升 淸生薑各二升 辛甘草末三合 梔子一錢 松古三片 桂皮末一兩 찹쌀 1말, 멥쌀 8되, 팥 4되, 녹두 3되, 대추 5되, 밤 5되, 석이 5되, 곶감 3꼬치, 참기름 1되, 잣 1되, 쑥 1되, 꿀 2되, 생강 2되, 승검초가루 3홉, 치자 1돈, 송기 3조각, 계핏가루 1냥
2	약반 (藥飯)	1기		粘米大棗實生栗各三升 眞油五合 淸一升五合 實栢子艮醬各一合 찹쌀 3되, 대추 3되, 밤 3되, 참기름 5홉, 꿀 1되5홉, 잣 1홉, 간장 1홉
3	면 (麪)	1기		木末三升 菉末五合 生雉一脚 黃肉三兩 鷄卵三箇 胡椒末一夕艮醬一合 메밀가루 3되, 녹말 5홉, 꿩 1각, 쇠고기 3냥, 달걀 3개, 후춧가루 1작, 간장 1홉 回鑾時 粉湯所入 菉末五合 猪肉四兩 黃肉三兩 陳鷄一首 鷄卵十箇 胡椒末一夕 艮醬二合 돌아오실 때 분탕. 재료와 분량: 녹말 5홉, 돼지고기 4냥, 쇠고기 3냥, 묵은닭 1마리, 달걀 10개, 후춧가루 1작, 간장 2홉
4	다식과 (茶食果)	1기	5치	眞末一斗 眞油淸各四升 乾薑末五分 桂皮末一錢 實栢子五合 胡椒末五夕 砂糖一圓 밀가루 1말, 참기름 4되, 꿀 4되, 생강가루 5푼, 계핏가루 1돈, 잣 5홉, 후춧가루 5작, 사탕 1원
5	각색감사과 (各色甘絲果)	1기	4치	粘米實荏子實栢子眞油各一升 細乾飯九合 黑荏子淸各五合 松花一合 芝草八兩 辛甘草末二合 粘租五升 白糖一斤八兩 酒一甁 찹쌀 1되, 실깨 1되, 잣 1되, 참기름 1되, 세건반 9홉, 흑임자 5홉, 꿀 5홉, 송화 1홉, 지초 8냥, 승검초가루 2홉, 찰나락 5되, 백당 1근 8냥, 술 1병
6	각색다식 (各色茶食)	1기	4치	黃栗黑荏子松花葛粉各二升五合 臙脂三椀 淸一升六合 五味子三合 말린 밤 2되5홉, 흑임자 2되5홉, 송화 2되5홉, 칡전분 2되5홉, 연지 3사발, 꿀 1되6홉, 오미자 3홉

계속

	음식명	그릇 수	고임 높이(高)	재료 및 분량
7	각색당 (各色糖)	1기	4치	八寶糖 門冬糖 玉春糖 人蔘糖 靑梅糖 菓子糖 氷糖 乾葡萄 橘餠 閩薑 鹿茸膏 合四斤 팔보당, 문동당, 옥춘당, 인삼당, 청매당, 과자당, 빙당, 건포도, 귤병, 민강, 녹용고를 합하여 4근
8	조란 율란 산약 준시 강고 (棗卵 栗卵 山藥 蹲柿 薑膏)	1기	4치	大棗黃栗實栢子各五升 桂皮末三錢 淸三升 山藥一丹 蹲柿五十箇 生薑二升 대추 5되, 말린 밤 5되, 잣 5되, 계핏가루 3돈, 꿀 3되, 마 1단, 곶감 50개, 생강 2되
9	생리 유자 석류 생률 (生梨 柚子 石榴 生栗)	1기		生利石榴各八箇 柚子十五箇 生栗一升 배 8개, 석류 8개, 유자 15개, 밤 1되 回鑾時 生栗代唐榴子二箇 柑子十五箇 돌아오실 때 밤 대신 당유자 2개, 감귤 15개
10	각색정과 (各色正果)	1기	3치	蓮根七本 山査三升五合 柑子柚子生梨木苽各四箇 冬苽四片 生薑一升五合 淸二升二合 연근 7뿌리, 산사 3되5홉, 감귤 4개, 유자 4개, 배 4개, 모과 4개, 동아 4조각, 생강 1되5홉, 꿀 2되2홉
11	수정과 (水正果)	1기		生梨七箇 淸五合 胡椒五夕 배 7개, 꿀 5홉, 후추 5작
12	생치탕 (生雉湯)	1기		生雉一首 黃肉八兩 淸根一箇 蒖古一合 多士麻一立 艮醬二合 꿩 1마리, 쇠고기 8냥, 무 1개, 표고버섯 1홉, 다시마 1립, 간장 2홉 回鑾時 間莫只湯所入 猪間莫只一部 黃肉一斤 陳鷄半首 鷄卵十五箇 眞油二合 胡椒末實栢子各一夕 醢水一合 돌아오실 때 간막기탕. 재료와 분량: 돼지간막기 1부, 쇠고기 1근, 묵은닭 ½마리, 달걀 15개, 참기름 2홉, 후춧가루 1작, 잣 1작, 젓국 1홉
13	열구자탕 (悅口資湯)	1기		黃肉一斤 熟肉猪肉各八兩 胖半半部 昆者巽腰骨各一部 頭骨猪胞各半部 陳鷄半首 秀魚半尾 全鰒靑苽各一箇 海蔘五箇 蒖古二合 朴古之二吐里 蔓菁三箇 生雉半首 鷄卵十五箇 菉末眞油各五合 實栢子胡椒末各二夕 生薑二角 生蔥二丹 水芹半丹 艮醬三合 쇠고기 1근, 숙육 8냥, 돼지고기 8냥, 소의 양 ¼부, 곤자소니 1부, 등골 1부, 두골 ½부, 저포 ½부, 묵은닭 ½마리, 숭어 ½마리, 전복 1개, 오이 1개, 해삼 5개, 표고버섯 2홉, 박고지 2토리, 순무 3개, 꿩 ½마리, 달걀 15개, 녹말 5홉, 참기름 5홉, 잣 2작, 후춧가루 2작, 생강 2뿔, 파 2단, 미나리 ½단, 간장 3홉
14	각색전유화 (各色煎油花)	1기	4치	秀魚三尾 肝二斤 胖三斤 生雉二首 鷄卵一百箇 眞油三升 眞末菉末木末各二升 鹽七合 숭어 3마리, 간 2근, 소의 양 3근, 꿩 2마리, 달걀 100개, 참기름 3되, 밀가루 2되, 녹말 2되, 메밀가루 2되, 소금 7홉 回鑾時 海蔘煎所入 海蔘七十箇 全鰒鷄卵各三十箇 猪脚一部 黃肉一斤 陳鷄一首 淸三合 生薑實栢子各一合 生葱二丹 眞油菉末各一升 胡椒末艮醬各二夕 돌아오실 때 해삼전. 재료와 분량: 해삼 70개, 전복 30개, 달걀 30개, 돼지다리 1부, 쇠고기 1근, 묵은닭 1마리, 꿀 3홉, 생강 1홉, 잣 1홉, 파 2단, 참기름 1되, 녹말 1되, 후춧가루 2작, 간장 2작
15	편육 (片肉)	1기	4치	陽支頭一部半 猪胞五部 양지머리 1½부, 저포 5부

계속

	음식명	그릇 수	고임 높이(高)	재료 및 분량
16	연계증 (軟鷄蒸)	1기		軟鷄二十五首 黃肉二斤 蕈古眞末各二合 石耳生薑各一合 生葱二丹 菉末眞油各五合 鷄卵十箇 胡椒末五夕 實栢子二夕 艮醬三合 연계 25마리, 쇠고기 2근, 표고버섯 2홉, 밀가루 2홉, 석이 1홉, 생강 1홉, 파 2단, 녹말 5홉, 참기름 5홉, 달걀 10개, 후춧가루 5작, 잣 2작, 간장 3홉 回鑾時 雜蒸所入 猪脚昆者巽各一部 生雉一首 胖半半部 黃肉一斤 全鰒海蔘各五箇 朴古之五吐里 蕈古二合 水芹一丹 菁根二箇 生葱五丹 胡椒末五夕 鷄卵十箇 眞油醢水各五合 實栢子一合 돌아오실 때 잡증. 재료와 분량: 돼지다리 1부, 곤자소니 1부, 꿩 1마리, 소의 양 ¼부, 쇠고기 1근, 전복 5개, 해삼 5개, 박고지 5토리, 표고버섯 2홉, 미나리 1단, 무2개, 파 5단, 후춧가루 5작, 달걀 10개, 참기름 5홉, 젓국 5홉, 잣 1홉
17	생복회 (生鰒膾)	1기	4치	生鰒一百箇 生薑五合 生葱五丹 苦草三十箇 생복 100개, 생강 5홉, 파 5단, 고추 30개 回鑾時 各色魚菜所入 秀魚三尾 胖一斤 全鰒二箇 海蔘五箇蕈古石耳各一合 辛甘草一握 돌아오실 때 각색어채. 재료와 분량: 숭어 3마리, 소의 양 1근, 전복 2개, 해삼 5개, 표고버섯 1홉, 석이 1홉, 승검초 1줌
	청 (淸)	1기		淸三合 꿀 3홉
	초장 개자 (醋醬 芥子)	각1기		艮醬醋各二合 芥子一合 實栢子淸鹽各一夕 간장 2홉, 초 2홉, 겨자 1홉, 잣 1작, 꿀 1작, 소금 1작
	상화 (床花)	11개 (箇)		小水波蓮 紅桃別三枝花各一箇 紅桃建花二箇 紅桃間花三箇 紙間花四箇 소수파련 1개, 홍도별삼지화 1개, 홍도건화 2개, 홍도간화 3개, 지간화 4개

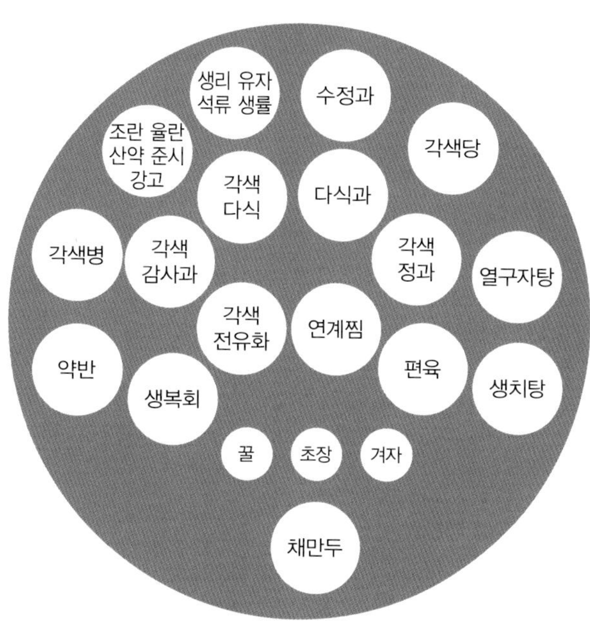

윤2월 9일 자궁께 올린 주다소반과

5.2 대전께 올리는 1상(大殿進御 一床)

八器磁器 黑漆足盤 以下盤果盤及器皿同 床花進饌時外 各站並不磨鍊

8기의 음식을 자기에 담아 흑칠족반에 차린다. 이하의 반과반 및 기명은 같은데, 상화는 진찬 때 외에는 각 참 모두 준비하지 않는다.

	음식명	그릇 수	고임 높이(高)	재료 및 분량
1	각색병 (各色餠)	1기 (器)	5치(寸)	粘米一斗 白米八升 赤豆四升 菉豆三升 大棗實生栗石耳各五升 乾柿三串 眞油實栢子艾各一升 淸生薑各二升 辛甘草末三合 梔子一錢 松古三片 桂皮末一兩 찹쌀 1말, 멥쌀 8되, 팥 4되, 녹두 3되, 대추 5되, 밤 5되, 석이 5되, 곶감 3꼬치, 참기름 1되, 잣 1되, 쑥 1되, 꿀 2되, 생강 2되, 승검초가루 3홉, 치자 1돈, 송기 3조각, 계핏가루 1냥
2	약반 (藥飯)	1기		粘米大棗實生栗各三升 眞油五合 淸一升五合 實栢子艮醬各一合 찹쌀 3되, 대추 3되, 밤 3되, 참기름 5홉, 꿀 1되5홉, 잣 1홉, 간장 1홉
3	면 (麪)	1기		木末三升 菉末五合 生雉一脚 黃肉三兩 鷄卵三介 艮醬一合 胡椒末一夕 메밀가루 3되, 녹말 5홉, 꿩 1각, 쇠고기 3냥, 달걀 3개, 간장 1홉, 후춧가루 1작 回鑾時 粉湯所入 菉末五合 黃肉三兩 猪肉四兩 陳鷄一首 鷄卵十箇 胡椒末一夕 艮醬二合 돌아오실 때 분탕. 재료와 분량: 녹말 5홉, 쇠고기 3냥, 돼지고기 4냥, 묵은닭 1마리, 달걀 10개, 후춧가루 1작, 간장 2홉
4	다식과 (茶食果)	1기	3치	眞末六升 眞油淸各二升四合 黃栗大棗各一升 乾薑末桂皮末各五分 乾柿七箇 胡椒末五夕 實栢子三合 砂糖半圓 밀가루 6되, 참기름 2되4홉, 꿀 2되 4홉, 말린 밤 1되, 대추 1되, 생강가루 5푼, 계핏가루 5푼, 곶감 7개, 후춧가루 5작, 잣 3홉, 사탕 ½원
5	각색당 (各色糖)	1기	3치	八寶糖 門冬糖 玉春糖 人蔘糖 靑梅糖 菓子糖 五花糖 砂糖 乾葡萄 橘餠 蜜棗 閩薑 鹿茸膏 合三斤 팔보당, 문동당, 옥춘당, 인삼당, 청매당, 과자당, 오화당, 사탕, 건포도, 귤병, 밀조, 민강, 녹용고를 합하여 3근
6	각색정과 (各色正果)	1기	2치	蓮根五本 山査三升 柑子五箇 柚子生梨木苽各三箇 冬苽三片 生薑淸各一升 연근 5뿌리, 산사 3되, 감귤 5개, 유자 3개, 배 3개, 모과 3개, 동아 3조각, 생강 1되, 꿀 1되
7	열구자탕 (悅口資湯)	1기		黃肉一斤 熟肉猪肉各八兩 胖半半部 昆者巽腰骨各一部 頭骨猪胞各半部 全鰒靑苽各一箇 海蔘五箇 蒿古二合 朴古之二吐里 蔓菁三箇 鷄卵十五箇 菉末眞油各五合 實栢子胡椒末各二夕 生薑二角 生葱二丹 水芹半丹 艮醬三合 쇠고기 1근, 숙육 8냥, 돼지고기 8냥, 소의 양 ¼부, 곤자소니 1부, 등골 1부, 두골 ½부, 저포 ½부, 전복 1개, 오이 1개, 해삼 5개, 표고버섯 2홉, 박고지 2토리, 순무 3개, 달걀 15개, 녹말 5홉, 참기름 5홉, 잣 2작, 후춧가루 2작, 생강 2뿔, 생파 2단, 미나리 ½단, 간장 3홉

계속

	음식명	그릇 수	고임 높이(高)	재료 및 분량
8	편육 (片肉)	1기	3치	陽支頭一部 猪胞三部 양지머리 1부, 저포 3부
	청 (淸)	1기		淸三合 꿀 3홉
	초장 (醋醬)	1기		艮醬二合 醋一合 實栢子一夕 간장 2홉, 초 1홉, 잣 1작

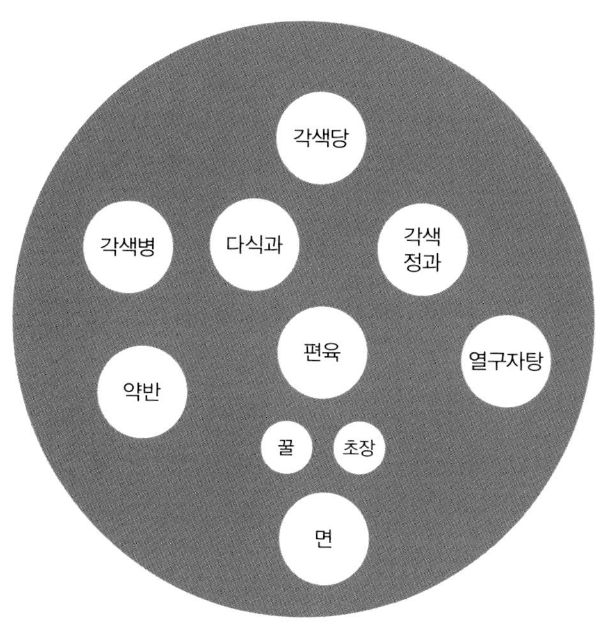

윤2월 9일 자궁께 올린 주다소반과

5.3 청연군주, 청선군주 각 1상

每床 各八器

상마다 각 8기

床花 各四箇

상화 각 4개

紅桃別三枝花間花各一箇 紅桃建花二箇

홍도별삼지화 1개, 간화 1개, 홍도건화 2개

6. 석수라(夕水剌)

初十日 朝水剌 十五日 回鑾時 夕水剌 十六日 朝水剌 並同

윤2월 10일 조수라와 윤2월 15일 돌아오실 때의 석수라 및 윤2월 16일 조수라 모두 같다.

6.1 자궁께 올리는 1상(慈宮進御 一床)

十四器 元盤十一器 銀器 挾盤三器 畵器 黑漆足盤

14기로 원반에는 11기의 음식을 은기에 담고, 협반에는 3기의 음식을 화기에 담아 흑칠족반에 차린다.

	구분	음식명	그릇 수	내용
1	원반(元盤)	반(飯)	1기	赤豆水和炊 팥물로 지은 밥
2		갱(羹)	1기	明太湯 명태탕 初十日 早水剌 骨湯 2월 10일 조수라 골탕 回鑾時 十五日 夕水剌 雜湯 十六日 朝水剌 骨饅頭 돌아오실 때의 2월 15일 석수라에는 잡탕, 2월 16일 조수라에는 골만두
3, 4		조치(助致)	2기	雜醬煎 水盞脂 잡장전, 수잔지 初十日 朝水剌 生鰒蒸 胖卜只 2월 10일 조수라에는 생복찜, 양볶기 回鑾時 十五日 夕水剌 蟹湯 鳳充蒸 十六日 朝水剌 秀魚醬蒸 軟鷄蒸 돌아오실 때의 2월 15일 석수라에는 게탕, 봉충찜, 2월 16일 조수라에는 숭어장증, 연계찜
5		구이(炙伊)	1기	胖 錦鱗魚 生蟹 소의 양, 쏘가리, 생게 初十日 朝水剌 軟鷄 鮒魚 2월 10일 조수라에는 연계, 붕어 回鑾時 十五日 夕水剌 生雉 生鰒 十六日 朝水剌 秀魚 腰骨 雜炙 돌아오실 때의 2월 15일 석수라에는 꿩, 생복, 2월 16일 조수라에는 숭어, 등골, 잡적
6		편육(片肉)	1기	陽支頭 牛舌 猪胞 양지머리, 우설, 저포 初十日 朝水剌 煎油花 2월 10일 조수라에는 전유어 回鑾時 十五日 夕水剌 華陽炙 十六日 朝水剌 生鰒膾 돌아오실 때의 2월 15일 석수라에는 화양적, 2월 16일 조수라에는 생복회
7		좌반(佐飯)	1기	民魚魚脯 藥脯 藥乾雉 肉醬 細醬 全鰒包 乾雉包 不鹽民魚 鹽脯 鹽乾雉 甘醬炒 銀口魚 민어어포, 약포, 약건치, 육장, 세장, 전복쌈, 건치쌈, 불염민어, 염포, 염건치 감장초, 은어
8		해(醢)	1기	鰕卵 明太卵 大口卵 細鰕 倭魴魚 鰊魚卵 藥蟹醢 새우알, 명태알, 대구알, 세하, 왜방어, 연어알, 약게젓
9		채(菜)	1기	雜菜 잡채 初十日 朝水剌 桔茰熟菜 2월 10일 조수라에는 도라지숙채 回鑾時 十五日 夕水剌 水芹生菜 十六日 朝水剌 菁根熟菜 돌아오실 때의 2월 15일 석수라에는 미나리생채, 2월 16일 조수라에는 무숙채

계속

	구분	음식명	그릇 수	내용
10	원반(元盤)	침채(沈菜)	1기	水芹 미나리 初十日 朝水剌 冬苽醋 2월 10일 조수라: 동아초 回鑾時 十五日 夕水剌 交沈菜 돌아오실 때의 2월 15일 석수라에는 섞박지
11		담침채(淡沈菜)	1기	菁根 무
		장(醬)	3기	艮醬 醋醬 苦椒醬 간장, 초장, 고추장 初十日 朝水剌 苦椒醬代水醬蒸 2월 10일 조수라에는 고추장 대신 수장증 回鑾時 十六日 朝水剌 水醬蒸代蟹醬 돌아오실 때의 2월 16일 조수라에는 수장증 대신 게장
12	협반(挾盤)	탕(湯)	1기	雜湯 잡탕 初十日 朝水剌 醋鷄湯 2월 10일 조수라에는 초계탕 回鑾時 十五日 夕水剌 搥鰒湯 돌아오실 때의 2월 15일 석수라에는 추복탕
13		어만두(魚饅頭)	1기	魚饅頭 어만두 初十日 朝水剌 肉膾 2월 10일 조수라에는 육회 回鑾時 十五日 夕水剌 骨蒸 十六日 朝水剌 乫飛蒸 돌아오실 때의 2월 15일 석수라에는 골찜, 2월 16일 조수라에는 갈비찜
14		각색적(各色炙)	1기	黃肉 牂 豆太 腰骨 猪肉 生雉 松耳煎醬 鮒魚 쇠고기, 소의 양, 콩팥, 등골, 돼지고기, 꿩, 송이전장, 붕어 初十日 朝水剌 猪乫飛 靑魚 2월 10일 조수라에는 돼지갈비, 청어 回鑾時 十五日 夕水剌 猪乫飛 大蛤 十六日 朝水剌 牛足 錦鱗魚 돌아오실 때의 2월 15일 석수라에는 돼지갈비, 대합, 2월 16일 조수라에는 우족, 쏘가리

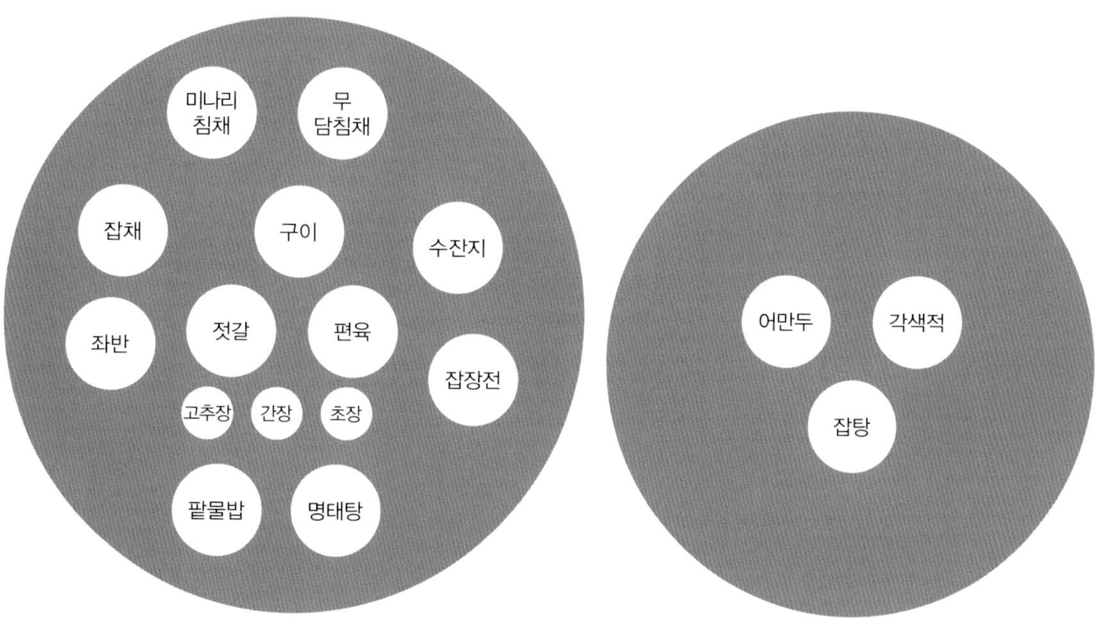

윤2월 9일 자궁께 올린 석수라

6.2 대전께 올리는 1상(大殿進御 一床)

七器 鍮器 黑漆足盤

7기의 음식을 유기에 담아 흑칠족반에 차린다.

	음식명	그릇 수	내용
1	반 (飯)	1기	赤豆水和炊 팥물로 지은 밥
2	갱 (羹)	1기	明太湯 명태탕 初十日 早水刺 骨湯 2월 10일 조수라에는 골탕 回鑾時 十五日 夕水刺 雜湯 十六日 朝水刺 骨饅頭 돌아오실 때의 2월 15일 석수라에는 잡탕, 2월 16일 조수라에는 골만두
3	조치 (助致)	1기	雜醬煎 잡장전 十日 朝水刺 生鰒蒸 2월 10일 조수라에는 생복찜 回鑾時 十五日 夕水刺 鳳充蒸 十六日 朝水刺 軟鷄蒸 돌아오실 때의 2월 15일 석수라에는 봉충찜, 2월 16일 조수라에는 연계찜
4	구이 (灸伊)	1기	䏙 錦鱗魚 生蟹 소의 양, 쏘가리, 생게 初十日 朝水刺 軟鷄 鮒魚 2월 10일 조수라에는 연계, 붕어 回鑾時 十五日 夕水刺 生雉 生鰒 十六日 朝水刺 秀魚 腰骨 雜炙 돌아오실 때의 2월 15일 석수라에는 꿩, 생복, 2월 16일 조수라에는 숭어, 등골, 잡적
5	좌반 (佐飯)	1기	民魚魚脯 藥脯 藥乾雉 肉醬 細醬 全鰒包 乾雉包 不鹽民魚 鹽脯 鹽乾雉 甘醬炒 민어어포, 약포, 약건치, 육장, 세장, 전복쌈, 건치쌈, 불염민어, 염포, 염건치, 감장초
6	해 (醢)	1기	鰕卵 明太卵 大口卵 細鰕 倭魴魚 鰱魚卵 鷄卵醢 새우알, 명태알, 대구알, 세하, 왜방어, 연어알, 달갈해 回鑾時 十六日 朝水刺 生鰒膾 돌아오실 때의 2월 16일 조수라에는 생복회
7	담침채 (淡沈菜)	1기	菁根 무
	장 (醬)	2기	艮醬 苦椒醬煎 간장, 고추장전 初十日 朝水刺 苦椒醬代水醬蒸 2월 10일 조수라에는 고추장 대신 수장증 回鑾時 十六日 朝水刺 水醬蒸代蟹醬 돌아오실 때의 2월 16일 조수라에는 수장증 대신 게장

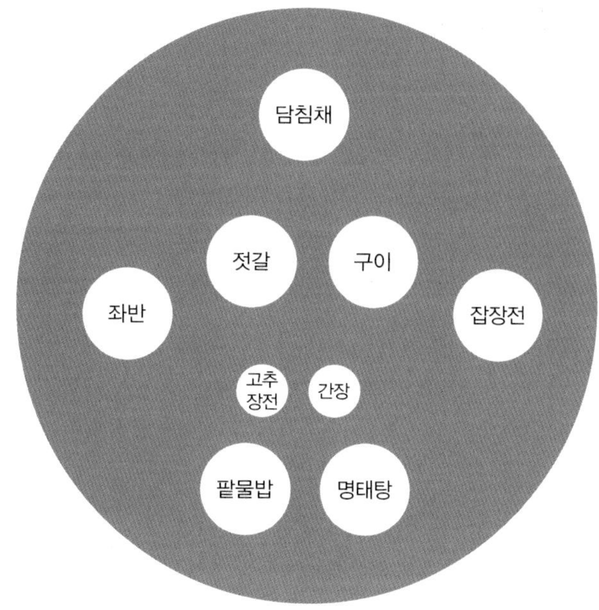

윤2월 9일 대전께 올린 석수라

6.3 청연군주, 청선군주 진지 각 1상(淸衍郡主 淸璿郡主 進止 各 一床)

每床 各 七器

상마다 각 7기

7. 야다소반과(夜茶小盤果)

初九日

윤2월 9일

十五日 回鑾時同

돌아오실 때의 윤2월 15일 야다소반과도 같다.

7.1 자궁께 올리는 1상(慈宮進御 一床)

十二器

12기

	음식명	그릇 수	고임 높이(高)	재료 및 분량
1	각색병 (各色餠)	1기 (器)	5치(寸)	粘米一斗 白米八升 赤豆四升 菉豆三升 大棗實生栗石耳各五升 乾柿三串 眞油實栢子艾各一升 淸生薑各二升 辛甘草末三合 梔子一錢 松古三片 桂皮末一兩 찹쌀 1말, 멥쌀 8되, 팥 4되, 녹두 3되, 대추 5되, 밤 5되, 석이 5되, 곶감 3꼬치, 참기름 1되, 잣 1되, 쑥 1되, 꿀 2되, 생강 2되, 승검초가루 3홉, 치자 1돈, 송기 3조각, 계핏가루 1냥
2	채만두 (菜饅頭)	1기		木末一升 生雉一首 黃肉三兩 水芹一丹 胡椒一夕 眞油二合 生葱二丹 生薑一角 메밀가루 1되, 꿩 1마리, 쇠고기 3냥, 미나리 1단, 후추 1작, 참기름 2홉, 파 2단, 생강 1뿔
3	만두과 (饅頭果)	1기	5치	眞末一斗 眞油淸各四升 實栢子五合 乾薑末五分 桂皮末一錢 胡椒末五夕 砂糖一圓 밀가루 1말, 참기름 4되, 꿀 4되, 잣 5홉, 생강가루 5푼, 계핏가루 1돈, 후춧가루 5작, 사탕 1원
4	각색연사과 (各色軟絲果)	1기	4치	粘米實栢子各二升 粘租一斗 眞油二升三合 芝草八兩 白糖一斤八兩 淸五合 酒一甁 찹쌀 2되, 잣 2되, 찰나락 1말, 참기름 2되 3홉, 지초 8냥, 백당 1근 8냥, 꿀 5홉, 술 1병
5	각색당 (各色糖)	1기	4치	八寶糖 門冬糖 玉春糖 人蔘糖 靑梅糖 菓子糖 氷糖 乾葡萄 橘餠 閩薑 鹿茸膏 合四斤 팔보당, 문동당, 옥춘당, 인삼당, 청매당, 과자당, 빙당, 건포도, 귤병, 민강, 녹용고를 합하여 4근
6	용안 여지 (龍眼 荔支)	1기	4치	龍眼荔支各二斤 용안 2근, 여지 2근 回鑾時 加排棗卵栗卵薑果所入 大棗黃栗各五升 生薑實栢子各二升 胡椒一合 淸一升 돌아오실 때 조란, 율란, 강과를 더 놓는다. 재료와 분량: 대추 5되, 말린 밤 5되, 생강 2되, 잣 2되, 후추 1홉, 꿀 1되
7	각색정과 (各色正果)	1기	3치	蓮根七本 山査三升五合 柑子柚子生梨各四箇 冬苽四片 生薑一升五合 淸二升二合 연근 7뿌리, 산사 3되5홉, 감귤 4개, 유자 4개, 배 4개, 동아 4조각, 생강 1되 5홉, 꿀 2되2홉
8	화채 (花菜)	1기		生梨四箇 石榴柚子各一箇 淸三合 燕脂一椀 實栢子一夕 배 4개, 석류 1개, 유자 1개, 꿀 3홉, 연지 1사발, 잣 1작 回鑾時 生梨八箇 石榴七箇 柑子十五箇 돌아오실 때, 배 8개, 석류 7개, 감귤 15개

계속

	음식명	그릇 수	고임 높이(高)	재료 및 분량
9	별잡탕 (別雜湯)	1기		黃肉熟肉胖昆者巽猪胞生猪肉熟猪肉各二兩 頭骨半部 秀魚半半尾 陳鷄一脚 海蔘鷄卵各二箇 全鰒菁根各一箇 靑苽半箇 朴古之一吐里 水芹半丹 眞油艮醬各一合 菉末蘑古各五夕 實栢子二合 胡椒末二夕 쇠고기 2냥, 숙육 2냥, 소의 양 2냥, 곤자소니 2냥, 저포 2냥, 돼지고기 2냥, 숙저육 2냥, 두골 ½부, 숭어 ¼마리, 묵은닭 1각, 해삼 2개, 달걀 2개, 전복 1개, 무 1개, 오이 ½개, 박고지 1토리, 미나리 ½단, 참기름 1홉, 간장 1홉, 녹말 5작, 표고버섯 5작, 잣 2홉, 후춧가루 2작 回鑾時 煎鐵所入 牛臀一部 牛心肉猪心肉各二部 胖半部 豆太一隻 生雉二首 菁根菁苽各二箇 朴古只五吐里 菉豆長音菁笋桔莄煎醬艮醬各一升 水芹一丹 生薑五合 生葱三十丹 鷄卵三十箇 眞油三升 實栢子一合 蘑古胡椒末各二合 乾麪四吐里 돌아오실 때 전철. 재료와 분량: 우둔 1부, 우심육 2부, 저심육 2부, 소의 양 ½부, 콩팥 1척, 꿩 2마리, 무 2개, 오이 2개, 박고지 5토리, 숙주 1되, 무순 1되, 도라지 1되, 전장 1되, 간장 1되, 미나리 1단, 생강 5홉, 생파 30단, 달걀 30개, 참기름 3되, 잣 1홉, 표고버섯 2홉, 후춧가루 2홉, 건면 4토리
10	각색화양적 (各色華陽炙)	1기	4치	牛臀一部 胖半半部 昆子巽腰骨各三部 全鰒十箇 海蔘二十箇 秀魚二尾 猪肉四兩 桔莄一丹 生葱三十丹 鷄卵三十箇 眞油二升 實荏子眞末各五合 胡椒末二夕 大蛤五十箇 蘑古石耳實栢子生薑各一合 우둔 1부, 소의 양¼부, 곤자소니 3부, 등골 3부, 전복 10개, 해삼 20개, 숭어 2마리, 돼지고기 4냥, 도라지 1단, 파 30단, 달걀 30개, 참기름 2되, 실깨 5홉, 밀가루 5홉, 후춧가루 2작, 대합 50개, 표고버섯 1홉, 석이 1홉, 잣 1홉, 생강 1홉 回鑾時 各色煎油花所入 秀魚三尾 肝二斤 胖三斤 生雉二首 鷄卵一百箇 眞油三升 眞末菉豆木末各一升五合 鹽七合 돌아오실 때 각색전유어. 재료와 분량: 숭어 3마리, 간 2근, 소의 양 3근, 꿩 2마리, 달걀 100개, 참기름 3되, 밀가루 1되5홉, 녹말 1되5홉, 메밀가루 1되5홉, 소금 7홉
11	편육 (片肉)	1기	3치	陽支頭牛頭各半部 牛舌一部 猪頭二部 猪脚一部 양지머리 ½부, 쇠머리 ½부, 우설 1부, 돼지머리 2부, 돼지다리 1부
12	연저증 (軟猪蒸)	1기		軟猪一口 牛心肉半部 猪心肉二部 鷄卵十箇 陳鷄生雉各一首 生葱三丹 生薑二角 胡椒末一夕 眞油艮醬各五合 實栢子石耳蘑古各一合 眞末三合 연저 1마리, 우심육 ½부, 저심육 2부, 달걀 10개, 묵은닭 1마리, 꿩 1마리, 파 3단, 생강 2뿔, 후춧가루 1작, 참기름 5홉, 간장 5홉, 잣 1홉, 석이 1홉, 표고버섯 1홉, 밀가루 3홉 回鑾時 截肉所入 廣魚四尾 文魚一尾 烏賊魚鹽脯藥脯各三貼 鹽乾雉四首 藥乾雉二首 全鰒一串 大鰕五十箇 江瑤柱一貼 魚脯四貼 實栢子一升 돌아오실 때 절육. 재료와 분량: 광어 4마리, 문어 1마리, 오징어 3첩, 염포 3첩, 약포 3첩, 염건치 4마리, 약건치 2마리, 전복 1꼬치, 대하 50개, 강요주[32] 1첩, 어포 4첩, 잣 1되

계속

32) 강요주(江瑤柱): 돌조개과에 딸린 바닷조개의 일종. 길이는 5㎝ 폭은 3.5㎝ 정도의 살조개. 전라도와 충청도에서 날씨가 추울 때에 해구(海口)의 조수(潮水) 머리 개흙 바닥에 물이 줄어들고 진흙이 드러난 곳에서 잡히며, 그 맛이 특별하여 진상(進上)하였다.

	음식명	그릇 수	고임 높이(高)	재료 및 분량
	청 (淸)	1기		淸三合 꿀 3홉
	초장 개자 (醋醬 芥子)	각1기		艮醬醋各二合 芥子一合 實栢子淸鹽各一夕 간장 2홉, 초 2홉, 겨자 1홉, 잣 1작, 꿀 1작, 소금 1작
	상화 (床花)	9개 (箇)		小水波蓮一箇 紅桃別三枝花二箇 紅桃建花間花各三箇 소수파련 1개, 홍도별삼지화 2개, 홍도건화 3개, 간화 3개

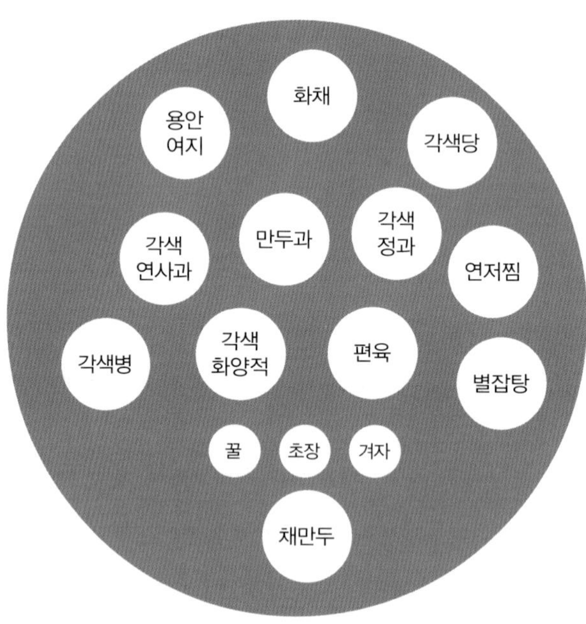

윤2월 9일 자궁께 올린 야다소반과

7.2 대전께 올리는 1상(大殿進御 一床)

七器

7기

	음식명	그릇 수	고임 높이(高)	재료 및 분량
1	각색병 (各色餠)	1기 (器)	5치(寸)	粘米一斗 白米八升 赤豆四升 菉豆三升 大棗實生栗石耳各五升 乾柿三串 眞油實栢子艾各一升 淸生薑各二升 辛甘草末三合 梔子一錢 松古三片 桂皮末一兩 찹쌀 1말, 멥쌀 8되, 팥 4되, 녹두 3되, 대추 5되, 밤 5되, 석이 5되, 곶감 3꼬치, 참기름 1되, 잣 1되, 쑥 1되, 꿀 2되, 생강 2되, 승검초가루 3홉, 치자 1돈, 송기 3조각, 계핏가루 1냥
2	채만두 (菜饅頭)	1기		木末一升 生雉一首 黃肉三兩 水芹一丹 胡椒一夕 眞油二合五夕 生葱二丹 生薑一角 메밀가루 1되, 꿩 1마리, 쇠고기 3냥, 미나리 1단, 후추 1작, 참기름 2홉 5작, 생파 2단, 생강 1뿔
3	만두과 (饅頭果)	1기	3치	眞末六升 眞油淸各二升四合 實栢子三合 乾薑末桂皮末各五分 胡椒末三夕 砂糖半圓 밀가루 6되, 참기름 2되4홉, 꿀 2되4홉, 잣 3홉, 생강가루 5푼, 계핏가루 5푼, 후춧가루 3작, 사탕 ½원 回鑾時 軟絲果 粘米實栢子各二升 粘租一斗 眞油二升三合 芝草八兩 白糖一斤八兩 淸五合 酒一甁 돌아오실 때 연사과. 찹쌀 2되, 잣 2되, 찰나락 1말, 참기름 2되3홉, 지초 8냥, 백당 1근8냥, 꿀 5홉, 술 1병
4	각색당 (各色糖)	1기	3치	八寶糖 門冬糖 玉春糖 人蔘糖 靑梅糖 菓子糖 砂糖 乾葡萄 橘餠 閩薑 鹿茸膏 合三斤 팔보당, 문동당, 옥춘당, 인삼당, 청매당, 과자당, 사탕, 건포도, 귤병, 민강, 녹용고를 합하여 3근
5	각색정과 (各色正果)	1기	2치	蓮根五本 山査三升 柑子五箇 柚子生梨各三箇 冬苽三片 生薑淸各一升 연근 5뿌리, 산사 3되, 감귤 5개, 유자 3개, 배 3개, 동아 3조각, 생강 1되, 꿀 1되
6	별잡탕 (別雜湯)	1기		黃肉熟肉胖昆者巽猪胞生猪肉熟猪各肉二兩 頭骨半部 秀魚半半尾 陳鷄一脚 海蔘鷄卵各二箇 全鰒菁根各一箇 靑苽半箇 朴古之一吐里 水芹半丹 眞油艮醬各一合 菉末蕈古各五夕 實栢子二合 胡椒末二夕 쇠고기 2냥, 숙육 2냥, 소의 양 2냥, 곤자소니 2냥, 저포 2냥, 돼지고기 2냥, 숙저육 2냥, 두골 ½부, 숭어 ¼마리, 묵은닭 1각, 해삼 2개, 달걀 2개, 전복 1개, 무 1개, 오이 ½개, 박고지 1토리, 미나리 ½단, 참기름 1홉, 간장 1홉, 녹말 5작, 표고버섯 5작, 잣 2홉, 후춧가루 2작 回鑾時 煎鐵所入 牛臀一部 牛心肉一部 猪心肉二部 胖半部 豆太一隻 生雉二首 菁根三丹 朴古只五吐里 菉豆長音菁筍桔莄煎醬艮醬各一升 水芹一丹 生薑五合 生葱三十丹 鷄卵三十箇 眞油三升 靑苽二箇 實栢子一合 蕈古胡椒末各二合 乾麪四沙里 돌아오실 때 전철. 재료와 분량: 우둔 1부, 우심육 1부, 저심육 2부, 소의 양 ½부, 콩팥 1척, 꿩 2마리, 무 3단, 박고지 5토리, 숙주 1되, 무순 1되, 도라지 1되, 전장 1되, 간장 1되, 미나리 1단, 생강 5홉, 파 30단, 달걀 30개, 참기름 3되, 오이 2개, 잣 1홉, 표고버섯 2홉, 후춧가루 2홉, 건면 4사리

계속

	음식명	그릇 수	고임 높이(高)	재료 및 분량
7	편육 (片肉)	1기	3치	陽支頭一部 牛舌一部 猪頭一部 猪脚一部 양지머리 1부, 우설 1부, 돼지머리 1부, 돼지다리 1부
	청 (淸)	1기		淸三合 꿀 3홉
	초장 (醋醬)	1기		艮醬二合 醋一合 實栢子一夕 간장 2홉, 초 1홉, 잣 1작

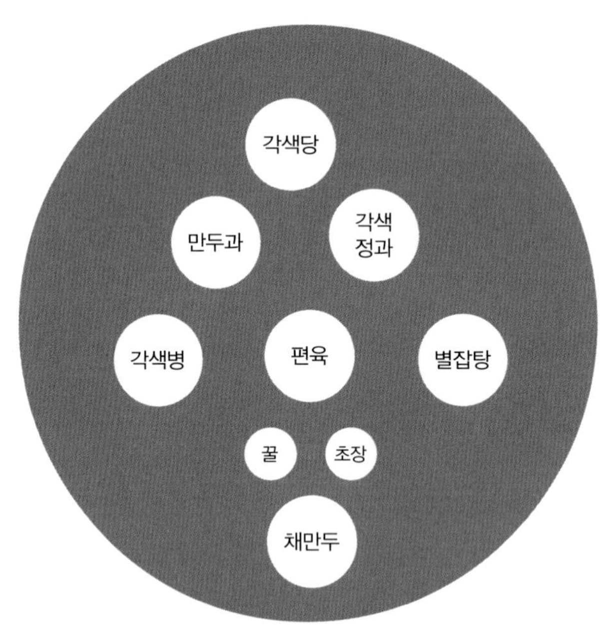

윤2월 9일 대전께 올린 야다소반과

7.3 청연군주, 청선군주 각 1상(淸衍郡主 淸璿郡主 進止 各 一床)

每床 各七器

상마다 각 7기

床花 各四箇

상화 각 4개

紅桃別建花二箇 紅桃間花紙間花各一箇

홍도별건화 2개, 홍도간화 1개, 지간화 1개

8. 궁인 및 내외빈 본소당상 이하 원역에게 제공된 음식(宮人及內外賓 本所堂上以下員役供饋)

初九日夕飯 初十日 朝飯 十五日 夕飯 十六日 朝飯 並同鷺梁站 故不疊錄

2월 9일의 저녁밥, 2월 10일의 아침밥, 2월 15일의 저녁밥, 2월 16일의 아침밥은 모두 노량참과 같아 기록을 중복하지 않는다.

윤2월 10일

● 윤2월 10일 장소별 상차림의 종류

날짜	장소	구분	내용	비고
2일차 윤2월 10일	시흥참 (始興站)	조수라 (朝水剌)	- 자궁께 올리는 1상 - 대전께 올리는 1상 - 청연군주, 청선군주 진지 각 1상	윤2월 9일 석수라와 같음
	중로 안양점남변 (中路安養店南邊)	미음 (米飮)	- 자궁께 올리는 1반 - 청연군주, 청선군주 각 1반	
	사근참 (肆覲站)	주다소반과 (晝茶小盤果)	- 자궁께 올리는 1상	윤2월 15일 주다소반과와 같음
		주수라 (晝水剌)	- 자궁께 올리는 1상 - 대전께 올리는 1상 - 청연군주, 청선군주 진지 각 1상	윤2월 15일 주수라와 같음
	중로 일용리 전로 (中路日用里前路)	미음 (米飮)	- 자궁께 올리는 1반 - 청연군주, 청선군주 각 1반	
		궁인 및 내외빈 본소 당상 이하 원역 공궤(宮人及內外賓 本所堂上 以下員役供饋)		윤2월 10일 주반과 같음 윤2월 15일 주반과 같음
	화성참(華城站)	주다별반과 (晝茶別盤果)	- 자궁께 올리는 1상 - 대전께 올리는 1상 - 청연군주, 청선군주 각 1상	
		석수라 (夕水剌)	- 자궁께 올리는 1상 - 대전께 올리는 1상 - 청연군주, 청선군주 진지 각 1상	
		야다소반과 (夜茶小飯果)	- 자궁께 올리는 1상 - 대전께 올리는 1상 - 청연군주, 청선군주 진지 각 1상	

시흥참(始興站)

1. 조수라

윤2월 9일 석수라와 같다.

1.1 자궁께 올리는 1상(慈宮進御 一床)

一四器 14기

	구분	음식명	그릇 수	내용
1	원반(元盤)	반(飯)	1기	赤豆水和炊 팥물로 지은 밥
2		갱(羹)	1기	骨湯 골탕
3, 4		조치(助致)	2기	生鰒蒸 胖卜只 생복찜, 양볶기
5		구이(炙伊)	1기	軟鷄 鮒魚 연계 · 붕어
6		전유화(煎油花)	1기	煎油花 전유어
7		좌반(佐飯)	1기	民魚魚脯 藥脯 藥乾雉 肉醬 細醬 全鰒包 乾雉包 不鹽民魚 鹽脯 鹽乾雉 甘醬炒 銀口魚 민어어포, 약포, 약건치, 육장, 세장, 전복쌈, 건치쌈, 불염민어, 염포, 염건치 감장초, 은어
8		해(醢)	1기	鰕卵 明太卵 大口卵 細鰕 倭魴魚 鰊魚卵 藥蟹醢 새우알, 명태알, 대구알, 세하, 왜방어, 연어알, 약게젓
9		채(菜)	1기	桔莄熟菜 도라지숙채
10		침채(沈菜)	1기	冬苽醋 동아초
11		담침채(淡沈菜)	1기	菁根 무
		장(醬)	3기	艮醬 醋醬 水醬蒸 간장 1기, 초장 1기, 수장증 1기
12	협반(挾盤)	탕(湯)	1기	醋鷄湯 초계탕
13		육회(肉膾)	1기	肉膾 육회
14		각색적(各色炙)	1기	猪乫飛 青魚 돼지갈비, 청어

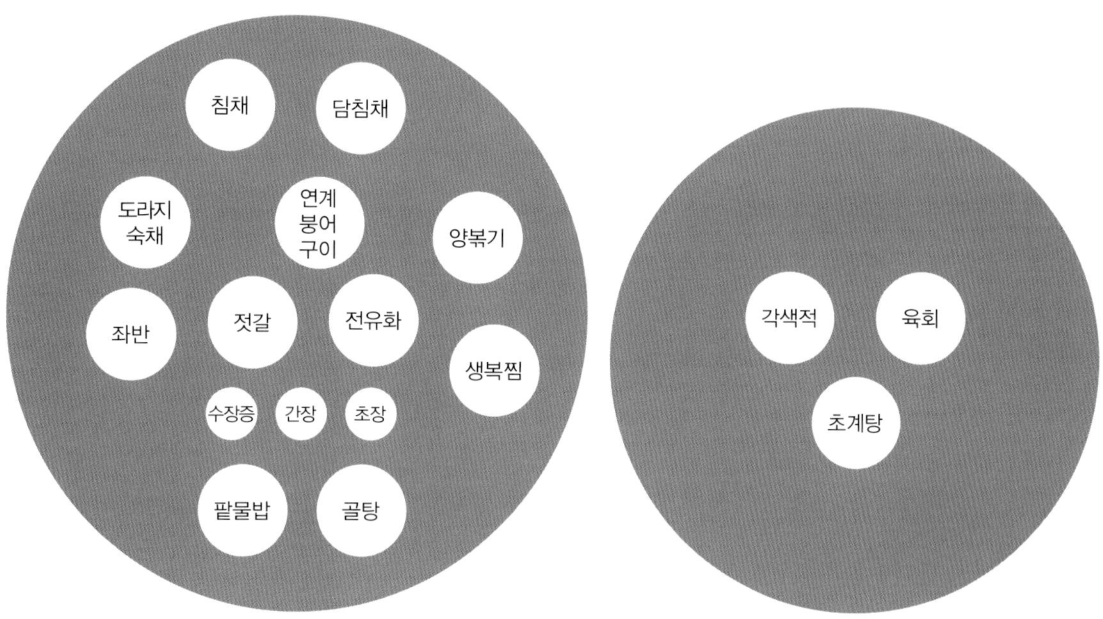

윤2월 10일 자궁께 올린 조수라

1.2 대전께 올리는 1상(大殿進御 一床)

七器 7기

	음식명	그릇 수	내용
1	반(飯)	1기	赤豆水和炊 팥물로 지은 밥
2	갱(羹)	1기	骨湯 골탕
3	조치(助致)	1기	生鰒蒸 생복찜
4	구이(炙伊)	1기	軟鷄 鮒魚 연계, 붕어
5	좌반(佐飯)	1기	民魚魚脯 藥脯 藥乾雉 肉醬 細醬 全鰒包 乾雉包 不鹽民魚 鹽脯 鹽乾雉 甘醬炒 민어어포, 약포, 약건치, 육장, 세장, 전복쌈, 건치쌈, 불염민어, 염포, 염건치, 감장초
6	해(醢)	1기	鰕卵 明太卵 大口卵 細鰕 倭魴魚 鰱魚卵 鷄卵醢 새우알, 명태알, 대구알, 세하, 왜방어, 연어알, 달걀해
7	담침채(淡沈菜)	1기	菁根 무
	장(醬)	2기	艮醬 水醬蒸 간장, 수장증

1.3 청연군주, 청선군주 진지 각 1상(淸衍郡主 淸璿郡主 進止 各 一床)

每床 七器

상마다 각 7기

2. 미음(米飮)

中路 安養店南邊

가는 도중 안양참 남변에서 올린다.

2.1 자궁께 올리는 1반(慈宮進御 一盤)

三器 畵器 圓足鍮錚盤

3기의 음식을 화기에 담아 둥근 굽이 달린 유기 쟁반에 차린다.

	음식명	그릇 수	내용
1	미음 (米飮)	1기	大棗米飮 대추미음 回鑾時 靑粱米飮 中路 白米飮 淸具 돌아오실 때에는 청량미음, 가는 도중에는 백미음. 꿀을 갖춘다.
2	고음 (膏飮)	1기	牂 都干伊 陳鷄 소의 양, 도가니, 묵은닭
3	정과 (正果)	1기	生薑 蓮根 冬苽 桔梗 山査 柚子 木苽 생강, 연근, 동아, 도라지, 산사, 유자, 모과

2.2 청연군주, 청선군주 진지 각 1반(淸衍郡主 淸璿郡主 進止 各 一盤)

每盤 各三器 畵器 圓足鍮錚盤

반마다 각 3기의 음식을 화기에 담아 둥근 굽이 달린 유기 쟁반에 차린다.

	음식명	그릇 수	내용
1	미음(米飮)	1기	大棗米飮 대추미음 回鑾時 靑粱米飮 中路 白米飮 淸具 돌아오실 때에는 청량미음, 가는 도중에는 백미음. 꿀을 갖춘다.
2	고음(膏飮)	1기	胖 都干伊 陳鷄 소의 양, 도가니, 묵은닭
3	정과(正果)	1기	生薑 蓮根 冬苽 桔莄 山査 柚子 木苽 생강, 연근, 동아, 도라지, 산사, 유자, 모과

사근참(肆覲站)

初十日 出宮時 晝停

윤2월 10일 출궁 때에 낮에 머무시고

十五日 還宮時 晝停

윤2월 15일 궁으로 돌아오실 때에 낮에 머무시는

水剌間 設於 行宮 北邊

수라간을 행궁 북변에 설치한다.

庫舍 補簷 假家五間

창고 처마를 보수하고 가가 5간을 설치한다.

宮人 及 本所堂上以下 供饋

궁인 및 본소 당상 이하에게 음식을 제공한다.

假家五間 畿營[33] 擧行

가가 5간을 기영에서 거행한다.

行宮 塗褙 鋪陳 户曹 擧行 郎廳 初一日 下直 初三日 出站

행궁을 도배하고 앉을자리를 마련하여 까는 것은 호조에서 거행하고 낭청은 초하룻날 임금께 작별을 아뢰고 초3일 날 참을 떠난다.

33) 기영(畿營): 서울을 중심으로 하여 500리 이내의 땅.

3. 주다소반과(晝茶小盤果)

初九日[34)]

윤2월 9일

十五日 回鑾時 同

윤2월 15일 돌아오실 때의 주다소반과도 같다.

3.1. 자궁께 올리는 1상(慈宮進御 一床)

十六器 磁器 黑漆足盤

16기의 음식을 자기에 담아 흑칠족반에 차린다.

	음식명	그릇 수	고임 높이(高)	재료 및 분량
1	각색병(各色餠)	1기	5치	粘米一斗 白米八升 赤豆四升 菉豆三升 大棗實生栗石耳各五升 乾柿三串, 眞油實栢子艾各一升 淸生薑各二升 辛甘草末三合 梔子一錢 松古[35)]三片 桂皮末一兩 찹쌀 1말, 멥쌀 8되, 팥 4되, 녹두 3되, 대추 5되, 밤 5되, 석이 5되, 곶감 3꼬치, 참기름 1되, 잣 1되, 쑥 1되, 꿀 2되, 생강 2되, 승검초가루 3홉, 치자 1돈, 송기 3조각, 계핏가루 1냥
2	약반(藥飯)	1기		粘米大棗實生栗各三升 眞油五合 淸一升五合 實栢子艮醬各一合 찹쌀 3되, 대추 3되, 밤 3되, 참기름 5홉, 꿀 1되5홉, 잣 1홉, 간장 1홉
3	면(麪)	1기		木末三升 菉末五合 生雉一脚 黃肉三兩 鷄卵三箇 艮醬一合 胡椒末一夕 메밀가루 3되, 녹말 5홉, 꿩 1각, 쇠고기 3냥, 달걀 3개, 간장 1홉, 후춧가루 1작 回鑾時 饅頭湯 所入 木末二升 黃肉猪肉各三兩 生雉陳鷄各一首 太泡二隅 生薑二兩 菁根十箇 生蔥半丹 胡椒末一夕 돌아오실 때 만두탕. 재료와 분량: 메밀가루 2되, 쇠고기 3냥, 돼지고기 3냥, 꿩 1마리, 묵은닭 1마리, 두부 2모, 생강 2냥, 무 10개, 파 ½단, 후춧가루 1작
4	다식과(茶食果)	1기	5치	眞末一斗 眞油淸各四升 乾薑末五分 桂皮末一錢 實栢子五合 胡椒末五夕 砂糖一圓 밀가루 1말, 참기름 4되, 꿀 4되, 생강가루 5푼, 계핏가루 1돈, 잣 5홉, 후춧가루 5작, 사탕 1원 回鑾時 饅頭果 돌아오실 때 만두과
5	각색강정(各色强精)	1기	4치	粘米三升五合 實荏子八合 細乾飯實栢子各一升五合 松花七合 眞油二升五合 白糖二斤八兩 淸五合 芝草二兩 찹쌀 3되5홉, 실깨 8홉, 세건반 1되5홉, 잣 1되5홉, 송화 7홉, 참기름 2되5홉, 백당 2근8냥, 꿀 5홉, 지초 2냥 回鑾時 各色軟絲果 所入 粘米五升 細乾飯眞油各二升 芝草五兩 淸五合 白糖一斤五兩 實栢子三升五合 돌아오실 때 각색연사과. 재료와 분량: 찹쌀 5되, 세건반 2되, 참기름 2되, 지초 5냥, 꿀 5홉, 백당 1근5냥, 잣 3되5홉
6	각색다식(各色茶食)	1기	4치	黃栗黑荏子松花葛粉各二升五合 臙脂三楴 淸一升八合 五味子三合 말린 밤 2되5홉, 흑임자 2되5홉, 송화 2되5홉, 칡전분 2되5홉, 연지 3사발, 꿀 1되8홉, 오미자 3홉

계속

	음식명	그릇 수	고임 높이(高)	재료 및 분량
7	각색당 (各色糖)	1기	4치	人蔘糖 五花糖 菓子糖 氷糖 合四斤 인삼당, 오화당, 과자당, 빙당을 합하여 4근 回鑾時 八寶糖 門冬糖 玉春糖 靑梅糖 돌아오실 때 팔보당, 문동당, 옥춘당, 청매당
8	용안 여지 (龍眼 茘芰)	1기	4치	龍眼三斤 茘芰二斤 용안 3근, 여지 2근 回鑾時 乾葡萄閩薑各一斤 橘餠三十箇 蜜棗二斤 돌아오실 때 건포도 1근, 민강 1근, 귤병 30개, 밀조 2근
9	유자 석류 감귤 (柚子 石榴 柑子)	1기		柚子石榴各十箇 柑子[36]二十箇 유자 10개, 석류 10개, 감귤 20개 回鑾時 棗卵 栗卵 蹲柹 生薑餠 所入 大棗熟栗淸各三升 黃栗二升 桂皮末三錢 實栢子五升 眞油一升 蹲柿五十箇 生薑三斗 돌아오실 때 조란, 율란, 준시, 생강병. 재료와 분량: 대추 3되, 숙율 3되, 꿀 3되, 말린 밤 2되, 계핏가루 3돈, 잣 5되, 참기름 1되, 곶감 50개, 생강 3말
10	각색정과 (各色正果)	1기	3치	蓮根七本 山査三升五合 柑子柚子生梨木苽各四箇 冬苽四片 生薑一升五合 淸二升二合 연근 7뿌리, 산사 3되5홉, 감귤 4개, 유자 4개, 배 4개, 모과 4개, 동아 4조각, 생강 1되5홉, 꿀 2되2홉
11	수정과 (水正果)	1기		生梨七箇 淸五合 胡椒五夕 배 7개, 꿀 5홉, 후추 5작
12	별잡탕 (別雜湯)	1기		黃肉熟肉胖昆者巽猪胞生猪肉熟猪肉各二兩 頭骨半部 秀魚半半尾 陳鷄一脚 海蔘鷄卵各二箇 全鰒菁根各一箇 靑苽半箇 朴古之一吐里[37] 水芹半丹 眞油艮醬各一合 菉末蕈古各五夕 實栢子胡椒末各二夕 쇠고기 2냥, 숙육 2냥, 소의 양 2냥, 곤자소니 2냥, 저포 2냥, 돼지고기 2냥, 숙저육 2냥, 두골 ½부, 숭어 ¼마리, 묵은닭 1각, 해삼 2개, 달걀 2개, 전복 1개, 무 1개, 오이 ½개, 박고지 1토리, 미나리 ½단, 참기름 1홉, 간장 1홉, 녹말 5작, 표고버섯 5작, 잣 2작, 후춧가루 2작 回鑾時 秀魚白熟湯 所入 秀魚一尾 醋二夕 實栢子胡椒末各一夕 돌아오실 때 숭어백숙탕. 재료와 분량: 숭어 1마리, 초 2작, 잣 1작, 후춧가루 1작
13	초계탕 (醋鷄湯)	1기		陳鷄二首 鷄卵五箇 生蔥一丹 胡椒末眞油各二夕 醋五夕 묵은닭 2마리, 달걀 5개, 파 1단, 후춧가루 2작, 참기름 2작, 초 5작 回鑾時 莞子湯 所入 菁根三箇 陳鷄二首 黃肉胖猪肉各三兩 海蔘鷄卵各五箇 全鰒三箇 昆者巽二部 靑苽二箇 菉末蕈古各一合 胡椒末五夕 艮醬二夕 돌아오실 때 완자탕. 재료와 분량: 무 3개, 묵은닭 2마리, 쇠고기 3냥, 소의 양 3냥, 돼지고기 3냥, 해삼 5개, 달걀 5개, 전복 3개, 곤자소니 2부, 오이 2개, 녹말 1홉, 표고버섯 1홉, 후춧가루 5작, 간장 2작

계속

34) 초9일(初九日): 초9일은 초10일의 오기로 보인다. 윤2월 9일 창덕궁에서 나와 시흥참에서 하룻밤을 주무시고 10일날 아침에 시흥참에서 출발하여 낮에 사근참에 도착하였다.

35) 송고(松古): 소나무의 하얀 속껍질. 떡에서는 송기로 표현

36) 감자(柑子): 감귤.

37) 토리(吐里): 실을 둥글게 감은 뭉치. 사리-국수, 새끼, 실 등을 사리어 감은 뭉치 또는 그것을 세는 단위

	음식명	그릇 수	고임 높이(高)	재료 및 분량
14	각색 전유화 (各色煎油花)	1기	4치	秀魚三尾 肝二斤 胖三斤 生雉二首 鷄卵一百箇 眞油三升 眞末菉末木末各二升 鹽七合 숭어 3마리, 간 2근, 소의 양 3근, 꿩 2마리, 달걀 100개, 참기름 3되, 밀가루 2되, 녹말 2되, 메밀가루 2되, 소금 7홉 回鑾時 各色花陽炙 所入 黃肉四斤 胖猪肉各八兩 全鰒三箇 海蔘七箇 眞油眞末各二升 實荏子艮醬各一升 蕈古石耳各一合 鷄卵四十箇 胡椒末三夕 生葱二十五丹 桔梗二丹 돌아오실 때 각색화양적. 재료와 분량: 쇠고기 4근, 소의 양 8냥, 돼지고기 8냥, 전복 3개, 해삼 7개, 참기름 2되, 밀가루 2되, 실깨 1되, 간장 1되, 표고버섯 1홉, 석이 1홉, 달걀 40개, 후춧가루 3작, 파 25단, 도라지 2단
15	각색어채 (各色魚菜)	1기	4치	秀魚三尾 胖一斤 全鰒二箇 海蔘五箇 蕈古石耳各一合 辛甘草一握 숭어 3마리, 소의 양 1근, 전복 2개, 해삼 5개, 표고버섯 1홉, 석이 1홉, 승검초 1줌 回鑾時 各色魚肉膾 所入 生鰒五十箇 大蛤竹蛤各一白箇 豆太胖各一部 千葉半部 돌아오실 때 각색어육회. 재료와 분량: 생복 50개, 대합 100개, 죽합 100개, 콩팥 1부, 소의 양 1부, 처녑 ½부
16	편육 (片肉)	1기	4치	陽支頭猪頭各一部 猪胞二部 양지머리 1부, 돼지머리 1부, 저포 2부 回鑾時 各色肉餠 所入 生雉七首 陳鷄五首 猪肉黃肉各二斤 鷄卵八十箇 돌아오실 때 각색육병. 재료와 분량: 꿩 7마리, 묵은닭 5마리, 돼지고기 2근, 쇠고기 2근, 달걀 80개
	꿀(淸)	1기		淸三合 꿀 3홉
	초장 (醋醬)	1기		艮醬二合 醋一合 實栢子一夕 간장 2홉, 초 1홉, 잣 1작
	상화 (床花)	10개		小水波蓮紅桃別三枝花別建花各一箇 紅桃間花三箇 紙間花四箇 소수파련 1개, 홍도별삼지화 1개, 별건화 1개, 홍도간화 3개, 지간화 4개

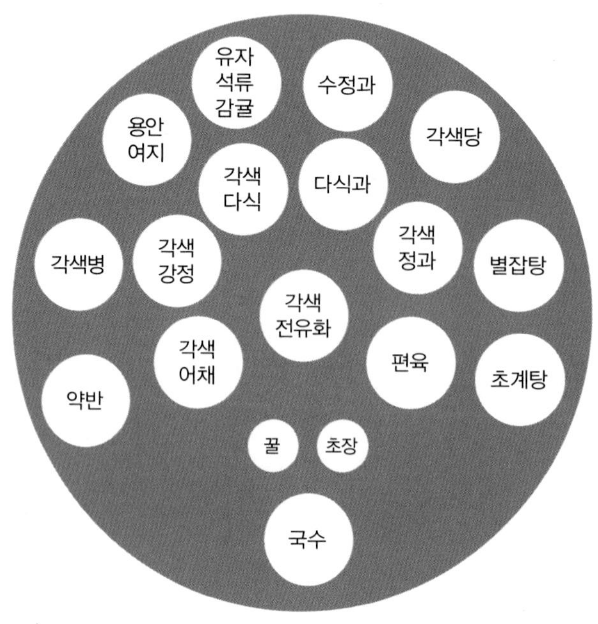

윤2월 10일 자궁께 올린 주다소반과

4. 주수라(晝水剌)

初十日

윤2월 10일

十五日 回鑾時 同

윤2월 15일 돌아오실 때의 주수라도 같다.

4.1. 자궁께 올리는 1상(慈宮進御 一床)

十三器 元盤 十器 銀器 挾盤 三器 鍮器 黑漆足盤

13기로 원반에는 10기의 음식을 은기에 담고, 협반에는 3기의 음식을 유기에 담아 모두 흑칠족반에 차린다.

	구분	음식명	그릇 수	내용
1	원반(元盤)	반(飯)	1기	赤豆水和炊 팥물로 지은 밥
2		갱(羹)	1기	大口湯 대구탕 回鑾時 白菜湯 돌아오실 때 배추탕
3, 4		조치(助致)	2기	胖卜只 鮒魚雜醬 양볶기, 붕어잡장 回鑾時 竹蛤卜只 秀魚雜醬 돌아오실 때 죽합볶기, 숭어잡장
5		구이(炙伊)	1기	蟹脚, 軟鰒 게다리, 연복 回鑾時 搥鰒 絡蹄 돌아오실 때 추복, 낙지
6		좌반(佐飯)	1기	不鹽民魚 藥乾雉 藥脯 廣魚 全鰒包 불염민어, 약건치, 약포, 광어, 전복쌈 回鑾時 魚脯 肉脯 片脯 鹽民魚 乾石魚 돌아오실 때 어포, 육포, 편포, 염민어, 굴비
7		해(醢)	1기	明太卵 鰱魚卵 鰕卵 古之交沈醢 명태알, 연어알, 새우알, 고지교침해 回鑾時 石花 石卵 蟹 紫鰕醢 돌아오실 때 굴, 조기알, 게, 자하젓
8		채(菜)	1기	肉菜 육채 回鑾時 肉膾 돌아오실 때 육회
9		침채(沈菜)	1기	交沈菜 섞박지

계속

	구분	음식명	그릇수	내용
10	원반(元盤)	담침채(淡沈菜)	1기	水芹 미나리 回鑾時 菁根 돌아오실 때 무
		장(醬)	2기	淸醬 芥子 청장, 겨자 回鑾時 加蒸醬 돌아오실 때 증장을 더한다.
11	협반(挾盤)	탕(湯)	1기	胖熟 양숙 回鑾時 牛尾湯 돌아오실 때 쇠꼬리탕
12		각색만두(各色饅頭)	1기	魚肉饅頭 어육만두 回鑾時 軟鷄蒸 돌아오실 때 연계찜
13		각색적(各色炙)	1기	鮒魚 軟鷄 生鰒 雜散炙 붕어, 연계, 생복, 잡산적 回鑾時 乫飛 秀魚 腰骨 生雉 돌아오실 때 갈비, 숭어, 등골, 꿩

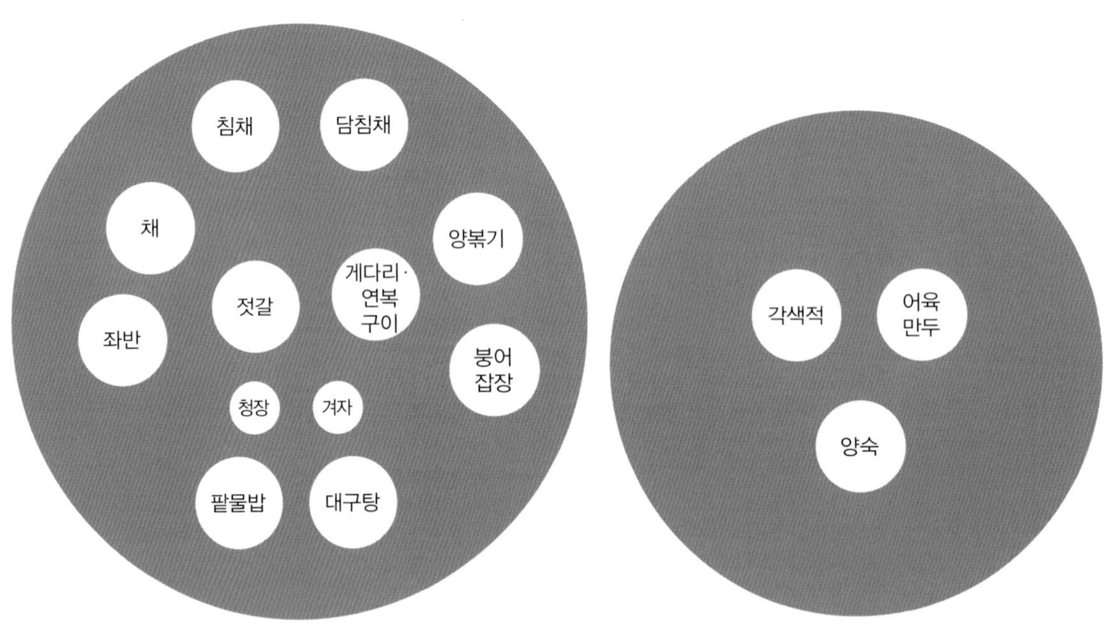

윤2월 10일 자궁께 올린 주수라

4.2. 대전께 올리는 1상(大殿進御 一床)

七器 鍮器 黑漆足盤

7기의 음식을 유기에 담아 흑칠족반에 차린다.

	음식명	그릇 수	내용
1	반 (飯)	1기	赤豆水和炊 팥물로 지은 밥
2	갱 (羹)	1기	大口湯 대구탕 回鑾時 白菜湯 돌아오실 때 배추탕
3	조치 (助致)	1기	鮒魚雜醬 붕어잡장 回鑾時 秀魚雜醬 돌아오실 때 숭어잡장
4	구이 (灸伊)	1기	鮒魚 軟鷄 生鰒 蟹脚 雜散炙 붕어, 연계, 생복, 해각, 잡산적 回鑾時 乫飛 秀魚 腰骨 生雉 돌아오실 때 갈비, 숭어, 등골, 꿩
5	채 (菜)	1기	肉菜 육채 回鑾時 肉膾 돌아오실 때 육회
6	침채 (沈菜)	1기	交沈菜 섞박지
7	담침채 (淡沈菜)	1기	水芹 미나리 回鑾時 菁根 돌아오실 때 무
	장 (醬)	3기	艮醬, 芥子, 汁醬 간장, 겨자, 즙장 回鑾時 汁醬代蟹醬 돌아오실 때 즙장대신 게장

4.3. 청연군주, 청선군주 진지 각 1상(淸衍君主 淸璿君主 進止 各一床)

每床 各七器

상마다 7기

5. 미음(米飮)

中路 日用里 前路

가는 도중 일용리 앞길에서 올린다.

5.1. 자궁께 올리는 1상(慈宮進御 一盤)

三器 畵器 圓足鍮錚盤

3기의 음식을 화기에 담아 둥근 굽이 달린 유기 쟁반에 차린다.

	음식명	그릇 수	내용
1	미음 (米飮)	1기	秋牟[38]米飮 가을보리미음 回還時 靑粱米飮 中路 白米飮 淸具 돌아오실 때에는 청량미음, 가는 도중에는 백미음. 꿀을 갖춘다.
2	고음 (膏飮)	1기	陳鷄 牛臀 全鰒 胖 묵은닭, 우둔, 전복, 소의 양
3	정과 (正果)	1기	蓮根 山査 柑子 柚子 生梨 桔莄 生薑 木苽 冬苽 煎藥 연근, 산사, 감귤, 유자, 배, 도라지, 생강, 모과, 동아, 전약

5.2. 청연군주, 청선군주 각 1상(淸衍郡主 淸璿郡主 各一盤)

每盤 各三器 畵器 圓足鍮錚盤

반마다 각 3기의 음식을 화기에 담아 둥근 굽이 달린 유기 쟁반에 차린다.

。	음식명	그릇 수	내용
1	미음 (米飮)	1기	秋牟米飮 가을보리미음 回還時 靑粱米飮 中路 白米飮 淸具 돌아오실 때에는 청량미음, 가는 도중에는 백미음. 꿀을 갖춘다.
2	고음 (膏飮)	1기	陳鷄 牛臀 全鰒 胖 묵은닭, 우둔, 전복, 소의 양
3	정과 (正果)	1기	蓮根 山査 柑子 柚子 生梨 桔莄 生薑 木苽 冬苽 煎藥 연근, 산사, 감귤, 유자, 배, 도라지, 생강, 모과, 동아, 전약

38) 추모(秋牟): 가을보리. 가을에 파종하여 이듬해 초여름에 거두는 보리.

6. 궁인 및 내외빈 본소당상 이하 원역에게 제공된 음식(宮人及內外賓本所堂上以下員役供饋)

初十日 晝飯 十五日 回還時 晝飯 並同 鷺梁站 故不疊錄

윤2월 10일의 점심밥, 윤2월 15일 돌아올 때의 점심밥은 모두 노량참과 같기 때문에 기록을 중복하지 않는다.

화성참(華城站)

初十日至十四日 宿所

윤2월 10일부터 윤2월 14일까지 숙소에 머무시고,

十五日 回鑾 水剌間 設於 裨獎廳

윤2월 15일 궁으로 돌아오실 때의 수라간을 비장청에 설치한다.

補簷 假家 四間 釜鼎

처마를 보수한 가가 4간에서 솥을 걸고

假家 十間 裨將廳 南邊 盤果床 熟設

가건물 10간은 비장청 남변의 반과상 숙설소와

假家 十間 裨將廳 東南邊 饌案床[39] 熟設所 設於 別廚

가가 10간의 비장청 동남변 찬안상 숙설소에서는 별도로 주방을 설치한다.

補簷 假家 十二間 內賓 供饋

처마를 보수한 가가 12간에서 내빈들에게 음식을 나누어 주며

假家 七間 裨將廳 東北邊 宮人 供饋

가가 7간의 비장청 동북변에서 궁인에게 음식을 나누어 주고

假家 五間 諸臣 供饋

가가 5간에서 모든 신하에게 음식을 나누어 준다.

假家 十二間 書吏廳 南邊 諸臣 宴床

가가 12간에서 서리청 남변의 모든 신하에게 연회상을 베풀고,

---

39) 찬안상(饌案床): 반찬 따위의 음식을 차려 놓는 데 쓰는 높고 큰 상.

熟設假家六十二間別廚西北邊及北墻外軍兵犒饋

숙설가가 62간은 별도의 주방 서북변 및 북쪽 담장 밖에서 군병에게 음식을 나눠 준다.

假家二十間雇馬庫前

가가 20간은 마구간 앞에 설치한다.

以上本府擧行

이상은 본부에서 거행한다.

行宮塗褙鋪陳户曹擧行

행궁의 도배와 앉을자리를 마련하여 까는 일은 호조에서 거행한다.

7. 주다별반과(晝茶別盤果)

初十日

윤2월 10일

7.1. 자궁께 올리는 1상(慈宮進御 一床)

二十五器磁器黑漆足盤以下盤果盤及器皿同

25기의 음식을 자기에 담아 흑칠족반에 차리고, 이하 반과반 및 기명은 같다.

	음식명	그릇 수	고임 높이(高)	재료 및 분량
1	각색병(各色餠)	1기	1자	粘米二斗 白米一斗五升 赤豆八升 菉豆五升 大棗實生栗石耳各一斗 乾柹五串 眞油實栢子艾各二升 淸生薑各三升 辛甘草末五合 梔子一錢 松古五片 桂皮末二兩 찹쌀 2말, 멥쌀 1말5되, 팥 8되, 녹두 5되, 대추 1말, 밤 1말, 석이 1말, 곶감 5꼬치, 참기름 2되, 잣 2되, 쑥 2되, 꿀 3되, 생강 3되, 승검초가루 5홉, 치자 1돈, 송기 5조각, 계핏가루 2냥
2	약반(藥飯)	1기		粘米大棗實生栗各三升 眞油五合 淸一升五合 實栢子艮醬各一合 찹쌀 3되, 대추 3되, 밤 3되, 참기름 5홉, 꿀 1되5홉, 잣 1홉, 간장 1홉
3	면(麵)	1기		木末三升 菉末五合 生雉一脚 黃肉三兩 鷄卵三箇 胡椒末一夕 艮醬一合 메밀가루 3되, 녹말 5홉, 꿩 1각, 쇠고기 3냥, 달걀 3개, 후춧가루 1작, 간장 1홉

계속

	음식명	그릇 수	고임 높이(高)	재료 및 분량
4	소약과(小藥果) 만두과(饅頭果)	1기	1자	眞末二斗 眞油淸各八升 大棗黃栗各三升 乾柿二串 實栢子一升 乾薑末一錢 桂皮末三錢 胡椒末一合 砂糖二圓 밀가루 2말, 참기름 8되, 꿀 8되, 대추 3되, 말린 밤 3되, 곶감 2꼬치, 잣 1되, 생강가루 1돈, 계핏가루 3돈, 후춧가루 1홉, 사탕 2원
5	홍연사과(紅軟絲果)	1기	7치(寸)	粘米七升 細乾飯眞油各三升 芝草八兩 白糖一斤八兩 淸七合 찹쌀 7되, 세건반 3되, 참기름 3되, 지초 8냥, 백당 1근8냥, 꿀 7홉
6	백연사과(白軟絲果)	1기	7치	粘米七升 眞油三升六合 白糖一斤八兩 實栢子五升 淸一升 찹쌀 7되, 참기름 3되6홉, 백당 1근8냥, 잣 5되, 꿀 1되
7	각색강정(各色强精)	1기	7치	粘米六升 細乾飯三升 實荏子一升五合 實栢子二升 松花一升 眞油三升七合 辛甘草末黑荏子各五合 白糖三斤 淸六合 芝草三兩 찹쌀 6되, 세건반 3되, 실깨 1되5홉, 잣 2되, 송화 1되, 참기름 3되7홉, 승검초가루 5홉, 흑임자 5홉, 백당 3근, 꿀 6홉, 지초 3냥
8	각색다식(各色茶食)	1기	7치	黃栗黑荏子松花葛粉各四升 臙脂五椀 淸三升 五味子五合 말린 밤 4되, 흑임자 4되, 송화 4되, 칡전분 4되, 연지 5사발, 꿀 3되, 오미자 5홉
9	각색당(各色糖)	1기	5치	八寶糖門冬糖玉春糖人蔘糖五花糖各一斤 팔보당 1근, 문동당 1근, 옥춘당 1근, 인삼당 1근, 오화당 1근
10	배(生梨)	1기		生梨十五箇 배 15개
11	산약(山藥)	1기	5치	山藥十丹 마 10단
12	유자(柚子)	1기		柚子三十箇 유자 30개
13	조란 율란(棗卵 栗卵)	1기	5치	大棗熟栗各七升 黃栗三升 桂皮末五錢 淸二升 實栢子五升 대추 7되, 삶은 밤 7되, 말린 밤 3되, 계핏가루 5돈, 꿀 2되, 잣 5되
14	생률(生栗)	1기		實生栗一斗五升 밤 1말5되
15	각색정과(各色正果)	1기	4치	蓮根十本 山査五升 柑子十箇 柚子生梨木苽各五箇 冬苽五片 生薑二升 淸三升 연근 10뿌리, 산사 5되, 감귤 10개, 유자 5개, 배 5개, 모과 5개, 동아 5조각, 생강 2되, 꿀 3되
16	수정과(水正果)	1기		生梨二箇 柚子一箇 石榴半箇 淸二合 實栢子三夕 배 2개, 유자 1개, 석류 ½개, 꿀 2홉, 잣 3작
17	별잡탕(別雜湯)	1기		黃肉熟肉胖昆者巽猪胞生猪肉熟猪肉各二兩 頭骨半部 秀魚半半尾 陳鷄一脚 海蔘鷄卵各二箇 全鰒菁根各一箇 靑苽半箇 朴古之一吐里 水芹半丹 眞油艮醬各一合 菉末蓇古各五夕 實栢子胡椒末各二夕 쇠고기 2냥, 숙육 2냥, 소의 양 2냥, 곤자소니 2냥, 저포 2냥, 돼지고기 2냥, 숙저육 2냥, 두골 ½부, 숭어 ¼마리, 묵은닭 1각, 해삼 2개, 달걀 2개, 전복 1개, 무 1개, 오이 ½개, 박고지 1토리, 미나리 ½단, 참기름 1홉, 간장 1홉, 녹말 5작, 표고버섯 5작, 잣 2작, 후춧가루 2작

계속

	음식명	그릇 수	고임 높이(高)	재료 및 분량
18	금중탕 (錦中湯)	1기		黃肉五兩 陳鷄二脚 菁根二箇 多士麻一立 朴古之一吐里 眞油艮醬各一合 胡椒末二夕 쇠고기 5냥, 묵은닭 2각, 무 2개, 다시마 1립, 박고지 1토리, 참기름 1홉, 간장 1홉, 후춧가루 2작
19	열구자탕 (悅口資湯)	1기		胖昆者巽腰骨黃肉熟肉牛舌生猪肉熟猪肉猪胞各二兩 秀魚半半尾 生雉陳鷄各一脚 海蔘二箇 搥鰒五條[40] 全鰒菁根各一箇 靑苽半箇 桔梗五箇 蔥笋一丹 朴古之一吐里 水芹半丹 高沙里半半月乃[41] 鷄卵二十箇 黃栗大棗胡桃銀杏實栢子各五夕 蔈古艮醬菉豆各[42]二合 眞油三合 소의 양 2냥, 곤자소니 2냥, 등골 2냥, 쇠고기 2냥, 숙육 2냥, 우설 2냥, 돼지고기 2냥, 숙저육 2냥, 저포 2냥, 숭어 ¼마리, 꿩 1각, 묵은닭 1각, 해삼 2개, 추복 5조, 전복 1개, 무 1개, 오이 ½개, 도라지 5개, 움파 1단, 박고지 1토리, 미나리 ½단, 고사리 ¼타래, 달걀 20개, 말린 밤 5작, 대추 5작, 호도 5작, 은행 5작, 잣 5작, 표고버섯 2홉, 간장 2홉, 녹두 2홉, 참기름 3홉
20	각색전유화 (各色煎油花)	1기	6촌	秀魚五尾 肝三斤 胖五斤 生雉三首 鶉鳥十首 鷄卵一白五十箇 眞油四升 眞末菉末木末各二升 鹽一升 숭어 5마리, 간 3근, 소의 양 5근, 꿩 3마리, 메추라기 10마리, 달걀 150개, 참기름 4되, 밀가루 2되, 녹말 2되, 메밀가루 2되, 소금 1되
21	각색화양적 (各色花陽炙)	1기	4치	黃肉四斤 胖猪肉各八兩 全鰒三箇 海蔘七箇 桔梗二丹 生蔥二十丹 鷄卵四十箇 眞末眞油各二升 實荏子艮醬各一升 胡椒末三夕 蔈古石耳各一合 쇠고기 4근, 소의 양 8냥, 돼지고기 8냥, 전복 3개, 해삼 7개, 도라지 2단, 파 20단, 달걀 40개, 밀가루 2되, 참기름 2되, 실깨 1되, 간장 1되, 후춧가루 3작, 표고버섯 1홉, 석이 1홉
22	각색어채 (各色魚菜)	1기	5치	秀魚三尾 胖一斤 全鰒二箇 海蔘五箇 蔈古石耳各一合 辛甘草一握 숭어 3마리, 소의 양 1근, 전복 2개, 해삼 5개, 표고버섯 1홉, 석이 1홉, 승검초 1줌
23	편육 (片肉)	1기	6촌	熟肉十斤 猪肉五斤 猪胞三部 숙육 10근, 돼지고기 5근, 저포 3부
24	해삼찜 (海蔘蒸)	1기		海蔘七十箇 熟猪肉生猪肉各三斤 陳鷄一首 太泡二隅 生薑三角 生蔥一丹 菉末五合 眞油七合 鷄卵三十箇 해삼 70개, 숙저육 3근, 돼지고기 3근, 묵은닭 1마리, 두부 2모, 생강 3뿔, 파 1단, 녹말 5홉, 참기름 7홉, 달걀 30개
25	어회 (魚膾)	1기		秀魚二尾 숭어 2마리
	청 (淸)	1기		淸三合 꿀 3홉
	초장 개자 (醋醬 芥子)	각 1기		艮醬醋各二合 芥子一合 實栢子淸鹽各一夕 간장 2홉, 초 2홉, 겨자 1홉, 잣 1작, 꿀 1작, 소금 1작
	상화 (床花)	19개		小水波蓮一箇 三色牧丹花二箇 紅桃別三枝花紙間花各四箇 紅桃建花三箇 紅桃間花五箇 소수파련 1개, 삼색모란꽃 2개, 홍도별삼지화 4개, 지간화 4개, 홍도건화 3개, 홍도간화 5개

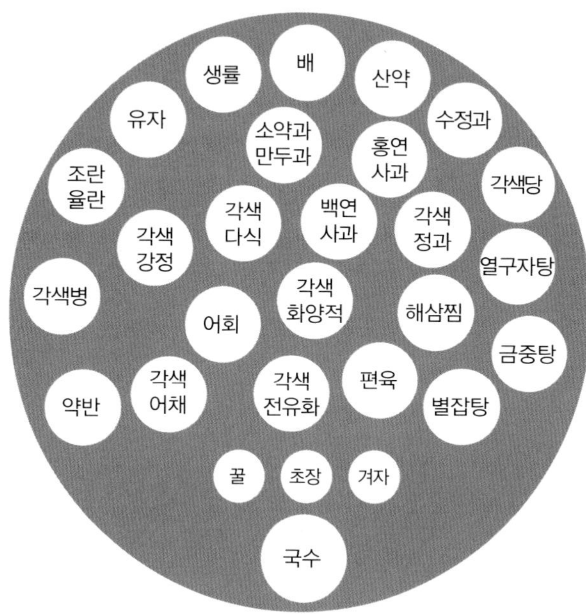

윤2월 10일 자궁께 올린 주다별반과

7.2. 대전께 올리는 1상(大殿進御 一床)

八器磁器黑漆足盤以下盤果盤及器皿同

8기의 음식을 자기에 담아 흑칠족반에 차린다. 이하의 반과반 및 기명은 같다.

	음식명	그릇 수	고임 높이(高)	재료 및 분량
1	각색병 (各色餠)	1기	5치	粘米一斗 白米八升 赤豆四升 菉豆三升 大棗實生栗石耳各五升 乾柿三串 眞油實栢子艾各一升 淸生薑各二升 辛甘草末三合 梔子一錢 松古三片 桂皮末一兩 찹쌀 1말, 멥쌀 8되, 팥 4되, 녹두 3되, 대추 5되, 밤 5되, 석이 5되, 곶감 3꼬치, 참기름 1되, 잣 1되, 쑥 1되, 꿀 2되, 생강 2되, 승검초가루 3홉, 치자 1돈, 송기 3조각, 계핏가루 1냥
2	약반 (藥飯)	1기		粘米大棗實生栗各三升 眞油五合 淸一升五合 實栢子艮醬各一合 찹쌀 3되, 대추 3되, 밤 3되, 참기름 5홉, 꿀 1되5홉, 잣 1홉, 간장 1홉

계속

40) 추복 5조(搥鰒五條): 두들긴 전복으로 지푸라기에 펠 수 있어서 조로 표현.

41) 월내(月乃): 타래를 이르는 말.

43) 다른 열구자탕에는 녹말로 되어 있음. 녹두는 녹말의 오기로 보임.

	음식명	그릇수	고임 높이(高)	재료 및 분량
3	면(麵)	1기		木末三升 菉末五合 生雉一脚 黃肉三兩 鷄卵三箇 艮醬一合 胡椒末一夕 메밀가루 3되, 녹말 5홉, 꿩 1각, 쇠고기 3냥, 달걀 3개, 간장 1홉, 후춧가루 1작
4	소약과(小藥果) 만두과(饅頭果)	1기	3치	眞末六升 眞油淸各二升四合 大棗黃栗各一升 乾柿七箇 實栢子三合 乾薑末桂皮末各五分 胡椒末五夕 砂糖半圓 밀가루 6되, 참기름 2되4홉, 꿀 2되4홉, 대추 1되, 말린 밤 1되, 곶감 7개, 잣 3홉, 생강가루 5푼, 계핏가루 5푼, 후춧가루 5작, 사탕 ½원
5	각색당(各色糖)	1기	3치	八寶糖玉春糖人蔘糖五花糖各十兩 門冬糖八兩 팔보당 10냥, 옥춘당 10냥, 인삼당 10냥, 오화당 10냥, 문동당 8냥
6	각색정과(各色正果)	1기	2치	蓮根五本 山査三升 柑子五箇 柚子生梨木苽各三箇 冬苽三片 生薑一升 淸一升五合 연근 5뿌리, 산사 3되, 감귤 5개, 유자 3개, 배 3개, 모과 3개, 동아 3조각, 생강 1되, 꿀 1되5홉
7	별잡탕(別雜湯)	1기		黃肉熟肉䏺昆者巽猪胞生猪肉熟猪肉各二兩 頭骨半部 秀魚半半尾 陳鷄一脚 海蔘鷄卵各二箇 全鰒菁根各一箇 靑苽半箇 朴古之一吐里 水芹半丹 菉末五夕 眞油艮醬各一合 蕈古實栢子胡椒末各二夕 쇠고기 2냥, 숙육 2냥, 소의 양 2냥, 곤자소니 2냥, 저포 2냥, 돼지고기 2냥, 숙저육 2냥, 두골 ½부, 숭어 ¼마리, 묵은닭 1각, 해삼 2개, 달걀 2개, 전복 1개, 무 1개, 오이 ½개, 박고지 1토리, 미나리 ½단, 녹말 5작, 참기름 1홉, 간장 1홉, 표고버섯 2작, 잣 2작, 후춧가루 2작
8	편육(片肉), 전유화(煎油花)	1기	3치	熟肉三斤 秀魚一尾 䏺二斤 鶉鳥五首 眞末眞油菉末各一升 鹽五合 鷄卵七十五箇 숙육 3근, 숭어 1마리, 소의 양 2근, 메추라기 5마리, 밀가루 1되, 참기름 1되, 녹말 1되, 소금 5홉, 달걀 75개
	청(淸)	1기		淸三合 꿀 3홉
	초장(醋醬)	1기		艮醬二合 醋一合 實栢子一夕 간장 2홉, 초 1홉, 잣 1작

7.3. 청연군주 · 청선군주 각 1상(淸衍郡主 淸璿郡主 各一床)

每床各八器 상마다 각 8기

床花 各四箇

상화 각 4개

紅桃別三枝花建花各一箇 紅桃間花二箇

홍도별삼지화 1개, 건화 1개, 홍도간화 2개

8. 석수라(夕水剌)

8.1. 자궁께 올리는 1상(慈宮進御 一床)

十五器 元盤 十二器 銀器 挾盤 三器 畵器 黑漆足盤

15기로 원반에는 12기의 음식을 은기에 담고, 협반에는 3기의 음식을 화기에 담아 흑칠족반에 차린다.

以下 水剌床 盤器 及 元挾盤 器數 並同

이하의 수라상 반기 및 원반과 협반의 그릇 수는 모두 같다.

	구분	음식명	그릇 수	내용
1	원반(元盤)	반(飯)	1기	白飯 흰쌀밥
2		갱(羹)	1기	胖熟 양숙
3, 4		조치(助致)	2기	生鰒炒 生雉卜只 생복초, 꿩볶기
5		구이(炙伊)	1기	沈魴魚 침방어
6		약산적(藥散炙)	1기	藥散炙 약산적
7		좌반(佐飯)	1기	民魚 全鰒包 大口茶食 藥脯 醬卜只 민어, 전복쌈, 대구다식, 약포, 장볶기
8		해(醢)	1기	鰱魚卵 鰕卵 연어알, 새우알
9		채(菜)	1기	桔莄雜菜 도라지잡채
10		침채(沈菜)	1기	交沈菜 섞박지
11		담침채(淡沈菜)	1기	雉菹 꿩김치
12		즙장(汁醬)	1기	汁醬 즙장
		장(醬)	3기	艮醬 醋醬 芥子 간장, 초장, 겨자

계속

	구분	음식명	그릇 수	내용
11	협반 (挾盤)	탕 (湯)	1기	雜湯 잡탕
12		각색적 (各色炙)	1기	生雉 牛尾 꿩, 쇠꼬리
13		전유화 (煎油花)	1기	煎油花 전유화

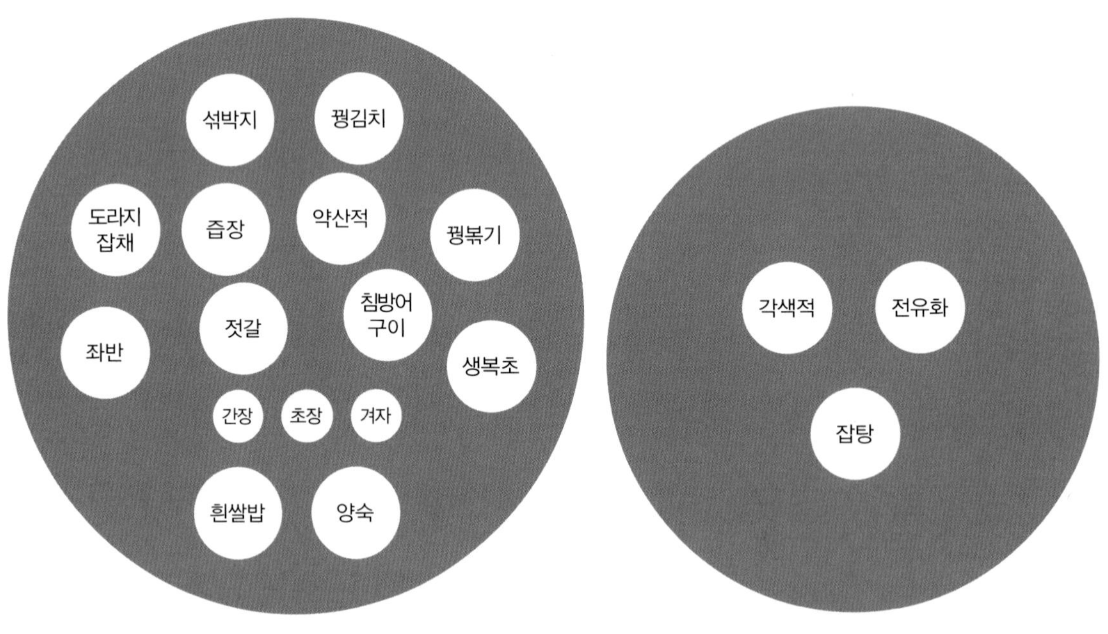

윤2월 10일 자궁께 올린 석수라

8.2. 대전께 올리는 1상(大殿進御 一床)

七器 鍮器 黑漆足盤

7기의 음식을 유기에 담아 흑칠족반에 차린다.

以下 水剌床 並同

이하의 수라상은 모두 같다.

	음식명	그릇 수	내용
1	반 (飯)	1기	白飯 흰쌀밥
2	갱 (羹)	1기	胖熟 양숙
3	조치 (助致)	1기	生鰒炒 생복초
4	구이 (炙伊)	1기	生雉 牛尾 魴魚 꿩, 쇠꼬리, 방어
5	좌반 (佐飯)	1기	民魚 全鰒包 大口茶食 藥脯 醬卜只 민어, 전복쌈, 대구다식, 약포, 장볶기
6	편육 (片肉)	1기	陽支頭 양지머리
7	침채 (沈菜)	1기	交沈菜 섞박지
	장 (醬)	3기	艮醬 醋醬 芥子 간장, 초장, 겨자

8.3. 청연군주 · 청선군주 진지 각 1상(淸衍郡主 淸璿郡主 進止 各 一床)

每床各七器

상마다 각 7기

9. 야다소반과(夜茶小盤果)

9.1. 자궁께 올리는 1상(慈宮進御 一床)

十二器　12기

	음식명	그릇 수	고임 높이(高)	재료 및 분량
1	각색병 (各色餠)	1기	5치	粘米一斗 白米八升 赤豆四升 菉豆三升 大棗實生栗石耳各五升 乾柿三串 眞油實栢子艾各一升 淸生薑各二升 辛甘草末三合 梔子一錢 松古三片 桂皮末一兩 찹쌀 1말, 멥쌀 8되, 팥 4되, 녹두 3되, 대추 5되, 밤 5되, 석이 5되, 곶감 3꼬치, 참기름 1되, 잣 1되, 쑥 1되, 꿀 2되, 생강 2되, 승검초가루 3홉, 치자 1돈, 송기 3조각, 계핏가루 1냥
2	생치만두 (生雉饅頭)	1기		木末一升 生雉陳鷄各一脚 熟猪肉二兩 太泡一隅 實栢子眞油各五夕 메밀가루 1되, 꿩 1각, 묵은닭 1각, 숙저육 2냥, 두부 1모, 잣 5작, 참기름 5작
3	다식과 (茶食果)	1기	5치	眞末一斗 眞油淸各四升 乾薑末五分 桂皮末一錢 實栢子五合 胡椒末五夕 砂糖一圓 밀가루 1말, 참기름 4되, 꿀 4되, 생강가루 5푼, 계핏가루 1돈, 잣 5홉, 후춧가루 5작, 사탕 1원
4	각색다식 (各色茶食)	1기	4치	黃栗黑荏子松花葛粉各二升五合 臙脂三楴 淸一升八合 五味子三合 말린 밤 2되5홉, 흑임자 2되5홉, 송화 2되5홉, 칡전분 2되5홉, 연지 3사발, 꿀 1되8홉, 오미자 3홉
5	각색당 (各色糖)	1기	4치	蜜棗乾葡萄橘餠閩薑各一斤 밀조 1근, 건포도 1근, 귤병 1근, 민강 1근
6	조란 율란 (棗卵 栗卵)	1기	4치	大棗熟栗各五升五合 黃栗二升五合 桂皮末四錢 淸一升五合 實栢子四升 대추 5되5홉, 삶은 밤 5되5홉, 말린 밤 2되5홉, 계핏가루 4돈, 꿀 1되5홉, 잣 4되
7	각색정과 (各色正果)	1기	2치	蓮根五本 山査三升 柑子五箇 柚子生梨木苽各三箇 冬苽三片 生薑一升 淸一升五合 연근 5뿌리, 산사 3되, 감귤 5개, 유자 3개, 배 3개, 모과 3개, 동아 3조각, 생강 1되, 꿀 1되5홉
8	수정과 (水正果)	1기		生梨七箇 淸五合 胡椒一夕 배 7개, 꿀 5홉, 후추 1작
9	별잡탕 (別雜湯)	1기		黃肉熟肉胖昆者巽猪胞生猪肉熟猪肉各二兩 頭骨半部 秀魚半半尾 陳鷄一脚 海蔘鷄卵各二箇 全鰒菁根各一箇 靑苽半箇 朴古之一吐里 水芹半丹 眞油艮醬各一合 菉末蕈古各五夕 實栢子胡椒末各二夕 쇠고기 2냥, 숙육 2냥, 소의 양 2냥, 곤자소니 2냥, 저포 2냥, 돼지고기 2냥, 숙저육 2냥, 두골 ½부, 숭어 ¼마리, 묵은닭 1각, 해삼 2개, 달걀 2개, 전복 1개, 무 1개, 오이 ½개, 박고지 1토리, 미나리 ½단, 참기름 1홉, 간장 1홉, 녹말 5작, 표고버섯 5작, 잣 2작, 후춧가루 2작

계속

	음식명	그릇 수	고임 높이(高)	재료 및 분량
10	금중탕 (錦中湯)	1기		黃肉五兩 陳鷄二脚 菁根二箇 多士麻一立 朴古之一吐里 眞油艮醬各一合 胡椒末一タ 쇠고기 5냥, 묵은닭 2각, 무 2개, 다시마 1립, 박고지 1토리, 참기름 1홉, 간장 1홉, 후춧가루 1작
11	전치수 (全雉首)	1기	3치	生雉三首 鹽三合 生薑三角 生葱二丹 眞油六合 胡椒末三タ 꿩 3수, 소금 3홉, 생강 3뿔, 파 2단, 참기름 6홉, 후춧가루 3작
12	생복 (生鰒)	1기	4치	生鰒一百二十箇 생복 120개
	꿀 (淸)	1기		淸三合 꿀 3홉
	초장 (醋醬)	1기		艮醬二合 醋一合 實栢子一タ 간장 2홉, 초 1홉, 잣 1작
	상화 (床花)	6(箇)		小水波蓮紅桃別三枝花各一箇 紅桃建花間花各二箇 소수파련 1개, 홍도별삼지화 1개, 홍도건화 2개, 간화 2개

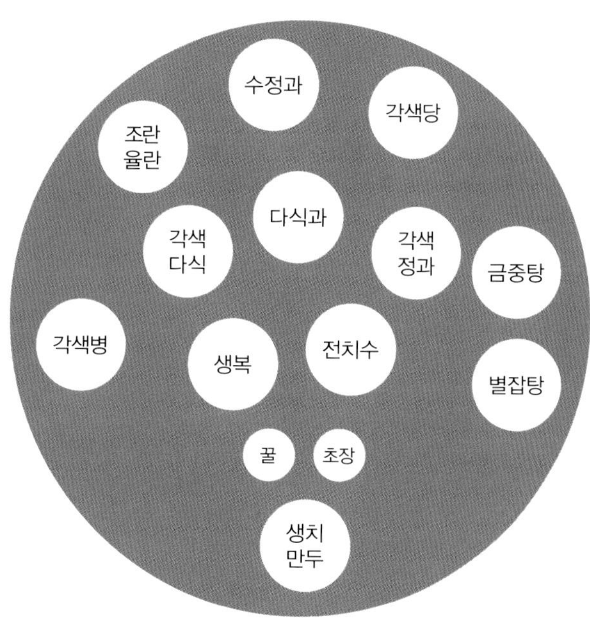

윤2월 10일 자궁께 올린 야다소반과

9.2. 대전께 올리는 1상(大殿進御 一床)

七器

7기

	음식명	그릇 수	고임 높이(高)	재료 및 분량
1	각색병 (各色餠)	1기	5치	粘米一斗 白米八升 赤豆四升 菉豆三升 大棗實生栗石耳各五升 乾柿三串 眞油實栢子艾各一升 淸生薑各二升 辛甘草末三合 梔子一錢 松古三片 桂皮末一兩 찹쌀 1말, 멥쌀 8되, 팥 4되, 녹두 3되, 대추 5되, 밤 5되, 석이 5되, 곶감 3꼬치, 참기름 1되, 잣 1되, 쑥 1되, 꿀 2되, 생강 2되, 승검초가루 3홉, 치자 1돈, 송기 3조각, 계핏가루 1냥
2	생치만두 (生雉饅頭)	1기		木末一升 生雉陳鷄各一脚 熟猪肉二兩 太泡一隅 實栢子眞油各五夕 메밀가루 1되, 꿩 1각, 묵은닭 1각, 숙저육 2냥, 두부 1모, 잣 5작, 참기름 5작
3	다식과 (茶食果)	1기	3치	眞末六升 眞油淸各二升四合 乾薑末桂皮末各五分 實栢子三合 胡椒末三夕 砂糖半圓 밀가루 6되, 참기름 2되4홉, 꿀 2되4홉, 생강가루 5푼, 계핏가루 5푼, 잣 3홉, 후춧가루 3작, 사탕 ½원
4	각색정과 (各色正果)	1기	2치	蓮根五本 山査三升 柑子五箇 柚子生梨木苽各三箇 冬苽三片 生薑一升 淸一升五合 연근 5뿌리, 산사 3되, 감귤 5개, 유자 3개, 배 3개, 모과 3개, 동아 3조각, 생강 1되, 꿀 1되5홉
5	별잡탕 (別雜湯)	1기		黃肉熟肉胖昆者巽猪胞生猪肉熟猪肉各二兩 頭骨半部 秀魚半半尾 陳鷄一脚 海蔘鷄卵各二箇 全鰒菁根各一箇 靑苽半箇 朴古之一吐里 水芹半丹 眞油艮醬各一合 菉末蕈古各五夕 實栢子胡椒末各二夕 쇠고기 2냥, 숙육 2냥, 소의 양 2냥, 곤자소니 2냥, 저포 2냥, 돼지고기 2냥, 숙저육 2냥, 두골 ½부, 숭어 ¼마리, 묵은닭 1각, 해삼 2개, 달걀 2개, 전복 1개, 무 1개, 오이 ½개, 박고지 1토리, 미나리 ½단, 참기름 1홉, 간장 1홉, 녹말 5작, 표고버섯 5작, 잣 2작, 후춧가루 2작
6	전치수 (全雉首)	1기	3치	生雉三首 鹽三合 生薑三角 生蔥二丹 眞油六合 胡椒末三夕 꿩 3수, 소금 3홉, 생강 3뿔, 파 2단, 참기름 6홉, 후춧가루 3작
7	생복 (生鰒)	1기	3치	生鰒九十箇 생복 90개
	청 (淸)	1기		淸三合 꿀 3홉
	초장 (醋醬)	1기		艮醬二合 醋一合 實栢子一夕 간장 2홉, 초 1홉, 잣 1작

9.3. 청연군주 청선군주 각 1상(淸衍郡主 淸璿郡主 各 一床)

每床各七器　상마다 7기

床花 各四箇

상화 각 4개

紅桃別三枝花建花各一箇 紅桃間花二箇

홍도별삼지화 1개, 건화 1개, 홍도간화 2개

윤2월 11일

● 윤2월 11일 장소별 상차림의 종류

날짜	장소	구분	내용	비고
3일차 윤2월 11일	화성참 華城站	죽수라 (粥水剌)	- 자궁께 올리는 1상 - 대전께 올리는 1상 - 청연군주, 청선군주 죽진지 각 1상	
		조수라 (朝水剌)	- 자궁께 올리는 1상 - 대전께 올리는 1상 - 청연군주, 청선군주 진지 각 1상	
		주다소반과 (晝茶小盤果)	- 자궁께 올리는 1상 - 대전께 올리는 1상 - 청연군주, 청선군주 각 1상	
		석수라 (夕水剌)	- 자궁께 올리는 1상 - 대전께 올리는 1상 - 청연군주, 청선군주 진지 각 1상	
		야다소반과 (夜茶小飯果)	- 자궁께 올리는 1상 - 대전께 올리는 1상 - 청연군주, 청선군주 진지 각 1상	

화성참(華城站)

1. 죽수라(粥水剌)

十一日　윤2월 11일

1.1 자궁께 올리는 1상(慈宮進御 一床)

十五器　15기

	구분	음식명	그릇 수	내용
1	원반(元盤)	죽(粥)	1기	白米　멥쌀
2		갱(羹)	1기	陳鷄白熟　묵은닭백숙
3, 4		조치(助致)	2기	昆者巽蒸 竹蛤炒 곤자소니[43]찜, 죽합초
5		구이(灸伊)	1기	沈秀魚　침숭어
6		좌반(佐飯)	1기	石魚 全鰒茶食 不鹽民魚 海衣 조기, 전복다식, 불염민어, 김
7		연계찜(軟鷄蒸)	1기	軟鷄　연계
8		장과(醬果)	1기	醬果　장과
9		해(醢)	1기	蟹醢　게젓
10		채(菜)	1기	綠豆長音雜菜　숙주나물잡채
11		침채(沈菜)	1기	菁根　무
12		담침채(淡沈菜)	1기	水芹　미나리
		장(醬)	2기	艮醬 醋醬　간장, 초장
13	협반(挾盤)	탕(湯)	1기	松耳　송이
14		순조전(鶉鳥煎)	1기	鶉鳥煎　메추라기
15		생복적(生鰒炙)	1기	生鰒　생복

43) 곤자소니: 소의 창자 끝에 달린 기름기 많은 부분

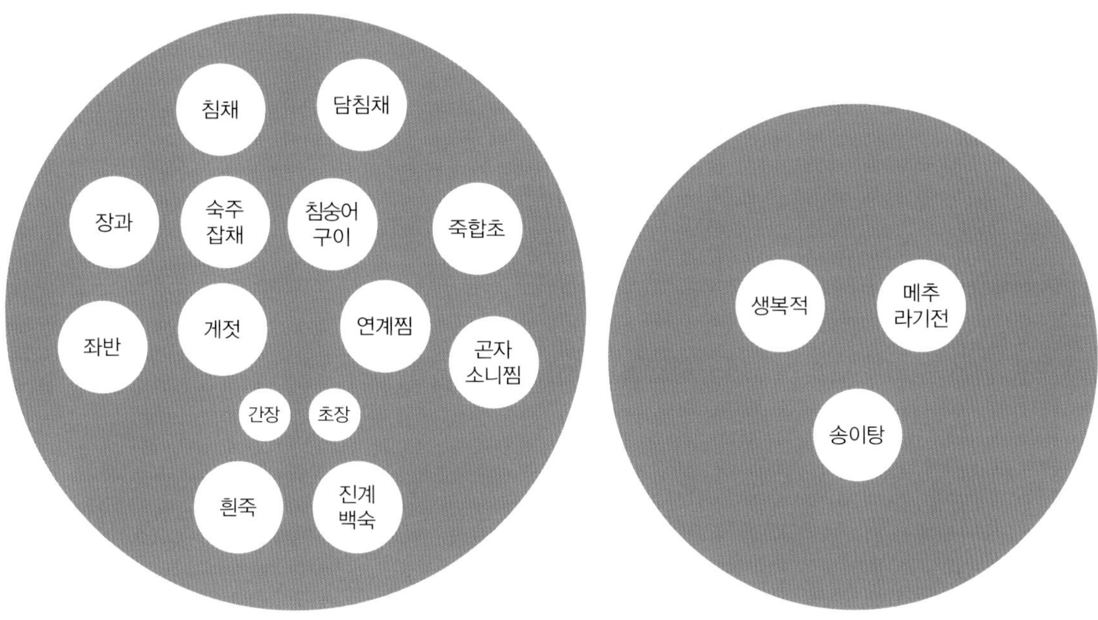

윤2월 11일 자궁께 올린 죽수라

1.2 대전께 올리는 1상(大殿進御 一床)

七器 7기

	음식명	그릇 수	내용
1	죽(粥)	1기(器)	白米 멥쌀
2	갱(羹)	1기	陳鷄白熟 묵은닭백숙
3	조치(助致)	1기	竹蛤炒 죽합초
4	구이(炙伊)	1기	生鰒 생복
5	좌반(佐飯)	1기	石魚 全鰒茶食 不鹽民魚 海衣 조기, 전복다식, 불염민어, 김
6	순조전 (鶉鳥煎)	1기	鶉鳥 메추라기
7	침채(沈菜)	1기	菁根 무
	장(醬)	2기	艮醬 醋醬 간장, 초장

1.3 청연군주, 청선군주 죽 진지 각 1상(淸衍郡主淸璿郡主粥進止各一床)

每床各七器 상마다 각 7기

2. 조수라(朝水剌)

2.1 자궁께 올리는 1상(慈宮進御 一床)

十五器 15기

	구분	음식명	그릇 수	내용
1	원반(元盤)	반(飯)	1기(器)	赤豆水和飯 팥물로 지은 밥
2		갱(羹)	1기	土蓮湯 토란탕
3, 4		조치(助致)	2기	胖卜只 半乾大口炒 양볶기, 반건대구초
5		구이(灸伊)	1기	沈魴魚 침방어
6		좌반(佐飯)	1기	民魚煎 魚卵 藥乾雉 廣魚茶食 乾靑魚 민어전, 어란, 약건치, 광어다식, 건청어
7		양만두(胖饅頭)	1기	胖 양
8		생치증(生雉蒸)	1기	生雉 꿩
9		해(醢)	1기	生鰒醢 생복젓
10		채(菜)	1기	桔梗生菜 도라지생채
11		침채(沈菜)	1기	交沈菜 섞박지
12		담침채(淡沈菜)	1기	山芥 산갓
		장(醬)	3기	艮醬 醋醬 芥子 간장, 초장, 겨자

계속

	구분	음식명	그릇 수	내용
13	협반 (挾盤)	탕 (湯)	1기	秀魚湯 숭어탕
14		각색적 (各色炙)	1기	千增魚 猪乫飛 천증어, 돼지갈비
15		연저잡증 (軟猪雜蒸)	1기	軟猪 연저

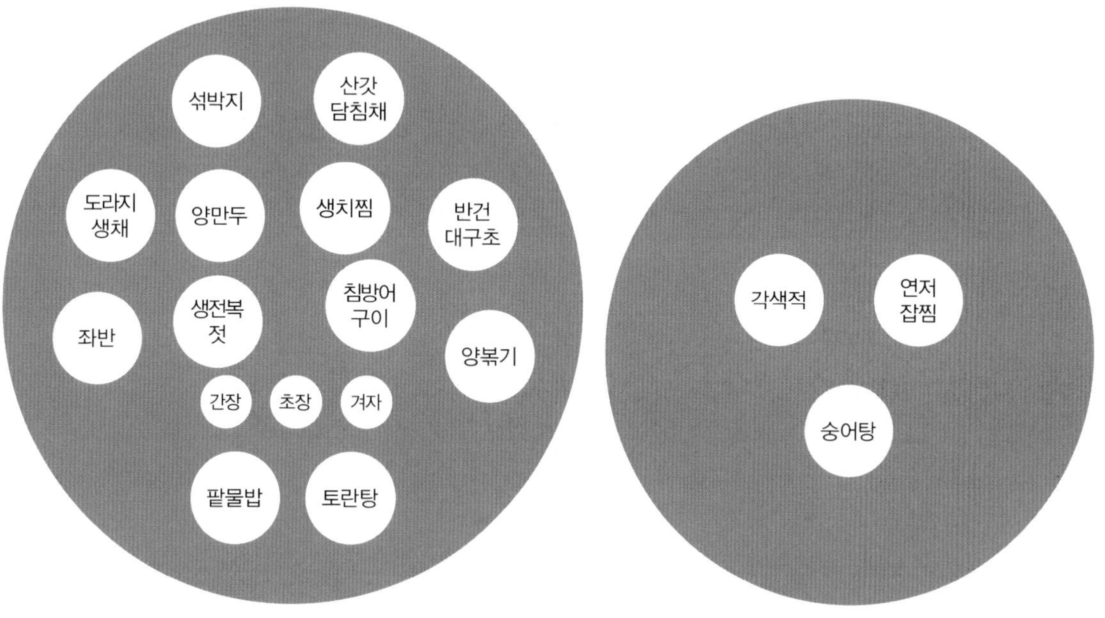

윤2월 11일 자궁께 올린 조수라

2.2 대전께 올리는 1상(大殿進御 一床)

七器 7기

	음식명	그릇 수	내용
1	반 (飯)	1기	赤豆水和炊 팥물로 지은 밥
2	갱 (羹)	1기	土蓮湯 토란탕

계속

	음식명	그릇 수	내용
3	조치 (助致)	1기	胖卜只 양볶이
4	구이 (灸伊)	1기	千增魚 猪乫飛 沈魴魚 천증어, 돼지갈비, 침방어
5	좌반 (佐飯)	1기	民魚煎 魚卵 藥脯 廣魚茶食 乾靑魚 민어전, 어란, 약포, 광어다식, 건청어
6	연저증 (軟猪蒸)	1기	軟猪 연저찜
7	침채 (沈菜)	1기	交沈菜 섞박지
	장 (醬)	3기	艮醬 醋醬 芥子 간장, 초장, 겨자

2.3 청연군주, 청선군주 진지 각 1상(淸衍郡主淸璿郡主 進止各一床

每床 各 七器 상마다 각 7기

3. 주다소반과(晝茶小盤果)

3.1 자궁께 올리는 1상(慈宮進御 一床)

十七器 17기

	음식명	그릇 수	고임 높이(高)	재료 및 분량
1	각색송병 (各色松餠)	1기 (器)	5치(寸)	粘米一斗 白米八升 黑豆七升 大棗實生栗淸各二升 實荏子三升 桂皮末一兩 水芹一丹 熟猪肉八兩 陳鷄二脚 蒖古二合 石耳二合 찹쌀 1말, 멥쌀 8되, 검은콩 7되, 대추 2되, 밤 2되, 꿀 2되, 실깨 3되, 계핏가루 1냥, 미나리 1단, 숙저육 8냥, 묵은닭 2각, 표고버섯 2홉, 석이 2홉
2	약반 (藥飯)	1기		粘米大棗實生栗各三升 眞油五合 淸一升五合 實栢子艮醬各一合 찹쌀 3되, 대추 3되, 밤 3되, 참기름 5홉, 꿀 1되5홉, 잣 1홉, 간장 1홉

계속

	음식명	그릇 수	고임 높이(高)	재료 및 분량
3	백자죽 (栢子粥)	1기		白米一升 實栢子一升五合 멥쌀 1되, 잣 1되 5홉
4	홍백연사과 (紅白軟絲果)	1기	5치	粘米五升 細乾飯眞油各二升 芝草五兩 白糖一斤五兩 實栢子 三升五合 淸五合 찹쌀 5되, 세건반 2되, 참기름 2되, 지초 5냥, 백당 1근 5냥, 잣 3되 5홉, 꿀 5홉
5	각색강정 (各色強精)	1기	5치	粘米 四升五合 細乾飯二升 實荏子一升 松花七合五夕 實栢子一升五合 眞油二升五合 辛甘草末黑荏子各三合五夕 白糖二斤八兩 淸五合 芝草二兩 찹쌀 4되 5홉, 세건반 2되, 실깨 1되, 송화 7홉 5작, 잣 1되 5홉, 참기름 2되 5홉, 승검초가루 3홉 5작, 흑임자 3홉 5작, 백당 2근 8냥, 꿀 5홉, 지초 2냥
6	각색다식 (各色茶食)	1기	4치	黃栗黑荏子松花葛粉各二升五合 臙脂三椀 淸一升八合 五味子三合 말린 밤 2되 5홉, 흑임자 2되 5홉, 송화 2되 5홉, 칡전분 2되 5홉, 연지 3사발, 꿀 1되 8홉, 오미자 3홉
7	각색당 (各色糖)	1기	4치	八寶糖玉春糖人蔘糖氷糖各一斤 팔보당1근, 옥춘당1근, 인삼당 1근, 빙당1근
8	조란 율란 (棗卵 栗卵)	1기	4치	大棗熟栗各五升五合 黃栗二升四合 桂皮末四錢 淸一升五合 實栢子四升 대추 5되 5홉, 삶은 밤 5되 5홉, 말린 밤 2되 4홉, 계핏가루 4돈, 꿀 1되 5홉, 잣 4되
9	준시 (蹲柹)	1기	3치	蹲柹一百箇 實栢子一升 곶감 100개, 잣 1되
10	각색정과 (各色正果)	1기	3치	蓮根七本 山査三升五合 柑子七箇 柚子生梨木苽各四箇 冬苽 四片 生薑一升五合 淸二升二合 연근 7뿌리, 산사 3되 5홉, 감귤 7개, 유자 4개, 배4개, 모과 4개, 동아 4조각, 생강 1되 5홉, 꿀 2되 2홉
11	수정과 (水正果)	1기		杜沖淸各三合 實栢子五合 두충 3홉, 꿀 3홉, 잣 5홉
12	별잡탕 (別雜湯)	1기		黃肉熟肉胖昆者巽猪胞生猪肉熟猪肉各二兩 頭骨半部 秀魚半半尾 陳鷄一脚 海蔘鷄卵各二箇 全鰒菁根各一箇 靑苽半箇 朴古之一吐里 水芹半丹 眞油艮醬各一合 菉末蔈古各五夕 實栢子胡椒末各二夕 쇠고기 2냥, 숙육 2냥, 소의 양 2냥, 곤자소니 2냥, 저포 2냥, 돼지고기 2냥, 숙저육 2냥, 두골 ½부, 숭어 ¼마리 묵은닭 1각, 해삼 2개, 달걀 2개, 전복 1개, 무 1개, 오이 ½개, 박고지 1토리, 미나리 ½단, 참기름 1홉, 간장 1홉, 녹말 5작, 표고버섯 5작, 잣 2작, 후춧가루 2작
13	금중탕 (錦中湯)	1기		黃肉五兩 陳鷄二脚 菁根二箇 多士麻一立 朴古之一吐里 眞油艮醬各一合 胡椒末二夕 쇠고기 5냥, 묵은닭 2각, 무 2개, 다시마 1립, 박고지 1토리, 참기름 1홉, 간장 1홉, 후춧가루 2작
14	편육 (片肉)	1기	4치	熟肉十二斤 숙육 12근

계속

	음식명	그릇 수	고임 높이(高)	재료 및 분량
15	족병 (足餠)	1기	4치	牛足四箇 猪肉八兩 生雉陳鷄各二脚 頭骨半部 鷄卵五箇 眞油實栢子各二合 胡椒末二夕 우족 4개, 돼지고기 8냥, 꿩 2각, 묵은닭 2각, 두골 ½부, 달걀 5개, 참기름 2홉, 잣 2홉, 후춧가루 2작
16	어만두 (魚饅頭)	1기		秀魚二尾 熟肉一斤八兩 熟猪肉胖各一斤 生雉陳鷄各一首 太泡一隅 眞油 鹽各二合 生薑二角 生蔥一丹 實栢子一合 菉末一升 胡椒末一夕 숭어 2마리, 숙육 1근 8냥, 숙저육 1근, 소의 양 1근, 꿩 1마리, 묵은닭 1마리, 두부 1모, 참기름 2홉, 소금 2홉, 생강 2뿔, 파 1단, 잣 1홉, 녹말 1되, 후춧가루 1작
17	연저증 (軟猪蒸)	1기		軟猪一口 陳鷄一首 黃肉一斤 朴古之一吐里 菁根二箇 水芹一丹 生薑三角 生蔥二丹 蕈古醢水各二合 眞油五合 實荏子一合 연저 1마리, 묵은닭 1마리, 쇠고기 1근, 박고지 1토리, 무 2개, 미나리 1단, 생강 3뿔, 파 2단, 표고버섯 2홉, 젓국 2홉, 참기름 5홉, 실깨 1홉
	청 (淸)	1기		淸三合 꿀 3홉
	초장 (醋醬)	1기		艮醬二合 醋一合 實栢子一夕 간장 2홉, 초 1홉, 잣 1작
	상화 (床花)	12개 (箇)		小水波蓮一箇 紅桃別三枝花建花各二箇 紅桃間花三箇 紙間花四箇 소수파련 1개, 홍도별삼지화2개, 건화 2개, 홍도간화 3개, 지간화 4개

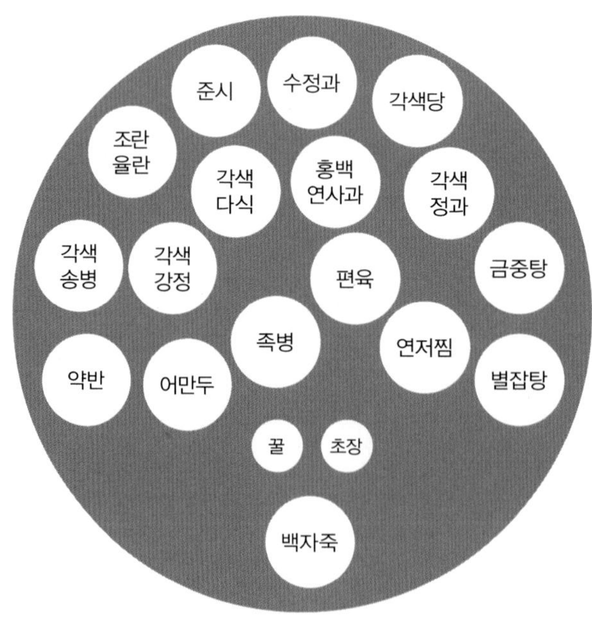

윤2월 11일 자궁께 올린 주다소반과

3.2 대전께 올리는 1상(大殿進御 一床)

八器 8기

	음식명	그릇 수	고임 높이(高)	재료 및 분량
1	각색송병 (各色松餅)	1기 (器)	5치(寸)	粘米一斗 白米八升 黑豆七升 大棗實生栗淸各二升 實荏子三升 桂皮末一兩 水芹一丹 熟猪肉八兩 陳鷄二脚 蔈古石耳各 二合 찹쌀 1말, 멥쌀 8되, 검은콩 7되, 대추 2되, 밤 2되, 꿀2되, 실깨 3되, 계핏가루 1냥, 미나리 1단, 숙저육 8냥, 묵은닭 2각, 표고버섯 2홉, 석이 2홉
2	약반 (藥飯)	1기		粘米大棗實生栗各三升 眞油五合 淸一升五合 實栢子艮醬各一合 찹쌀 3되, 대추 3되, 밤 3되, 참기름 5홉, 꿀 1되5홉, 잣 1홉, 간장 1홉
3	백자죽 (栢子粥)	1기		白米一升 實栢子一升五合 멥쌀 1되, 잣 1되5홉
4	홍백연사과 (紅白軟絲菓)	1기	3치	粘米三升 細乾飯眞油各一升二合 芝草三兩 淸三合 白糖一斤 實栢子二升 찹쌀 3되, 세건반 1되 2홉, 참기름 1되 2홉, 지초 3냥, 꿀 3홉, 백당 1근, 잣 2되
5	준시 (蹲柹)	1기	3치	蹲柹一百箇, 實栢子一升 곶감 100개, 잣 1되
6	각색정과 (各色正果)	1기	2치	蓮根五本 山査三升 柑子五箇 柚子生梨木苽各三箇 冬苽三片 生薑一升 淸一升五合 연근 5뿌리, 산사 3되, 감귤 5개, 유자 3개, 배 3개, 모과 3개, 동아 3조각, 생강 1되, 꿀 1되5홉
7	별잡탕 (別雜湯)	1기		黃肉熟肉胖昆者巽猪胞生猪肉熟猪肉各二兩 頭骨半部 秀魚半半尾 陳鷄一脚 海蔘鷄卵各二箇 全鰒菁根各一箇 靑苽半箇 朴古之一吐里 水芹半丹 眞油艮醬各一合 菉末蔈古各五夕 實栢子二合 胡椒末二夕 쇠고기 2냥, 숙육 2냥, 소의 양 2냥, 곤자소니 2냥, 저포 2냥, 돼지고기 2냥, 숙저육 2냥, 두골 ½부, 숭어 ¼마리, 묵은닭 1각, 해삼 2개, 달걀 2개, 전복 1개, 무 1개, 오이 ½개, 박고지 1토리, 미나리 ½단, 참기름 1홉, 간장 1홉, 녹말 5작, 표고버섯 5작, 잣 2홉, 후춧가루 2작
8	족병 (足餠)	1기	3치	牛足三箇 猪肉五兩 生雉陳鷄各一脚 頭骨半部 鷄卵三箇 眞油二合 實栢子一合 胡椒末一夕 우족 3개, 돼지고기 5냥, 꿩 1각, 묵은닭 1각, 두골 ½부, 달걀 3개, 참기름 2홉, 잣 1홉, 후춧가루 1작
	청 (淸)	1기		淸三合 꿀 3홉
	초장 (醋醬)	1기		艮醬二合 醋一合 實栢子一夕 간장 2홉, 초 1홉, 잣 1작

3.3 청연군주, 청선군주 각 1상(淸衍郡主 淸璿郡主各一床)

每床 各 七器　상마다 각 7기

床花 各 5箇

상화 각 5개

紅桃別三枝花 一箇, 紅桃建花, 間花各二箇

홍도별삼지화 1개, 홍도건화 2개, 간화 2개

4. 석수라(夕水剌)

4.1 자궁께 올리는 1상(慈宮進御 一床)

十五器　15기

	구분	음식명	그릇 수	내용
1	원반(元盤)	반(飯)	1기(器)	白飯 흰쌀밥
2		갱(羹)	1기	秀魚湯 숭어탕
3, 4		조치(助致)	2기	絡蹄炒　黃肉卜只 낙지초, 쇠고기볶음
5		구이(炙伊)	1기	鱣魚 生大蝦 전어, 생대하
6		좌반(佐飯)	1기	民魚 秀魚脯 半乾大口 生雉茶食 全鰒包 민어, 숭어포, 반건대구, 생치다식, 전복쌈
7		순조전(鶉鳥煎)	1기	鶉鳥 메추라기
8		붕어찜(鮒魚蒸)	1기	鮒魚 붕어
9		해(醢)	1기	蛤醢 조개젓

계속

	구분	음식명	그릇 수	내용
10	원반(元盤)	채(菜)	1기	古乭朴只 艾芥 고들빼기, 쑥갓
11		침채(沈菜)	1기	菁根 무
12		담침채(淡沈菜)	1기	山芥 산갓
		장(醬)	2기	艮醬 간장 醋醬 초장
13	협반(挾盤)	탕(湯)	1기	蛤湯 조개탕
14		각색적(各色炙)	1기	雜散炙 秀魚炙 잡산적, 숭어적
15		각색화양적(各色花陽炙)	1기	各色花陽炙 각색화양적

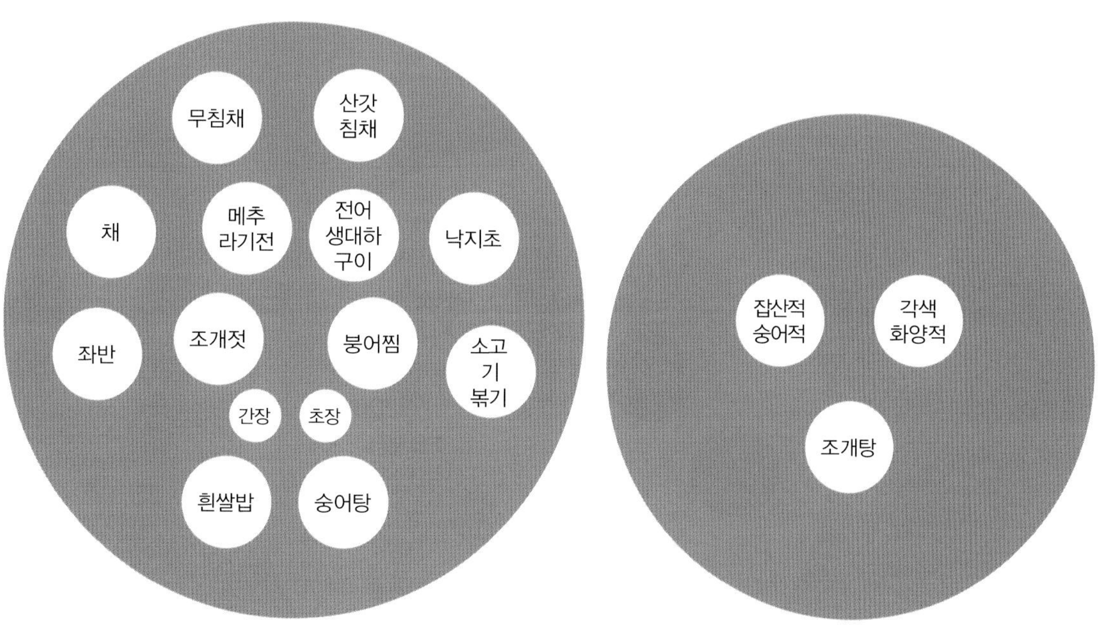

윤2월 11일 자궁께 올린 석수라

4.2 대전께 올리는 1상(大殿進御 一床)

七器 7기

	음식명	그릇 수	내용
1	반 (飯)	1기 (器)	白飯 흰쌀밥
2	갱 (羹)	1기	秀魚湯 숭어탕
3	조치 (助致)	1기	絡蹄炒 낙지초
4	구이 (灸伊)	1기	雜散炙 秀魚炙 잡산적, 숭어적
5	좌반 (佐飯)	1기	民魚 秀魚脯 半乾大口 生雉茶食 全鰒包 민어, 숭어포, 반건대구, 생치다식, 전복쌈
6	각색화양적 (各色花陽炙)	1기	各色花陽炙 각색화양적
7	침채 (沈菜)	1기	菁根 무
	장 (醬)	2기	艮醬 간장 醋醬 초장

4.3 청연군주, 청선군주 진지 각 1상(淸衍郡主 淸璿郡主進止各一床)

每床 各 七器 상마다 각 7기

5. 야다소반과(夜茶小盤果)

5.1 자궁께 올리는 1상(慈宮進御 一床)

十二器 12기

	음식명	그릇 수	고임 높이(高)	재료 및 분량
1	각색병 (各色餠)	1기 (器)	5치(寸)	粘米一斗 白米八升 赤豆四升 菉豆三升 大棗實生栗石耳各五升 乾柹三串 眞油實栢子艾各一升 淸生薑各二升 辛甘草末三合 梔子一錢 松古三片 桂皮末一兩 찹쌀1말, 멥쌀 8되, 팥 4되, 녹두 3되, 대추 5되, 밤 5되, 석이 5되, 곶감 3꼬치, 참기름 1되, 잣 1되, 쑥 1되, 꿀 2되, 생강 2되, 승검초가루 3홉, 치자 1돈, 송기 3조각, 계핏가루 1냥
2	병갱 (餠羹)	1기		白米二升 粘米五合 陳鷄生雉各一脚 黃肉三兩 艮醬五夕 멥쌀, 2되, 찹쌀 5홉, 묵은닭 1각, 꿩 1각, 쇠고기 3냥, 간장 5작
3	소약과 (小藥菓)	1기	5치(寸)	眞末一斗 眞油淸各四升 乾薑末六分 桂皮末一錢 胡椒末五夕 實栢子五合 砂糖一圓 밀가루 1말, 참기름 4되, 꿀 4되, 생강가루 6푼, 계핏가루 1돈, 후춧가루 5작, 잣 5홉, 사탕 1원
4	각색다식 (各色茶食)	1기	4치	黃栗黑荏子松花葛粉各二升五合 臙脂三椀 淸一升八合 五味子 三合 말린 밤 2되5홉, 흑임자 2되5홉, 송화 2되5홉, 칡전분 2되5홉, 연지 3사발, 꿀 1되8홉, 오미자 3홉
5	각색당 (各色糖)	1기	4치	八寶糖門冬糖玉春糖五花糖各一斤 팔보당 1근, 문동당 1근, 옥춘당 1근, 오화당 1근
6	조란 율란 (棗卵 栗卵)	1기	4치	大棗熟栗各五升五合 黃栗二升四合 桂皮末四錢 淸一升五合 實栢子四升 대추 5되5홉, 삶은 밤 5되5홉, 말린 밤 2되4홉, 계핏가루 4돈, 꿀 1되5홉, 잣 4되
7	각색정과 (各色正果)	1기	2치	蓮根五本 山査三升 柑子五箇 柚子生梨木苽各三箇 冬苽三片 生薑一升 淸一升五合 연근 5뿌리, 산사 3되, 감귤 5개, 유자 3개, 배 3개, 모과 3개, 동아 3조각, 생강 1되, 꿀 1되5홉
8	수정과 (水正果)	1기		乾柹2串, 淸2合 곶감 2꼬치, 꿀 2홉
9	별잡탕 (別雜湯)	1기		黃肉熟肉胖昆者巽猪胞生猪肉熟猪肉各二兩 頭骨半部 秀魚半半尾 陳鷄一脚 海蔘鷄卵各二箇 全鰒菁根各一箇 靑苽半箇 朴古之一吐里 水芹半丹 眞油艮醬各一合 蕈古菉末各五夕 實栢子胡椒末各二夕 쇠고기 2냥, 숙육 2냥, 소의 양 2냥, 곤자소니 2냥, 저포 2냥, 돼지고기 2냥, 숙저육 2냥, 두골 ½부, 숭어 ¼마리, 묵은닭 1각, 해삼 2개, 달걀 2개, 전복1개, 무 1개, 오이 ½개, 박고지 1토리, 미나리 ½단, 참기름 1홉, 간장 1홉, 표고버섯 5작, 녹말 5작, 잣 2작, 후춧가루 2작
10	금중탕 (錦中湯)	1기		黃肉五兩 陳鷄二脚 菁根二箇 多士麻一立 朴古之一吐里 眞油艮醬各一合 胡椒末二夕 쇠고기 5냥, 묵은닭 2각, 무 2개, 다시마 1립, 박고지 1토리, 참기름 1홉, 간장 1홉, 후춧가루 2작
11	각색전유화 (各色煎油花)	1기	4치	秀魚三尾 肝二斤 胖三斤 生雉二首 鷄卵一百箇 眞油三升 眞末菉末木末各一升五合 鹽七合 숭어 3미, 간 2근, 소의 양 3근, 꿩 2마리, 달걀 100개, 참기름 3되, 밀가루 1되5홉, 녹말가루 1되5홉, 메밀가루 1되5홉, 소금 7홉

계속

	음식명	그릇 수	고임 높이(高)	재료 및 분량
12	각색화양적 (各色花陽炙)	1기	4치	黃肉四斤 牂猪肉各八兩 全鰒三箇 海蔘七箇 桔莄二丹 生葱二十五丹 鷄卵四十箇 眞末眞油各二升 實荏子艮醬各一升 胡椒末三夕 蔈古石耳各一合 쇠고기 4근, 소의 양 8냥, 돼지고기 8냥, 전복 3개, 해삼 7개, 도라지 2단, 파 25단, 달걀 40개, 밀가루 2되, 참기름 2되, 실깨 1되, 간장 1되, 후춧가루 3작, 표고버섯 1홉, 석이 1홉
	청 (淸)	1기		淸三合 꿀 3홉
	초장 (醋醬)	1기		艮醬二合 醋一合 實栢子一夕 간장 2홉, 초 1홉, 잣 1작
	상화 (床花)	6개 (箇)		小水波蓮 紅桃別三枝花各一箇 紅桃建花間花各二箇 소수파련 1개, 홍도별삼지화 1개, 홍도건화 2개, 간화 2개

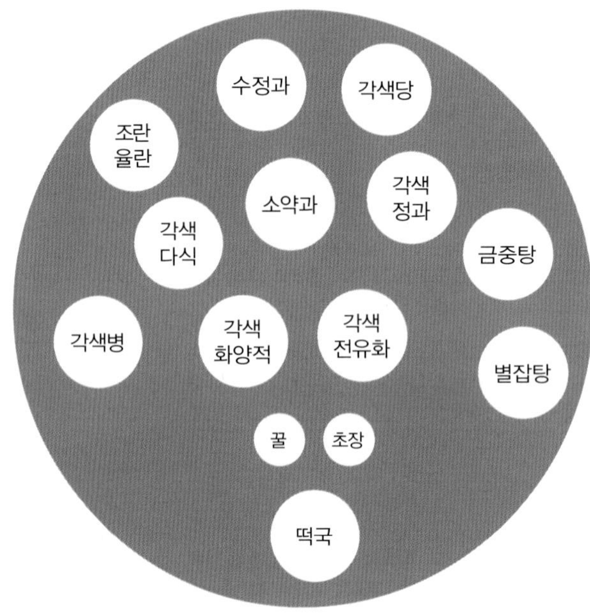

윤2월 11일 자궁께 올린 야다소반과

5.2 대전께 올리는 1상(大殿進御 一床)

七器　7기

	음식명	그릇 수	고임 높이(高)	재료 및 분량
1	각색병 (各色餠)	1기 (器)	5치(寸)	粘米一斗 白米八升 赤豆四升 菉豆三升 大棗實生栗石耳各五升 乾柹三串 眞油實栢子艾各一升 淸生薑各二升 辛甘草末三合 梔子一錢 松古三片 桂皮末一兩 찹쌀 1말, 멥쌀 8되, 팥 4되, 녹두 3되, 대추 5되, 밤 5되, 석이 5되, 곶감 3꼬치, 참기름 1되, 잣 1되, 쑥 1되, 꿀 2되, 생강 2되, 승검초가루 3홉, 치자 1돈, 송기 3조각, 계핏가루 1냥
2	병갱 (餠羹)	1기		白米二升 粘米五合 陳鷄生雉各一脚 黃肉三兩 艮醬五夕 멥쌀, 2되, 찹쌀 5홉, 묵은닭 1각, 꿩 1각, 쇠고기 3냥, 간장 5작
3	소약과 (小藥菓)	1기	3치(寸)	眞末六升 眞油淸各二升四合 乾薑末桂皮末各五分 胡椒末五夕 實栢子三合 砂糖半圓 밀가루 6되, 참기름 2되4홉, 꿀 2되4홉, 생강가루 5푼, 계핏가루 5푼, 후춧가루 5작, 잣 3홉, 사탕 ½원
4	조란 율란 (棗卵 栗卵)	1기	3치	大棗熟栗各三升八合 黃栗一升八合 桂皮末三錢 淸一升 實栢子三升 대추 3되8홉, 삶은 밤 3되8홉, 말린 밤 1되8홉, 계핏가루 3돈, 꿀 1되, 잣 3되
5	각색정과 (各色正果)	1기	2치	蓮根五本 山査三升 柑子五箇 柚子生梨木苽各三箇 冬苽三片 生薑一升 淸一升五合 연근 5뿌리, 산사 3되, 감귤 5개, 유자 3개, 배 3개, 모과, 3개, 동아 3조각, 생강 1되, 꿀 1되5홉
6	별잡탕 (別雜湯)	1기		黃肉熟肉胖昆者巽猪胞生猪肉熟猪肉各二兩 頭骨半部 秀魚半半尾 陳鷄一脚 海蔘鷄卵各二箇 全鰒菁根各一箇 靑苽半箇 朴古之一吐里 水芹半丹 眞油艮醬各一合 蔈古菉末各五夕 實栢子胡椒末各二夕 쇠고기 2냥, 숙육 2냥, 소의 양 2냥, 곤자소니 2냥, 저포 2냥, 돼지고기 2냥, 숙저육 2냥, 두골 ½부, 숭어 ¼마리, 묵은닭 1각, 해삼 2개, 달걀 2개, 전복 1개, 무 1개, 오이 ½개, 박고지 1토리, 미나리 ½단, 참기름 1홉, 간장 1홉, 표고버섯 5작, 녹말 5작, 잣 2작, 후춧가루 2작
7	각색화양적 (各色花陽炙)	1기	3치	黃肉三斤 胖猪肉各八兩 全鰒二箇 海蔘五箇 桔梗二丹 生葱二十丹 鷄卵三十五箇 眞末眞油各一升五合 實荏子八合 艮醬八夕 胡椒末三夕 蔈古石耳各一合 쇠고기 3근, 소의 양 8냥, 돼지고기 8냥, 전복 2개, 해삼 5개, 도라지 2단, 파 20단, 달걀 35개, 밀가루 1되 5홉, 참기름 1되 5홉, 실깨 8홉, 간장 8작, 후춧가루 3작, 표고버섯 1홉, 석이 1홉
	청 (淸)	1기		淸三合 꿀 3홉
	초장 (醋醬)	1기		艮醬二合 醋一合 實栢子一夕 간장 2홉, 초 1홉, 잣 1작

5.3 청연군주, 청선군주 각 1상(淸衍郡主 淸璿郡主各一床)

每床 各 七器　상마다 각 7기

床花 各 3箇

상화 각 3개

紅桃別三枝花 一箇, 建花, 間花各一箇

홍도별삼지화 1개, 건화 1개, 간화 1개

윤2월 12일

● 윤2월 12일 장소별 상차림의 종류

날짜	장소	구분	내용	비고
4일차 윤2월 12일	화성참 (華城站)	조수라 (朝水剌)	- 자궁께 올리는 1상 - 대전께 올리는 1상 - 청연군주, 청선군주 진지 각 1상	
		미음 (米飮)	- 자궁께 올리는 1반 - 청연군주, 청선군주 각 1반	중로 대황교남변 (中路 大皇橋南邊)
	원소참 (園所站)	주다소반과 (晝茶小盤果)	- 자궁께 올리는 1상	
		주수라 (晝水剌)	- 자궁께 올리는 1상 - 대전께 올리는 1상 - 청연군주, 청선군주 진지 각 1상	
		미음 (米飮)	- 자궁께 올리는 1반 - 청연군주, 청선군주 각 1반	입재실시 원소전알시 및 중로 (入齋室時 園所展謁時及中路)
		궁인 및 내외빈 본소 당상 이하 원역 공궤(宮人及內外賓本所 堂上 以下員役供饋)		
	화성참 (華城站)	주다소반과 (晝茶小盤果)	- 자궁께 올리는 1상 - 대전께 올리는 1상 - 청연군주, 청선군주 각 1상	
		석수라 (夕水剌)	- 자궁께 올리는 1상 - 대전께 올리는 1상 - 청연군주, 청선군주 진지 각 1상	
		야다소반과 (夜茶小盤果)	- 자궁께 올리는 1상 - 대전께 올리는 1상 - 청연군주, 청선군주 각 1상	

화성참(華城站)

1. 조수라(朝水剌)

十二日 윤2월 12일

1.1 자궁께 올리는 1상(慈宮進御 一床)

十五器 15기

	구분	음식명	그릇 수	내용
1	원반(元盤)	반(飯)	1기	赤豆水和炊 팥물로 지은 밥
2		갱(羹)	1기	薺菜湯 냉이국
3, 4		조치(助致)	2기	猪胞炒 乾靑魚炒 저포초, 건청어초
5		구이(炙伊)	1기	銀口魚 은어구이
6		편육(片肉)	1기	陽支頭 양지머리
7		좌반(佐飯)	1기	淡鹽民魚 半乾大口 肉醬 黃肉茶食 生雉片脯 담염민어, 반건대구, 육장, 쇠고기다식, 꿩편포
8		수어전(秀魚煎)	1기	秀魚煎 숭어전
9		해(醢)	1기	大口卵 石花醢 대구알젓, 굴젓
10		채(菜)	1기	苜蓿 辛甘草 거여목, 승검초
11		침채(沈菜)	1기	交沈菜 섞박지
12		담침채(淡沈菜)	1기	山芥 산갓
		장(醬)	3기	艮醬 醋醬 苦椒醬 간장, 초장, 고추장

계속

	구분	음식명	그릇 수	내용
13		탕 (湯)	1기	醋鷄湯 초계탕
14	협반 (挾盤)	각색적 (各色炙)	1기	錦鱗魚 細乫飛 쏘가리, 세갈비
15		부어찜 (鮒魚蒸)	1기	鮒魚蒸 붕어찜

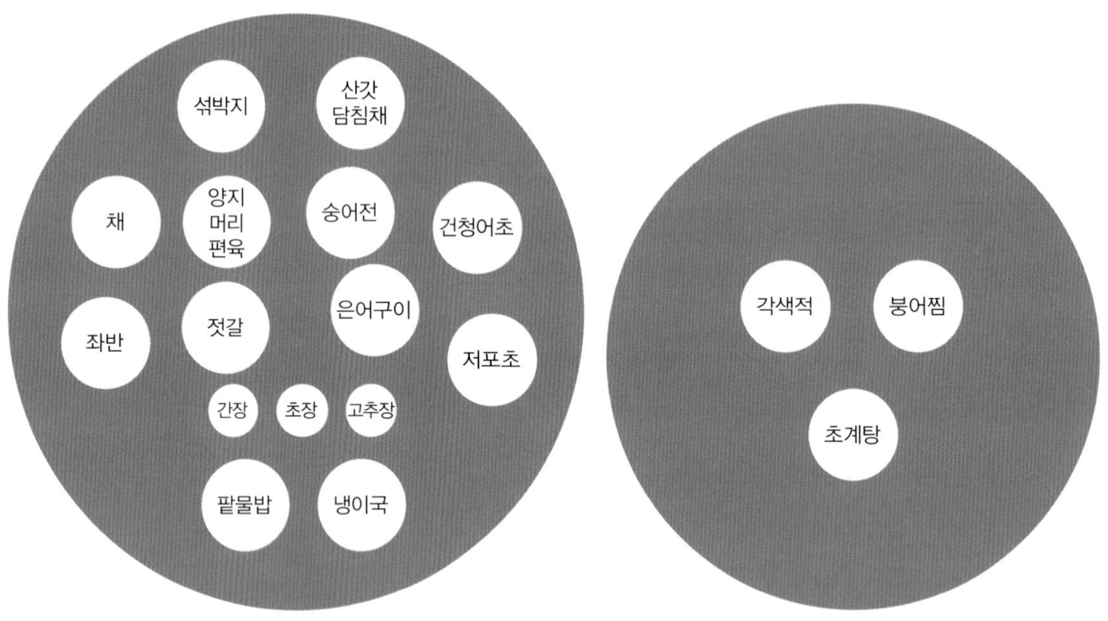

윤2월 12일 자궁께 올린 조수라

1.2 대전께 올리는 1상(大殿進御 1床)

七器 7기

	음식명	그릇 수	내용
1	반 (飯)	1기	赤豆水和炊 팥물로 지은 밥
2	갱 (羹)	1기	薺菜湯 냉이국
3	조치 (助致)	1기	猪胞炒 저포초
4	구이 (炙伊)	1기	錦鱗魚 銀魚 細契飛 쏘가리, 은어, 세갈비
5	좌반 (佐飯)	1기	淡鹽民魚 半乾大口 肉醬 黃肉茶食 生雉片脯 담염민어, 반건대구, 육장, 쇠고기다식, 꿩편포
6	부어증 (鮒魚蒸)	1기	鮒魚蒸 붕어찜
7	침채 (沈菜)	1기	交沈菜 섞박지
	장 (醬)	3기	艮醬 醋醬 苦椒醬 간장, 초장, 고추장

1.3 청연군주, 청선군주 진지 각 1상(淸衍君主 淸璿君主 進止[44] 各一床)

每床各 七器

상마다 각 7기

2. 미음(米飮)

中路 大皇橋南邊 가는 도중 대황교 남쪽 부근

2.1 자궁께 올리는 1반(慈宮進御 一盤)

三器 畵器 圓足鍮錚盤 3기의 음식을 화기에 담아 둥근 굽이 달린 유기 쟁반에 차린다.

44) 진지(進止): 군주에게 드리는 식사는 '진지'라 하였다.

	음식명	그릇 수	내용
1	미음 (米飮)	1기	大棗米飮詣 園所時中路 白米飮 還詣本站時 蔘蛤米飮 참배할 때는 대추미음, 원으로 가는 도중에는 백미음, 돌아와서 본참에 도착했을 때는 삼합미음 回鑾時 中路 黃粱米飮 淸具 돌아오실 때 중로에서는 메조미음. 꿀을 갖춘다
2	고음 (膏飮)	1기	鷄膏詣 園所時中路 胖膏 還詣本站時 鮒魚膏 참배할 때는 닭고음, 원으로 가는 도중에는 양고음, 돌아와서 본참에 도착했을 때는 붕어고음
3	정과 (正果)	1기	蓮根 柑子 生梨 冬苽 生薑 연근, 감귤, 배, 동아, 생강

2.2 청연군주, 청선군주 각 1반(淸衍郡主淸璿郡主 各一盤)

每盤 各三器 畵器 圓足鍮錚盤 반마다 각 3기의 음식을 화기에 담아 둥근 굽이 달린 유기 쟁반에 차린다.

	음식명	그릇 수	내용
1	미음 (米飮)	1기	大棗米飮詣 園所時中路 白米飮 還詣本站時 蔘蛤米飮 참배할 때는 대추미음, 원으로 가는 도중에는 백미음, 돌아와서 본참에 도착했을 때는 삼합미음 回還時中路 黃粱米飮 淸具 돌아오실 때 중로에서는 메조미음. 꿀을 갖춘다.
2	고음 (膏飮)	1기	鷄膏詣 園所時中路 胖膏 還詣本站時 鮒魚膏 참배할 때는 닭고음, 원으로 가는 도중에는 양고음, 돌아와서 본참에 도착했을 때는 붕어고음
3	정과 (正果)	1기	蓮根 柑子 生梨 冬苽 生薑 연근, 감귤, 배, 동아, 생강

원소참(園所站)

十二日 園所展拜 水刺假家五間宮人及本所堂上以下供饋假家五間 設於齋室大門外東邊 本府擧行齋室塗褙鋪陣户曹擧行郎廳初六日下直出站

12일 원소(현륭원) 참배 수라를 담당하는 임시 건물 5간, 궁인 및 본소의 당상 이하의 음식을 만드는 임시 건물 5간 재실 대문 밖 동쪽 부근에 설치한다. 본부는 재실의 도배와 앉을자리를 마련해 까는 것을 담당하고, 호조는 낭청이 초6일에 임금께 작별을 아뢰고 참을 떠나는 것을 담당한다.

3. 주다소반과(晝茶小盤果)

3.1 자궁께 올리는 1상(慈宮進御 一床)

十七器 磁器 黑漆足盤　17기의 음식을 자기에 담아 흑칠족반에 차린다.

	음식명	그릇 수	고임 높이(高)	재료 및 분량
1	각색병 (各色餠)	1기	5치	粘米一斗 白米一斗三升 大棗眞油各二升 生栗五升 乾柿二串 清實栢子各一升 石耳三升 梔子一錢 松古十片 臙脂二梡 桂皮末五錢 찹쌀 1말, 멥쌀 1말3되, 대추 2되, 참기름 2되, 밤 5되, 곶감 2꼬치, 꿀 1되, 잣 1되, 석이 3되, 치자 1돈, 송기 10조각, 연지 2사발, 계핏가루 5돈
2	약반 (藥飯)	1기		粘米大棗實生栗各三升 眞油五合 淸一升五合 實栢子艮醬各一合 찹쌀 3되, 대추 3되, 생밤 3되, 참기름 5홉, 꿀 1되5홉, 잣 1홉, 간장 1홉
3	면 (麪)	1기		木末三升 菉末五合 生雉一脚 黃肉三兩 鷄卵三箇 艮醬五夕 胡椒末一夕 메밀가루 3되 녹두가루 5홉 꿩 1각, 쇠고기 3냥, 달걀 3개, 간장 5작, 후춧가루 1작
4	다식과 (茶食果)	1기	5치	眞末一斗 眞油淸各四升 乾薑末五分 桂皮末一錢 實栢子五合 胡椒末五夕 砂糖一圓 밀가루 1말 참기름 4되, 꿀 4되, 생강가루 5푼, 계핏가루 1돈, 잣 5홉, 후춧가루 5작, 사탕 1원
5	각색연사과 (各色軟絲果)	1기	4치	粘米四升 細乾飯眞油各一升五合 芝草四兩 白糖一斤三兩 實栢子三升三合 淸四合 찹쌀 4되, 세건반 1되5홉, 참기름 1되5홉, 지초 4냥, 백당 1근3냥, 잣 3되3홉, 꿀 4홉
6	각색강정 (各色强精)	1기	4치	粘米三升五合 細乾飯二升 實荏子一升 松花七合 實栢子一升五合 眞油二升五合 白糖二斤八兩 淸五合 芝草二兩 찹쌀 3되5홉, 세건반 2되, 실깨 1되, 송화 7홉, 잣 1되5홉, 참기름 2되5홉, 백당 2근8냥, 꿀 5홉, 지초 2냥
7	각색다식 (各色茶食)	1기	4치	黃栗黑荏子松花葛粉各二升五合 臙脂三梡 淸一升八合 五味子三合 말린 밤 2되5홉, 흑임자 2되5홉, 송화 2되5홉, 칡전분 2되5홉, 연지 3사발, 꿀 1되8홉, 오미자 3홉
8	각색당 (各色糖)	1기	4치	人蔘糖 五花糖 玉春糖 八寶糖 橘餠 合四斤 인삼당, 오화당, 옥춘당, 팔보당, 귤병 합해서 4근
9	조란 율란 산약 준시 (棗卵 栗卵 山藥 蹲柿)	1기	4치	黃栗淸各一升 大棗熟栗各三升 桂皮末二錢 實栢子二升五合 山藥三丹 蹲柿三十箇 말린 밤 1되, 꿀 1되, 대추 3되, 삶은 밤 3되, 계핏가루 2돈, 잣 2되5홉, 마 3단, 곶감 30개
10	생리 유자 감귤 석류 (生梨 柚子 柑子 石榴)			生梨柚子各五箇 柑子石榴各七箇 배 5개, 유자 5개, 감귤 7개, 석류 7개

계속

	음식명	그릇 수	고임 높이(高)	재료 및 분량
11	각색정과 (各色 正果)	1기	3치	蓮根七本 山査三升五合 柑子七箇 柚子生梨木苽各四箇 冬苽四片 生薑一升五合 淸二升二合 연근 7뿌리, 산사 3되5홉, 감귤 7개, 유자 4개, 배 4개, 모과 4개, 동아 4조각, 생강 1되5홉, 꿀 2되2홉
12	수정과 (水正果)	1기		生梨二箇 柚子一箇 石榴半箇 淸二合 實栢子三夕 배 2개, 유자 1개, 석류 ½개, 꿀 2홉, 잣 3작
13	별잡탕 (別雜湯)	1기		黃肉熟肉䏔昆者巽猪胞生猪肉熟猪肉各二兩 頭骨半部秀魚半半尾 陳鷄一脚 海蔘鷄卵各二箇 全鰒菁根各一箇 靑苽半箇 朴古之一吐里 水芹半丹 眞油艮醬各一合 菉末蔈古各五夕 實栢子胡椒末各二夕 쇠고기 2냥, 숙육 2냥, 소의 양 2냥, 곤자소니 2냥, 저포 2냥, 돼지고기 2냥, 숙저육 2냥, 두골 ½부, 숭어 ¼마리, 묵은닭 1각, 해삼 2개, 달걀 2개, 전복 1개, 무 1개, 오이 ½개, 박고지 1토리, 미나리 ½단, 참기름 1홉, 간장 1홉, 녹말 5작, 표고버섯 5작, 잣 2작, 후춧가루 2작
14	각색전유화 편육 (各色煎油花 片肉)	1기	4치	秀魚二尾 肝一斤 䏔二斤 生雉一首 鷄卵七十箇 眞油二升 眞末菉末木末各一升 鹽五合 猪胞二部 猪頭陽支頭各半部 숭어 2마리, 간 1근, 소의 양 2근, 꿩 1마리, 달걀 70개, 참기름 2되, 밀가루 1되, 녹말가루 1되, 메밀가루 1되, 소금 5홉, 저포 2부, 돼지머리 ½부, 양지머리 ½부
15	각색어채 (各色魚菜)	1기	4치	秀魚三尾 䏔一斤 全鰒二箇 海蔘五箇 蔈古石耳各一合 辛甘草一握 숭어 3마리, 소의 양 1근, 전복 2개, 해삼 5개, 표고버섯 1홉, 석이 1홉, 승검초 1줌
16	각색화양적 (各色花陽炙)	1기	4치	黃肉四斤 猪肉䏔各八兩 全鰒三箇 海蔘七箇 眞油眞末各二升 實荏子艮醬各一升 鷄卵四十箇 生葱二十五丹 桔莄二丹 蔈古石耳各一合 胡椒末三夕 쇠고기 4근, 돼지고기 8냥, 소의 양 8냥, 전복 3개, 해삼 7개, 참기름 2되, 밀가루 2되, 실깨 1되, 간장 1되, 달걀 40개, 파 25단, 도라지 2단, 표고버섯 1홉, 석이 1홉, 후춧가루 3작
17	어만두 (魚饅頭)	1기		秀魚一尾半 熟肉熟猪肉各一斤十兩 䏔十兩 生雉陳鷄各一首 太泡一隅 眞油一合五夕 生薑二角 生葱半丹 實栢子一合 菉末七合 胡椒末一夕 鹽二合 숭어 1½마리, 숙육 1근10냥, 숙저육 1근10냥, 소의 양 10냥, 꿩 1마리, 묵은 닭 1마리, 두부 1모, 참기름 1홉5작, 생강 2뿔, 파 ½단, 잣 1홉, 녹말 7홉, 후춧가루 1작, 소금 2홉
	청 (淸)	1기		淸三合 꿀 3홉
	초장 (醋醬)	1기		艮醬二合 醋一合 實栢子一夕 간장 2홉, 초 1홉, 잣 1작
	상화 (床花)	12개 (箇)		小水波蓮一箇 紅桃別三枝花建花各二箇 紅桃間花三箇 紙間花四箇 소수파련 1개, 홍도별삼지화 2개, 건화 2개, 홍도간화 3개, 지간화 4개

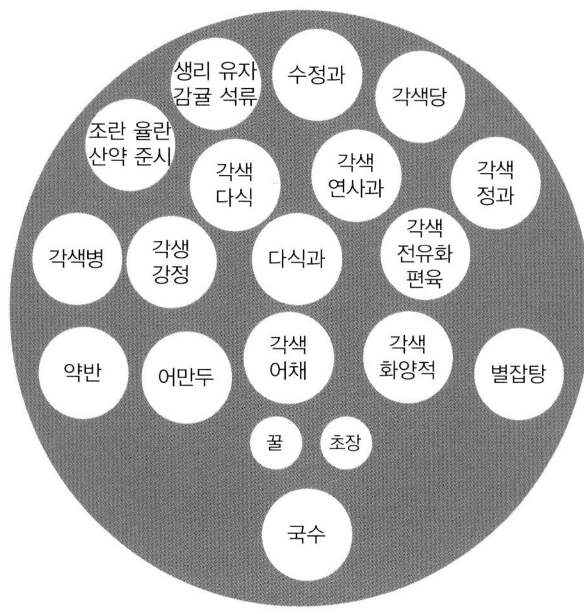

윤2월 12일 자궁께 올린 주다소반과(원소참)

4. 주수라(晝水剌)

4.1 자궁께 올리는 1상(慈宮進御 一床)

元盤 十器 狹盤 三器 黑漆足盤　원반에는 10기의 음식을, 협반에는 3기의 음식을 담아 모두 흑칠족반에 차린다.

	구분	음식명	그릇 수	내용
1	원반(元盤)	반(飯)	1기	赤豆水和炊 팥물로 지은 밥
2		갱(羹)	1기	雜湯 잡탕
3		조치(助致)	2기	胖饅頭 軟鷄蒸 양만두, 연계찜
4		구이(炙伊)	1기	牛肉內腸 熟鰒 辛甘草 生葱 우육내장, 숙전복, 승검초, 파

계속

	구분	음식명	그릇 수	내용
5	원반(元盤)	좌반(佐飯)	1기	秀魚醬 藥乾雉 藥脯 全鰒包 不鹽民魚 魚卵 醬卜只 숭어장, 약건치, 약포, 전복쌈, 불염민어, 어란, 장볶기
6		해(醢)	1기	鰱魚卵 明太古之 洪魚卵 蟹卵 蟹醢 연어알, 명태고지, 홍어알, 게알, 게젓
7		채(菜)	1기	桔梗 菁根 水芹 辛甘草 菉豆長音 冬苽 도라지, 무, 미나리, 승검초, 숙주, 동아
8		침채(沈菜)	1기	交沈菜 섞박지
9		담침채(淡沈菜)	1기	蔓菁 菁根 靑苽 水芹 柚子 生梨 순무, 무, 오이, 미나리, 유자, 배
10		장(醬)	3기	水醬 醋醬 煎醬 수장, 초장, 전장
11	협반(挾盤)	탕(湯)	1기	醋鷄湯 초계탕
12		각색어육(各色魚肉)	1기	乫飛 全雉首 軟鷄 胖 腰骨 錦鱗魚 靑魚 갈비, 전치수, 연계, 소의 양, 등골, 쏘가리, 청어
13		붕어찜(鮒魚蒸)	1기	鮒魚蒸 붕어찜

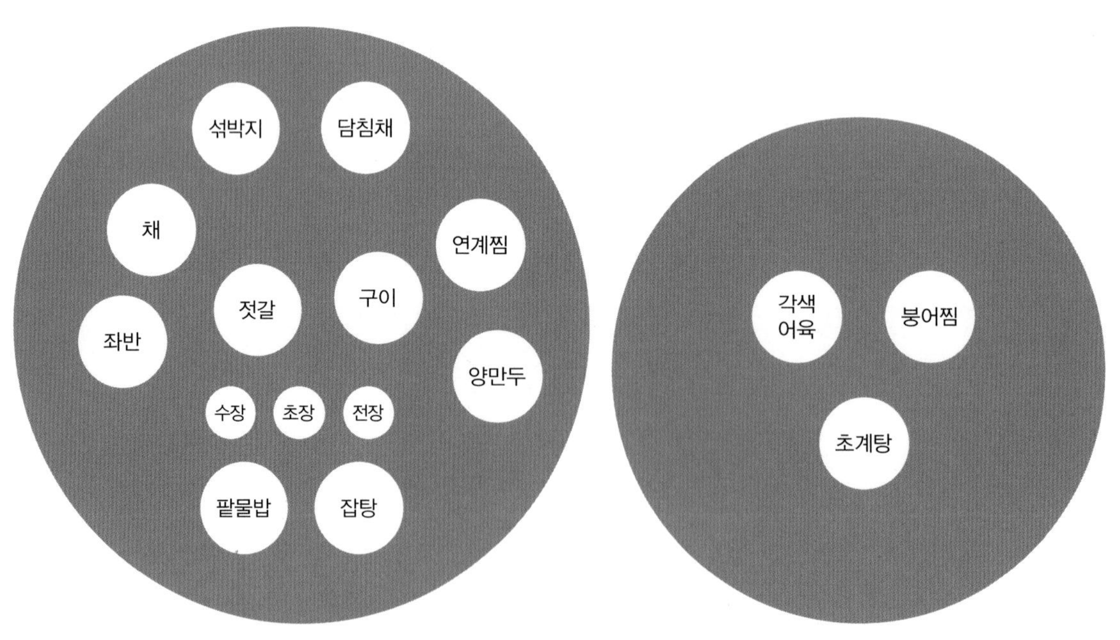

윤2월 12일 자궁께 올린 주수라

4.2 대전께 올리는 1상(大殿進御 一床)

七器 鍮器 黑漆足盤　7기의 음식을 유기에 담아 흑칠족반에 차린다.

	음식명	그릇 수	내용
1	반 (飯)	1기	赤豆水和炊 팥물로 지은 밥
2	갱 (羹)	1기	雜湯 잡탕
3	조치 (助致)	1기	軟鷄蒸 연계찜
4	구이 (灸伊)	1기	錦鱗魚 胖 腰骨 生雉 軟鷄 熟鰒 辛甘草 쏘가리, 소의 양, 등골, 생치, 연계, 숙전복, 승검초
5	좌반 (佐飯)	1기	秀魚醬 藥乾雉 鹽脯 全鰒包 不鹽民魚 甘苔, 魚卵, 醬卜只 숭어장, 약건치, 염포, 전복쌈, 불염민어, 감태, 어란, 장볶기
6	채 (菜)	1기	桔梗 菁根 水芹 辛甘草 菉豆長音 도라지, 무, 미나리, 승검초, 숙주
7	침채 (沈菜)	1기	交沈菜 섞박지
	장 (醬)	3기	水醬 醋醬 煎醬 묽은 장, 초장, 전장

4.3 청연군주, 청선군주 진지 각 1상(淸衍郡主淸璿郡主進止 各一床)

每床 各七器　상마다 각 7기

5. 미음(米飮)

入齋室時 園所展謁時及中路所進

재실에 들어갈 때, 원소 참배 때 및 중간 장소로 진입할 때

中路 大皇橋 南邊

가는 도중 대황교 남쪽 부근에서 올린다.

5.1 자궁께 올리는 1반(慈宮進御 一盤)

三器 畵器 圓足鍮錚盤 3기의 음식을 화기에 담아 둥근 굽이 달린 유기 쟁반에 차린다.

	음식명	그릇 수	내용
1	미음 (米飮)	1기	入齋室時白米飮 中路大棗米飮 展謁時靑粱米飮 淸具 재실에 들어갈 때는 흰미음, 가는 도중에는 대추미음, 참배할 때는 차조미음. 꿀을 갖춘다.
2	고음 (膏飮)	1기	牂 陳鷄 生雉 中路雜湯 소의 양, 묵은닭, 꿩, 가는 도중에는 잡탕
3	정과 (正果)	1기	蓮根 山査 柑子 柚子 生梨 生薑 桔梗 木苽 煎藥 展謁時 梨熟 연근, 산사, 감귤, 유자, 배, 생강, 도라지, 모과, 전약, 참배시 배숙

5.2 청연군주, 청선군주 각 1반(淸衍郡主淸璿郡主 各一盤)

每盤 各三器 畵器 圓足鍮錚盤 반마다 각 3기의 음식을 화기에 담아 둥근 굽이 달린 유기 쟁반에 차린다.

	음식명	그릇 수	내용
1	미음 (米飮)	1기	入齋室時 白米飮 中路 大棗米飮 拜園時 靑粱米飮 淸具 재실에 들어갈 때는 백미음, 가는 도중에는 대추미음, 원 참배 때에는 차조미음. 꿀을 갖춘다.
2	고음 (膏飮)	1기	牂 陳鷄 生雉 中路 雜湯 소의 양, 묵은닭, 꿩, 가는 도중에는 잡탕
3	정과 (正果)	1기	蓮根 山査 柑子 柚子 生梨 生薑 桔梗 木苽 煎藥 拜園時 梨熟 연근, 산사, 감귤, 유자, 배, 생강, 도라지, 모과, 전약, 원 참배 시 배숙

6. 궁인 및 내외빈, 본소[45]의 당상 이하 원역에게 제공한 음식(宮人及內外賓本所堂上以下員役供饋)

十三日晝飯同鷺梁站故不疊錄 13일 점심은 노량참과 동일하기에 겹쳐서 기록하지 않는다.

45) 본소(本所): 주가 되는 장소.

화성참(華城站)

7. 주다소반과(晝茶小盤果)

7.1 자궁께 올리는 1상(慈宮進御 一床)

十七器　17기

	음식명	그릇 수	고임 높이(高)	재료 및 분량
1	각색병(各色餠)	1기	5치	粘米一斗 白米八升 赤豆四升 菉豆三升 大棗實生栗石耳各五升 乾柹三串 眞油實栢子艾各一升 淸生薑各二升 辛甘草末三合 梔子一錢 松古三片 桂皮末一兩 찹쌀 1말, 멥쌀 8되, 팥 4되, 녹두 3되 대추 5되, 밤 5되, 석이 5되, 곶감 3꼬치, 참기름 1되, 잣 1되, 쑥1되, 꿀 2되, 생강 2되 승검초가루 3홉, 치자 1돈, 송기 3조각, 계핏가루 1냥
2	약반(藥飯)	1기		粘米大棗實生栗各三升 眞油五合 淸一升五合 實栢子艮醬各一合 찹쌀 3되, 대추 3되, 밤 3되, 참기름 5홉, 꿀 1되5홉, 잣 1홉, 간장 1홉
3	면(麵)	1기		木末三升 菉末五合 生雉一脚 黃肉三兩 鷄卵三箇 艮醬一合 胡椒末一夕 메밀가루 3되, 녹말 5홉, 꿩 1각, 쇠고기 3냥, 달걀 3개, 간장 1홉, 후춧가루 1작
4	다식과 만두과(茶食果 饅頭果)	1기	5치	眞末一斗 眞油淸各四升 大棗黃栗各二升 乾薑末五分 桂皮末一錢 實栢子五合 胡椒末五夕 砂糖一圓 밀가루 1말, 참기름 4되, 꿀 4되, 대추 2되, 말린 밤 2되, 생강가루 5푼, 계핏가루 1돈, 잣 5홉, 후춧가루 5작, 사탕 1원
5	각색강정(各色強精)	1기	4치	粘米三升五合 細乾飯實栢子各一升五合　實荏子八合 松花七合 眞油二升五合 白糖二斤八兩 淸五合 芝草二兩 찹쌀 3되 5홉, 세건반 1되5홉, 잣 1되5홉, 실깨 8홉, 송화 7홉, 참기름 2되5홉, 백당 2근 8냥, 꿀 5홉, 지초 2냥
6	각색다식(各色茶食)	1기	4치	黃栗黑荏子松花葛粉各二升五合 臙脂三楾 淸一升八合 五味子三合 말린 밤 2되5홉, 흑임자 2되5홉, 송화 2되5홉, 칡전분 2되5홉, 연지 3사발, 꿀 1되8홉, 오미자 3홉
7	각색당(各色糖)	1기	4치	門冬糖[46] 人蔘糖蜜棗乾葡萄各一斤 문동당 1근, 인삼당 1근, 밀조 1근, 건포도 1근
8	산약(山藥)	1기	3치	山藥六丹 마 6단

계속

46) 문동당: 백합과의 여러해살이 풀인 맥문동을 설탕에 졸인 것.

	음식명	그릇 수	고임 높이(高)	재료 및 분량
9	대추 생률 (大棗 生栗)	1기	4치	大棗五升 生栗四升 實栢子二合 대추 5되, 밤 4되, 잣 2홉
10	각색정과 (各色正果)	1기	3치	蓮根七本 山査三升五合 柑子七箇 柚子生梨木苽各四箇 冬苽四片 生薑一升五合 淸二升二合 연근 7뿌리, 산사 3되5홉, 감귤 7개, 유자 4개, 배 4개, 모과 4개, 동아 4조각, 생강 1되5홉, 꿀 2되2홉
11	수정과 (水正果)	1기		生梨七箇 淸五合 胡椒五夕 배 7개, 꿀 5홉, 후추 5작
12	별잡탕 (別雜湯)	1기		黃肉熟肉胖昆者巽猪胞生猪肉熟猪肉各二兩 頭骨半部 秀魚半半尾 陳鷄一脚 海蔘鷄卵各二箇, 全鰒菁根各一箇 靑苽半箇 朴古之一吐里 水芹半丹 眞油艮醬各一合 菉末蕈古各五夕 實栢子胡椒末各二夕 쇠고기 2냥, 숙육 2냥, 소의 양 2냥, 곤자소니 2냥, 저포 2냥, 돼지고기 2냥, 숙저육 2냥, 두골 ½부, 숭어 ¼마리, 묵은닭 1각, 해삼 2개, 달걀 2개, 전복 1개, 무 1개, 오이 ½개, 박고지 1토리, 미나리 ½단, 참기름 1홉, 간장 1홉, 녹말 5작, 표고버섯 5작, 잣 2작, 후춧가루 2작
13	금중탕 (錦中湯)	1기		黃肉五兩 陳鷄二脚 菁根二箇 多士麻一立 朴古之一吐里 眞油艮醬各一合 胡椒末二夕 쇠고기 5냥, 묵은닭 2각, 무 2개, 다시마 1립, 박고지 1토리, 참기름 1홉, 간장 1홉, 후춧가루 2작
14	각색어채 (各色魚菜)	1기	4치	秀魚三尾 胖一斤 全鰒二箇 海蔘五箇 蕈古石耳各一合 辛甘草一握 숭어 3마리, 소의 양 1근, 전복 2개, 해삼 5개, 표고버섯 1홉, 석이 1홉, 승검초 1줌
15	편육 (片肉)	1기	4치	猪肉熟肉各六斤 돼지고기 6근, 숙육 6근
16	전치수 (全雉首)	1기	3치	生雉三首 鹽三合 生薑三角 生葱二丹 眞油六合 胡椒末三夕 꿩 3마리, 소금 3홉, 생강 3뿔, 파 2단, 참기름 6홉, 후춧가루 3작
17	해삼증 (海蔘蒸)	1기		海蔘四十五箇 生猪肉熟猪肉各二斤 陳鷄二脚 太泡一隅 生薑二角 生葱一丹 菉末三合 眞油五合 鷄卵二十五箇 해삼 45개, 돼지고기 2근, 숙저육 2근, 묵은닭2각, 두부1모, 생강 2뿔, 파 1단, 녹말 3홉, 참기름 5홉, 달걀 25개
	청 (淸)	1기		淸 3合 꿀 3홉
	초장 (醋醬)	1기		艮醬二合 醋一合 實栢子一夕 간장 2홉, 초 1홉, 잣 1작

床花 12箇 상화 12개

小水波蓮紅桃別三枝花各一箇, 紅桃建花二箇, 紅桃間花三箇, 紙間花五箇

소수파련 1개, 홍도별삼지화 1개, 홍도건화 2개, 홍도간화 3개, 지간화 5개

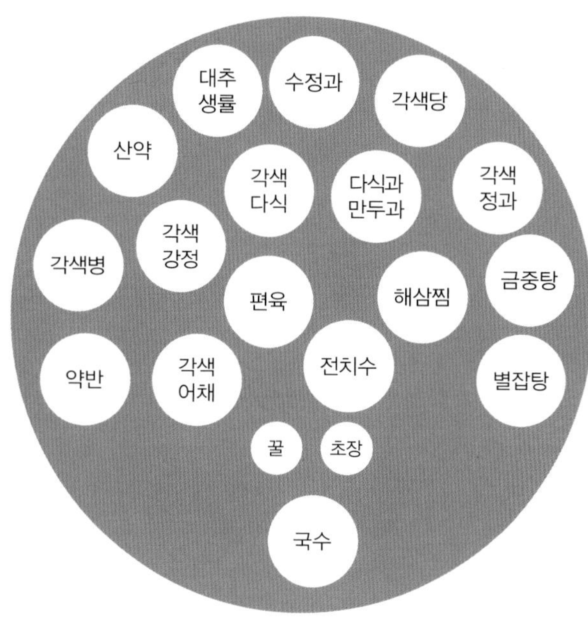

윤2월 12일 자궁께 올린 주다소반과(화성참)

7.2 대전께 올리는 1상(大殿進御 一床)

八器 8기

	음식명	그릇 수	고임 높이(高)	재료 및 분량
1	각색병 (各色餠)	1기	5치	粘米一斗 白米八升 赤豆菉豆各四升 大棗實生栗石耳各五升 乾柹三串 眞油實栢子艾各一升 淸生薑各二升 辛甘草末三合 梔子一錢 松古三片 桂皮末一兩 찹쌀 1말, 멥쌀 8되, 팥 4되, 녹두 4되 대추 5되, 밤 5되, 석이 5되, 곶감 3꼬치, 참기름 1되, 잣 1되, 쑥1되, 꿀 2되, 생강 2되 승검초가루 3홉, 치자 1돈, 송기 3조각, 계핏가루 1냥
2	약반 (藥飯)	1기		粘米大棗實生栗各三升 眞油五合 淸一升五合 實栢子艮醬各一合 찹쌀 3되, 대추 3되, 밤 3되, 참기름 5홉, 꿀 1되5홉, 잣 1홉, 간장 1홉
3	면 (麵)	1기		木末三升 菉末五合 生雉一脚 黃肉三兩 鷄卵三箇 艮醬一合 胡椒末一夕 메밀가루 3되, 녹말 5홉, 꿩 1각, 쇠고기 3냥, 달걀 3개, 간장 1홉, 후춧가루 1작
4	다식과 만두과 (茶食果 饅頭果)	1기	3치	眞末六升 眞油淸各二升四合 大棗黃栗各一升 乾薑末桂皮末各五分, 乾柹七箇 實栢子三合 胡椒末五夕 砂糖半圓 밀가루 6되, 참기름 2되 4홉, 꿀 2되4홉, 대추 1되, 말린 밤 1되, 생강가루 5푼, 계핏가루 5푼, 곶감 7개, 잣 3홉, 후춧가루 5작, 사탕 ½원

계속

	음식명	그릇 수	고임 높이(高)	재료 및 분량
5	각색강정 (各色強精)	1기	3치	粘米二升七合 細乾飯實栢子各一升二合 實荏子六合 松花五合五夕 眞油一升八合 白糖二斤 淸四合 芝草一兩五錢 찹쌀 2되7홉, 세건반 1되2홉, 잣 1되2홉, 실깨 6홉, 송화 5홉5작, 참기름 1되8홉, 백당 2근, 꿀 4홉, 지초 1냥5돈
6	각색정과 (各色正果)	1기	2치	蓮根五本 山査三升 柑子五箇 柚子生梨木苽各三箇 冬苽三片 生薑一升 淸1升5合 연근 5뿌리, 산사 3되, 감귤 5개, 유자 3개, 배 3개, 모과 3개, 동아 3조각, 생강 1되, 꿀 1되5홉
7	별잡탕 (別雜湯)	1기		黃肉熟肉胖昆者巽猪胞生猪肉熟猪肉各二兩 頭骨半部 秀魚半半尾 陳鷄一脚 海蔘鷄卵各二箇 全鰒菁根各一箇 靑苽半箇 朴古之一吐里 水芹半丹 眞油艮醬各一合 菉末蕈古各五夕 實栢子胡椒末各二夕 쇠고기 2냥, 숙육 2냥, 소의 양 2냥, 곤자소니 2냥, 저포 2냥, 돼지고기 2냥, 숙저육 2냥, 두골 ½부, 숭어 ¼마리, 묵은닭 1각, 해삼 2개, 달걀 2개, 전복 1개, 무 1개, 오이 ½개, 박고지 1토리, 미나리 ½단, 참기름 1홉, 간장 1홉, 녹말 5작, 표고버섯 5작, 잣 2작, 후춧가루 2작
8	편육 (片肉)	1기	3치	熟肉五斤 猪肉四斤 숙육 5근, 돼지고기 4근
	청 (淸)	1기		淸三合 꿀 3홉
	초장 (醋醬)	1기		艮醬二合 醋一合 實栢子一夕 간장 2홉, 초 1홉, 잣 1작

7.3 청연군주 청선군주 각 1상(淸衍君主 淸璿君主 各一床)

每床各七器　상마다 각 7기

床花各三箇 紅桃別三枝花建花間花各一箇

상화 3개, 홍도별삼지화 1개, 건화 1개, 간화 1개

8. 석수라(夕水剌)

8.1 자궁께 올리는 1상(慈宮進御一床)

十五器　15기

	구분	음식명	그릇 수	내용
1	원반(元盤)	반(飯)	1기	白飯 흰쌀밥
2		갱(羹)	1기	訥魚湯 누치탕
3, 4		조치(助致)	2기	雜醬煑 千葉卜只 잡장자 천엽복기
5		구이(炙伊)	1기	沈鰱魚 침연어
6		좌반(佐飯)	1기	不鹽民魚 雜肉餠 鰕屑茶食 藥脯 全鰒 불염민어, 잡육병, 하설다식, 약포, 전복
7		어만두(魚饅頭)	1기	魚饅頭 어만두
8		화양적(花陽炙)	1기	花陽炙 화양적
9		젓갈(醢)	1기	甘冬醢 감동젓
10		채(菜)	1기	菁筍, 薑筍, 芥子長音 무순, 생강순, 겨자장음
11		침채(沈菜)	1기	菁根 무
12		담침채(淡沈菜)	1기	醢菹 젓국지
		장(醬)	2기	艮醬 간장 醋醬 초장
13	협반(挾盤)	탕(湯)	1기	胖熟 양숙
14		편육(片肉)	1기	陽支頭 猪頭 양지머리, 돼지머리
15		각색적(各色炙)	1기	牛心肉 腰骨 鮒魚 우심육, 등골, 붕어

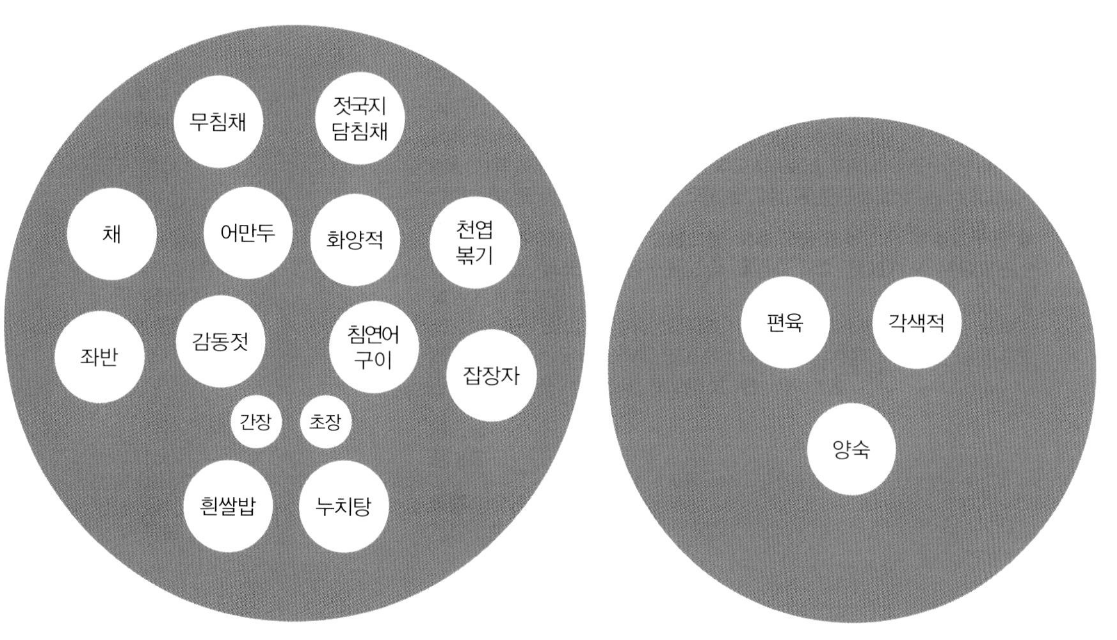

윤2월 12일 자궁께 올린 석수라

8.2 대전께 올리는 1상(大殿進御一床)

7器 黑漆足盤 鍮器 　7기의 음식을 유기에 담아 흑칠족반에 차린다.

	음식명	그릇 수	내용
1	반 (飯)	1기	白飯 흰쌀밥
2	갱 (羹)	1기	訥魚湯 누치탕
3	조치 (助致)	1기	雜醬煮 잡장자
4	구이 (灸伊)	1기	牛心肉 腰骨 鮒魚 우심육, 등골, 붕어
5	편육 (片肉)	1기	陽支頭 猪頭 양지머리, 돼지머리
6	좌반 (佐飯)	1기	不鹽民魚 雜肉餅 鰕屑茶食 藥脯 全鰒 불염민어, 잡육병, 하설다식, 약포, 전복
7	침채 (沈菜)	1기	菁根 무
	장 (醬)	2기	艮醬 醋醬 간장, 초장

8.3 청연군주 청선군주 진지 각 1상(清衍君主 清璿君主 進止 各一床)

每床各七器 　상마다 각 7기

9. 야다소반과(夜茶小盤果)

9.1. 자궁께 올리는 1상(慈宮進御 一床)

十二器 　12기

	음식명	그릇 수	고임 높이(高)	재료 및 분량
1	각색인절미병 (各色引切味餠)	1기	5치	粘米二斗 赤豆大棗石耳各五升 實荏子三升 實栢子二升 乾柹二串 淸一升 찹쌀 2말, 팥 5되, 대추5되, 석이 5되, 실깨 3되 잣 2되, 곶감 2꼬치, 꿀1되
2	면 (麵)	1기		木末三升 菉末五合 生雉一脚 黃肉三兩 鷄卵三箇 艮醬五夕 胡椒末一夕 메밀가루 3되 녹말 5홉, 꿩 1각, 쇠고기 3냥, 달걀 3개, 간장 5작, 후춧가루 1작
3	다식과 (茶食菓)	1기	5치	眞末一斗 眞油淸各四升 乾薑末五分 桂皮末一錢 實栢子五合 胡椒末五夕 砂糖一圓 밀가루 1말, 참기름 4되, 꿀 4되 생강가루 5푼 계핏가루 1돈, 잣5홉, 후춧가루 5작, 사탕 1원
4	각색당 (各色糖)	1기	4치	門冬糖氷糖橘餠閩薑各一斤 문동당 1근, 빙당 1근, 귤병 1근, 민강 1근
5	조란 율란 (棗卵 栗卵)	1기	4치	大棗熟栗各五升五合 黃栗二升四合 桂皮末四錢 淸一升五合 實栢子四升 대추 5되5홉, 삶은 밤 5되 5홉, 말린 밤 2되4홉, 계핏가루 4돈, 꿀 1되 5홉, 잣 4되
6	생리 (生梨)	1기		生梨十二箇 배 12개
7	각색정과 (各色正果)	1기	2치	蓮根五本 山査三升 柑子五箇 柚子生梨木苽各三箇 冬苽三片 生薑一升 淸一升五合 연근 5뿌리, 산사 3되, 감귤 5개, 유자 3개, 배 3개, 모과 3개, 동아 3조각, 생강 1되, 꿀 1되5홉
8	수정과 (水正果)	1기		生梨二箇 柚子一箇 石榴半箇 淸二合 實栢子三夕 배 2개, 유자 1개, 석류 ½개, 꿀 2홉, 잣 3작
9	별잡탕 (別雜湯)	1기		黃肉熟肉胖昆者巽猪胞生猪肉熟猪肉各二兩 頭骨半部 秀魚半半尾 陳鷄一脚 海蔘鷄卵各二箇 全鰒菁根各一箇 靑苽半箇 朴古之一吐里 水芹半丹 眞油艮醬各一合 菉末蕈古各五夕 實栢子胡椒末各二夕 쇠고기 2냥, 숙육 2냥, 소의 양 2냥, 곤자소니 2냥, 저포 2냥, 돼지고기 2냥, 숙저육 2냥, 두골 ½부, 숭어 ¼마리, 묵은닭 1각, 해삼 2개, 달걀 2개, 전복 1개, 무 1개, 오이 ½개, 박고지 1토리, 미나리 ½단, 참기름 1홉, 간장 1홉, 녹말 5작, 표고버섯 5작, 잣 2작, 후춧가루 2작
10	금중탕 (錦中湯)	1기		黃肉五兩 陳鷄二脚 菁根二箇 多士麻一立 朴古之一吐里 眞油一合 艮醬一合 胡椒末二夕 쇠고기 5냥, 묵은닭 2각, 무 2개, 다시마 1립, 박고지 1토리, 참기름 1홉, 간장 1홉, 후춧가루 2작
11	각색전유화 (各色煎油花)	1기	4치	秀魚三尾 肝二斤 胖三斤 生雉二首 鶉鳥十首 鷄卵百箇 眞油三升 眞末菉末木末各一升五合 鹽七合 숭어 3마리, 간 2근, 소의 양 3근, 꿩 2마리, 메추라기 10마리, 달걀 100개, 참기름 3되, 밀가루 1되5홉, 녹말 1되5홉, 메밀가루 1되5홉, 소금 7홉
12	연저증 (軟猪蒸)	1기		軟猪一口 黃肉一斤 陳鷄一首 朴古之一吐里, 菁根二箇 水芹一丹 生薑三角 生葱二丹 眞油五合 實荏子蕈古醢水[47]各二合 연저 1마리, 쇠고기 1근, 묵은닭 1마리, 박고지 1토리, 무2개, 미나리 1단, 생강 3뿔, 파 2단, 참기름 5홉, 실깨 2홉, 표고버섯 2홉, 젓국 2홉

계속

	음식명	그릇 수	고임 높이(高)	재료 및 분량
	청 (淸)	1기		淸三合 꿀 3홉
	초장 (醋醬)	1기		艮醬二合 醋一合 實栢子一夕 간장 2홉, 초 1홉, 잣 1작

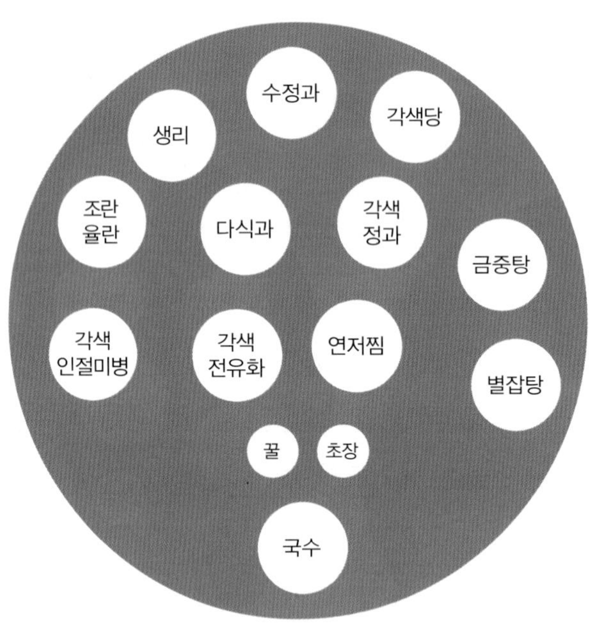

윤2월 12일 자궁께 올린 야다소반과

床花 6箇　상화 6개

小水波蓮紅桃別三枝花各一箇, 紅桃建花間花各二箇

소수파련 1개, 홍도별삼지화 1개, 홍도건화 2개, 간화 2개

9.2. 대전께 올리는 1상(大殿進御 一床)

七器　7기

47) 해수(醢水): 젓국.

	음식명	그릇 수	고임 높이(高)	재료 및 분량
1	각색인절미병 (各色引切味餠)	1기	5치	粘米二斗 赤豆大棗石耳各五升 實荏子三升 實栢子二升 乾柹二串 淸一升 찹쌀 2말, 팥 5되, 대추5되, 석이 5되, 실깨 3되, 잣 2되, 곶감 2꼬치, 꿀 1되
2	면 (麵)	1기		木末三升 菉末五合 生雉一脚 黃肉三兩 鷄卵三箇 艮醬五夕 胡椒末一夕 메밀가루 3되, 녹말 5홉, 꿩 1각, 쇠고기 3냥, 달걀 3개, 간장 5작, 후춧가루 1작
3	각색당 (各色糖)	1기	3치	八寶糖玉春糖人蔘糖五花糖各十兩, 氷糖八兩 팔보당 10냥, 옥춘당 10냥, 인삼당 10냥, 오화당 10냥, 빙당 8냥
4	생리 (生梨)	1기		生梨九箇 배 9개
5	각색정과 (各色正果)	1기	2치	蓮根五本 山査三升 柑子五箇 柚子生梨木苽各三箇 冬苽三片 生薑一升 淸一升五合 연근 5뿌리, 산사 3되, 감귤 5개, 유자 3개, 배3개, 모과 3개, 동아 3조각, 생강 1되, 꿀 1되5홉
6	금중탕 (錦中湯)	1기		黃肉五兩 陳鷄二脚 菁根二箇 多士麻一立 朴古之一吐里 眞油艮醬各一合 胡椒末二夕 쇠고기 5냥, 묵은닭 2각, 무 2개, 다시마 1립, 박고지 1토리, 참기름 1홉, 간장 1홉, 후춧가루 2작
7	연저증 (軟猪蒸)	1기		軟猪一口 黃肉一斤 陳鷄一首 朴古之一吐里 菁根二箇 水芹一丹 生薑三角 生蔥二丹 眞油五合, 實荏子蕈古醢水各二合 연저 1마리, 쇠고기 1근, 묵은닭 1마리, 박고지 1토리, 무2개, 미나리 1단, 생강 3뿔, 파 2단, 참기름 5홉, 실깨 2홉, 표고버섯 2홉, 젓국 2홉
	청 (淸)	1기		淸三合 꿀 3홉
	초장 (醋醬)	1기		艮醬二合 醋一合 實栢子一夕 간장 2홉, 초 1홉, 잣 1작

9.3 청연군주 청선군주 각 1상(淸衍君主 淸璿君主 各一床)

每床各 七器 상마다 각 7기

床花 3箇 상화 3개

紅桃別三枝花建花間花各一箇

홍도별삼지화 1개, 건화 1개, 간화 1개

윤2월 13일

● 윤2월 13일 장소별 상차림의 종류

날짜	장소	구분	내용	비고
5일차 윤2월 13일	화성참 (華城站)	죽수라 (粥水剌)	- 자궁께 올리는 1상 - 대전께 올리는 1상 - 청연군주, 청선군주 죽진지 각 1상	
		조다소반과 (早茶小盤果)	- 자궁께 올리는 1상 - 대전께 올리는 1상 - 청연군주, 청선군주 각 1상	
		진찬 (進饌)	- 자궁께 올리는 찬안/소별미 1상 - 대전께 올리는 찬안/소별미 1상 - 청연군주, 청선군주 각 1상/소별미 1상 - 내외빈 및 제신 이하 연상	
		조수라 (朝水剌)	- 자궁께 올리는 1상 - 대전께 올리는 1상 - 청연군주, 청선군주 진지 각 1상	
		만다소반과 (晩茶小盤果)	- 자궁께 올리는 1상 - 대전께 올리는 1상 - 청연군주, 청선군주 각 1상	
		석수라 (夕水剌)	- 자궁께 올리는 1상 - 대전께 올리는 1상 - 청연군주, 청선군주 진지 각 1상	
		야다소반과 (夜茶小盤果)	- 자궁께 올리는 1상 - 대전께 올리는 1상 - 청연군주, 청선군주 각 1상	

화성참(華城站)

1. 죽수라(粥水剌)

1.1 자궁께 올리는 1상(慈宮進御一床)

十五器　15기

	구분	음식명	그릇 수	내용
1	원반(元盤)	죽(粥)	1기	白米 백미
2		갱(羹)	1기	雜湯 잡탕
3, 4		조치(助致)	2기	水盞脂 生蛤炒 수잔지 생합초
5		구이(炙伊)	1기	沈魴魚 침방어
6		편육(佐飯)	1기	陽支頭 양지머리
7		좌반(佐飯)	1기	淡鹽民魚 大蝦 半乾全鰒 肉醬 牛脯茶食 담염민어 대하 반건전복 육장 우포다식
8		약산적(藥散炙)	1기	藥散炙 약산적
9		해(醢)	1기	蟹醢 게젓
10		채(菜)	1기	菁根熟菜 무숙채
11		침채(沈菜)	1기	交沈菜 섞박지
12		담침채(淡沈菜)	1기	冬苽 동아
		장(醬)	2기	艮醬 醋醬 간장 초장
13	협반(挾盤)	탕(湯)	1기	錦中湯 금중탕
14		각색적(各色炙)	1기	豆太 鶉鳥 軟鷄 콩팥 메추라기 연계
15		각색전(各色煎)	1기	足餠 骨煎 족병 골전

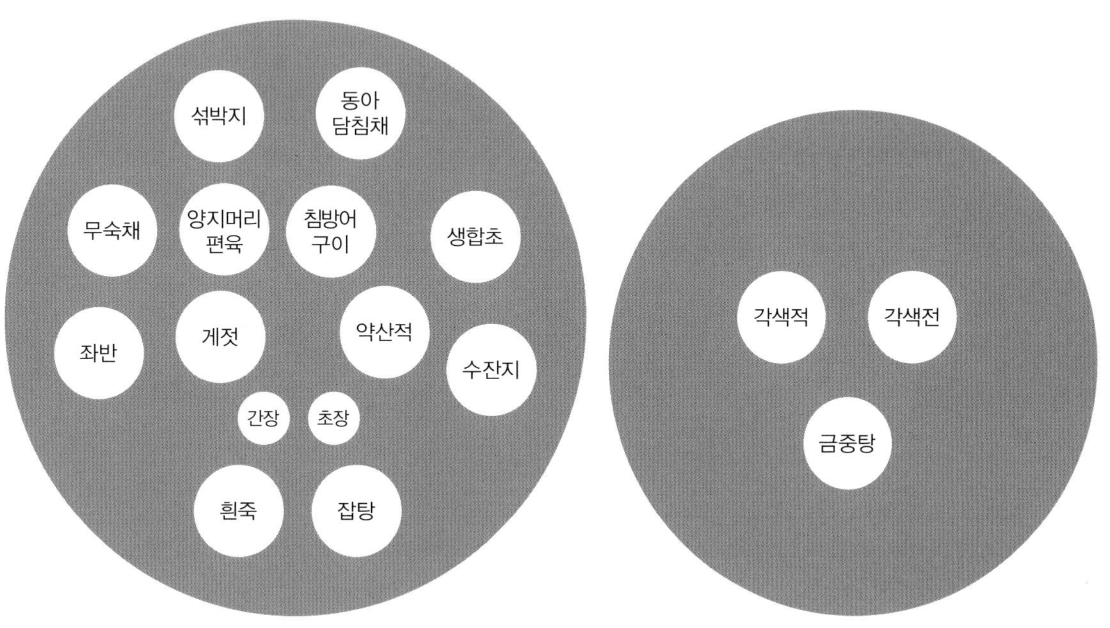

윤2월 13일 자궁께 올린 죽수라

1.2 대전께 올리는 1상(大殿進御一床)

七器 7기

	음식명	그릇 수	내용
1	죽 (粥)	1기	白米 멥쌀
2	갱 (羹)	1기	雜湯 잡탕
3	조치 (助致)	1기	水盞脂 수잔지
4	구이 (炙伊)	1기	鶉鳥 軟鷄 豆太 메추라기 연계 콩팥
5	좌반 (佐飯)	1기	淡鹽民魚 大蝦 半乾全鰒 肉醬 牛脯茶食 담염민어 대하 반건전복 육장 우포다식
6	족병 (足餠)	1기	足餠 족병
7	침채 (沈菜)	1기	交沈菜 섞박지
	장 (醬)	2기	艮醬 醋醬 간장, 초장

1.3 청연군주 청선군주 죽진지 각 1상(淸衍郡主淸璿郡主粥進止各一床)

每床 各七器

상마다 각 7기

2. 조다소반과(早茶小盤果)

2.1 자궁께 올리는 1상(慈宮進御一床)

十九器 19기

	음식명	그릇 수	고임 높이(高)	재료 및 분량
1	각색병 (各色餠)	1기	5치	粘米一斗 白米八升 赤豆四升 菉豆三升 大棗實生栗石耳各五升 乾柹三串 眞油實栢子艾各一升 淸生薑各二升 辛甘草末三合 梔子一錢 松古三片 桂皮末一兩 찹쌀 1말, 멥쌀 8되, 팥 4되, 녹두 3되, 대추 5되, 밤 5되, 석이 5되, 곶감 3꼬치, 참기름 1되, 잣 1되, 쑥 1되, 꿀 2되, 생강 2되, 승검초가루 3홉, 치자 1돈, 송기 3조각, 계핏가루 1냥
2	면 (麪)	1기		木末三升 菉末五合 生雉一脚 黃肉三兩 鷄卵三箇 艮醬一合 胡椒末一夕 메밀가루 3되, 녹말 5홉, 꿩 1각, 쇠고기 3냥, 달걀 3개, 간장 1홉, 후춧가루 1작
3	삼색연사과 (三色軟絲果)	1기	5치	粘米五升 細乾飯眞油各二升 芝草五兩 白糖一斤五兩 實栢子三升五合 淸五合 찹쌀 5되, 세건반 2되, 참기름 2되, 지초5냥, 백당 1근5냥, 잣 3되5홉, 꿀 5홉
4	각색강정 (各色強精)	1기	4치	粘米三升六合 細乾飯一升五合 實荏子八合 實栢子一升 松花六合 眞油一升五合 辛甘草末黑荏子各三合 白糖二斤八兩 淸五合 芝草二兩 찹쌀 3되6홉, 세건반 1되5홉, 실깨 8홉, 잣 1되, 송화 6홉, 참기름 1되5홉, 승검초가루 3홉, 흑임자 3홉, 백당 2근8냥, 꿀 5홉, 지초 2냥
5	각색다식 (各色茶食)	1기	4치	黃栗黑荏子松花葛粉各二升五合 臙脂三椀 淸一升 五味子三合 말린 밤 2되5홉, 흑임자 2되5홉, 송화 2되5홉, 칡전분 2되5홉, 연지 3사발, 꿀 1되, 오미자 3홉
6	각색당 (各色糖)	1기	4치	門冬糖人蔘糖五花糖氷糖各一斤 문동당 1근, 인삼당 1근, 오화당 1근, 빙당 1근
7	조란 율란 강과 (棗卵 栗卵 薑果)	1기	4치	黃栗二升 大棗熟栗實栢子生薑各五升 桂皮末五錢 淸三升 말린 밤2되, 대추 5되, 삶은 밤 5되, 잣 5되, 생강 5되, 계핏가루 5돈, 꿀 3되
8	배 석류 감귤 (生梨 石榴 柑子)	1기	4치	生梨七箇 石榴九箇 柑子二十箇 배 7개, 석류 9개, 감귤 20개
9	준시 (蹲柹)	1기	4치	蹲柹一百二十箇 곶감 120개
10	각색정과 (各色正果)	1기	3치	蓮根七本 山査三升五合 柑子七箇 柚子生梨木苽各四箇 冬苽四片 生薑一升五合 淸二升二合 연근 7뿌리, 산사 3되5홉, 감귤 7개, 유자 4개, 배 4개, 모과 4개, 동아 4조각, 생강 1되5홉, 꿀 2되2홉
11	수정과 (水正果)	1기		生梨七箇 淸五合 胡椒五夕 배 7개, 꿀 5홉, 후추 5작
12	열구자탕 (悅口資湯)	1기		黃肉熟肉牛舌胖昆者巽腰骨生猪肉熟猪肉猪胞各二兩 秀魚半半尾 生雉陳鷄各一脚 鷄卵二十箇 全鰒菁根各一箇 海蔘二箇 搥鰒五條 大棗黃栗胡桃銀杏實栢子各五夕 蕈古一合 眞油三合 菉末艮醬各二合 靑苽半箇 桔茰五箇 葱笋一丹 朴古之一吐里 水芹半丹 高沙里半半月乃 쇠고기 2냥, 숙육 2냥, 우설 2냥, 소의 양 2냥, 곤자소니 2냥, 등골 2냥, 돼지고기 2냥, 숙저육 2냥, 저포 2냥, 숭어 ¼마리, 꿩 1각, 묵은닭 1각, 달걀 20개, 전복 1개, 무 1개, 해삼 2개, 추복 5조, 대추 5작, 말린 밤 5작, 호두 5작, 은행 5작, 잣 5작, 표고버섯 1홉, 참기름 3홉, 녹말 2홉, 간장 2홉, 오이 ½개, 도라지 5개, 움파 1단, 박고지 1토리, 미나리 ½단, 고사리 ¼타래

계속

	음식명	그릇 수	고임 높이(高)	재료 및 분량
13	어만두탕 (魚饅頭湯)	1기		秀魚一尾 牂一斤 生雉陳鷄各二脚 熟肉熟猪肉各八兩 太泡一隅 眞油實栢子鹽各一合 生薑一角 生葱半丹 菉末一升 胡椒末一夕 숭어 1마리, 소의 양 1근, 꿩 2각, 묵은닭 2각, 숙육 8냥, 숙저육 8냥, 두부 1모, 참기름 1홉, 잣 1홉, 소금 1홉, 생강 1뿔, 파 ½단, 녹말 1되, 후춧가루 1작
14	금중탕 (錦中湯)	1기		黃肉五兩 陳鷄二脚 菁根二箇 多士麻一立 朴古之一吐里 眞油艮醬各一合 胡椒末一夕 쇠고기 5냥, 묵은닭 2각, 무 2개, 다시마 1립, 박고지 1토리, 참기름 1홉, 간장 1홉, 후춧가루 1작
15	각색전유화 (各色煎油花)	1기	4치	秀魚三尾 肝二斤 牂三斤 生雉二首 鶉鳥五首 鷄卵一百箇 眞油三升 眞末菉末木末各一升五合 鹽七合 숭어 3마리, 간 2근, 소의 양 3근, 꿩 2마리, 메추라기 5마리, 달걀 100개, 참기름 3되, 밀가루 1되5홉, 녹말 1되5홉, 메밀가루 1되5홉, 소금 7홉
16	각색화양적 (各色花陽炙)	1기	4치	黃肉四斤 牂猪肉各八兩 全鰒三箇 海蔘七箇 眞油眞末各二升 蕈古石耳各一合 鷄卵四十箇 生葱二十五丹 桔梗二丹 胡椒末三夕 實荏子艮醬各一升 쇠고기 4근, 소의 양 8냥, 돼지고기 8냥, 전복 3개, 해삼 7개, 참기름 2되, 밀가루 2되, 표고버섯 1홉, 석이 1홉, 달걀 40개, 파 25단, 도라지 2단, 후춧가루 3작, 실깨 1되, 간장 1되
17	각색어채 (各色魚菜)	1기	4치	秀魚二尾 牂一斤 全鰒二箇 海蔘五箇 蕈古石耳各一合二夕 辛甘草一握 숭어 2마리, 소의 양 1근, 전복 2개, 해삼 5개, 표고버섯 1홉2작, 석이 1홉2작, 승검초 1줌
18	붕어찜 (鮒魚蒸)	1기		鮒魚五尾 黃肉生猪肉各三兩 熟猪肉二兩 陳鷄一首 太泡二隅 蕈古三合 眞油二合 生薑三角 生葱二丹 鷄卵十箇 붕어 5마리, 쇠고기 3냥, 돼지고기 3냥, 숙저육 2냥, 묵은닭 1마리, 두부 2모, 표고버섯 3홉, 참기름 2홉, 생강 3뿔, 파 2단, 달걀 10개
19	연저증 (軟猪蒸)	1기		軟猪一口 黃肉一斤 陳鷄一首 朴古之一吐里 菁根二箇 水芹一丹 生薑三角 生葱二丹 蕈古醢水各二合 眞油五合 實荏子一合 연저 1마리, 쇠고기 1근, 묵은닭 1마리, 박고지 1토리, 무 2개, 미나리 1단, 생강 3뿔, 파 2단, 표고버섯 2홉, 젓국 2홉, 참기름 5홉, 실깨 1홉
	청 (淸)	1기		淸三合 꿀 3홉
	초장 (醋醬)	1기		艮醬二合 醋一合 實栢子一夕 간장 2홉, 초 1홉, 잣 1작
	상화 (床花)	13개 (箇)		小水波蓮一箇 紅桃別三枝花三箇 紅桃建花間花各二箇 紙間花五箇 소수파련 1개, 홍도별삼지화 3개, 홍도건화 2개, 간화 2개, 지간화 5개

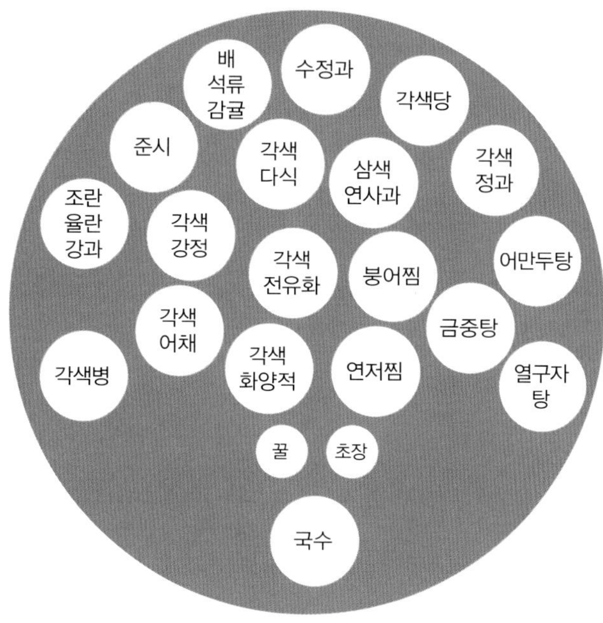

윤2월 13일 자궁께 올린 조다소반과

2.2 대전께 올리는 1상(大殿進御 一床)

十一器 11기

	음식명	그릇 수	고임 높이(高)	재료 및 분량
1	각색병 (各色餠)	1기	5치	粘米一斗 白米八升 赤豆四升 菉豆三升 大棗實生栗石耳各五升 乾柿三串 眞油實栢子艾各一升 淸生薑各二升 辛甘草末三合 梔子一錢 松古三片 桂皮末一兩 찹쌀 1말, 멥쌀 8되, 팥 4되, 녹두 3되, 대추 5되, 밤 5되, 석이 5되, 곶감 3꼬치, 참기름 1되, 잣 1되, 쑥 1되, 꿀 2되, 생강 2되, 승검초가루 3홉, 치자 1돈, 송기 3조각, 계핏가루 1냥
2	면 (麪)	1기		木末三升 菉末五合 生雉一脚 黃肉三兩 鷄卵三箇 艮醬一合 胡椒末一夕 메밀가루 3되, 녹말 5홉, 꿩 1각, 쇠고기 3냥, 달걀 3개, 간장 1홉, 후춧가루 1작
3	삼색연사과 (三色軟絲果)	1기	3치	粘米三升 細乾飯眞油各一升二合, 芝草三兩 白糖一斤 實栢子二升 淸三合 찹쌀 3되, 세건반 1되2홉, 참기름 1되2홉, 지초3냥, 백당 1근, 잣 2되, 꿀 3홉
4	각색강정 (各色强精)	1기	3치	粘米二升七合 細乾飯實栢子各一升二合 實荏子六合 松花五合五夕 眞油一升八合 辛甘草末黑荏子各二合 白糖二斤 淸四合 芝草一兩五錢 찹쌀 2되7홉, 세건반 1되2홉, 잣 1되2홉, 실깨 6홉, 송화 5홉5작, 참기름 1되8홉, 승검초가루 2홉, 흑임자 2홉, 백당 2근 꿀 4홉, 지초 1냥5돈
5	배 석류 감귤 (生梨 石榴 柑子)	1기	3치	生梨五箇 石榴七箇 柑子十五箇 배 5개, 석류 7개, 감귤 15개

계속

	음식명	그릇 수	고임 높이(高)	재료 및 분량
6	각색정과(各色正果)	1기	2치	蓮根五本 山査三升 柑子五箇 柚子生梨木苽各三箇 冬苽三片 生薑一升 淸一升五合 연근 5뿌리, 산사 3되, 감귤 5개, 유자 3개, 배 3개, 모과 3개, 동아 3조각, 생강 1되, 꿀 1되5홉
7	열구자탕(悅口資湯)	1기		黃肉熟肉牛舌胖昆者巽腰骨生猪肉熟猪肉猪胞各二兩 秀魚半半尾 生雉陳鷄各一脚 鷄卵二十箇 全鰒菁根各一箇 海蔘二箇 搥鰒五條 大棗黃栗胡桃銀杏實栢子各五夕 蕈古一合 眞油三合 菉末艮醬各二合 靑苽半箇 桔莄五箇 葱笋一丹 朴古之一吐里 水芹半丹 高沙里半半月乃 쇠고기 2냥, 숙육 2냥, 우설 2냥, 소의 양 2냥, 곤자소니 2냥, 등골 2냥, 돼지고기 2냥, 숙저육 2냥, 저포 2냥, 숭어 ¼마리, 꿩 1각, 묵은닭 1각, 달걀 20개, 전복 1개, 무 1개, 해삼 2개, 추복 5조, 대추 5작, 말린 밤 5작, 호두 5작, 은행 5작, 잣 5작, 표고버섯 1홉, 참기름 3홉, 녹말 2홉, 간장 2홉, 오이 ½개, 도라지 5개, 움파 1단, 박고지 1토리, 미나리 ½단, 고사리 ¼타래
8	어만두탕(魚饅頭湯)	1기		秀魚一尾 胖一斤 生雉陳鷄各二脚 熟肉猪肉各八兩 太泡一隅 眞油實栢子鹽各一合 生薑一角 生葱半丹 菉末一升 胡椒末一夕 숭어 1마리, 소의 양 1근, 꿩 2각, 묵은닭 2각, 숙육 8냥, 돼지고기 8냥, 두부 1모, 참기름 1홉, 잣 1홉, 소금 1홉, 생강 1뿔, 파 ½단, 녹말 1되, 후춧가루 1작
9	금중탕(錦中湯)	1기		黃肉五兩 陳鷄二脚 菁根二箇 多士麻一立 朴古之一吐里 眞油艮醬各一合 胡椒末一夕 쇠고기 5냥, 묵은닭 2각, 무 2개, 다시마 1립, 박고지 1토리, 참기름 1홉, 간장 1홉, 후춧가루 1작
10	각색전유화(各色煎油花)	1기	3치	秀魚二尾 胖二斤 生雉一首 鶉鳥五首 鷄卵七十箇 眞油二升四合 眞末菉末木末各一升二合 鹽五合 숭어 2마리, 소의 양 2근, 꿩 1마리, 메추라기 5마리, 달걀 70개, 참기름 2되4홉, 밀가루 1되2홉, 녹말 1되2홉, 메밀가루 1되2홉, 소금 5홉
11	각색화양적(各色花陽炙)	1기	3치	黃肉三斤 胖猪肉各五兩 全鰒二箇 海蔘五箇 眞油眞末各一升五合 蕈古石耳各七夕 鷄卵三十箇 生葱十八丹 桔莄二丹 實荏子七合 胡椒末二夕 艮醬七合 쇠고기 3근, 소의 양 5냥, 돼지고기 5냥, 전복 2개, 해삼 5개, 참기름 1되5홉, 밀가루 1되5홉, 표고버섯 7작, 석이 7작, 달걀 30개, 파 18단, 도라지 2단, 실깨 7홉, 후춧가루 2작, 간장 7홉
	청(淸)	1기		淸三合 꿀 3홉
	초장(醋醬)	1기		艮醬二合 醋一合 實栢子一夕 간장 2홉, 초 1홉, 잣 1작

2.3 청연군주, 청선군주 각 1상(淸衍郡主淸璿郡主進止各一床)

每床 各十一器

상마다 각 11기

床花 各五箇

상화 각 5개

紅桃別三枝花一箇 紅桃建花間花各二箇

홍도별삼지화 1개, 홍도건화 2개, 간화 2개

3. 진찬(進饌)-봉수당 회갑상

3.1 자궁께 올리는 진찬상(慈宮進御饌案)

七十器 磁器 黑漆足盤

70기의 음식을 자기에 담아 흑칠족반에 차린다.

	음식명	그릇 수	고임 높이(高)	재료 및 분량
1	각색병(各色餠)	1기	1자5치	白米餠: 白米四斗 粘米一斗 黑豆二斗 大棗實生栗各七升 백미병: 멥쌀 4말, 찹쌀 1말, 검정콩 2말, 대추 7되, 밤 7되 粘米餠: 粘米三斗 菉豆一斗二升 大棗實生栗各四升 乾柹四串 점미병: 찹쌀 3말, 녹두 1말2되, 대추 4되, 밤 4되, 곶감 4꼬치 糗餠: 粘米一斗五升 黑豆六升 大棗實生栗淸各三升 桂皮末三兩 삭병: 찹쌀 1말5되, 검정콩 6되, 대추 3되, 밤 3되, 꿀 3되, 계핏가루 3냥 蜜雪只: 白米五升 粘米大棗各三升 實生栗淸各二升 乾柹二串 實栢子五合 백설기: 멥쌀 5되, 찹쌀 3되, 대추 3되, 밤 2되, 꿀 2되, 곶감 2꼬치, 잣 5홉 石耳餠: 白米五升 粘米淸各二升 石耳一斗 大棗實生栗各三升 乾柹二串 實栢子三合 석이병: 멥쌀 5되, 찹쌀 2되, 꿀 2되, 석이 1말, 대추 3되, 밤 3되, 곶감 2꼬치, 잣 3홉 各色切餠: 白米五升 臙脂一椀 梔子一錢 艾五合 甘苔二兩 각색절병: 멥쌀 5되, 연지 1사발, 치자 1돈, 쑥 5홉, 감태2량 各色助岳: 粘米眞油各五升 黑豆熟栗實荏子各二升 松古十片 梔子三錢 艾五合 甘苔二兩 實栢子二合 淸一升五合 각색주악: 찹쌀 5되, 참기름5되, 검정콩 2되, 삶은 밤 2되, 실깨 2되, 송기 10조각, 치자 3돈, 쑥 5홉, 감태 2냥, 잣 2홉, 꿀 1되5홉 各色沙蒸餠: 粘米眞油各五升 辛甘草五合 實栢子二合 淸一升五合 각색사증병: 찹쌀 5되, 참기름 5되, 승검초 5홉, 잣 2홉, 꿀 1되5홉 各色團子餠: 粘米五升 石耳大棗熟栗各三升 艾實栢子各五合 淸一升五合 桂皮末三錢 乾薑末二錢 각색단자병: 찹쌀 5되, 석이 3되, 대추 3되, 삶은 밤 3되, 쑥 5홉, 잣 5홉, 꿀 1되5홉, 계핏가루 3돈, 생강가루 2돈
2	약반(藥飯)	1기		粘米五升 大棗實生栗各七升 眞油七合 淸一升五合 實栢子二合 艮醬一合 찹쌀 5되, 대추 7되, 밤 7되, 참기름 7홉, 꿀 1되5홉, 잣 2홉, 간장 1홉

계속

	음식명	그릇 수	고임 높이(高)	재료 및 분량
3	면 (麵)	1기		木末三升 菉末艮醬各五合 生雉二脚 牛心肉三兩 鷄卵五箇 胡椒末二夕 메밀가루 3되, 녹말 5홉, 간장 5홉, 꿩 2각, 소안심 3냥, 달걀 5개, 후춧가루 2작
4	대약과[48] (大藥果)	1기	1자5치	藥果二百二十五立 眞末四斗五升 淸眞油各一斗八升 實栢子一升五合 桂皮末胡椒末各三錢 乾薑末一錢 實荏子二合 砂糖二圓 약과 225립, 밀가루 4말5되, 꿀 1말8되, 참기름 1말8되, 잣 1되5홉, 계핏가루 3돈, 후춧가루 3돈, 생강가루 1돈, 실깨 2홉, 사탕 2원
5	만두과 (饅頭菓)	1기	1자5치	眞末三斗 淸眞油各一斗二升 大棗黃栗末各八升 乾柹五串 實栢子三升 桂皮末一兩 胡椒末五錢 乾薑末二錢 砂糖三圓 밀가루 3말, 꿀 1말2되, 참기름 1말2되, 대추 8되, 말린 밤가루 8되, 곶감 5꼬치, 잣 3되, 계핏가루 1냥, 후춧가루 5돈, 생강가루 2돈, 사탕 3원
6	다식과 (茶食果)	1기	1자5치	眞末三斗 眞油淸各一斗二升 乾薑末一錢 桂皮末三錢 實栢子五合 實荏子七合 胡椒末二錢 砂糖二圓 밀가루 3말, 참기름 1말2되, 꿀 1말2되, 생강가루 1돈, 계핏가루 3돈, 잣 5홉, 실깨 7홉, 후춧가루 2돈, 사탕 2원
7	흑임자다식 (黑荏子茶食)	1기	1자5치	黑荏子四斗 淸八升 흑임자 4말, 꿀 8되
8	송화다식 (松花茶食)	1기	1자5치	松花三斗五升 淸九升 송화 3말5되, 꿀 9되
9	율다식 (栗茶食)	1기	1자5치	黃栗末四斗 淸九升 말린 밤가루 4말, 꿀 9되
10	산약다식 (山藥茶食)	1기	1자5치	山藥三十丹 淸九升 마 30단, 꿀 9되
11	홍갈분다식 (紅葛粉茶食)	1기	1자5치	葛粉二斗 菉末一斗五升 淸八升 臙脂十五椀 五味子五升 칡전분 2말, 녹말 1말5되, 꿀 8되, 연지 15사발, 오미자 5되
12	홍매화강정 (紅梅花强精)	1기	1자5치	粘米二斗 粘租七斗 眞油一斗三升 白糖五斤 酒淸各二升 芝草二斤 찹쌀 2말, 찰나락 7말, 참기름 1말3되, 백당 5근, 술 2되, 꿀 2되, 지초 2근
13	백매화강정 (白梅花强精)	1기	1자5치	粘米二斗 粘租七斗 眞油九升 白糖五斤 酒淸各二升 찹쌀 2말, 찰나락 7말, 참기름 9되, 백당 5근, 술 2되, 꿀 2되
14	황매화강정 (黃梅花强精)	1기	1자5치	粘米二斗 粘租七斗 眞油九升 白糖五斤 淸一升 鬱金八兩 酒二升 찹쌀 2말, 찰나락 7되, 참기름 9되, 백당 5근, 꿀 1되, 울금 8냥, 술 2되
15	홍연사과 (紅軟絲果)	1기	1자5치	粘米二斗 細乾飯眞油各一斗二升 白糖四斤 芝草二斤 燒酒一鐥[49] 淸三升 찹쌀 2말, 세건반 1말2되, 참기름 1말2되, 백당 4근, 지초 2근, 소주 1선, 꿀 3되
16	백연사과 (白軟絲果)	1기	1자5치	粘米二斗 細乾飯一斗二升 眞油一斗 白糖四斤 燒酒一鐥 淸三升 찹쌀 2말, 세건반 1말2되, 참기름 1말, 백당 4근, 소주 1선, 꿀 3되

계속

48) 대약과(大藥果): 《일성록》의 모약과가 대소약과이므로 대약과의 모양은 방약과로 추정됨.

49) 선(鐥): 복자

	음식명	그릇 수	고임 높이(高)	재료 및 분량
17	황연사과 (黃軟絲果)	1기	1자5치	粘米二斗 眞油一斗 白糖四斤 實栢子一斗四升 燒酒一鐥 淸三升 찹쌀 2말, 참기름 1말, 백당 4근, 잣 1말4되, 소주 1선, 꿀 3되
18	홍감사과 (紅甘絲果)	1기	1자5치	粘米二斗 眞油九升 白糖二斤 芝草一斤八兩 酒淸各二升 찹쌀 2말, 참기름 9되, 백당 2근, 지초 1근8냥, 술 2되, 꿀 2되
19	백감사과 (白甘絲果)	1기	1자5치	粘米二斗 眞油六升 白糖二斤 酒淸各二升 찹쌀 2말, 참기름 6되, 백당 2근, 술 2되, 꿀 2되
20	홍요화 (紅蓼花)	1기	1자5치	眞末二斗 乾飯一斗二升 眞油一斗三升 白糖六斤 芝草二斤 밀가루 2말, 건반 1말2되, 참기름 1말3되, 백당 6근, 지초 2근
21	백요화 (白蓼花)	1기	1자5치	眞末二斗 乾飯一斗二升 眞油一斗 白糖七斤 밀가루 2말, 건반 1말2되, 참기름 1말, 백당 7근
22	황요화 (黃蓼花)	1기	1자5치	眞末二斗 乾飯一斗二升 眞油一斗 白糖七斤 松花三升 밀가루 2말, 건반 1말2되, 참기름 1말, 백당 7근, 송화 3되
23	각색팔보당 (各色八寶糖)	1기	1자4치	八寶糖十四斤 팔보당 14근
24	인삼당 (人蔘糖)	1기	1자3치	門冬糖 人蔘糖 氷糖合十三斤 문동당 인삼당 빙당 합해서 13근
25	오화당 (五花糖)	1기	1자2치	玉春糖四斤 五花糖八斤 옥춘당 4근, 오화당 8근
26	조란 (棗卵)	1기	1자	大棗二斗 黃栗一斗五升 實栢子一斗 淸七升 桂皮末一兩 대추 2말, 말린 밤 1말5되, 잣 1말, 꿀 7되, 계핏가루 1냥
27	율란 (栗卵)	1기	1자	黃栗二斗五升 淸六升 桂皮末一兩 胡椒末三錢 實栢子八升 砂糖三圓 말린 밤 2말5되, 꿀 6되, 계핏가루 1냥, 후춧가루 3돈, 잣 8되, 사탕 3원
28	강란 (薑卵)	1기	1자	生薑五斗 實栢子一斗 淸七升 白糖二斤 생강 5말, 잣 1말, 꿀 7되, 백당 2근
29	용안 여지 (龍眼 茘芰)	1기	1자4치	龍眼茘芰各七斤 용안 7근, 여지 7근
30	밀조 건포도 (蜜棗 乾葡萄)	1기	1자1치	蜜棗五斤 葡萄六斤 밀조 5근, 포도 6근
31	민강 (閩薑)	1기	1자	閩薑二十三斤 민강 23근
32	귤병 (橘餠)	1기	1자	橘餠三百二十箇 귤병 320개
33	유자 (柚子)	1기		柚子八十箇 유자 80개
34	석류 (石榴)	1기		石榴八十箇 석류 80개
35	생리 (生梨)	1기		生梨五十箇 배 50개
36	준시 (蹲柹)	1기	1자	蹲柹四百三十箇 곶감 430개

계속

	음식명	그릇 수	고임 높이(高)	재료 및 분량
37	생률 (生栗)	1기		實生栗三斗五升 밤 3말5되
38	말린 밤 (黃栗)	1기		黃栗三斗五升 말린 밤 3말5되
39	대조 (大棗)	1기		大棗三斗 實栢子五升 대추 3말, 잣 5되
40	증대조 (蒸大棗)	1기		大棗四斗 實栢子三升 대추 4말, 잣 3되
41	호도 (胡桃)	1기	1자	實胡桃三斗五升 호두 3말5되
42	산약 (山藥)	1기	7치	山藥二十丹 마 20단
43	송백자 (松栢子)	1기	1자	實栢子二斗 잣 2말
44	각색정과 (各色正果)	1기	7치	生薑二斗 木苽十五箇 蓮根一束 山査五升 杜冲三升 冬苽一片 生梨十箇 桔莄二丹 柚子柑子各八箇 臙脂二椀 梔子四兩 山査膏三片淸八升 생강 2말, 모과 15개, 연근 1묶음, 산사 5되, 두충 3되, 동아 1조각, 배 10개, 도라지 2단, 유자 8개, 감귤 8개, 연지 2사발, 치자 4냥, 산사고 3조각, 꿀 8되
45	수정과 (水正果)	1기		石榴三箇 柑子柚子各二箇 生梨五箇 臙脂一椀 淸五合 實栢子二合 석류 3개, 감귤 2개, 유자 2개, 배 5개, 연지 1사발, 꿀 5홉, 잣 2홉
46	생리숙 (生梨熟)	1기		生梨十五箇 淸一升五合 實栢子二合 胡椒三合 배 15개, 꿀 1되5홉, 잣 2홉, 후추 3홉
47	금중탕 (錦中湯)	1기		陳鷄三首 黃肉四兩 海蔘鷄卵菁根各五箇 全鰒五箇 朴古之一吐里 多士麻二立 靑苽二箇 蕈古眞末各一合 胡椒末五夕 艮醬一合五夕 묵은닭 3마리, 쇠고기 4냥, 해삼 5개, 달걀 5개, 무 5개, 전복 5개, 박고지 1토리, 다시마 2립, 오이 2개, 표고버섯 1홉, 밀가루 1홉, 후춧가루 5작, 간장 1홉5작
48	완자탕 (莞子湯)	1기		菁根海蔘鷄卵各五箇 生雉二首 黃肉胖猪肉各四兩 全鰒五箇 昆者巽二部 靑苽二箇 菉末蕈古各一合 胡椒末五夕 艮醬一合五夕 무 5개, 해삼 5개, 달걀 5개, 꿩 2마리, 쇠고기 4냥, 돼지고기 4냥, 전복 5개, 곤자소니 2부, 오이 2개, 녹말 1홉, 표고버섯 1홉, 후춧가루 5작, 간장 1홉5작
49	저포탕 (猪胞湯)	1기		猪胞五部 黃肉一斤 陳鷄二首 胡椒末五夕 艮醬一合五夕 저포 5부, 쇠고기 1근, 묵은닭 2마리, 후춧가루 5작, 간장 1홉5작
50	계탕 (鷄湯)	1기		陳鷄三首 鷄卵五箇 多士麻二立 胡椒末五夕 艮醬一合五夕 묵은닭 3마리, 달걀 5개, 다시마 2립, 후춧가루 5작, 간장 1홉5작
51	홍합탕 (紅蛤湯)	1기		紅蛤一百三十箇 黃肉一斤 胡椒末五夕 艮醬一合五夕 홍합 130개, 쇠고기 1근, 후춧가루 5작, 간장 1홉5작
52	편육 (片肉)	1기	1자	猪肉三十斤 돼지고기 30근

계속

	음식명	그릇 수	고임 높이(高)	재료 및 분량
53	절육 (截肉)	1기	1자5치	黃大口乾大口各十三尾 洪魚沙魚各七尾 廣魚十尾 文魚三尾 全鰒七串 鹽脯七貼 搥鰒烏賊魚各五貼 乾雉六首 황대구 13마리, 건대구 13마리, 홍어 7마리, 상어 7마리, 광어 10마리, 문어 3마리, 전복 7꼬치, 염포 7첩, 추복 5첩, 오징어 5첩, 건치 6마리
54	어전유화 (魚煎油花)	1기	1자	秀魚二束[50] 鷄卵一百七十箇 眞油八升 菉末四升 鹽二合 숭어 2묶음, 달걀 170개, 참기름 8되, 녹말 4되, 소금 2홉
55	생치전유화 (生雉煎油花)	1기	1자	生雉十首 鷄卵一百五十箇 菉末一升 木末六升 眞油八升 鹽一合 꿩 10마리, 달걀 150개, 녹말 1되, 메밀가루 6되, 참기름 8되, 소금 1홉
56	전치수 (全雉首)	1기		生雉七首 眞油鹽各一合五夕 꿩 7마리, 참기름 1홉5작, 소금 1홉5작
57	화양적 (花陽炙)	1기	7치	生猪肉七斤 猪心肉五斤 牂半部 腰骨昆者巽各五部 秀魚一尾 鷄卵五十箇 全鰒七箇 海蔘三串 眞末五升 桔莄三束 生蔥一丹 石耳二升 蕈古一升 胡椒末一錢五分 艮醬鹽各一合 돼지고기 7근, 돼지안심 5근, 소의 양 ½부, 등골 5부, 곤자소니 5부, 숭어 1마리, 달걀 50개, 전복 7개, 해삼 3꼬치, 밀가루 5되, 도라지 3묶음, 파 1단, 석이 2되, 표고버섯 1되, 후춧가루 1돈5푼, 간장 1홉, 소금 1홉
58	생치숙 (生雉熟)	1기		生雉四首 黃肉一斤 胡椒末一錢 艮醬鹽各一合 꿩 4마리, 쇠고기 1근, 후춧가루 1돈, 간장 1홉, 소금 1홉
59	수어증 (秀魚蒸)	1기		秀魚二尾 黃肉一斤 陳鷄一首 鷄卵五箇 菉末三合 艮醬一合 숭어 2마리, 쇠고기 1근, 묵은닭 1마리, 달걀 5개, 녹말 3홉, 간장 1홉
60	해삼증 (海蔘蒸)	1기		海蔘一貼七串 猪脚三部 黃肉三斤 鷄卵八十箇 眞末眞油各五升 鹽二合 해삼 1첩7꼬치, 저각 3부, 쇠고기 3근, 달걀 80개, 밀가루 5되, 참기름 5되, 소금 2홉
61	연저증 (軟猪蒸)	1기		軟猪三口 陳鷄生雉各二首 黃肉一斤 眞油三升 實栢子五合 胡椒末一合 生薑二合 艮醬一合五夕 연저 3마리, 묵은닭 2마리, 꿩 2마리, 쇠고기 1근, 참기름 3되, 잣 5홉, 후춧가루 1홉, 생강 2홉, 간장 1홉5작
62	각색만두 (各色饅頭)	1기	7치	千葉三部 牂五斤 猪肉黃肉各二斤 菉末二升 眞油七合 胡椒末艮醬鹽各一合二夕 천엽 3부, 소의 양 5근, 돼지고기 2근, 쇠고기 2근, 녹말 2되, 참기름 7홉, 후춧가루 1홉2작, 간장 1홉2작, 소금 1홉2작
63	어만두 (魚饅頭)	1기		秀魚六尾 猪脚二部 黃肉二斤 菉末二升 眞油五合 胡椒末鹽各一合 숭어 6마리, 저각 2부, 쇠고기 2근, 녹말 2되, 참기름 5홉, 후춧가루 1홉, 소금 1홉
64	어채 (魚菜)	1기	4치	秀魚三尾 全鰒五箇 牂猪肉各二斤 海蔘三串 桔莄半丹 鷄卵五十箇 昆者巽三部 石耳一升 蕈古五合 菉末五升 臙脂一椀 숭어 3마리, 전복 5개, 소의 양 2근, 돼지고기 2근, 해삼 3꼬치, 도라지 ½단, 달걀 50개, 곤자소니 3부, 석이 1되, 표고버섯 5홉, 녹말 5되, 연지 1사발

계속

50) 속(束): 생선이나 미역을 묶어서 세는 단위. 뭇이라고 함. 생선 1속은 10마리를 뜻함.

	음식명	그릇 수	고임 높이(高)	재료 및 분량
65	어회 (魚膾)	1기		秀魚五尾 鱸魚一尾 숭어 5마리, 농어 1마리
66	숙합회 (熟蛤膾)	1기		實大蛤三斗二升 菉末五升 鹽一合五夕 대합살 3말2되, 녹말 5되, 소금 1홉5작
67	숙란 (熟卵)	1기		鷄卵三百二十箇 달걀 320개
68	청 (淸)	1기		淸七合 꿀 7홉
69	초장 (醋醬)	1기		艮醬五合 醋二合 實栢子一夕 간장 5홉, 초 2홉, 잣 1작
70	개자 (芥子)	1기		芥子七合 겨자 7홉

小別味一床

소별미 1상

十二器 12기

	음식명	그릇 수	고임 높이(高)	재료 및 분량
1	미음 (米飮)	1기		白米一升 大棗二升 淸二合 멥쌀 1되, 대추 2되, 꿀 2홉
2	각색병 (各色餠)	1기	5치	槊餠: 粘米四斗 黑豆一升六合 熟栗大棗各一升 桂皮末五錢 淸六合 삭병: 찹쌀 4말, 검정콩 1되6홉, 삶은 밤 1되, 대추 1되, 계핏가루 5돈, 꿀 6홉 各色切餠: 白米三升 臙脂半椀 梔子一錢 艾三合 甘苔三錢 眞油三夕 각색절병: 멥쌀 3되, 연지 ½사발, 치자 1돈, 쑥 3홉, 감태 3돈, 참기름 3작 乾柹助岳餠: 粘米三升 乾柹四串 黑豆二升 桂皮末三錢 淸五合 眞油一升五合 건시조악병: 찹쌀 3되, 곶감 4꼬치, 검정콩 2되, 계핏가루 3돈, 꿀 5홉, 참기름 1되5홉
3	침채만두 (沈菜饅頭)	1기		白米二升 木末七合 菘沈菜一握 生雉二脚 黃肉猪肉各三兩 太泡二隅 實栢子三夕 眞油艮醬各一合五夕 멥쌀 2되, 메밀가루 7홉, 배추김치 1줌, 꿩 2각, 쇠고기 3냥, 돼지고기 3냥, 두부 2모, 잣 3작, 참기름 1홉5작, 간장 1홉5작
4	다식과 만두과 (茶食果 饅頭果)	1기	5치	眞末五升 大棗黃栗各一升 乾柹一串 淸眞油各二升 實栢子三合 乾薑末胡椒末各七分 桂皮末二錢 砂糖半圓 밀가루 5되, 대추 1되, 말린 밤 1되, 곶감 1꼬치, 꿀 2되, 참기름 2되, 잣 3홉, 생강가루 7푼, 후춧가루 7푼, 계핏가루 2돈, 사탕 ½원

계속

	음식명	그릇 수	고임 높이(高)	재료 및 분량
5	홍백연사과 (紅白軟絲果)	1기	5치	粘米五升 細乾飯三升 眞油二升五合 芝草二兩 白糖一斤一兩一錢 實栢子五合 燒酒一盞 淸七合 찹쌀 5되, 세건반 3되, 참기름 2되5홉, 지초 2냥, 백당 1근1냥1돈, 잣 5홉, 소주 1잔, 꿀 7홉
6	생리 석류 (生梨 石榴)	1기		生梨六箇 石榴九箇 배 6개, 석류 9개
7	대추 생률 (大棗 生栗)	1기		大棗二升 實生栗四升 實栢子一合 대추 2되, 밤 4되, 잣 1홉
8	각색정과 (各色正果)	1기	3치	蓮根五本 生薑山査各二升 柑子木苽各三箇 柚子生梨各二箇 冬苽三片 杜冲淸各一升 연근 5뿌리, 생강 2되, 산사 2되, 감귤 3개, 모과 3개, 유자 2개, 배 2개, 동아 3조각, 두충 1되, 꿀 1되
9	별잡탕 (別雜湯)	1기		陳鷄二脚 黃肉胖猪胞各二兩 昆者巽一部 秀魚半尾 鷄卵五箇 全鰒菁根靑苽各一箇 海蔘二箇 頭骨半部 朴古之一握 眞油五合 菉末三合 蕈古實栢子各二夕 胡椒末一夕 艮醬二合 묵은닭 2각, 쇠고기 2냥, 소의 양 2냥, 저포 2냥, 곤자소니 1부, 숭어 ½마리, 달걀 5개, 전복 1개, 무 1개, 오이 1개, 해삼 2개, 두골 ½부, 박고지 1줌, 참기름 5홉, 녹말 3홉, 표고버섯 2작, 잣 2작, 후춧가루 1작, 간장 2홉
10	열구자탕 (悅口資湯)	1기		生雉陳鷄各二脚 秀魚半尾 黃肉三兩 昆者巽一部 腰骨半部 生猪肉牛舌胖熟猪肉猪胞各二兩 鷄卵十五箇 全鰒菁根靑苽各二箇 搥鰒三條 海蔘三箇 蕈古一合 眞油六合 菉末三合 生蔥一丹 水芹半丹 高沙里朴古之桔莄各一握 黃栗大棗實栢子各五夕 艮醬五合 꿩 2각, 묵은닭 2각, 숭어 ½마리, 쇠고기 3냥, 곤자소니 1부, 등골 ½부, 돼지고기 2냥, 우설 2냥, 소의 양 2냥, 숙저육 2냥, 저포 2냥, 달걀 15개, 전복 2개, 무 2개, 오이 2개, 추복 3조, 해삼 3개, 표고버섯 1홉, 참기름 6홉, 녹말 3홉, 파 1단, 미나리 ½단, 고사리 1줌, 박고지 1줌, 도라지 1줌, 말린 밤 5작, 대추 5작, 잣 5작, 간장 5홉
11	어만두 (魚饅頭)	1기		秀魚二尾 熟肉五斤 熟猪肉五兩 陳鷄二脚 太泡二隅 生薑實栢子眞油各二合 生蔥二握 胡椒末二夕 菉末五合 鹽一合 숭어 2마리, 숙육 5근, 숙저육 5냥, 묵은닭 2각, 두부 2모, 생강 2홉, 잣 2홉, 참기름 2홉, 파 2줌, 후춧가루 2작, 녹말 5홉, 소금 1홉
12	저포 (猪胞)	1기		猪胞五部 저포 5부
	청 (淸)	1기		淸二合 꿀 2홉
	초장 (醋醬)	1기		艮醬七夕 醋三夕 實栢子一夕 간장 7작, 초 3작, 잣 1작

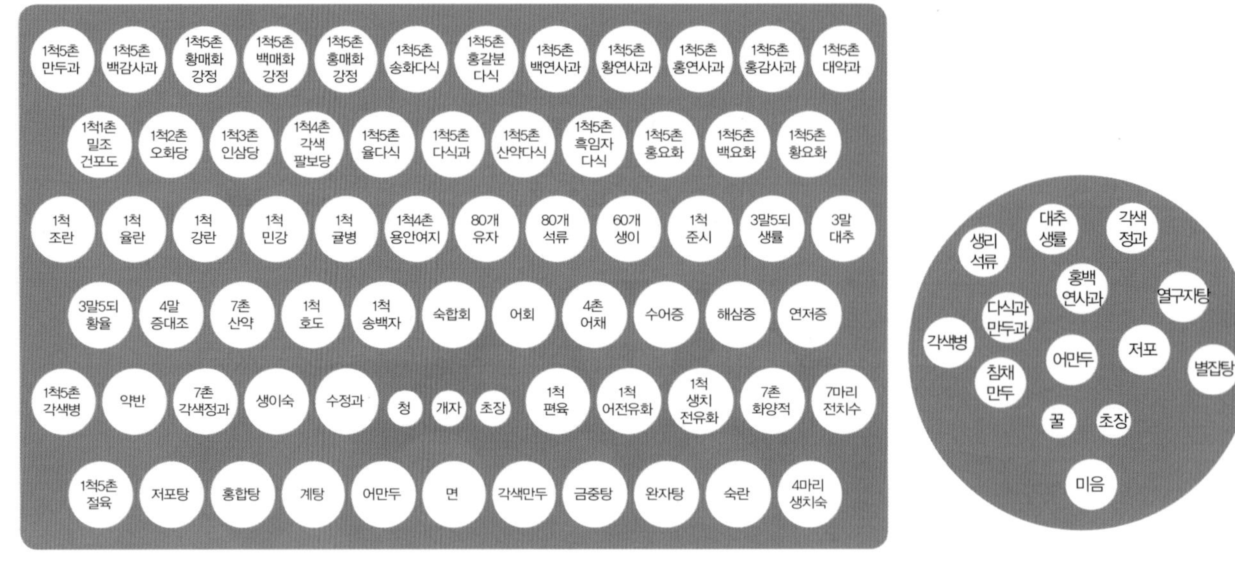

진찬

소별미

윤2월 13일 자궁께 올린 진찬

床花四十二箇

상화 42개

大水波蓮中水波蓮各一箇 小水波蓮二箇 三色牧丹花三箇 月桂四季各一箇 紅桃別三枝花六箇 紅桃別建花五箇 紅桃建花十五箇 紅桃間花七箇

대수파련 1개, 중수파련 1개, 소수파련 2개, 삼색모란화 3개, 월계 1개, 사계 1개, 홍도별삼지화 6개, 홍도별건화 5개, 홍도건화 15개, 홍도간화 7개

3.2. 대전께 올리는 진찬상(大殿進御饌案)

二十器 磁器 黑漆足盤

20기의 음식을 자기에 담아 흑칠족반에 차린다.

	음식명	그릇 수	고임 높이(高)	재료 및 분량
1	각색병 (各色餠)	1기	8치	白米餠: 白米二斗 粘米五升 黑豆一斗 大棗實生栗各四升 백미병: 멥쌀 2말, 찹쌀 5되, 검정콩 1말, 대추 4되, 밤 4되 粘米餠: 粘米一斗五升 菉豆六升 大棗實生栗各二升 乾柹二串 점미병: 찹쌀 1말5되, 녹두 6되, 대추 2되, 밤 2되, 곶감 2꼬치 槊餠: 粘米八升 黑豆三升 大棗實生栗淸各一升五合 桂皮末一兩五錢 삭병: 찹쌀 8되, 검정콩 3되, 대추 1되5홉, 밤 1되5홉, 꿀 1되5홉, 계핏가루 1냥5돈 蜜雪只: 白米三升 粘米大棗各一升五合 實生栗淸各一升 乾柹一串 實栢子二合 밀설기: 멥쌀 3되, 찹쌀 1되5홉, 대추 1되5홉, 밤1되, 꿀 1되, 곶감 1꼬치, 잣 2홉 石耳餠: 白米三升 粘米淸各一升 石耳五升 大棗實生栗各一升五合 乾柹一串 實栢子一合五夕 석이병: 멥쌀 3되, 찹쌀 1되, 꿀 1되, 석이 5되, 대추 1되5홉, 밤 1되5홉, 곶감 1꼬치, 잣 1홉5작 各色切餠: 白米三升 臙脂半椀 梔子七分 艾三合 甘苔一兩 각색절병: 멥쌀 3되, 연지 ½사발, 치자 7푼, 쑥 3홉, 감태 1냥 各色助岳: 粘米眞油各三升 黑豆熟栗實荏子各一升 松古五片 梔子二錢 艾三合 甘苔一兩 淸八合 實栢子一合 각색주악: 찹쌀 3되, 참기름 3되, 검정콩 1되, 삶은 밤 1되, 실깨 1되, 송기 5조각, 치자 2돈, 쑥 3홉, 감태 1냥, 꿀 8홉, 잣 1홉 各色沙蒸餠: 粘米眞油各三升 淸八合 辛甘草末三合 實栢子一合 각색사증병: 찹쌀 3되, 참기름 3되, 꿀 8홉, 승검초가루 3홉, 잣 1홉 各色團子餠: 粘米三升 石耳一升 大棗熟栗各一升五合 艾實栢子各三合 淸八合 桂皮末二錢 乾薑末一錢 각색단자병: 찹쌀 3되, 석이 1되, 대추 1되5홉, 삶은 밤 1되5홉, 쑥 3홉, 잣 3홉, 꿀 8홉, 계핏가루 2돈, 생강가루 1돈
2	약반 (藥飯)	1기		粘米四升 大棗實生栗各六升 眞油六合 淸一升二合 實栢子二合 艮醬一合 찹쌀 4되, 대추 6되, 밤 6되, 참기름 6홉, 꿀 1되2홉, 잣 2홉, 간장 1홉
3	면 (麵)	1기		木末三升 菉末艮醬各五合 生雉二脚 牛心肉三兩 鷄卵五箇 胡椒末二夕 메밀가루 3되, 녹말 5홉, 간장 5홉, 꿩 2각, 소안심 3냥, 달걀 5개, 후춧가루 2작
4	대약과 (大藥果)	1기	8치	藥果一百十五立: 眞末二斗三升 淸眞油各九升二合 實栢子八合 桂皮末二錢 胡椒末一錢五分 乾薑末六分 實荏子一合 砂糖一圓 약과 115립: 밀가루 2말3되, 꿀 9되2홉, 참기름 9되2홉, 잣 8홉, 계핏가루 2돈, 후춧가루 1돈5푼, 생강가루 6푼, 실깨 1홉, 사탕 1원
5	각색다식 각색연사과 (各色茶食 各色軟絲果)	1기	4치	粘米八升 眞油四升 實栢子一升六合 細乾飯三升二合 芝草四兩 白糖二斤 葛粉黃栗松花黑荏子淸各三升 臙脂一椀 五味子二合 찹쌀 8되, 참기름 4되, 잣 1되6홉, 세건반 3되2홉, 지초 4냥, 백당 2근, 칡전분 3되, 말린 밤 3되, 송화 3되, 흑임자 3되, 꿀 3되, 연지 1사발, 오미자 2홉
6	각색강정 (各色强精)	1기	8치	粘米一斗 細乾飯眞油各六升 實荏子黑荏子實栢子各三升 松花二升 白糖三斤 淸一升 芝草六兩 찹쌀 1말, 세건반 6되, 참기름 6되, 실깨 3되, 흑임자 3되, 잣 3되, 송화 2되, 백당 3근, 꿀 1되, 지초 6냥

계속

	음식명	그릇 수	고임 높이(高)	재료 및 분량
7	민강 (閩薑)	1기	7치	閩薑十五斤 민강 15근
8	귤병 (橘餠)	1기	7치	橘餠二百二十箇 귤병 220개
9	유자 석류 (柚子 石榴)	1기		柚子石榴各十五箇 유자 15개, 석류 15개
10	생리 (生梨)	1기		生梨三十箇 배 30개
11	준시 (蹲柹)	1기	6치	蹲柹二百五十八箇 곶감 258개
12	생률 (生栗)	1기		實生栗一斗八升 밤 1말8되
13	각색정과 (各色正果)	1기	5치	生薑一斗三升 木苽十箇 蓮根半束 杜冲山査各二升 冬苽一片 生梨七箇 桔莄一丹 柚子柑子各六箇 臙脂一椀 梔子一兩 山査膏二片 淸五升 생강 1말3되, 모과 10개, 연근 ½묶음, 두충 2되, 산사 2되, 동아 1조각, 배 7개, 도라지 1단, 유자 6개, 감귤 6개, 연지 1사발, 치자 1냥, 산사고 2조각, 꿀 5되
14	수정과 (水正果)	1기		石榴柚子各二箇 生梨三箇 淸五合 實栢子一合 석류 2개, 유자 2개, 배 3개, 꿀 5홉, 잣 1홉
15	금중탕 (錦中湯)	1기		陳鷄三首 黃肉猪肉各四兩 海蔘四箇 鷄卵菁根各五箇 全鰒三箇 朴古之一吐里 多士麻二立 靑苽二箇 蕈古眞末各一合五夕 胡椒末五夕 艮醬一合 묵은닭 3마리, 쇠고기 4냥, 돼지고기 4냥, 해삼 4개, 달걀 5개, 무 5개, 전복 3개, 박고지 1토리, 다시마 2립, 오이 2개, 표고버섯 1홉5작, 밀가루 1홉5작, 후춧가루 5작, 간장 1홉
16	완자탕 (莞子湯)	1기		菁根海蔘鷄卵各五箇 陳鷄二首 黃肉胖猪肉各四兩 全鰒三箇 昆者巽二部 靑苽二箇 菉末蕈古各一合 胡椒末五夕 艮醬一合 무 5개, 해삼 5개, 달걀 5개, 묵은닭 2마리, 쇠고기 4냥, 소의 양 4냥, 돼지고기 4냥, 전복 3개, 곤자소니 2부, 오이 2개, 녹말 1홉, 표고버섯 1홉, 후춧가루 5작, 간장 1홉
17	편육 (片肉)	1기	6치	猪肉十六斤 돼지고기 16근
18	절육 (截肉)	1기	8치	黃大口乾大口各七尾 洪魚沙魚各四尾 廣魚六尾文魚二尾 全鰒四串 鹽脯四貼 搥鰒烏賊魚各三貼 乾雉三首 황대구 7마리, 건대구 7마리, 홍어 4마리, 상어 4마리, 광어 6마리, 문어 2마리, 전복 4꼬치, 염포 4첩, 추복 3첩, 오징어 3첩, 건치 3마리
19	각색전유화 (各色煎油花)	1기	6치	秀魚六尾 生雉四首 鷄卵八十五箇 眞油四升 木末四升五合 眞末三升 鹽二合五夕 숭어 6마리, 꿩 4마리, 달걀 85개, 참기름 4되, 메밀가루 4되5홉, 밀가루 3되, 소금 2홉5작
20	어회 (魚膾)	1기		秀魚五尾 鱸魚一尾 숭어 5마리, 농어 1마리

계속

	음식명	그릇 수	고임 높이(高)	재료 및 분량
	청 (淸)	1기		淸七合 꿀 7홉
	초장 (醋醬)	1기		艮醬四合 醋三合 간장 4홉, 초 3홉
	개자 (芥子)	1기		芥子七合 겨자 7홉

小別味一床

소별미 1상

九器 9기

	음식명	그릇 수	고임 높이(高)	재료 및 분량
1	미음 (米飮)	1기		白米一升 大棗二升 淸二合 멥쌀 1되, 대추 2되, 꿀 2홉
2	각색병 (各色餠)	1기	5치	槊餠: 粘米四升 黑豆一升六合 熟栗大棗各一升 桂皮末五錢 淸六合 삭병: 찹쌀 4되, 검정콩 1되6홉, 삶은 밤 1되, 대추 1되, 계핏가루 5돈, 꿀 6홉 各色切餠: 白米三升 臙脂半椀 梔子一錢 艾三合 甘苔三錢 眞油三夕 각색절병: 멥쌀 3되, 연지 ½사발, 치자 1돈, 쑥 3홉, 감태 3돈, 참기름 3작 乾柹助岳餠: 粘米三升 乾柹四串 黑豆二升 桂皮末三錢 淸五合 眞油一升 건시조악병: 찹쌀 3되, 곶감 4꼬치, 검정콩 2되, 계핏가루 3돈, 꿀 5홉, 참기름 1되
3	침채만두 (沈菜饅頭)	1기		白米二升 木末七合 菘沈菜一握 生雉二脚 黃肉猪肉各二兩 太泡二隅 實栢子二夕 眞油五夕 艮醬一合五夕 멥쌀 2되, 메밀가루 7홉, 배추김치 1줌, 꿩 2각, 쇠고기 2냥, 돼지고기 2냥, 두부 2모, 잣 2작, 참기름 5작, 간장 1홉5작
4	다식과 만두과 (茶食果 饅頭果)	1기	5치	眞末五升 大棗黃栗各一升 乾柹一串 淸眞油各二升 實栢子三合 乾薑末胡椒末各七分 桂皮末二錢 砂糖半圓 밀가루 5되, 대추 1되, 말린 밤 1되, 곶감 1꼬치, 꿀 2되, 참기름 2되, 잣 3홉, 생강가루 7푼, 후춧가루 7푼, 계핏가루 2돈, 사탕 ½원
5	대추 생률 (大棗 生栗)	1기		大棗二升 實生栗四升 實栢子一合 대추 2되, 밤 4되, 잣 1홉
6	각색정과 (各色正果)	1기	3치	蓮根五本 生薑山査各二升 柑子木苽各三箇 柚子生梨各二箇 冬苽三片 杜冲淸各一升 연근 5뿌리, 생강 2되, 산사 2되, 감귤 3개, 모과 3개, 유자 2개, 배 2개, 동아 3조각, 두충 1되, 꿀1되

계속

	음식명	그릇 수	고임 높이(高)	재료 및 분량
7	별잡탕(別雜湯)	1기		陳鷄二脚 黃肉胖猪胞各二兩 昆者巽一部 秀魚半尾 鷄卵五箇 全鰒菁根靑苽各一箇 海蔘二箇 頭骨半部 朴古之一握 眞油五合 菉末三合 藁古實栢子各二夕 胡椒末一夕 艮醬二合 묵은닭 2각, 쇠고기 2냥, 소의 양 2냥, 저포 2냥, 곤자소니 1부, 숭어 ½마리, 달걀 5개, 전복 1개, 무 1개, 오이1개, 해삼 2개, 두골 ½부, 박고지 1줌, 참기름 5홉, 녹말 3홉, 표고버섯 2작, 잣 2작, 후춧가루 1작, 간장 2홉
8	열구자탕(悅口資湯)	1기		生雉陳鷄各二脚 秀魚半尾 黃肉三兩 昆者巽一部 腰骨半部 猪肉牛舌胖猪胞各二兩 鷄卵十五箇 全鰒菁根靑苽各二箇 搥鰒三條 海蔘三箇 藁古一合 眞油六合 菉末三合 生葱一丹 水芹半丹 高沙里朴古之桔莄各一握 黃栗大棗實栢子各五夕 艮醬二合 꿩 2각, 묵은닭 2각, 숭어 ½마리, 쇠고기 3냥, 곤자소니 1부, 등골 ½부. 돼지고기 2냥, 우설 2냥, 소의 양 2냥, 저포 2냥, 달걀 15개, 전복 2개, 무 2개, 오이 2개, 추복 3조, 해삼 3개, 표고버섯 1홉, 참기름 6홉, 녹말 3홉, 파 1단, 미나리 ½단, 고사리 1줌, 박고지 1줌, 도라지 1줌, 말린 밤 5작, 대추 5작, 잣 5작, 간장 2홉
9	저포(猪胞)	1기		猪胞五部 저포 5부
	청(淸)	1기		淸二合 꿀 2홉
	초장(醋醬)	1기		艮醬七夕 醋三夕 간장 7작, 초 3작

床花二十六箇

상화 26개

大水波蓮中水波蓮小水波蓮月桂四季各一箇 三色牧丹花二箇 紅桃別三枝花四箇 紅桃別建花五箇 紅桃別間花十箇

대수파련 1개, 중수파련 1개, 소수파련 1개, 월계 1개, 사계 1개, 삼색모란화 2개, 홍도별삼지화 4개, 홍도별건화 5개, 홍도별간화 10개

3.3. 청연군주청선군주 연상 각 1상(淸衍郡主淸璿郡主 宴床 各一床)

每床 各二十器

상마다 각 20기

小別味 各一床 每床 各九器

소별미 각 1상 매상 각9기

床花 各二十三箇

상화 각 23개

中水波蓮小水波蓮月桂四季各一箇 紅桃別三枝花二箇 紅桃建花七箇 紅桃別間花十箇

중수파련 1개, 소수파련 1개, 월계 1개, 사계 1개, 홍도별삼지화 2개, 홍도건화 7개, 홍도별간화 10개

3.4. 진찬시 내외빈 및 제신 이하 연상(進饌時內外賓及諸臣以下宴床)

內賓十五床 各十一器

내빈 15상 각 11기

	음식명	그릇 수	고임 높이(高)	재료 및 분량
1	각색병 (各色餠)	1기		白米餠: 白米三升 粘米黑豆各一升 大棗實生栗各二合 백미병: 멥쌀 3되, 찹쌀 1되, 검정콩 1되, 대추 2홉, 밤 2홉, 粘米餠: 粘米二升 菉豆八合 大棗實生栗各四合 점미병: 찹쌀2되, 녹두 8홉, 대추 4홉, 밤 4홉 各色助岳: 白米粘米各一升 黑豆二合八夕 眞油大棗實生栗各二合 乾柹二箇 石耳三合九夕 實栢子二夕 淸一合一夕 臙脂松古各一片 梔子一箇 甘苔七分 實荏子七夕 각색주악: 멥쌀 1되, 찹쌀 1되, 검정콩 2홉8작, 참기름 2홉, 대추 2홉, 밤 2홉, 곶감 2개, 석이 3홉9작, 잣 2작, 꿀 1홉1작, 연지 1조각, 송기 1조각, 치자 1개, 감태 7푼, 실깨 7작
2	면 (麵)	1기		木末二升 生雉半脚 黃肉二兩 鷄卵二箇 艮醬一合 胡椒末一夕 메밀가루 2되, 꿩 ½각, 쇠고기 2냥, 달걀 2개, 간장 1홉, 후춧가루 1작
3	소약과 (小藥果)	1기		眞末五升 淸眞油各二升 桂皮末胡椒末各五分 實栢子實荏子各五夕 밀가루 5되, 꿀 2되, 참기름 2되, 계핏가루 5푼, 후춧가루 5푼, 잣 5작, 실깨 5작
4	각색강정 (各色强精)	1기		粘米一升 細乾飯五合 實荏子二合 松花黑荏子各一合五夕 眞油六合 白糖五兩 芝草一兩六錢 찹쌀 1되, 세건반 5홉, 실깨 2홉, 송화 1홉5작, 흑임자 1홉5작, 참기름 6홉, 백당 5냥, 지초 1냥6돈
5	각색요화 (各色蓼花)	1기		眞末二升 乾飯眞油各一升 白糖八兩 芝草二兩 松花三合 밀가루 2되, 건반 1되, 참기름 1되, 백당 8냥, 지초 2냥, 송화 3홉
6	준시 (蹲柹)	1기		蹲柹四十箇 곶감 40개
7	생리 대추 생률 (生梨 大棗 生栗)	1기		生梨三箇 大棗五合 實生栗一升五合 배 3개, 대추 5홉, 밤 1되5홉
8	잡탕 (雜湯)	1기		陳鷄半脚 海蔘二箇 全鰒靑苽各半箇 黃肉猪肉胖各二兩 秀魚半尾 鷄卵菁根各一箇 朴古之一握 多士麻半立 胡椒末一夕 艮醬一合 묵은닭 ½각, 해삼 2개, 전복 ½개, 오이 ½개, 쇠고기 2냥, 돼지고기 2냥, 소의 양 2냥, 숭어 ½마리, 달걀 1개, 무 1개, 박고지 1줌, 다시마 ½립, 후춧가루 1작, 간장 1홉

계속

	음식명	그릇 수	고임 높이(高)	재료 및 분량
9	절육 (截肉)	1기		黃大口洪魚各一尾 乾大口廣魚各二尾 烏賊魚三尾 鹽脯五條 文魚三條 全鰒四箇 황대구 1마리, 홍어 1마리, 건대구 2마리, 광어 2마리, 오징어 3마리, 염포 5조, 문어 3조, 전복 4개
10	어전유화 저육 족병 (魚煎油花 猪肉 足餠)	1기		猪肉八兩 秀魚半尾 牛足一箇 眞油三合 鷄卵七箇 陳鷄半脚 胡椒末二夕 菉末木末各一合 鹽一夕 돼지고기 8냥, 숭어 ½마리, 우족 1개, 참기름 3홉, 달걀 7개, 묵은닭 ½각, 후춧가루 2작, 녹말 1홉, 메밀가루 1홉, 소금 1작
11	화양적 (花陽炙)	1기		猪肉一斤八兩 桔莄生葱各一丹 眞末眞油各二合 石耳四夕 蕈古六夕 鷄卵二箇 艮醬一合 돼지고기 1근8냥, 도라지 1단, 파 1단, 밀가루 2홉, 참기름 2홉, 석이 4작, 표고버섯 6작, 달걀 2개, 간장 1홉
	청 (淸)	1기		淸一合 꿀 1홉
	초장 (醋醬)	1기		艮醬三夕 醋二夕 간장 3작, 초 2작

床花各八箇

상화 각8개

小水波蓮一箇 紅桃三枝花間花各二箇 紅桃建花三箇

소수파련 1개, 홍도삼지화 2개, 간화 2개, 홍도건화 3개

3.5. 제신상상 30상(諸臣上床 三十床)

器數饌品 床花竝同內賓床

그릇 수와 찬품, 상화는 내빈상과 같다.

3.6. 제신중상 100상(諸臣中床 一百床)

各八器

각 8기

	음식명	그릇 수	고임 높이(高)	재료 및 분량
1	각색병 (各色餠)	1기		白米餠: 白米二升粘米一升黑豆九合大棗實生栗各二合 백미병: 멥쌀 2되, 찹쌀 1되, 검정콩 9홉, 대추 2홉, 밤 2홉 粘米餠: 粘米一升五合菉豆五合大棗實生栗各三合 점미병: 찹쌀 1되5홉, 녹두 5홉, 대추 3홉, 밤 3홉 各色助岳: 白米粘米各九合 黑豆二合四夕 大棗實生栗各一合八夕 乾柹 梔子各一箇 石耳三合 實栢子二夕 淸九夕 臙脂松古各一片 眞油一合八夕 甘苔六分 實荏子六夕 각색조악: 멥쌀 9홉, 찹쌀 9홉, 검정콩 2홉4작, 대추 1홉8작, 밤 1홉8작, 곶감 1개, 치자 1개, 석이 3홉, 잣 2작, 꿀 9작, 연지 1조각, 송기 1조각, 참기름 1홉8작, 감태 6푼, 실깨 6작
2	면 (麵)	1기		木末一升五合 陳鷄半脚 黃肉二兩 鷄卵一箇 艮醬七夕 胡椒末一夕 메밀가루 1되5홉, 묵은닭 ½각, 쇠고기 2냥, 달걀 1개, 간장 7작, 후춧가루 1작
3	소약과 (小藥果)	1기		眞末三升 淸一升 眞油一升四合 桂皮末胡椒末各三分 實栢子實荏子各三夕 밀가루 3되, 꿀 1되, 참기름 1되4홉, 계핏가루 3푼, 후춧가루 3푼, 잣 3작, 실깨 3작
4	각색강정 (各色强精)	1기		粘米一升 細乾飯五合 實荏子二合 松花黑荏子各一合五夕 眞油六合 白糖五兩 芝草一兩六錢 찹쌀 1되, 세건반 5홉, 실깨 2홉, 송화 1홉5작, 흑임자 1홉5작, 참기름 6홉, 백당 5냥, 지초 1냥6돈
5	준시 생리 (蹲柹 生梨)	1기		蹲柹二十箇 生梨二箇 곶감 20개, 배 2개
6	잡탕 (雜湯)	1기		陳鷄半脚 海蔘二箇 秀魚半尾 黃肉猪肉胖各二兩 靑苽全鰒各半箇 鷄卵菁根各一箇 朴古之半握 多士麻半立 胡椒末艮醬各一夕 묵은닭 ½각, 해삼 2개, 숭어 ½마리, 쇠고기 2냥, 돼지고기 2냥 소의 양 2냥, 오이 ½개, 전복 ½개, 달걀 1개, 무 1개, 박고지 ½줌, 다시마 ½립, 후춧가루 1작, 간장 1작
7	어전유화 저육 족병 (魚煎油花 猪肉 足餠)	1기		猪肉八兩 秀魚半尾 牛足半箇 眞油一合 鷄卵四箇 陳鷄半脚 胡椒末一夕 菉末木末各五夕 鹽二夕 돼지고기 8냥, 숭어 ½마리, 우족 ½개, 참기름 1홉, 달걀 4개, 묵은닭 ½각, 후춧가루 1작, 녹말 5작, 메밀가루 5작, 소금 2작
8	화양적 (花陽炙)	1기		猪肉一斤 桔梗半丹 生葱一丹半 眞油眞末各九夕 石耳蔈古各三夕 鷄卵一箇 鹽五夕 艮醬七夕 돼지고기 1근, 도라지 ½단, 파 1½단, 참기름 9작, 밀가루 9작, 석이 3작, 표고버섯 3작, 달걀 1개, 소금 5작, 간장 7작
	청 (淸)	1기		淸七夕 꿀 7작
	초장 (醋醬)	1기		艮醬三夕 醋二夕 간장 3작, 초 2작

床花各四箇

상화 각 4개

紅桃三枝花建花間花紙間花各一箇

홍도삼지화 1개, 건화 1개, 간화 1개, 지간화 1개

3.7. 제신하상 150상(諸臣下床 一百五十床)

各六器　각 6기

	음식명	그릇 수	고임 높이(高)	재료 및 분량
1	각색병 (各色餠)	1기		白米餠: 白米二升 粘米五合 黑豆七合 大棗實生栗各二合 백미병: 멥쌀 2되, 찹쌀 5홉, 검은콩 7홉, 대추 2홉, 밤 2홉 粘米餠: 粘米一升 菉豆四合 大棗實生栗各二合 점미병: 찹쌀 1되, 녹두 4홉, 대추 2홉, 밤 2홉 各色助岳: 白米粘米各五合 黑豆二合 大棗實生栗眞油各一合五夕 乾柹一箇 臙脂一片 艾二夕 淸五夕 梔子甘苔各五分 각색조악: 멥쌀 5홉 찹쌀 5홉, 검정콩 2홉, 대추 1홉5작, 밤 1홉5작, 참기름 1홉5작, 곶감 1개, 연지 1조각, 쑥 2작, 꿀5작, 치자 5푼, 감태 5푼
2	면 (麪)	1기		木末一升 陳鷄半半脚 黃肉一兩 鷄卵一箇 艮醬七夕 胡椒末一夕 메밀가루 1되, 묵은닭 ¼각, 쇠고기 1냥, 달걀 1개, 간장 7작, 후춧가루 1작
3	각색요화 (各色蓼花)	1기		眞末一升 乾飯眞油各六合 白糖四兩三錢 芝草一兩 松花一合五夕 밀가루 1되, 건반 6홉, 참기름 6홉, 백당 4냥3돈, 지초 1냥, 송화 1홉5작
4	건시 대추 생률 (乾柹 大棗 生栗)	1기		乾柹十箇 大棗二合 實生栗五合 곶감 10개, 대추 2홉 밤 5홉
5	잡탕 (雜湯)	1기		陳鷄半半脚 黃肉猪肉胖各一兩 海蔘一箇 全鰒靑苽各半半箇 鷄卵菁根各半箇 朴古之半半握 多士麻半半立 胡椒末一夕 艮醬一合 묵은닭 ¼각, 쇠고기 1냥, 돼지고기 1냥, 소의 양 1냥, 해삼 1개, 전복 ¼개, 오이 ¼개, 달걀 ½개, 무 ½개, 박고지 ¼줌, 다시마 ¼립, 후춧가루 1작, 간장 1홉
6	화양적 (花陽炙)	1기		猪肉十兩 桔梗生葱各半丹 眞油眞末各七夕 石耳蕈古各二夕 鷄卵一箇 鹽三夕 돼지고기 10냥, 도라지 ½단, 파 ½단, 참기름 7작, 밀가루 7작, 석이 2작, 표고버섯 2작, 달걀 1개, 소금 3작
	청 (淸)	1기		淸五夕 꿀 5작

床花各四箇

상화 각 4개

紅桃建花間花紙建花紙間花各一箇

홍도건화 1개, 간화 1개, 지건화 1개, 지간화 1개

軍兵犒饋各營 將官將校 軍兵 七千七百十六人 各餠二箇 湯一器 乾大口一片

각영의 장관, 장교, 군병 7,716명에게 각각 떡 2개, 탕 1그릇, 건대구 1조각을 주었다.

4. 조수라(朝水剌)

4.1 자궁께 올리는 1상(慈宮進御一床)

十五器　15기

	구분	음식명	그릇수	내용
1	원반(元盤)	반(飯)	1기	白飯 흰쌀밥
2		갱(羹)	1기	生雉軟泡 생치연포
3, 4		조치(助致)	2기	生鰒饅頭湯 熟肉炒 생복만두탕, 숙육초
5		구이(炙伊)	1기	石花 雜肉 석화 잡육
6		좌반(佐飯)	1기	不鹽民魚 甘鰒 雉脯 鰕卵 大口茶食 불염민어, 감복, 꿩포, 새우알, 대구다식
7		계란전(鷄卵煎)	1기	鷄卵煎 달걀전
8		어회(魚膾)	1기	葦魚 웅어
9		해(醢)	1기	黃石魚 石花醢 황석어젓, 굴젓
10		채(菜)	1기	生葱 水芹 파, 미나리
11		침채(沈菜)	1기	靑苽 오이
12		담침채(淡沈菜)	1기	雉菹 꿩김치
		장(醬)	3기	艮醬 醋醬 苦椒醬 간장, 초장, 고추장

계속

	구분	음식명	그릇 수	내용
13	협반 (挾盤)	탕 (湯)	1기	絡蹄湯 낙지탕
14		각색적 (各色炙)	1기	細乫飛 秀魚 세갈비, 숭어
15		전치증 (全雉蒸)	1기	全雉蒸 전치찜

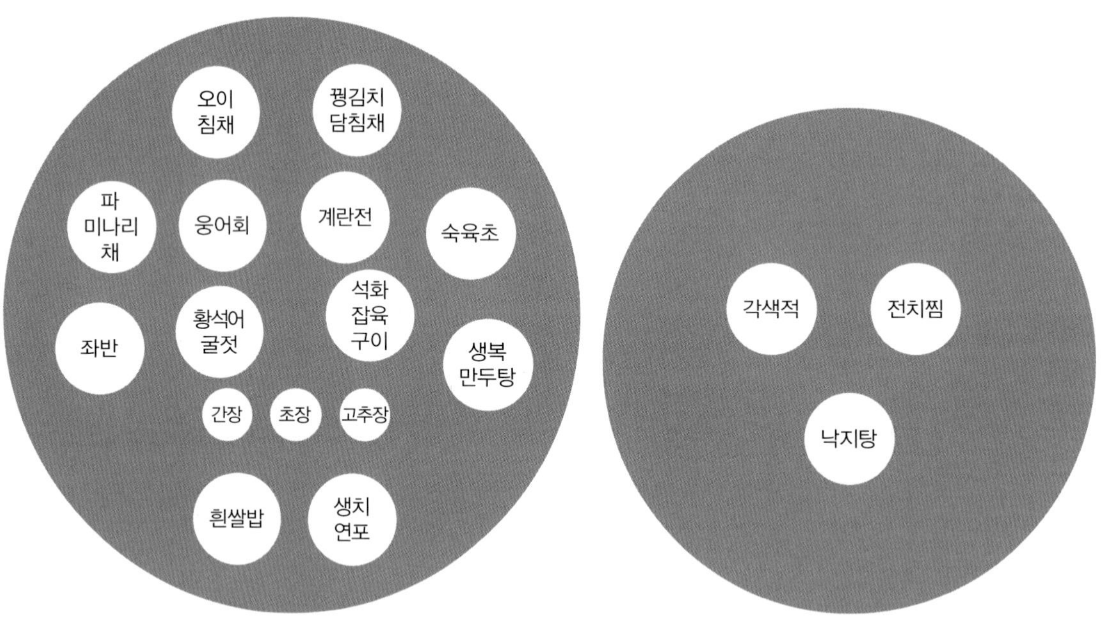

윤2월 13일 자궁께 올린 조수라

4.2 대전께 올리는 1상(大殿進御一床)

七器 7기

	음식명	그릇 수	내용
1	반 (飯)	1기	白飯 흰쌀밥
2	갱 (羹)	1기	生雉軟泡 생치연포
3	조치 (助致)	1기	生鰒饅頭湯 생복만두탕
4	구이 (炙伊)	1기	細乫飛 秀魚 세갈비, 숭어
5	좌반 (佐飯)	1기	不鹽民魚 甘鰒 雉脯 鰕卵 大口茶食 불염민어, 감복, 꿩포, 새우알, 대구다식
6	전치증 (全雉蒸)	1기	全雉蒸 전치찜
7	침채 (沈菜)	1기	靑苽 오이
	장 (醬)	3기	艮醬 醋醬 苦椒醬 간장, 초장, 고추장

4.3 청연군주 청선군주 진지 각 1상(淸衍郡主淸璿郡主進止各一床)

每床 各 七器

상마다 각 7기

5. 만다소반과(晩茶小盤果)

5.1 자궁께 올리는 1상(慈宮進御一床)

十二器　12기

	음식명	그릇 수	고임 높이(高)	재료 및 분량
1	백감죽 (白甘粥)	1기 (器)		白米一升 白甘五合 백미 1되, 백감 5홉
2	두죽 (豆粥)	1기		白米赤豆各一升 粘米五合 백미 1되, 팥 1되, 찹쌀 5홉
3	면 (麵)	1기		木末三升 菉末五合 生雉一脚 黃肉三兩 鷄卵三箇 艮醬一合 胡椒末一夕 메밀가루 3되, 녹말 5홉, 꿩 1각, 쇠고기 3냥, 달걀 3개, 간장 1홉, 후춧가루 1작
4	소약과 (小藥果)	1기	5치(寸)	眞末一斗 眞油淸各四升 乾薑末實栢子各五分 桂皮末一錢 胡椒末五夕 砂糖一圓 밀가루 1말, 참기름 4되, 꿀 4되, 생강가루 5푼, 잣 5푼, 계핏가루 1돈, 후춧가루 5작, 사탕 1원
5	각색강정 (各色強精)	1기	4치	粘米三升六合 細乾飯一升五合 實荏子八合 實栢子二合 松花七合 眞油二升五合 辛甘草末黑荏子各三合 白糖二斤八兩 淸五合 芝草二兩 찹쌀 3되6홉 세건반 1되5홉, 실깨 8홉, 잣 2홉, 송화 7홉, 참기름 2되5홉, 승검초가루 3홉, 흑임자 3홉, 백당 2근8냥, 꿀 5홉, 지초 2냥
6	생리 (生梨)	1기		生梨十五箇 배 15개
7	각색정과 (各色正果)	1기	3치	蓮根七本 山査三升五合 柑子七箇 柚子生梨木苽各四箇 冬苽四片 生薑一升五合 淸二升二合 연근 7뿌리, 산사 3되5홉, 감귤 7개, 유자 4개, 배 4개, 모과 4개, 동아 4조각, 생강 1되5홉, 꿀 2되2홉
8	수정과 (水正果)	1기		生梨二箇 柚子一箇 石榴半箇 淸二合 實栢子三夕 배 2개, 유자1개, 석류 ½개 꿀 2홉, 잣 3작
9	별잡탕 (別雜湯)	1기		黃肉熟肉胖昆者巽猪胞生猪肉熟猪肉各二兩 頭骨半部 秀魚半半尾 陳鷄一脚 海蔘鷄卵各二箇 全鰒菁根各一箇 朴古之一吐里 水芹半丹 眞油艮醬各一合 菉末蕈古實栢子各五夕 胡椒末二夕 쇠고기 2냥, 숙육 2냥, 소의 양 2냥, 곤자소니 2냥, 저포 2냥, 돼지고기 2냥, 숙저육 2냥, 두골 ½부, 숭어 ¼마리, 묵은닭 1각, 해삼 2개, 달걀 2개, 전복 1개, 무 1개, 박고지 1토리, 미나리 ½단, 참기름 1홉, 간장 1홉, 녹말 5작, 표고버섯 5작, 잣 5작, 후춧가루 2작
10	금중탕 (錦中湯)	1기		黃肉五兩 陳鷄二脚 菁根二箇 多士麻一立 朴古之一吐里 眞油艮醬各一合 胡椒末二夕 쇠고기 5냥, 묵은닭 2각, 무 2개, 다시마 1립, 박고지 1토리, 참기름 1홉, 간장 1홉, 후춧가루 2작

계속

	음식명	그릇 수	고임 높이(高)	재료 및 분량
11	족병 (足餠)	1기	4치	牛足四箇 猪肉八兩 生雉陳鷄各二脚 頭骨半部 鷄卵五箇 眞油實栢子各二合 胡椒末二夕 우족4개, 돼지고기 8냥, 꿩 2각, 묵은닭 2각, 두골 ½부, 달걀5개, 참기름 2홉, 잣 2홉, 후춧가루 2작
12	어만두 (魚饅頭)	1기		秀魚二尾 熟肉一斤八兩 熟猪肉胖各一斤 生雉陳鷄各一首 太泡一隅 眞油三合 生薑二角 生葱一丹 實栢子一合五夕 菉末一升五合 胡椒末一夕 鹽二合 숭어 2마리, 숙육1근8냥, 숙저육 1근, 소의 양 1근, 꿩 1마리, 묵은닭 1마리, 두부 1모, 참기름 3홉, 생강 2뿔, 파 1단, 잣 1홉5작, 녹말 1되5홉, 후춧가루 1작, 소금 2홉
	청 (淸)	1기		淸三合 꿀 3홉
	초장 (醋醬)	1기		艮醬二合 醋一合 實栢子一夕 간장 2홉, 초 1홉, 잣 1작
	상화 (床花)	6개 (箇)		小水波蓮紅桃別三枝花各一箇 紅桃建花間花各二箇 소수파련 1개, 홍도별삼지화 1개, 홍도건화 2개, 간화 2개

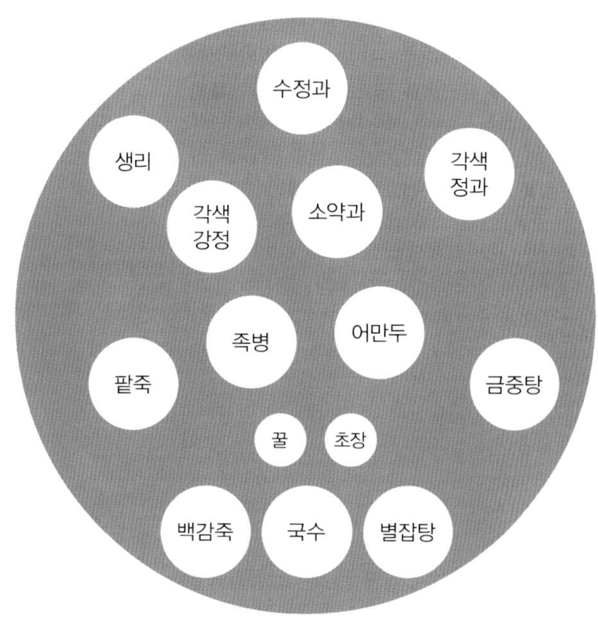

윤2월 13일 자궁께 올린 만다소반과

5.2 대전께 올리는 1상(大殿進御 一床)

八器 8기

	음식명	그릇 수	고임 높이(高)	재료 및 분량
1	백감죽 (白甘粥)	1기 (器)		白米一升 白甘五合 백미 1되, 백감 5홉
2	두죽 (豆粥)	1기		白米赤豆各一升 粘米五合 백미 1되, 팥 1되, 찹쌀 5홉
3	면 (麵)	1기		木末三升 菉末五合 生雉一脚 黃肉三兩 鷄卵三箇 艮醬一合 胡椒末一夕 메밀가루 3되, 녹말 5홉, 꿩 1각, 쇠고기 3냥, 달걀 3개, 간장 1홉, 후춧가루 1작
4	생리 생률 (生梨 生栗)	1기		生梨七箇 實生栗五升 배 7개, 밤 5되
5	각색정과 (各色正果)	1기	2치	蓮根五本 山査三升 柑子四箇 柚子生梨木苽各三箇 生薑一升 淸一升五合 연근 5뿌리, 산사 3되, 감귤 4개, 유자 3개, 배 3개, 모과 3개, 생강 1되, 꿀 1되5홉
6	수정과 (水正果)	1기		生梨二箇 柚子一箇 石榴半箇 淸二合 實栢子三夕 배 2개, 유자1개, 석류 ½개 꿀 2홉, 잣 3작
7	금중탕 (錦中湯)	1기		黃肉五兩 陳鷄二脚 菁根二箇 多士麻一立 朴古之一吐里 眞油艮醬各一合 胡椒末一夕 쇠고기 5냥, 묵은닭 2각, 무 2개, 다시마 1립, 박고지 1토리, 참기름 1홉, 간장 1홉, 후춧가루 1작
8	어만두 (魚饅頭)	1기		秀魚二尾 熟肉熟猪肉各一斤 陳鷄一首 太泡一隅 眞油二合 生薑二角 生葱一丹 實栢子一合 菉末七合 胡椒末一夕 鹽六合 숭어 2마리, 숙육1근, 숙저육 1근, 묵은닭 1마리, 두부 1모, 참기름 2홉, 생강 2뿔, 파 1단, 잣 1홉, 녹말 7홉, 후춧가루 1작, 소금 6홉
	청 (淸)	1기		淸三合 꿀 3홉
	초장 (醋醬)	각1기		艮醬二合 醋一合 實栢子一夕 간장 2홉, 초 1홉, 잣 1작

5.3 청연군주, 청선군주 각 1상(淸衍郡主淸璿郡主各 一床)

每床 各八器 상마다 각 8기

床花 各三箇 상화 각 3개

紅桃別三枝花建花間花各一箇

홍도별삼지화 1개, 건화 1개, 간화 1개

6. 석수라(夕水剌)

6.1 자궁께 올리는 1상(慈宮進御 一床)

十五器　15기

	구분	음식명	그릇 수	내용
1	원반(元盤)	반(飯)	1기	赤豆水和炊 팥물로 지은 밥
2		갱(羹)	1기	白菜湯 배추국
3, 4		조치(助致)	2기	陳鷄卜只 土花炒 묵은닭볶기 토화초
5		구이(炙伊)	1기	靑魚 청어
6		좌반(佐飯)	1기	民魚 牛肉卜只 全鰒茶食 藥脯 魚卵 민어, 쇠고기볶기 전복다식, 약포, 어란
7		해(醢)	1기	蘇魚卵 沈靑魚 밴댕이알, 침청어
8		어채(魚菜)	1기	秀魚 숭어
9		채(菜)	1기	桔莄雜菜 도라지잡채
10		침채(沈菜)	1기	白菜 배추
11		담침채(淡沈菜)	1기	水芹 미나리
12		즙장(汁醬)	1기	汁醬 즙장
		장(醬)	2기	淸醬 醋醬 청장, 초장
13	협반(挾盤)	탕(湯)	1기	牛尾湯 쇠꼬리탕
14		연계증(軟鷄蒸)	1기	軟鷄蒸 연계찜
15		생치적(生雉炙)	1기	生雉炙 생치적

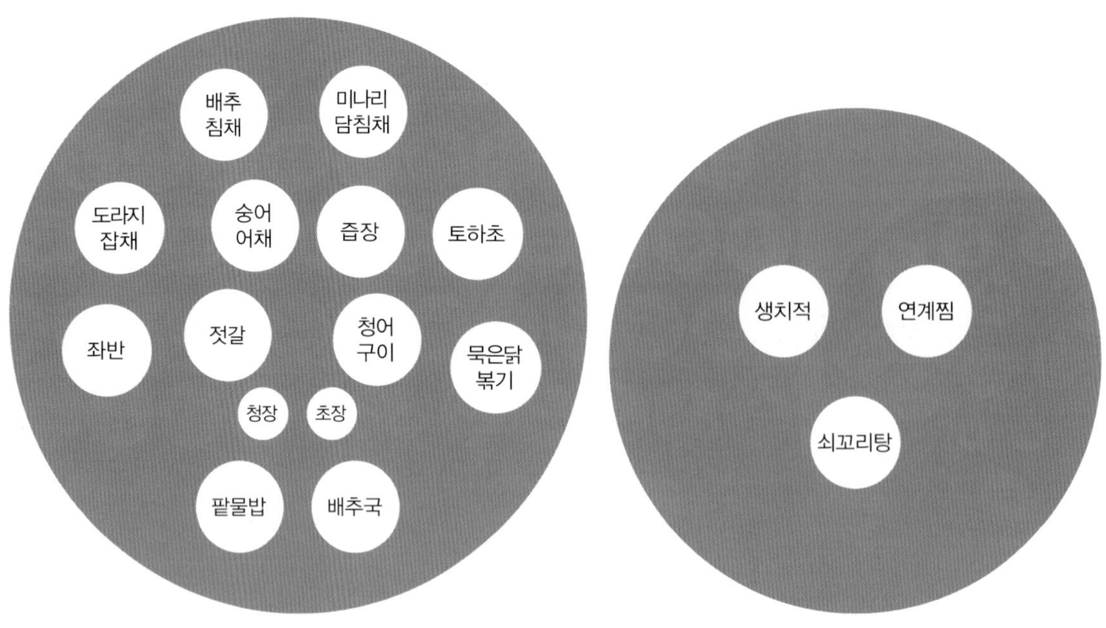

윤2월 13일 자궁께 올린 석수라

6.2 대전께 올리는 1상(大殿進御 一床)

七器 7기

	음식명	그릇 수	내용
1	반 (飯)	1기	赤豆水和炊 팥물로 지은 밥
2	갱 (羹)	1기	白菜湯 배추국
3	조치 (助致)	1기	土花炒 토화초
4	구이 (炙伊)	1기	生雉 꿩
5	좌반 (佐飯)	1기	民魚 牛肉卜只 全鰒茶食 藥脯 민어, 쇠고기볶기, 전복다식, 약포
6	연계증 (軟鷄蒸)	1기	軟鷄蒸 연계증
7	침채 (沈菜)	1기	交沈菜 섞박지
	장 (醬)	2기	艮醬 醋醬 간장, 초장

6.3 청연군주, 청선군주 진지 각 1상(淸衍郡主淸璿郡主進止各一床)

每床 七器

상마다 7기

7. 야다소반과(夜茶小盤果)

7.1 자궁께 올리는 1상(慈宮進御一床)

十二器 12기

	음식명	그릇 수	고임 높이(高)	재료 및 분량
1	각색절병 (各色切餠)	1기	5치	白米一斗五升 粘米一斗 實生栗五升 石耳三升 眞油大棗各二升 實栢子淸各一升 乾枾二串 臙脂二碗 梔子一錢 松古十片 桂皮末五錢 멥쌀 1말5되, 찹쌀 1말, 밤 5되, 석이 3되, 참기름 2되, 대추 2되, 잣 1되, 꿀 1되, 곶감 2꼬치, 연지 2사발, 치자 1돈, 송기 10조각, 계핏가루 5돈
2	면 (麵)	1기		木末三升 菉末五合 生雉一脚 黃肉三兩 鷄卵三箇 艮醬一合 胡椒末一夕 메밀가루 3되, 녹말 5홉, 꿩 1각, 쇠고기 3냥, 달걀 3개, 간장 1홉, 후춧가루 1작
3	소약과 (小藥果)	1기	5치	眞末一斗 眞油淸各四升 乾薑末五分 桂皮末一錢 實栢子五合 胡椒末五夕 砂糖一圓 밀가루 1말, 참기름 4되, 꿀 4되, 생강가루 5푼, 계핏가루 1돈, 잣 5홉, 후춧가루 5작, 사탕 1원
4	각색다식 (各色茶食)	1기	4치	黃栗黑荏子松花葛粉各二升五合 臙脂三椀 淸二升 五味子三合 말린 밤 2되5홉, 흑임자 2되5홉, 송화 2되5홉, 칡전분 2되5홉, 연지 3사발, 꿀 2되, 오미자 3홉
5	각색당 (各色糖)	1기	4치	門冬糖氷糖蜜棗乾葡萄各一斤 문동당 1근, 빙당 1근, 밀조 1근, 건포도 1근
6	조란 율란 (棗卵 栗卵)	1기	4치	大棗熟栗各五升五合 黃栗二升 桂皮末四錢 淸一升五合 實栢子四升 대추 5되5홉, 삶은 밤 5되5홉, 말린 밤 2되, 계핏가루 4돈, 꿀 1되5홉, 잣 4되
7	각색정과 (各色正果)	1기	2치	蓮根五本 山査三升 柑子五箇 柚子生梨木苽各三箇 冬苽三片 生薑一升 淸一升五合 연근 5뿌리, 산사 3되, 감귤 5개, 유자 3개, 배 3개, 모과 3개, 동아 3조각, 생강 1되, 꿀 1되5홉
8	수정과 (水正果)	1기		生梨七箇 淸五合 胡椒五夕 배 7개, 꿀 5홉, 후추 5작

계속

	음식명	그릇 수	고임 높이(高)	재료 및 분량
9	별잡탕 (別雜湯)	1기		黃肉熟肉胖昆者巽猪胞生猪肉熟猪肉各二兩 頭骨半部 秀魚半半尾 陳鷄一脚 海蔘鷄卵各二箇 全鰒菁根各一箇 靑苽半箇 朴古之一吐里 水芹半丹 眞油艮醬各一合 菉末蕈古實栢子各五夕 胡椒末二夕 쇠고기 2냥, 숙육 2냥, 소의 양 2냥, 곤자소니 2냥, 저포 2냥, 돼지고기 2냥, 숙저육 2냥, 두골 ½부, 숭어 ¼마리, 묵은닭 1각, 해삼 2개, 달걀 2개, 전복 1개, 무 1개, 오이 ½개, 박고지 1토리, 미나리 ½단, 참기름 1홉, 간장 1홉, 녹말 5작, 표고버섯 5작, 잣 5작, 후춧가루 2작
10	금중탕 (錦中湯)	1기		黃肉五兩 陳鷄二脚 菁根二箇 多士麻一立 朴古之一吐里 眞油艮醬各一合 胡椒末二夕 쇠고기 5냥, 묵은닭 2각, 무 2개, 다시마 1립, 박고지 1토리, 참기름 1홉, 간장 1홉, 후춧가루 2작
11	각색전유화 (各色煎油花)	1기	4치	秀魚三尾 肝二斤 胖三斤 生雉二首 鷄卵一百箇 眞油三升 眞末菉末木末各一升五合 鹽七合 숭어 3마리, 간 2근, 소의 양 3근, 꿩 2마리, 달걀 100개, 참기름 3되, 밀가루 1되5홉, 녹말 1되5홉, 메밀가루 1되5홉, 소금 7홉
12	편육 (片肉)	1기	3치	熟肉九斤 숙육 9근
	청 (淸)	1기		淸三合 꿀 3홉
	초장 (醋醬)	각1기		艮醬二合 醋一合 實栢子一夕 간장 2홉, 초 1홉, 잣 1작
	상화 (床花)	6개 (箇)		小水波蓮紅桃別三枝花各一箇 紅桃建花間花各二箇 소수파련 1개, 홍도별삼지화 1개, 홍도건화 2개, 간화 2개

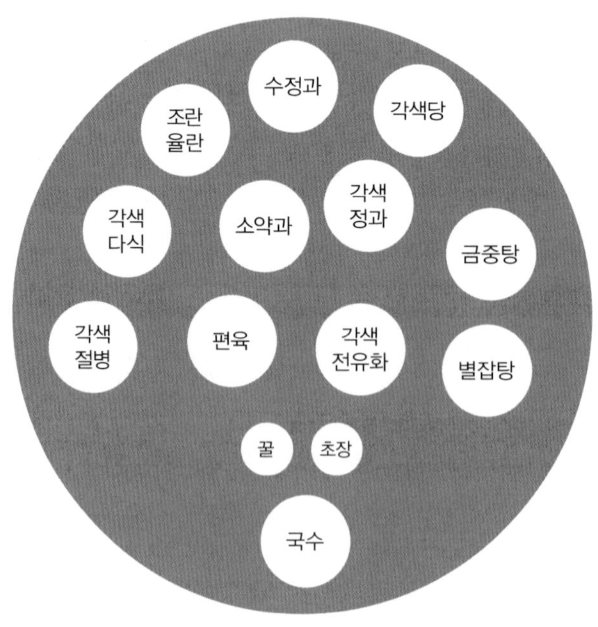

윤2월 13일 자궁께 올린 야다소반과

7.2 대전께 올리는 1상(大殿進御 一床)

七器 7기

	음식명	그릇 수	고임 높이(高)	재료 및 분량
1	각색절병 (各色切餠)	1기	5치	白米一斗五升 粘米一斗 實生栗五升 石耳三升 眞油大棗各二升 實栢子淸各一升 乾柹二串 臙脂二碗 梔子一錢 松古十片 桂皮末五錢 멥쌀 1말5되, 찹쌀 1말, 밤 5되, 석이 3되, 참기름 2되, 대추 2되, 잣 1되, 꿀 1되, 곶감 2꼬치, 연지 2사발, 치자 1돈, 송기 10조각, 계핏가루 5돈
2	면 (麵)	1기		木末三升 菉末五合 生雉一脚 黃肉三兩 鷄卵三箇 艮醬五夕 胡椒末一夕 메밀가루 3되, 녹말 5홉, 꿩 1각, 쇠고기 3냥, 달걀 3개, 간장 5작, 후춧가루 1작
3	소약과 (小藥果)	1기	3치	眞末六升 眞油淸各二升四合 乾薑末桂皮末各五分 實栢子三合 胡椒末五夕 砂糖半圓 밀가루 6되, 참기름 2되4홉, 꿀 2되4홉, 생강가루 5푼, 계핏가루 5푼, 잣 3홉, 후춧가루 5작, 사탕 ½원
4	조란 율란 (棗卵 栗卵)	1기	3치	大棗熟栗各三升八合 黃栗一升八合 桂皮末三錢 淸一升 實栢子三升 대추 3되8홉, 삶은 밤 3되8홉, 말린 밤 1되8홉, 계핏가루 3돈, 꿀 1되, 잣 3되
5	각색정과 (各色正果)	1기	2치	蓮根五本 山査三升 柑子五箇 柚子生梨木苽各三箇 冬苽三片 生薑一升 淸一升五合 연근 5뿌리, 산사 3되, 감귤 5개, 유자 3개, 배 3개, 모과 3개, 동아 3조각, 생강 1되, 꿀 1되5홉
6	금중탕 (錦中湯)	1기		黃肉五兩 陳鷄二脚 菁根二箇 多士麻一立 朴古之一吐里 眞油艮醬各一合 胡椒末二夕 쇠고기 5냥, 묵은닭 2각, 무 2개, 다시마 1립, 박고지 1토리, 참기름 1홉, 간장 1홉, 후춧가루 2작
7	편육 (片肉)	1기	3치	熟肉九斤 숙육 9근
	청 (淸)	1기		淸三合 꿀 3홉
	초장 (醋醬)	1기		艮醬二合 醋一合 實栢子一夕 간장 2홉, 초 1홉, 잣 1작

7.3 청연군주, 청선군주 각 1상(淸衍郡主淸璿郡主各 一床)

每床 各七器

상마다 각 7기

床花 各三箇

상화 각 3개

紅桃別三枝花建花間花各一箇

홍도별삼지화 1개, 건화 1개, 간화 1개

윤2월 14일

● 윤2월 14일 장소별 상차림의 종류

날짜	장소	구분	내용	비고
6일차 윤2월 14일	화성참 (華城站)	죽수라 (粥水剌)	- 자궁께 올리는 1상 - 대전께 올리는 1상 - 청연군주, 청선군주 죽진지 각 1상	
		조수라 (朝水剌)	- 자궁께 올리는 1상 - 대전께 올리는 1상 - 청연군주, 청선군주 진지 각 1상	
		주다소반과 (晝茶小盤果)	- 자궁께 올리는 1상 - 대전께 올리는 1상 - 청연군주, 청선군주 각 1상	
		석수라 (夕水剌)	- 자궁께 올리는 1상 - 대전께 올리는 1상 - 청연군주, 청선군주 진지 각 1상	
		야다소반과 (夜茶小飯果)	- 자궁께 올리는 1상 - 대전께 올리는 1상 –청연군주, 청선군주 각 1상	
		양노연찬품 (養老宴饌品)	- 어상 1상 - 노인상 425상	

화성참(華城站)

1. 죽수라(粥水剌)

十四日 윤2월 14일

1.1 자궁께 올리는 1상(慈宮進御一床)

十五器 15기

	구분	음식명	그릇 수	내용
1	원반(元盤)	죽(粥)	1기	白米 멥쌀
2		갱(羹)	1기	生雉熟 꿩숙
3, 4		조치(助致)	2기	骨卜只 全鰒炒 골복기, 전복초
5		구이(灸伊)	1기	生鰒 생복
6		편육(片肉)	1기	猪頭 돼지머리
7		좌반(佐飯)	1기	石魚 大鰕 魚卵 雉脯 조기, 대하, 어란, 꿩포
8		양전(胖煎)	1기	胖煎 양전
9		해(醢)	1기	蟹醢 게젓
10		채(菜)	1기	水艾生菜 물쑥생채
11		침채(沈菜)	1기	菁根 무
12		담침채(淡沈菜)	1기	山芥 산갓
		장(醬)	2기	艮醬 醋醬 간장, 초장
13	협반(挾盤)	탕(湯)	1기	豆太卜只 콩팥볶기
14		각색적(各色炙)	1기	牛尾 牛心肉 쇠꼬리, 우심육
15		각색증(各色蒸)	1기	生鰒 熟鰒 黃肉 猪肉 生雉 생복, 숙복, 쇠고기, 돼지고기, 꿩

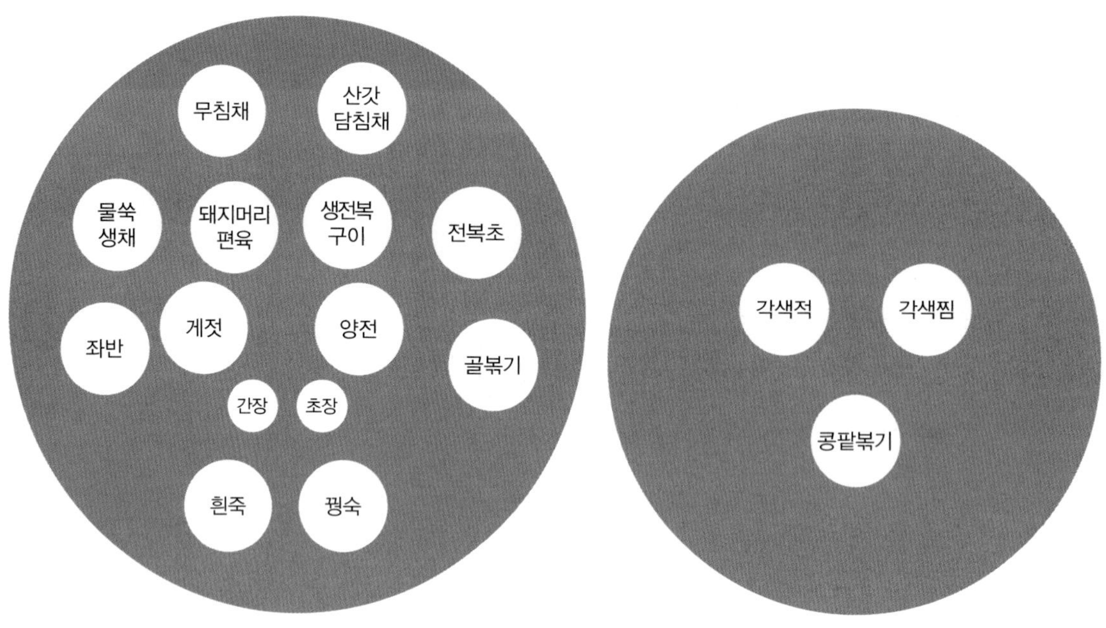

윤2월 14일 자궁께 올린 죽수라

1.2 대전께 올리는 1상(大殿進御一床)

七器 7기

	음식명	그릇 수	내용
1	죽 (粥)	1기	白米 멥쌀
2	갱 (羹)	1기	生雉熟 꿩숙
3	조치 (助致)	1기	骨卜只 골볶기
4	구이 (炙伊)	1기	牛尾 牛心肉 쇠꼬리, 우심육
5	각색증 (各色蒸)	1기	生鰒 熟鰒 黃肉 猪肉 生雉 생복, 숙복, 쇠고기, 돼지고기, 꿩
6	좌반 (佐飯)	1기	石魚 大鰕 魚卵 雉脯 조기, 대하, 어란, 꿩포
7	침채 (沈菜)	1기	菁根 무
	장 (醬)	2기	艮醬 醋醬 간장, 초장

1.3 청연군주 청선군주 진지 각 1상(淸衍郡主淸璿郡主進止各一床)

每床 各七器

상마다 각 7기

2. 조수라(朝水剌)

2.1 자궁께 올리는 1상(慈宮進御一床)

十五器　15기

	구분	음식명	그릇 수	내용
1	원반(元盤)	반(飯)	1기	白飯 흰쌀밥
2		갱(羹)	1기	艾湯 쑥국
3, 4		조치(助致)	2기	鳳充蒸 乾秀魚蒸 봉총찜, 건숭어찜
5		구이(炙伊)	1기	沈靑魚 침청어
6		편육(片肉)	1기	陽支頭 양지머리
7		좌반(佐飯)	1기	民魚煎 鰕卵 乾靑魚 肉餠 生雉茶食 민어전, 새우알, 건청어, 육병, 꿩다식
8		수란(水卵)	1기	水卵 수란
9		해(醢)	1기	石魚牙甘醢 조기아가미젓
10		채(菜)	1기	雜菜 잡채
11		침채(沈菜)	1기	交沈菜 섞박지
12		담침채(淡沈菜)	1기	石花雜菹 석화잡저
		장(醬)	2기	艮醬 醋醬 간장, 초장

계속

	구분	음식명	그릇 수	내용
13		탕 (湯)	1기	竹蛤湯 죽합탕
14	협반 (挾盤)	각색만두 (各色饅頭)	1기	胖 千葉 生鰒 秀魚 黃肉 熟猪肉 陳鷄 소의 양, 천엽, 생복, 숭어, 쇠고기, 숙저육, 묵은닭
15		각색적 (各色炙)	1기	鱸魚 昆者巽 농어, 곤자소니

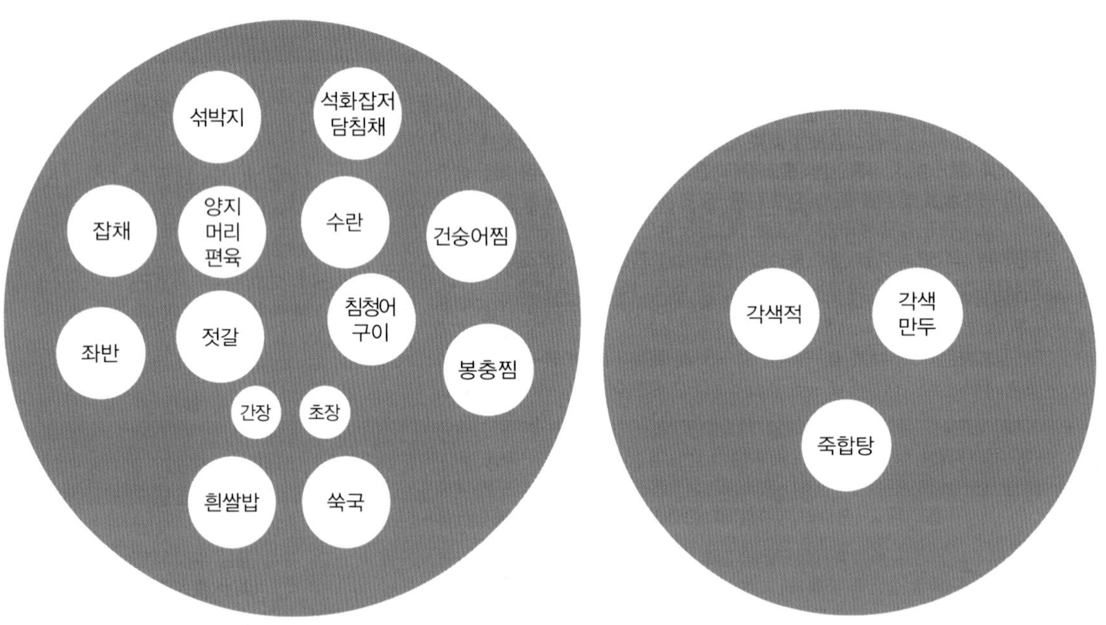

윤2월 14일 자궁께 올린 조수라

2.2 대전께 올리는 1상(大殿進御一床)

七器　7기

	음식명	그릇 수	내용
1	반 (飯)	1기	白飯 흰쌀밥
2	갱 (羹)	1기	艾湯 쑥국
3	조치 (助致)	1기	鳳充蒸 봉총찜
4	구이 (灸伊)	1기	鱸魚 昆者巽 胖 농어, 곤자소니, 소의 양
5	좌반 (佐飯)	1기	民魚煎 鰕卵 乾青魚 肉餅 生雉茶食 민어전, 새우알, 건청어, 육병, 꿩다식
6	각색만두 (各色饅頭)	1기	胖 千葉 生鰒 秀魚 黃肉 熟猪肉 陳鷄 소의 양, 천엽, 생복, 숭어, 쇠고기, 숙저육, 묵은닭
7	침채 (沈菜)	1기	交沈菜 섞박지
	장 (醬)	2기	艮醬 醋醬 간장, 초장

2.3 청연군주 청선군주 진지 각 1상(淸衍郡主淸璿郡主進止各一床)

每床 各 七器

상마다 각 7기

3. 주다소반과(晝茶小盤果)

3.1 자궁께 올리는 1상(慈宮進御一床)

十七器　17기

	음식명	그릇 수	고임 높이(高)	재료 및 분량
1	각색병 (各色餠)	1기	5치	粘米一斗 白米八升 赤豆四升 菉豆三升 大棗實生栗石耳各五升 乾柹三串 眞油實栢子艾各一升 淸生薑各二升 辛甘草末三合 梔子一錢 松古三片 桂皮末一兩 찹쌀 1말, 멥쌀 8되, 팥 4되, 녹두 3되, 대추 5되, 밤 5되, 석이 5되, 곶감 3꼬치, 참기름 1되, 잣 1되, 쑥 1되, 꿀 2되, 생강 2되, 승검초가루 3홉, 치자 1돈, 송기 3조각, 계핏가루 1냥
2	약반 (藥飯)	1기		粘米大棗實生栗各三升 眞油五合 淸一升五合 實栢子艮醬各一合 찹쌀 3되, 대추 3되, 밤 3되, 참기름 5홉, 꿀 1되5홉, 잣 1홉, 간장 1홉
3	면 (麪)	1기		木末三升 菉末五合 生雉一脚 黃肉三兩 鷄卵三箇 艮醬一合 胡椒末一夕 메밀가루 3되, 녹말 5홉, 꿩 1각, 쇠고기 3냥, 달걀 3개, 간장 1홉, 후춧가루 1작
4	다식과 (茶食果)	1기	5치	眞末一斗 眞油淸各四升 乾薑末五分 桂皮末一錢 實栢子五合 胡椒末五夕 砂糖一圓 밀가루 1말, 참기름 4되, 꿀 4되, 생강가루 5푼, 계핏가루 1돈, 잣 5홉, 후춧가루 5작, 사탕 1원
5	각색강정 (各色強精)	1기	4치	粘米三升五合 細乾飯實栢子各一升五合 實荏子八合 松花七合 眞油二升五合 白糖二斤八兩 淸五合 芝草二兩 찹쌀 3되5홉, 세건반 1되5홉, 잣 1되5홉, 실깨 8홉, 송화 7홉, 참기름 2되5홉, 백당 2근8냥, 꿀 5홉, 지초 2냥
6	각색다식 (各色茶食)	1기	4치	黃栗黑荏子松花葛粉各二升五合 臙脂三梡 淸二升 五味子三合 말린 밤 2되5홉, 흑임자 2되5홉, 송화 2되5홉, 칡전분 2되5홉, 연지 3사발, 꿀 2되, 오미자 3홉
7	각색당 (各色糖)	1기	4치	八寶糖人蔘糖橘餠閩薑各一斤 팔보당 1근, 인삼당 1근, 귤병 1근, 민강 1근
8	유자 감귤 (柚子 柑子)	1기		柚子十五箇 柑子三十箇 유자 15개, 감귤 30개
9	준시 (蹲柹)	1기	4치	蹲柹一百二十箇 곶감 120개
10	각색정과 (各色正果)	1기	3치	蓮根七本 山査三升五合 柑子七箇 柚子生梨木苽各四箇 冬苽四片 生薑一升五合 淸二升二合 연근 7뿌리, 산사 3되5홉, 감귤 7개, 유자 4개, 배 4개, 모과 4개, 동아 4조각, 생강 1되5홉, 꿀 2되2홉
11	수정과 (水正果)	1기		生梨二箇 柚子一箇 石榴半箇 淸二升 實栢子三夕 배 2개, 유자 1개, 석류 ½개, 꿀 2되, 잣 3작
12	별잡탕 (別雜湯)	1기		黃肉熟肉胖昆者巽猪胞生猪肉熟猪肉各二兩 頭骨半部 秀魚半半尾 陳鷄一脚 海蔘鷄卵各二箇 全鰒菁根各一箇 靑苽半箇 朴古之一吐里 水芹半丹 眞油艮醬各一合 菉末蕈古各五夕 實栢子胡椒末各二夕 쇠고기 2냥, 숙육 2냥, 소의 양 2냥, 곤자소니 2냥, 저포 2냥, 돼지고기 2냥, 숙저육 2냥, 두골 ½부, 숭어 ¼마리, 묵은닭 1각, 해삼 2개, 달걀 2개, 전복 1개, 무 1개, 오이 ½개, 박고지 1토리, 미나리 ½단, 참기름 1홉, 간장 1홉, 녹말 5작, 표고버섯 5작, 잣 2작, 후춧가루 2작

계속

	음식명	그릇 수	고임 높이(高)	재료 및 분량
13	금중탕 (錦中湯)	1기		黃肉五兩 陳鷄二脚 菁根二箇 多士麻一立 朴古之一吐里 眞油艮醬各一合 胡椒末一夕 쇠고기 5냥, 묵은닭 2각, 무 2개, 다시마 1립, 박고지 1토리, 참기름 1홉, 간장 1홉, 후춧가루 1작
14	각색전유화 (各色煎油花)	1기	4치	秀魚三尾 肝二斤 胖三斤 生雉二首 鶉鳥十首 鷄卵一百箇 眞油三升 眞末菉末木末各一升五合 鹽七合 숭어 3마리, 간 2근, 소의 양 3근, 꿩 2마리, 메추라기 10마리, 달걀 100개, 참기름 3되, 밀가루 1되5홉, 녹말 1되5홉, 메밀가루 1되5홉, 소금 7홉
15	각색어채 (各色魚菜)	1기	4치	秀魚三尾 全鰒二箇 海蔘五箇 胖一斤 蔈古石耳各一合 辛甘草一握 숭어 3마리, 전복 2개, 해삼 5개, 소의 양 1근, 표고버섯 1홉, 석이 1홉, 승검초 1줌
16	편육 (片肉)	1기	4치	熟肉十二斤 숙육 12근
17	족병 (足餠)	1기	4치	牛足四箇 猪肉八兩 生雉陳鷄各二脚 頭骨半部 鷄卵五箇 眞油實栢子各二合 胡椒末二夕 우족 4개, 돼지고기 8냥, 꿩 2각, 묵은닭 2각, 두골 ½부, 달걀 5개, 참기름 2홉, 잣 2홉, 후춧가루 2작
	청 (淸)	1기		淸三合 꿀 3홉
	초장 (醋醬)	1기		艮醬二合 醋一合 實栢子一夕 간장 2홉, 초 1홉, 잣 1작
	상화 (床花)	12개 (箇)		小水波蓮一箇 紅桃別三枝花建花間花各二箇 紙間花五箇 소수파련 1개, 홍도별삼지화 2개, 건화 2개, 간화 2개, 지간화 5개

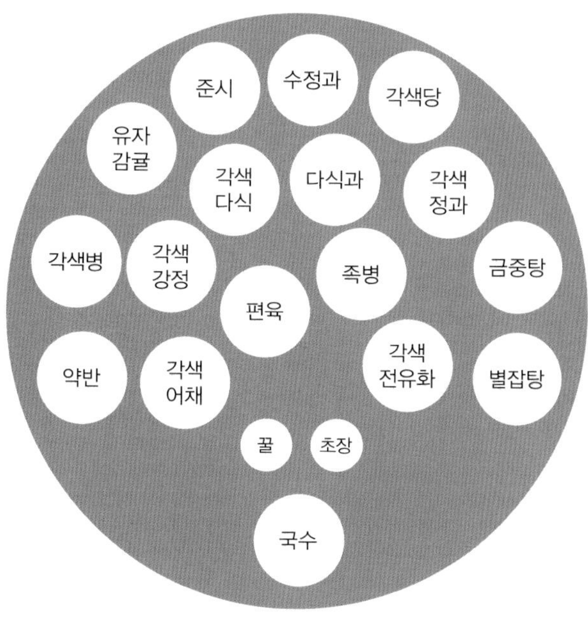

윤2월 14일 자궁께 올린 주다소반과

3.2 대전께 올리는 1상(大殿進御 一床)

八器 8기

	음식명	그릇 수	고임 높이(高)	재료 및 분량
1	각색병(各色餠)	1기	5치	粘米一斗 白米八升 赤豆四升 菉豆三升 大棗實生栗石耳各五升 乾柹三串 眞油實栢子艾各一升 淸生薑各二升 辛甘草末三合 梔子一錢 松古三片 桂皮末一兩 찹쌀 1말, 멥쌀 8되, 팥 4되, 녹두 3되, 대추 5되, 밤 5되, 석이 5되, 곶감 3꼬치, 참기름 1되, 잣 1되, 쑥 1되, 꿀 2되, 생강 2되, 승검초가루 3홉, 치자 1돈, 송기 3조각, 계핏가루 1냥
2	약반(藥飯)	1기		粘米大棗實生栗各三升 眞油五合 淸一升五合 實栢子艮醬各一合 찹쌀 3되, 대추 3되, 밤 3되, 참기름 5홉, 꿀 1되5홉, 잣 1홉, 간장 1홉
3	면(麪)	1기		木末三升 菉末五合 生雉一脚 黃肉三兩 鷄卵三箇 艮醬一合 胡椒末一夕 메밀가루 3되, 녹말 5홉, 꿩 1각, 쇠고기 3냥, 달걀 3개, 간장 1홉, 후춧가루 1작
4	다식과(茶食果)	1기	3촌	眞末六升 眞油淸各二升四合 乾薑末桂皮末各五分 實栢子五合 胡椒末五夕 砂糖半圓 밀가루 6되, 참기름 2되4홉, 꿀 2되4홉, 생강가루 5푼, 계핏가루 5푼, 잣 5홉, 후춧가루 5작, 사탕 ½원
5	각색당(各色糖)	1기	3치	玉春糖蜜棗閩薑各十兩 氷糖八兩 옥춘당 10냥, 밀조 10냥, 민강 10냥, 빙당 8냥
6	각색정과(各色正果)	1기	2치	蓮根五本 山査三升 柑子五箇 柚子生梨木苽各三箇 冬苽三片 生薑一升 淸一升五合 연근 5뿌리, 산사 3되, 감귤 5개, 유자 3개, 배 3개, 모과 3개, 동아 3편, 생강 1되, 꿀 1되5홉
7	별잡탕(別雜湯)	1기		黃肉熟肉牂昆者巽猪胞生猪肉熟猪肉各二兩 頭骨半部 秀魚半半尾 陳鷄一脚 海蔘鷄卵各二箇 全鰒菁根各一箇 靑苽半箇 朴古之一吐里 水芹半丹 眞油艮醬各一合 菉末蕈古各五夕 實栢子胡椒末各二夕 쇠고기 2냥, 숙육 2냥, 소의 양 2냥, 곤자소니 2냥, 저포 2냥, 돼지고기 2냥, 숙저육 2냥, 두골 ½부, 숭어 ¼마리, 묵은닭 1각, 해삼 2개, 달걀 2개, 전복 1개, 무 1개, 오이 ½개, 박고지 1토리, 미나리 ½단, 참기름 1홉, 간장 1홉, 녹말 5작, 표고버섯 5작, 잣 2작, 후춧가루 2작
8	각색전유화(各色煎油花)	1기	3치	秀魚二尾 牂二斤 生雉一首 鶉鳥五首 鷄卵七十五箇 眞油二升四合 眞末菉末木末各一升二合 鹽五合 숭어 2마리, 소의 양 2근, 꿩 1마리, 메추라기 5마리, 달걀 75개, 참기름 2되4홉, 밀가루 1되2홉, 녹말 1되2홉, 메밀가루 1되2홉, 소금 5홉
	청(淸)	1기		淸三合 꿀 3홉
	초장(醋醬)	1기		艮醬二合 醋一合 實栢子一夕 간장 2홉, 초 1홉, 잣 1작

3.3 청연군주, 청선군주 각 1상(淸衍郡主淸璿郡主各一床)

每床 各八器

상마다 각 8기

床花 各五箇

상화 각 5개

紅桃別三枝花一箇 紅桃建花間花各二箇

홍도별삼지화 1개, 홍도건화 2개, 간화 2개

4. 석수라(夕水剌)

4.1 자궁께 올리는 1상(慈宮進御 一床)

十五器 15기

	구분	음식명	그릇 수	내용
1	원반(元盤)	반(飯)	1기	赤豆水和炊 팥물로 지은 밥
2		갱(羹)	1기	太泡湯 두부탕
3, 4		조치(助致)	2기	生鰒炒 猪胞蒸 생복초, 저포찜
5		구이(灸伊)	1기	黃肉 生蛤 쇠고기, 생합
6		좌반(佐飯)	1기	不鹽民魚 秀魚脯 片脯 廣魚茶食 生雉藥脯 불염민어, 숭어포, 편포, 광어다식, 꿩약포
7		약산적(藥散炙)	1기	藥散炙 약산적
8		송이증(松耳蒸)	1기	松耳蒸 송이증
9		연계증(軟鷄蒸)	1기	軟鷄蒸 연계증

계속

	구분	음식명	그릇 수	내용
10	원반 (元盤)	해 (醢)	1기	石花雜醢 석화잡젓
11		침채 (沈菜)	1기	菁根 무
12		담침채 (淡沈菜)	1기	山芥 산갓
		장 (醬)	2기	艮醬 醋醬 간장, 초장
13	협반 (挾盤)	탕 (湯)	1기	雜湯 잡탕
14		각색적 (各色炙)	1기	軟猪 鶉鳥 연저, 메추라기
15		각색증 (各色蒸)	1기	乫飛 生雉 갈비, 꿩

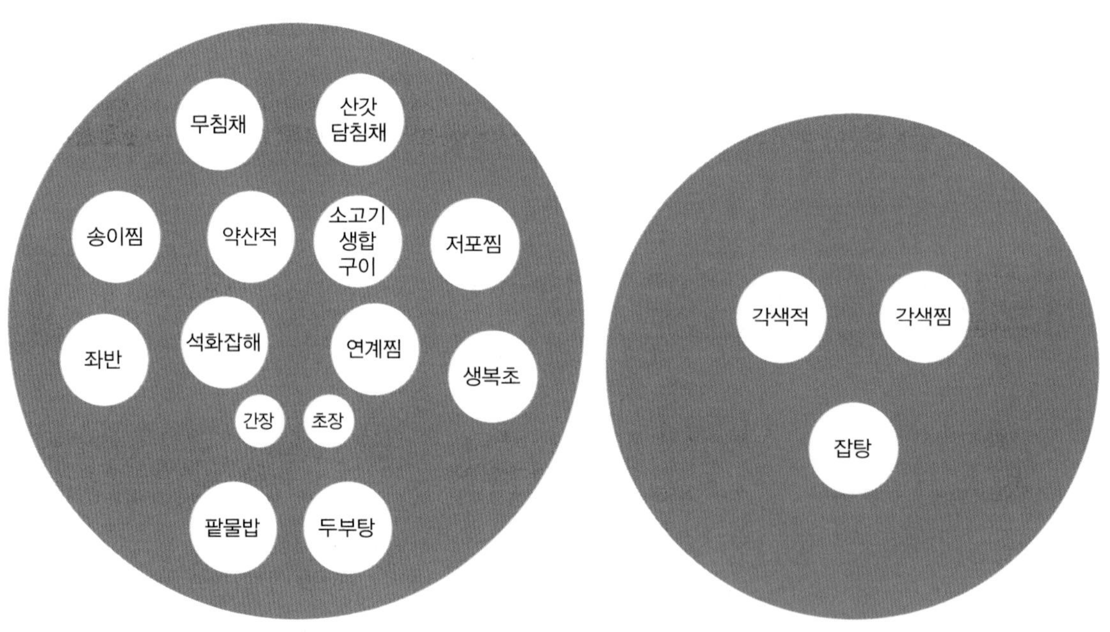

윤2월 14일 자궁께 올린 석수라

4.2 대전께 올리는 1상(大殿進御 一床)

七器　7기

	음식명	그릇 수	내용
1	반(飯)	1기	赤豆水和炊 팥물로 지은 밥
2	갱(羹)	1기	太泡湯 두부탕
3	조치(助致)	1기	生鰒炒 생복초
4	구이(灸伊)	1기	軟猪 鶉鳥 연저, 메추라기
5	좌반(佐飯)	1기	不鹽民魚 秀魚脯 片脯 廣魚茶食 生雉藥脯 불염민어, 숭어포, 편포, 광어다식, 꿩약포
6	연계찜(軟鷄蒸)	1기	軟鷄蒸 연계찜
7	침채(沈菜)	1기	菁根 무
	장(醬)	2기	艮醬 醋醬 간장, 초장

4.3 청연군주, 청선군주 진지 각 1상(淸衍郡主淸璿郡主進止各 一床)

每床 七器

상마다 각 7기

5. 야다소반과(夜茶小盤果)

5.1 자궁께 올리는 1상(慈宮進御一床)

十二器　12기

	음식명	그릇 수	고임 높이(高)	재료 및 분량
1	각색인절미병 (各色引切味餠)	1기	5치	粘米二斗 赤豆大棗石耳各五升 實荏子三升 實栢子二升 乾柹二串 淸一升 찹쌀 2말, 팥 5되, 대추 5되, 석이 5되, 실깨 3되, 잣 2되, 곶감 2꼬치, 꿀 1되
2	면 (麵)	1기		木末三升 菉末五合 生雉一脚 黃肉三兩 鷄卵三箇 艮醬五夕 胡椒末一夕 메밀가루 3되, 녹말 5홉, 꿩 1각, 쇠고기 3냥, 달걀 3개, 간장 5작, 후춧가루 1작
3	다식과 만두과 (茶食果 饅頭果)	1기	5치	眞末一斗 眞油淸各四升 大棗黃栗各二升 乾柹二串 乾薑末五分 桂皮末一錢 實栢子五合 胡椒末五夕 砂糖一圓 밀가루 1말, 참기름 4되, 꿀 4되, 대추 2되, 말린 밤 2되, 곶감 2꼬치, 생강가루 5푼, 계핏가루 1돈, 잣 5홉, 후춧가루 5작, 사탕 1원
4	각색다식 (各色茶食)	1기	4치	黃栗黑荏子松花葛粉各二升五合 臙脂三椀 淸一升八合 五味子三合 말린 밤 2되5홉, 흑임자 2되5홉, 송화 2되5홉, 칡전분 2되5홉, 연지 3사발, 꿀 1되8홉, 오미자 3홉
5	각색당 (各色糖)	1기	4치	八寶糖五花糖蜜棗乾葡萄各一斤 팔보당 1근, 오화당 1근, 밀조 1근, 건포도 1근
6	조란 율란 (棗卵 栗卵)	1기	4치	大棗熟栗各五升五合 黃栗二升六合 桂皮末四錢 淸一升五合 實栢子四升 대추 5되5홉, 삶은 밤 5되5홉, 말린 밤 2되6홉, 계핏가루 4돈, 꿀 1되5홉, 잣 4되
7	각색정과 (各色正果)	1기	3치	蓮根五本 山査三升 柑子五箇 柚子生梨木苽各三箇 冬苽三片 生薑一升 淸一升五合 연근 5뿌리, 산사 3되, 감귤 5개, 유자 3개, 배 3개, 모과 3개, 동아 3조각, 생강 1되, 꿀 1되5홉
8	수정과 (水正果)	1기		生梨七箇 淸五合 胡椒五夕 배 7개, 꿀 5홉, 후추 5작
9	별잡탕 (別雜湯)	1기		黃肉熟肉胖昆者巽猪胞生猪肉熟猪肉各二兩 頭骨半部 秀魚半尾 陳鷄一脚 海蔘鷄卵各二箇 全鰒菁根各一箇 靑苽半箇 朴古之一吐里 水芹半丹 眞油艮醬各一合 菉末蕈古各五夕 實栢子胡椒末各二夕 쇠고기 2냥, 숙육 2냥, 소의 양 2냥, 곤자소니 2냥, 저포 2냥, 돼지고기 2냥, 숙저육 2냥, 두골 ½부, 숭어 ½마리, 묵은닭 1각, 해삼 2개, 달걀 2개, 전복 1개, 무 1개, 오이 ½개, 박고지 1토리, 미나리 ½단, 참기름 1홉, 간장 1홉, 녹말 5작, 표고버섯 5작, 잣 2작, 후춧가루 2작
10	금중탕 (錦中湯)	1기		黃肉五兩 陳鷄二脚 菁根二箇 多士麻一立 朴古之一吐里 眞油艮醬各一合 胡椒末二夕 쇠고기 5냥, 묵은닭 2각, 무 2개, 다시마 1립, 박고지 1토리, 참기름 1홉, 간장 1홉, 후춧가루 2작

계속

	음식명	그릇 수	고임 높이(高)	재료 및 분량
11	편육 (片肉)	1기	3치	熟肉五斤 猪肉四斤 숙육 5근, 돼지고기 4근
12	생복 (生鰒)	1기	4치	生鰒一百二十箇 생복 120개
	청 (淸)	1기		淸三合 꿀 3홉
	초장 (醋醬)	각1기		艮醬二合 醋一合 實栢子一夕 간장 2홉, 초 1홉, 잣 1작
	상화 (床花)	6개 (箇)		小水波蓮紅桃別三枝花各一箇 紅桃建花間花各二箇 소수파련 1개, 홍도별삼지화 1개, 홍도건화 2개, 간화 2개

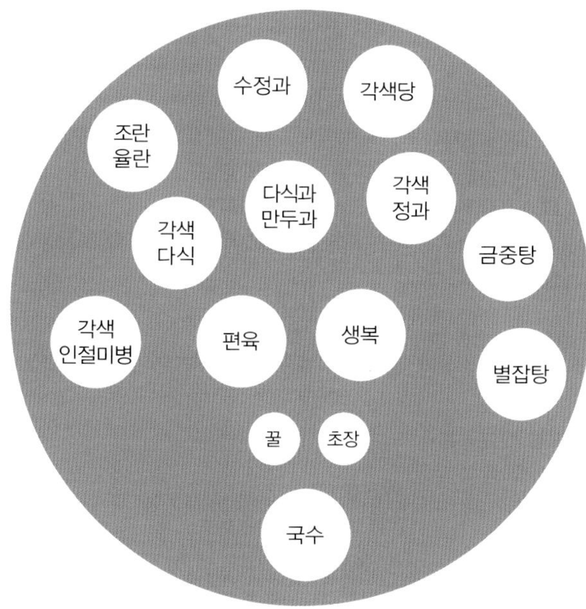

윤2월 14일 자궁께 올린 야다소반과

5.2 대전께 올리는 1상(大殿進御 一床)

七器 7기

	음식명	그릇 수	고임 높이(高)	재료 및 분량
1	각색인절미병 (各色引切味餠)	1기	5치	粘米二斗 赤豆大棗石耳各五升 實荏子三升 實栢子二升 乾柹二串 淸一升 찹쌀 2말, 팥 5되, 대추 5되, 석이 5되, 실깨 3되, 잣 2되, 곶감 2꼬치, 꿀 1되
2	면 (麵)	1기		木末三升 菉末五合 生雉一脚 黃肉三兩 鷄卵三箇 艮醬五夕 胡椒末一夕 메밀가루 3되, 녹말 5홉, 꿩 1각, 쇠고기 3냥, 달걀 3개, 간장 5작, 후춧가루 1작
3	다식과 만두과 (茶食果 饅頭果)	1기	3치	眞末六升 眞油淸各二升四合 大棗黃栗各一升 乾柹七箇 乾薑末桂皮末各五分 實栢子三合 胡椒末五夕 砂糖半圓 밀가루 6되, 참기름 2되4홉, 꿀 2되4홉, 대추 1되, 말린 밤 1되, 곶감 7개, 생강가루 5푼, 계핏가루 5푼, 잣 3홉, 후춧가루 5작, 사탕 ½원
4	각색당 (各色糖)	1기	3치	玉春糖五花糖蜜棗閩薑各十兩 氷糖八兩 옥춘당 10냥, 오화당 10냥, 밀조 10냥, 민강 10냥, 빙당 8냥
5	각색정과 (各色正果)	1기	2치	蓮根五本 山査三升 柑子五箇 柚子生梨木苽各三箇 冬苽三片淸一升五合 연근 5뿌리, 산사 3되, 감귤 5개, 유자 3개, 배 3개, 모과 3개, 동아 3조각, 꿀 1되5홉
6	금중탕 (錦中湯)	1기		黃肉五兩 陳鷄二脚 菁根二箇 多士麻一立 朴古之一吐里 眞油艮醬各一合 胡椒末二夕 쇠고기 5냥, 묵은닭 2각, 무 2개, 다시마 1립, 박고지 1토리, 참기름 1홉, 간장 1홉, 후춧가루 2작
7	편육 (片肉)	1기	3치	熟肉五斤 猪頭四箇 숙육 5근, 돼지머리 4개
	청 (淸)	1기		淸三合 꿀 3홉
	초장 (醋醬)	각1기		艮醬二合 醋一合 實栢子一夕 간장 2홉, 초 1홉, 잣 1작

5.3 청연군주, 청선군주 각 1상(淸衍郡主淸璿郡主 各 一床)

每床 各七器

상마다 각 7기

床花 各三箇

상화 각 3개

紅桃別三枝花建花間花各一箇

홍도별삼지화 1개, 건화 1개, 간화 1개

6. 양노연찬품(養老宴饌品)

6.1 어상 1상(御床一床)

四器 磁氣 朱漆雲足盤　4기의 음식을 자기에 담아 주칠운족반에 차린다.

	음식명	그릇 수	내용
1	탕 (湯)	1기	豆泡湯 두부탕
2	편육 (片肉)	1기	片肉 편육
3	흑태증 (黑太蒸)	1기	黑太蒸 흑태증
4	실과 (實果)	1기	生梨 乾柿 生栗 배, 곶감, 밤

6.2 노인상 425상(老人床四百二十五床)

各四器 磁氣 杻盤　각 4기의 음식을 자기에 담아 싸리나무 반에 차린다.

	음식명	그릇 수	내용
1	탕 (湯)	1기	豆泡湯 두부탕
2	편육 (片肉)	1기	片肉 편육
3	흑태증 (黑太蒸)	1기	黑太蒸 흑태증
4	실과 (實果)	1기	生梨 乾柿 生栗 배 곶감 밤

윤2월 15일

● 윤2월 15일 장소별 상차림의 종류

날짜	장소	구분	내용	비고
7일차 윤2월 15일	화성참 (華城站)	조수라 (朝水剌)	- 자궁께 올리는 1상 - 대전께 올리는 1상 - 청연군주, 청선군주 진지 각 1상	
	중로 대황교남변 (中路 大皇橋南邊)	미음 (米飮)	- 자궁께 올리는 1반 - 청연군주, 청선군주 각 1반	
		궁인 및 내외빈 본소 당상 이하 원역 공궤(宮人及內外賓 本所堂上 以下員役供饋)	- 궁인 30인 - 내빈조죽 16상, 조반 16상, 주찬 16상, 야찬 16상 - 외빈 5원, 추도외빈 9원 - 본소 당상 6원, 낭청 2원, 각신 4원, 장용영제조 1원, 도총관 1원 - 내외책응감관 2원, 검서관 2원, 각리 2인 - 별수가장관 23인 - 연부통장석거청 - 본소장교 11원, 서리 16인, 서사 1인, 고지기 3명 - 여령 악공 등	
	사근참 (肆覲站)	주다소반과 (晝茶小盤果)	- 자궁께 올리는 1상	윤2월 10일 주다소반과와 같음
		주수라 (晝水剌)	- 자궁께 올리는 1상 - 대전께 올리는 1상 - 청연군주, 청선군주 진지 각 1상	윤2월 10일 주수라와 같음
	중로 일용리 전로 (中路 日用里前路)	미음 (米飮)	- 자궁께 올리는 1반 - 청연군주, 청선군주 각 1반	윤2월 10일 미음과 같음
	시흥참 (始興站)	주다소반과 (晝茶小盤果)	- 자궁께 올리는 1상 - 대전께 올리는 1상 - 청연군주, 청선군주 각 1상	윤2월 9일 주다소반과와 같음
		석수라 (夕水剌)	- 자궁께 올리는 1상 - 대전께 올리는 1상 - 청연군주, 청선군주 진지 각 1상	윤2월 9일 석수라와 같음
		야다소반과 (夜茶小盤果)	- 자궁께 올리는 1상 - 대전께 올리는 1상 - 청연군주, 청선군주 각 1상	윤2월 9일 야다소반과와 같음

화성참(華城站)

1. 조수라(朝水剌)

十五日 15일

1.1 자궁께 올리는 1상(慈宮進御 一床)

十五器 15기

	구분	음식명	그릇 수	내용
1	원반(元盤)	반(飯)	1기	白飯 흰쌀밥
2		갱(羹)	1기	蔬露長湯 소루쟁이국
3, 4		조치(助致)	2기	秀魚醬煑 䑋卜只 숭어장자, 양볶기
5		구이(炙伊)	1기	鮒魚 붕어
6		좌반(佐飯)	1기	民魚 全鰒包 魚卵 鰕卵 生雉藥脯 鰕屑茶食 민어, 전복쌈, 어란, 새우알, 꿩약포, 하설다식
7		순조전(鶉鳥煎)	1기	鶉鳥煎 메추라기전
8		어회(魚膾)	1기	錦鱗魚 쏘가리
9		해(醢)	1기	蛤 生鰒醢 조개젓, 생복젓
10		채(菜)	1기	苜蓿 辛甘草 거여목, 승검초
11		침채(沈菜)	1기	交沈菜 섞박지
12		담침채(淡沈菜)	1기	菁根 무
		장(醬)	3기	艮醬 醋醬 芥子 간장, 초장, 겨자

계속

	구분	음식명	그릇 수	내용
13	협반 (挾盤)	탕 (湯)	1기	胖熟 양숙
14		저포증 (猪胞蒸)	1기	猪胞蒸 저포찜
15		각색적 (各色炙)	1기	牛足 錦鱗魚 우족, 쏘가리

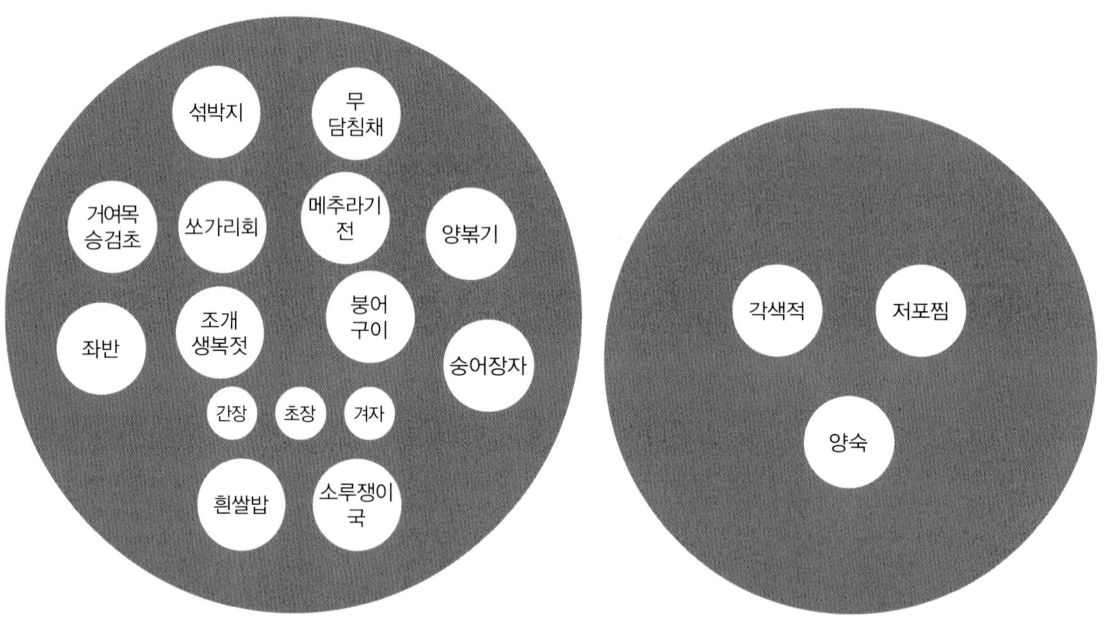

윤2월 15일 자궁께 올린 조수라

1.2 대전께 올리는 1상(大殿進御 一床)

七器 7기

	음식명	그릇 수	내용
1	반 (飯)	1기	白飯 흰쌀밥
2	갱 (羹)	1기	蔬露長湯 소루쟁이국
3	조치 (助致)	1기	秀魚醬煑 숭어장자
4	구이 (炙伊)	1기	牛足 錦鱗魚 우족, 쏘가리
5	좌반 (佐飯)	1기	民魚 全鰒包 魚卵 鰕卵 生雉藥脯 鰕屑茶食 민어, 전복쌈, 어란, 새우알, 꿩약포, 하설다식
6	저포증 (猪胞蒸)	1기	猪胞蒸 저포찜
7	침채 (沈菜)	1기	交沈菜 섞박지
	장 (醬)	3기	艮醬 醋醬 芥子 간장, 초장, 겨자장

1.3 청연군주, 청선군주 진지 각 1상(淸衍郡主淸璿郡主進止各一床)

每床各七器 상마다 각 7기

2. 미음(米飮)

中路 大皇橋南邊 가는 도중 대황교 남쪽 부근

2.1 자궁께 올리는 1반(慈宮進御 一盤)

三器 畵器 圓足鍮錚盤 3기의 음식을 화기에 담아 둥근 굽이 달린 유기 쟁반에 차린다.

	음식명	그릇 수	내용
1	미음 (米飮)	1기	回鑾時 中路 黃粱米飮 淸具 돌아오실 때 중로에서는 메조미음. 꿀을 갖춘다
2	고음 (膏飮)	1기	鷄膏詣 園所時中路 胖膏 還詣本站時 鮒魚膏 참배할 때는 닭고음, 원으로 가는 도중에는 양고음, 돌아와서 본참에 도착했을 때는 붕어고음
3	정과 (正果)	1기	蓮根 柑子 生梨 冬苽 生薑 연근, 감귤, 배, 동아, 생강

2.2 청연군주, 청선군주 각 1반(淸衍郡主淸璿郡主 各一盤)

每盤 各三器 畵器 圓足鍮錚盤 반마다 각 3기의 음식을 화기에 담아 둥근 굽이 달린 유기 쟁반에 차린다.

	음식명	그릇 수	내용
1	미음 (米飮)	1기	回還時中路 黃粱米飮 淸具 돌아올 때 중로에서는 메조미음. 꿀을 갖춘다
2	고음 (膏飮)	1기	鷄膏詣 園所時中路 胖膏 還詣本站時 鮒魚膏 참배할 때는 닭고음, 원으로 가는 도중에는 양고음, 돌아와서 본참에 도착했을 때는 붕어고음
3	정과 (正果)	1기	蓮根 柑子 生梨 冬苽 生薑 연근, 감귤, 배, 동아, 생강

3. 궁인 및 내외빈, 본소의 당상 이하 원역에게 주는 음식(宮人及內外賓本所堂上以下員役供饋)

3.1 궁인 30인(宮人三十人)

鍮器合盛大隅板 유기에 담아서 대우판에 차린다.

自初十日至十四日夕飯 自十一日至十五日朝飯 초10일부터 14일까지의 저녁밥, 10일부터 15일까지의 아침밥

반(飯) 3합, 갱(羹) 3합, 채(菜) 3합, 적(炙) 30꼬치(串)

3.2 내빈 조죽 16상(內賓朝粥十六床)

各五器 鍮器 黑漆足盤 下並同　각 5기의 음식을 유기에 담아 흑칠족반에 차린다. 아래도 같다.

自十一日至十五日　11일부터 15일까지

죽(粥) 1기, 조치(助致) 1기, 좌반(佐飯) 1기, 적(炙) 1기, 침채(沈菜) 1기, 장(醬) 1기

조반 16상(朝飯十六床)

各七器 自十一日至十五日　각 7기, 11일부터 15일까지

自初十日至十四日夕飯同　초10일부터 14일까지 저녁도 같다.

반(飯) 1기, 갱(羹) 1기, 조치(助致) 1기, 좌반(佐飯) 1기, 적(炙) 1기, 해(醢) 1기, 침채(沈菜) 1기, 장(醬) 1기

주찬 16상(晝饌十六床)

各五器 自初十日至十四日　각 5기, 초10일부터 14일까지

면(麪) 1기, 탕(湯) 1기, 병(餠) 1기, 실과(實果) 1기, 어전유화(魚煎油花) 1기, 청(淸) 1기, 초장(醋醬) 1기

야찬 16상(夜饌十六床)

各四器 自初十日至十四日　각 4기, 초10일부터 14일까지

면(麪) 1기, 탕(湯) 1기, 실과(實果) 1기, 편육(片肉) 1기, 초장(醋醬) 1기

3.3 외빈 5원(外賓五員)

飯羹鍮器饌磁器合盛大隅板　밥과 국은 유기그릇, 반찬은 자기에 담아 대우판에 차린다.

自初十日至十四日夕飯 自十一日至十五日朝飯 自十一日至十四日晝飯　초10일부터 14일까지의 저녁밥, 11일부터 15일까지 아침밥, 11일부터 14일까지의 점심밥

반(飯) 5기, 탕(湯) 5기, 찬(饌) 1기, 침채(沈菜) 1기

뒤에 도착하는 외빈 9원(追到外賓九員)

鍮器各盛小隅板　유기에 담아 소우판에 차린다.

自初十日至十四日夕飯 自十一日至十五日朝飯 自十一日至十四日晝飯　초10일부터 14일까지의 저녁밥, 11일부터 15일까지 아침밥, 11일부터 14일까지의 점심밥
각 반(飯) 1기, 탕(湯) 1기

3.4 본소의 당상관 6원 낭청 2원 각신 4원 장용영 제조 1원 도총관 1원(本所堂上六員郎廳二員各臣四員壯勇營提調一員都摠管一員)

飯羹鍮器饌磁器各盛小隅板　밥과 국은 유기, 반찬은 자기에 담아 소우판에 차린다.
自初十日至十四日夕飯 自十一日至十五日朝飯 自十一日至十四日晝飯　초10일부터 14일까지의 저녁밥, 11일부터 15일까지 아침밥, 11일부터 14일까지의 점심밥
각 반(飯) 1기, 탕(湯) 1기, 찬(饌) 1기, 침채(沈菜) 1기

3.5 내외 책응 감관 2원 검서관 2원 각리 2인(內外策應監官二員檢書官二員閣吏二人)

鍮器各盛小隅板　유기그릇에 각각 담아 소우판에 차린다.
自初十日至十四日夕飯 自十一日至十五日朝飯 自十一日至十四日晝飯　초10일부터 14일까지의 저녁밥, 11일부터 15일까지 아침밥, 11일부터 14일까지의 점심밥
각 반(飯) 1기, 탕(湯) 1기

3.6 별수가장관 23원(別隨駕將官二十三員)

自初十日至十四日夕飯 自十一日至十五日朝飯 自十一日至十四日晝飯　초10일부터 14일까지의 저녁밥, 11일부터 15일까지 아침밥, 11일부터 14일까지의 점심밥
반(飯) 2행담(行擔), 탕(湯) 2동이(盆), 찬(饌) 1쟁반(錚盤), 침채(沈菜) 2항아리(缸)

3.7 연부통장석거청(輦府統長石渠廳)

自初十日至十四日夕飯 自十一日至十五日朝飯 自十一日至十四日晝飯　초10일부터 14일까지의 저녁밥, 11일부터 15일까지 아침밥, 11일부터 14일까지의 점심밥

반(飯) 3행담(行擔), 탕(湯) 2동이(盆), 찬(饌) 3쟁반(錚盤), 침채(沈菜) 1항아리(缸)

3.8 본소 장교 11원 서리 16인 사 1인 고직 3명(本所將校十一員書吏十六人寫一人庫直三名)

自初十日至十四日夕飯 自十一日至十五日朝飯 自十一日至十四日晝飯 초10일부터 14일까지의 저녁밥, 11일부터 15일까지 아침밥, 11일부터 14일까지의 점심밥

반(飯) 3행담(行擔), 탕(湯) 2동이(盆)

3.9 여령 악공 등(女伶樂工等)

十二日夕飯 十三日朝飯晝飯夕飯 十四日朝飯晝飯夕飯 十五日朝飯 12일 저녁밥, 13일 아침밥 점심밥 저녁밥, 14일 아침밥 점심밥 저녁밥, 15일 아침밥

반(飯) 3행담(行擔), 탕(湯) 2동이(盆), 찬(饌) 2쟁반(錚盤)

사근참(肆覲站)

1. 주다소반과

十五日 回鑾時

윤2월 15일 돌아오실 때

2월 10일 주다소반과와 같다.

1.1 자궁께 올리는 1상(慈宮進御 一床)

十六器 磁器 黑漆足盤

16기의 음식을 자기에 담아 흑칠족반에 차린다.

	음식명	그릇 수	고임 높이(高)	재료 및 분량
1	각색병 (各色餠)	1기	5치	粘米一斗 白米八升 赤豆四升 菉豆三升 大棗實生栗石耳各五升 乾柿三串, 眞油實栢子艾各一升 淸生薑各二升 辛甘草末三合 梔子一錢 松古三片 桂皮末一兩 찹쌀 1말, 멥쌀 8되, 팥 4되, 녹두 3되, 대추 5되, 밤 5되, 석이 5되, 곶감 3꼬치, 참기름 1되, 잣 1되, 쑥 1되, 꿀 2되, 생강 2되, 승검초가루 3홉, 치자 1돈, 송기 3조각, 계핏가루 1냥
2	약반 (藥飯)	1기		粘米大棗實生栗各三升 眞油五合 淸一升五合 實栢子艮醬各一合 찹쌀 3되, 대추 3되, 밤 3되, 참기름 5홉, 꿀 1되5홉, 잣 1홉, 간장 1홉
3	만두탕 (饅頭湯)	1기		木末二升 黃肉猪肉各三兩 生雉陳鷄各一首 太泡二隅 生薑二兩 菁根十箇 生葱半丹 胡椒末一夕 메밀가루 2되, 쇠고기 3냥, 돼지고기 3냥, 꿩 1마리, 묵은닭 1마리, 두부 2모, 생강 2냥, 무 10개, 파 ½단, 후춧가루 1작
4	만두과 (饅頭果)	1기	5치	眞末一斗 眞油淸各四升 實栢子五合 乾薑末五分 桂皮末一錢 胡椒末五夕 砂糖一圓 밀가루 1말, 참기름 4되, 꿀 4되, 잣 5홉, 생강가루 5푼, 계핏가루 1돈, 후춧가루 5작, 사탕 1원
5	각색연사과 (各色軟絲果)	1기	4치	粘米五升 細乾飯眞油各二升 芝草五兩 淸五合 白糖一斤五兩 實栢子三升五合 찹쌀 5되, 세건반 2되, 참기름 2되, 지초 5냥, 꿀 5홉, 백당 1근5냥, 잣 3되5홉
6	각색다식 (各色茶食)	1기	4치	黃栗黑荏子松花葛粉各二升五合 臙脂三椀 淸一升八合 五味子三合 말린 밤 2되5홉, 흑임자 2되5홉, 송화 2되5홉, 칡전분 2되5홉, 연지 3사발, 꿀 1되8홉, 오미자 3홉
7	각색당 (各色糖)	1기	4치	八寶糖 門冬糖 玉春糖 靑梅糖 팔보당, 문동당, 옥춘당, 청매당
8	건포도 민강 귤병 밀조 (乾葡萄 閩薑 橘餠 蜜棗)	1기	4치	乾葡萄閩薑各一斤 橘餠三十箇 蜜棗二斤 건포도 1근, 민강 1근, 귤병 30개, 밀조 2근
9	조란 율란 준시 생강병 (棗卵 栗卵 蹲柹 生薑餠)	1기		大棗熟栗淸各三升 黃栗二升 桂皮末三錢 實栢子五升 眞油一升 蹲柹五十箇 生薑三斗 대추 3되, 삶은 밤 3되, 꿀 3되, 말린 밤 2되, 계핏가루 3돈, 잣 5되, 참기름 1되, 곶감 50개, 생강 3말
10	각색정과 (各色正果)	1기	3치	蓮根七本 山査三升五合 柑子柚子生梨木苽各四箇 冬苽四片 生薑一升五合 淸二升二合 연근 7뿌리, 산사 3되5홉, 감귤 4개, 유자 4개, 배 4개, 모과 4개, 동아 4조각, 생강 1되5홉, 꿀 2되2홉
11	수정과 (水正果)	1기		生梨七箇 淸五合 胡椒五夕 배 7개, 꿀 5홉, 후추 5작
12	숭어백숙탕 (秀魚白熟湯)	1기		秀魚一尾 醋二夕 實栢子胡椒末各一夕 숭어 1마리, 초 2작, 잣 1작, 후춧가루 1작

계속

	음식명	그릇 수	고임 높이(高)	재료 및 분량
13	완자탕 (莞子湯)	1기		菁根三箇 陳鷄二首 黃肉胖猪肉各三兩 海蔘鷄卵各五箇 全鰒三箇 昆者巽二部 靑苽二箇 菉末蕈古各一合 胡椒末五夕 艮醬二夕 무 3개, 묵은닭 2마리, 쇠고기 3냥, 소의 양 3냥, 돼지고기 3냥, 해삼 5개, 달걀 5개, 전복 3개, 곤자소니 2부, 오이 2개, 녹말 1홉, 표고버섯 1홉, 후춧가루 5작, 간장 2작
14	각색 화양적 (各色花陽炙)	1기	4치	黃肉四斤 胖猪肉各八兩 全鰒三箇 海蔘七箇 眞油眞末各二升 實荏子艮醬各一升 蕈古石耳各一合 鷄卵四十箇 胡椒末三夕 生葱二十五丹 桔莄二丹 쇠고기 4근, 소의 양 8냥, 돼지고기 8냥, 전복 3개, 해삼 7개, 참기름 2되, 밀가루 2되, 실깨 1되, 간장 1되, 표고버섯 1홉, 석이 1홉, 달걀 40개, 후춧가루 3작, 파 25단, 도라지 2단
15	각색 어육회 (各色魚肉膾)	1기	4치	生鰒五十箇 大蛤竹蛤各一白箇 豆太胖各一部 千葉半部 생복 50개, 대합 100개, 죽합 100개, 콩팥 1부, 소의 양 1부, 처녑 ½부
16	각색육병 (各色肉餠)	1기	4치	生雉七首 陳鷄五首 猪肉黃肉各二斤 鷄卵八十箇 꿩 7마리, 묵은닭 5마리, 돼지고기 2근, 쇠고기 2근, 달걀 80개
	청 (淸)	1기		淸三合 꿀 3홉
	초장 (醋醬)	1기		艮醬二合 醋一合 實栢子一夕 간장 2홉, 초 1홉, 잣 1작
	상화 (床花)	10개		小水波蓮紅桃別三枝花別建花各一箇 紅桃間花三箇 紙間花四箇 소수파련 1개, 홍도별삼지화 1개, 별건화 1개, 홍도간화 3개, 지간화 4개

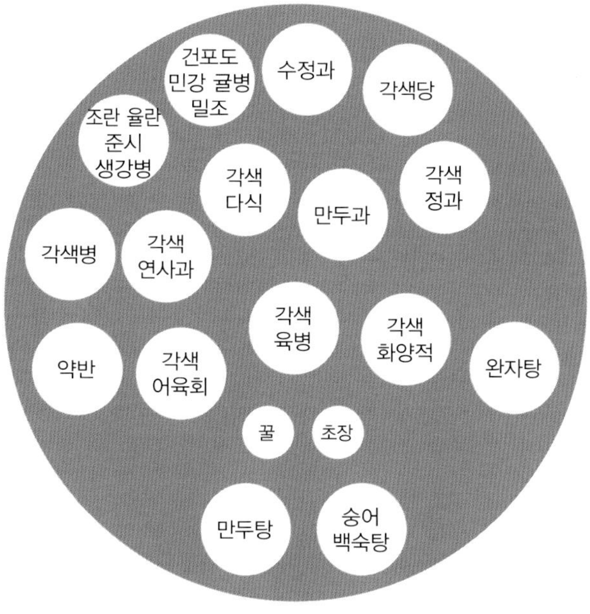

윤2월 15일 자궁께 올린 주다소반과(사근참)

2. 주수라(晝水剌)

十五日 回鑾時

윤2월 15일 돌아오실 때

2월 10일 주수라와 같다.

2.1 자궁께 올리는 1상(慈宮進御 一床)

十三器 元盤 十器 銀器 挾盤 三器 鍮器 黑漆足盤

13기로 원반에는 10기의 음식을 은기에 담고, 협반에는 3기의 음식을 유기에 담아 모두 흑칠족반에 차린다.

	구분	음식명	그릇 수	내용
1	원반(元盤)	반(飯)	1기	赤豆水和炊 팥물로 지은 밥
2		갱(羹)	1기	白菜湯 배추탕
3, 4		조치(助致)	2기	竹蛤卜只 秀魚雜醬 죽합볶기, 숭어잡장
5		구이(炙伊)	1기	搥鰒 絡蹄 추복, 낙지
6		좌반(佐飯)	1기	魚脯 肉脯 片脯 鹽民魚 乾石魚 어포, 육포, 편포, 염민어, 굴비
7		해(醢)	1기	石花 石(魚)卵 蟹 紫鰕醢 굴, 조기알, 게, 자하젓
8		회(膾)	1기	肉膾 육회
9		침채(沈菜)	1기	交沈菜 섞박지
10		담침채(淡沈菜)	1기	菁根 무
		장(醬)	3기	清醬 芥子 蒸醬 청장, 겨자 증장
11	협반(挾盤)	탕(湯)	1기	牛尾湯 쇠꼬리탕
12		찜(蒸)	1기	軟鷄蒸 연계찜
13		각색적(各色炙)	1기	乫飛 秀魚 腰骨 生雉 갈비, 숭어, 등골, 꿩

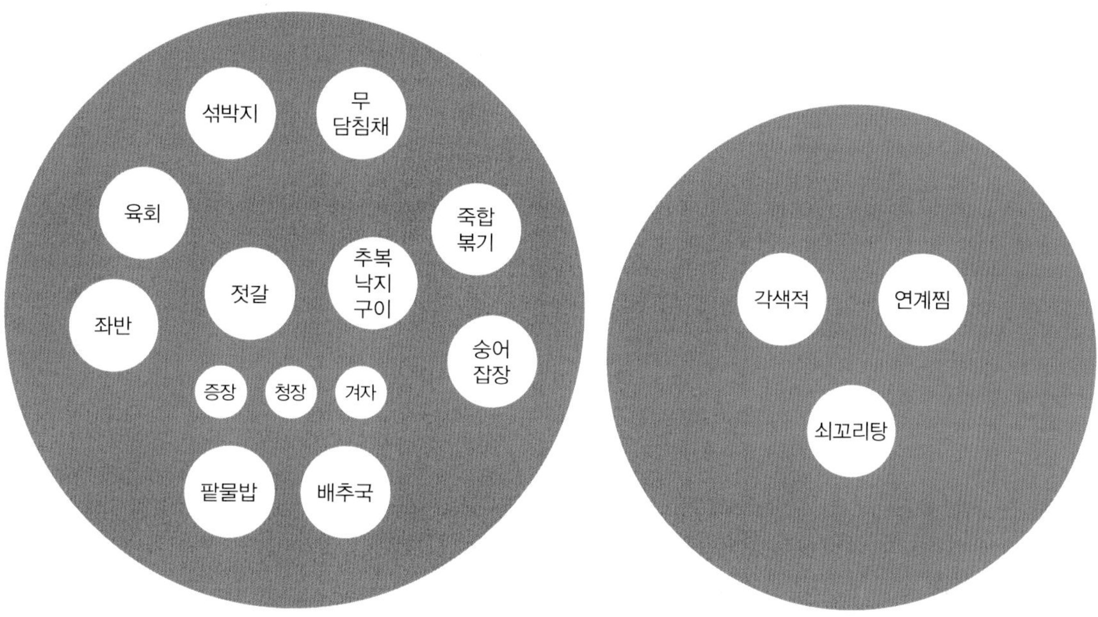

윤2월 15일 자궁께 올린 주수라

2.2 대전께 올리는 1상(大殿進御 一床)

七器 鍮器 黑漆足盤

7기의 음식을 유기에 담아 흑칠족반에 차린다.

	음식명	그릇 수	내용
1	반 (飯)	1기	赤豆水和炊 팥물로 지은 밥
2	갱 (羹)	1기	白菜湯 배추탕
3	조치 (助致)	1기	秀魚雜醬 숭어잡장
4	구이 (灸伊)	1기	乫飛 秀魚 腰骨 生雉 갈비, 숭어, 등골, 꿩
5	회 (膾)	1기	肉膾 육회
6	침채 (沈菜)	1기	交沈菜 섞박지

계속

	음식명	그릇 수	내용
7	담침채 (淡沈菜)	1기	菁根 무
	장 (醬)	3기	艮醬, 芥子, 蟹醬 간장, 겨자, 게장

2.3 청연군주, 청선군주 진지 각 1상(淸衍君主 淸璿君主 進止 各一床)

每床 各七器

상마다 각 7기

3. 미음

2월 10일 미음과 같다.

3.1 자궁께 올리는 1상(慈宮進御 一盤)

三器 畵器 圓足鍮錚盤

3기의 음식을 화기에 담아 둥근 굽이 달린 유기 쟁반에 차린다.

	음식명	그릇 수	내용
1	미음 (米飮)	1기	靑粱米飮 中路 白米飮 淸具 청량미음, 가는 도중에는 백미음, 꿀을 갖춘다.
2	고음 (膏飮)	1기	陳鷄 牛臀 全鰒 胖 묵은닭, 우둔, 전복, 소의 양
3	정과 (正果)	1기	蓮根 山査 柑子 柚子 生梨 桔莄 生薑 木苽 冬苽 煎藥 연근, 산사, 감귤, 유자, 배, 도라지, 생강, 모과, 동아, 전약

3.2 청연군주, 청선군주 각 1반(淸衍郡主 淸璿郡主 各一盤)

每盤 各三器 畵器 圓足鍮錚盤

반마다 각 3기의 음식을 화기에 담아 둥근 굽이 달린 유기 쟁반에 차린다.

	음식명	그릇 수	내용
1	미음 (米飮)	1기	靑粱米飮 中路 白米飮 淸具 청량미음, 가는 도중에는 백미음, 꿀을 갖춘다.
2	고음 (膏飮)	1기	陳鷄 牛臀 全鰒 胖 묵은닭, 우둔, 전복, 소의 양
3	정과 (正果)	1기	蓮根 山査 柑子 柚子 生梨 桔莄 生薑 木苽 冬苽 煎藥 연근, 산사, 감귤, 유자, 배, 도라지, 생강, 모과, 동아, 전약

4. 궁인 및 내외빈 본소당상 이하 원역에게 제공된 음식(宮人及內外賓本所堂上以下員役供饋)

初十日 晝飯 十五日 回還時 晝飯 並同 鷺梁站 故不疊錄

을묘 윤2월 10일의 점심밥, 윤2월 15일 돌아올 때의 점심밥 모두는 노량참에서와 같기 때문에 기록을 중복하지 않는다.

시흥참(始興站)

1. 주다소반과(晝茶小盤果)

十五日 回鑾時

2월 15일 돌아오실 때

2월 9일 주다소반과와 같다.

1.1 자궁께 올리는 1상(慈宮進御 一床)

十七器 磁器 黑漆足盤 以下盤果盤及器皿同

17기의 음식을 자기에 담아 흑칠족반에 차린다. 이하의 반과반 및 기명은 같다.

	음식명	그릇 수	고임 높이(高)	재료 및 분량
1	각색병 (各色餠)	1기	5치	粘米一斗 白米八升 赤豆四升 菉豆三升 大棗實生栗石耳各五升 乾柿三串 眞油實栢子艾各一升 淸生薑各二升 辛甘草末三合 梔子一錢 松古三片 桂皮末一兩 찹쌀 1말, 멥쌀 8되, 팥 4되, 녹두 3되, 대추 5되, 밤 5되, 석이 5되, 곶감 3꼬치, 참기름 1되, 잣 1되, 쑥 1되, 꿀 2되, 생강 2되, 승검초가루 3홉, 치자 1돈, 송기 3조각, 계핏가루 1냥
2	약반 (藥飯)	1기		粘米大棗生栗各三升 眞油五合 淸一升五合 實栢子艮醬各一合 찹쌀 3되, 대추 3되, 밤 3되, 참기름 5홉, 꿀 1되5홉, 잣 1홉, 간장 1홉
3	분탕 (粉湯)	1기		菉末五合 猪肉四兩 黃肉三兩 陳鷄一首 鷄卵十箇 胡椒末一夕 艮醬二合 녹말 5홉, 돼지고기 4냥, 쇠고기 3냥, 묵은닭 1마리, 달걀 10개, 후춧가루 1작, 간장 2홉
4	다식과 (茶食果)	1기	5치	眞末一斗 眞油淸各四升 乾薑末五分 桂皮末一錢 實栢子五合 胡椒末五夕 砂糖一圓 밀가루 1말, 참기름 4되, 꿀 4되, 생강가루 5푼, 계핏가루 1돈, 잣 5홉, 후춧가루 5작, 사탕 1원
5	각색감사과 (各色甘絲果)	1기	4치	粘米實荏子實栢子眞油各一升 細乾飯九合 黑荏子淸各五合 松花一合 芝草八兩 辛甘草末二合 粘租五升 白糖一斤八兩 酒一瓶 찹쌀 1되, 실깨 1되, 잣 1되, 참기름 1되, 세건반 9홉, 흑임자 5홉, 꿀 5홉, 송화 1홉, 지초 8냥, 승검초가루 2홉, 찰나락 5되, 백당 1근 8냥, 술 1병
6	각색다식 (各色茶食)	1기	4치	黃栗黑荏子松花葛粉各二升五合 臙脂三椀 淸一升六合 五味子三合 말린 밤 2되5홉, 흑임자 2되5홉, 송화 2되5홉, 칡전분 2되5홉, 연지 3사발, 꿀 1되6홉, 오미자 3홉
7	각색당 (各色糖)	1기	4치	八寶糖 門冬糖 玉春糖 人蔘糖 靑梅糖 菓子糖 氷糖 乾葡萄 橘餠 閩薑 鹿茸膏 合四斤 팔보당, 문동당, 옥춘당, 인삼당, 청매당, 과자당, 빙당, 건포도, 귤병, 민강, 녹용고를 합하여 4근
8	조란 율란 산약 준시 강고 (棗卵 栗卵 山藥 蹲柿 薑糕)	1기	4치	大棗黃栗實栢子各五升 桂皮末三錢 淸三升 山藥一丹 蹲柿五十箇 生薑二升 대추 5되, 말린 밤 5되, 잣 5되, 계핏가루 3돈, 꿀 3되, 마 1단, 곶감 50개, 생강 2되
9	생리 유자 석류 당유자 감귤 (生梨 柚子 石榴 唐榴子 柑子)	1기		生利石榴各八箇 柚子十五箇 唐榴子二箇 柑子十五箇 배 8개, 석류 8개, 유자 15개, 당유자 2개, 감귤 15개

계속

	음식명	그릇수	고임높이(高)	재료 및 분량
10	각색정과 (各色正果)	1기	3치	蓮根七本 山査三升五合 柑子柚子生梨木苽各四箇 冬苽四片 生薑一升五合 淸二升二合 연근 7뿌리, 산사 3되5홉, 감귤 4개, 유자 4개, 배 4개, 모과 4개, 동아 4조각, 생강 1되5홉, 꿀 2되2홉
11	수정과 (水正果)	1기		生梨七箇 淸五合 胡椒五夕 배 7개, 꿀 5홉, 후추 5작
12	간막기탕 (間莫只湯)	1기		猪間莫只一部 黃肉一斤 陳鷄半首 鷄卵十五箇 眞油二合 胡椒末實栢子各一夕 醢水一合 돼지간막기 1부, 쇠고기 1근, 묵은닭 ½마리, 달걀 15개, 참기름 2홉, 후춧가루 1작, 잣 1작, 젓국 1홉
13	열구자탕 (悅口子湯)	1기		黃肉一斤 熟肉猪肉各八兩 觧半半部 昆者巽腰骨各一部 頭骨猪胞各半部 陳鷄半首 秀魚半尾 全鰒靑苽各一箇 海蔘五箇 蕈古二合 朴古之二吐里 蔓菁三箇 生雉半首 鷄卵十五箇 菉末眞油各五合 實栢子胡椒末各二夕 生薑二角 生蔥二丹 水芹半丹 艮醬三合 쇠고기 1근, 숙육 8냥, 돼지고기 8냥, 소의 양 ¼부, 곤자소니 1부, 등골 1부, 두골 ½부, 저포 ½부, 묵은닭 ½마리, 숭어 ½마리, 전복 1개, 오이 1개, 해삼 5개, 표고버섯 2홉, 박고지 2토리, 순무 3개, 꿩 ½마리, 달걀 15개, 녹말 5홉, 참기름 5홉, 잣 2작, 후춧가루 2작, 생강 2뿔, 파 2단, 미나리 ½단, 간장 3홉
14	해삼전 (海蔘煎)	1기	4치	海蔘七十箇 全鰒鷄卵各三十箇 猪脚一部 黃肉一斤 陳鷄一首 淸三合 生薑實栢子各一合 生葱二丹 眞油菉末各一升 胡椒末艮醬各二夕 해삼 70개, 전복 30개, 달걀 30개, 돼지다리 1부, 쇠고기 1근, 묵은닭 1마리, 꿀 3홉, 생강 1홉, 잣 1홉, 파 2단, 참기름 1되, 녹말 1되, 후춧가루 2작, 간장 2작
15	편육 (片肉)	1기	4치	陽支頭一部半 猪胞五部 양지머리 1½부, 저포 5부
16	잡증 (雜蒸)	1기		猪脚昆者巽各一部 生雉一首 觧半半部 黃肉一斤 全鰒海蔘各五箇 朴古之五吐里 蕈古二合 水芹一丹 菁根二箇 生葱五丹 胡椒末五夕 鷄卵十箇 眞油醢水各五合 實栢子一合 돼지다리 1부, 곤자소니 1부, 꿩 1마리, 소의 양 ¼부, 쇠고기 1근, 전복 5개, 해삼 5개, 박고지 5토리, 표고버섯 2홉, 미나리 1단, 무2개, 파 5단, 후춧가루 5작, 달걀 10개, 참기름 5홉, 젓국 5홉, 잣 1홉
17	각색어채 (各色魚菜)	1기	4치	秀魚三尾 觧一斤 全鰒二箇 海蔘五箇蕈古石耳各一合 辛甘草一握 숭어 3마리, 소의 양 1근, 전복 2개, 해삼 5개, 표고버섯 1홉, 석이 1홉, 승검초 1줌
	청 (淸)	1기		淸三合 꿀 3홉
	초장 개자 (醋醬 芥子)	각1기		艮醬醋各二合 芥子一合 實栢子淸鹽各一夕 간장 2홉, 초 2홉, 겨자 1홉, 잣 1작, 꿀 1작, 소금 1작
	상화 (床花)	11개 (箇)		小水波蓮紅桃別三枝花各一箇 紅桃建花二箇 紅桃間花三箇 紙間花四箇 소수파련 1개, 홍도별삼지화 1개, 홍도건화 2개, 홍도간화 3개, 지간화 4개

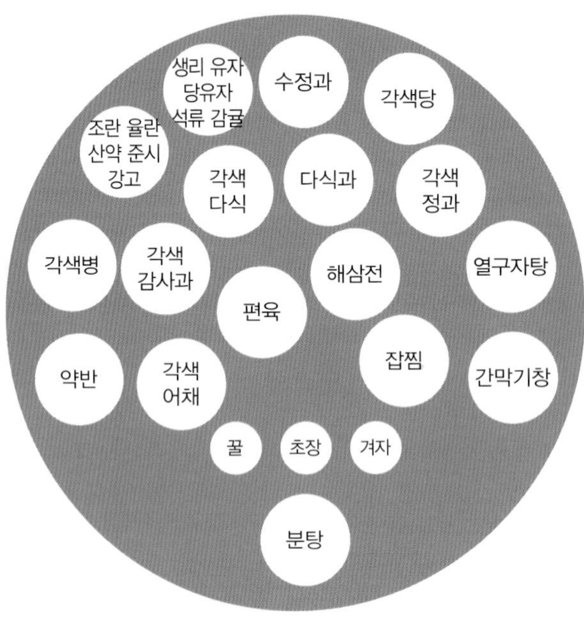

윤2월 15일 자궁께 올린 주다소반과(시흥참)

1.2 대전께 올리는 1상(大殿進御 一床)

八器磁器 黑漆足盤 以下盤果盤及器皿同 床花進饌時外 各站並不磨鍊

8기의 음식을 자기에 담아 흑칠족반에 차린다. 이하의 반과반 및 기명은 같은데, 상화는 진찬 때 외에는 각 참 모두 준비하지 않는다.

	음식명	그릇 수	고임 높이(高)	재료 및 분량
1	각색병 (各色餠)	1기	5치	粘米一斗 白米八升 赤豆四升 菉豆三升 大棗實生栗石耳各五升 乾柿三串 眞油實栢子艾各一升 淸生薑各二升 辛甘草末三合 梔子一錢 松古三片 桂皮末一兩 찹쌀 1말, 멥쌀 8되, 팥 4되, 녹두 3되, 대추 5되, 밤 5되, 석이 5되, 곶감 3꼬치, 참기름 1되, 잣 1되, 쑥 1되, 꿀 2되, 생강 2되, 승검초가루 3홉, 치자 1돈, 송기 3조각, 계핏가루 1냥
2	약반 (藥飯)	1기		粘米大棗生栗各三升 眞油五合 淸一升五合 實栢子艮醬各一合 찹쌀 3되, 대추 3되, 밤 3되, 참기름 5홉, 꿀 1되5홉, 잣 1홉, 간장 1홉
3	분탕 (粉湯)	1기		菉末五合 黃肉三兩 猪肉四兩 陳鷄一首 鷄卵十箇 胡椒末一夕 艮醬二合 녹말 5홉, 쇠고기 3냥, 돼지고기 4냥, 묵은닭 1마리, 달걀 10개, 후춧가루 1작, 간장 2홉

계속

	음식명	그릇 수	고임 높이(高)	재료 및 분량
4	다식과 (茶食果)	1기	3치	眞末六升 眞油淸各二升四合 黃栗大棗各一升 乾薑末桂皮末各五分 乾柿七箇 胡椒末五夕 實栢子三合 砂糖半圓 밀가루 6되, 참기름 2되4홉, 꿀 2되 4홉, 말린 밤 1되, 대추 1되, 생강가루 5푼, 계핏가루 5푼, 곶감 7개, 후춧가루 5작, 잣 3홉, 사탕 ½원
5	각색당 (各色糖)	1기	3치	八寶糖 門冬糖 玉春糖 人蔘糖 靑梅糖 菓子糖 五花糖 砂糖 乾葡萄 橘餠 蜜棗 閩薑 鹿茸膏 合三斤 팔보당, 문동당, 옥춘당, 인삼당, 청매당, 과자당, 오화당, 사탕, 건포도, 귤병, 밀조, 민강, 녹용고를 합하여 3근
6	각색정과 (各色正果)	1기	2치	蓮根五本 山査三升 柑子五箇 柚子生梨木苽各三箇 冬苽三片 生薑淸各一升 연근 5뿌리, 산사 3되, 감귤 5개, 유자 3개, 배 3개, 모과 3개, 동아 3조각, 생강 1되, 꿀 1되
7	열구자탕 (悅口子湯)	1기		黃肉一斤 熟肉猪肉各八兩 胖半半部 昆者巽腰骨各一部 頭骨猪胞各半部 全鰒靑苽各一箇 海蔘五箇 蕈古二合 朴古之二吐里 蔓菁三箇 鷄卵十五箇 菉末眞油各五合 實栢子胡椒末各二夕 生薑二角 生蔥二丹 水芹半丹 艮醬三合 쇠고기 1근, 숙육 8냥, 돼지고기 8냥, 소의 양 ¼부, 곤자소니 1부, 등골 1부, 두골 ½부, 저포 ½부, 전복 1개, 오이 1개, 해삼 5개, 표고버섯 2홉, 박고지 2토리, 순무 3개, 달걀 15개, 녹말 5홉, 참기름 5홉, 잣 2작, 후춧가루 2작, 생강 2뿔, 파 2단, 미나리 ½단, 간장 3홉
8	편육 (片肉)	1기	3치	陽支頭一部 猪胞三部 양지머리 1부, 저포 3부
	청 (淸)	1기		淸三合 꿀 3홉
	초장 (醋醬)	1기		艮醬二合 醋一合 實栢子一夕 간장 2홉, 초 1홉, 잣 1작

1.3 청연군주, 청선군주 각 1상

每床 各八器

상마다 각 8기

床花 各四箇

상화 각 4개

紅桃別三枝花間花各一箇 紅桃建花二箇

홍도별삼지화 1개, 간화 1개, 홍도건화 2개

2. 석수라(夕水剌)

十五日 回鑾時

2월 15일 돌아오실 때

2월 9일 석수라와 같다

2.1 자궁께 올리는 1상(慈宮進御 一床)

十四器 元盤十一器 銀器 挾盤三器 畵器 黑漆足盤

14기로 원반에는 11기의 음식을 은기에 담고, 협반에는 3기의 음식을 화기에 담아 흑칠족반에 차린다.

	구분	음식명	그릇수	내용
1	원반(元盤)	반(飯)	1기	赤豆水和炊 팥물로 지은 밥
2		갱(羹)	1기	雜湯 잡탕
3, 4		조치(助致)	2기	蟹湯 鳳充蒸 게탕, 봉충찜
5		구이(炙伊)	1기	生雉 生鰒 꿩, 생복
6		적(炙)	1기	華陽炙 화양적
7		좌반(佐飯)	1기	民魚魚脯 藥脯 藥乾雉 肉醬 細醬 全鰒包 乾雉包 不鹽民魚 鹽脯 鹽乾雉 甘醬炒 銀口魚 민어어포, 약포, 약건치, 육장, 세장, 전복쌈, 건치쌈, 불염민어, 염포, 염건치 감장초, 은어
8		해(醢)	1기	鰕卵 明太卵 大口卵 細鰕 倭魴魚 鰊魚卵 藥蟹醢 새우알, 명태알, 대구알, 세하, 왜방어, 연어알, 약게젓
9		채(菜)	1기	水芹生菜 미나리생채
10		침채(沈菜)	1기	交沈菜 섞박지
11		담침채(淡沈菜)	1기	菁根 무
		장(醬)	3기	艮醬 醋醬 苦椒醬 간장, 초장, 고추장

계속

	구분	음식명	그릇 수	내용
12	협반 (挾盤)	탕 (湯)	1기	搥鰒湯 추복탕
13		찜 (蒸)	1기	骨蒸 골찜
14		각색적 (各色炙)	1기	猪乫飛 大蛤 돼지갈비, 대합

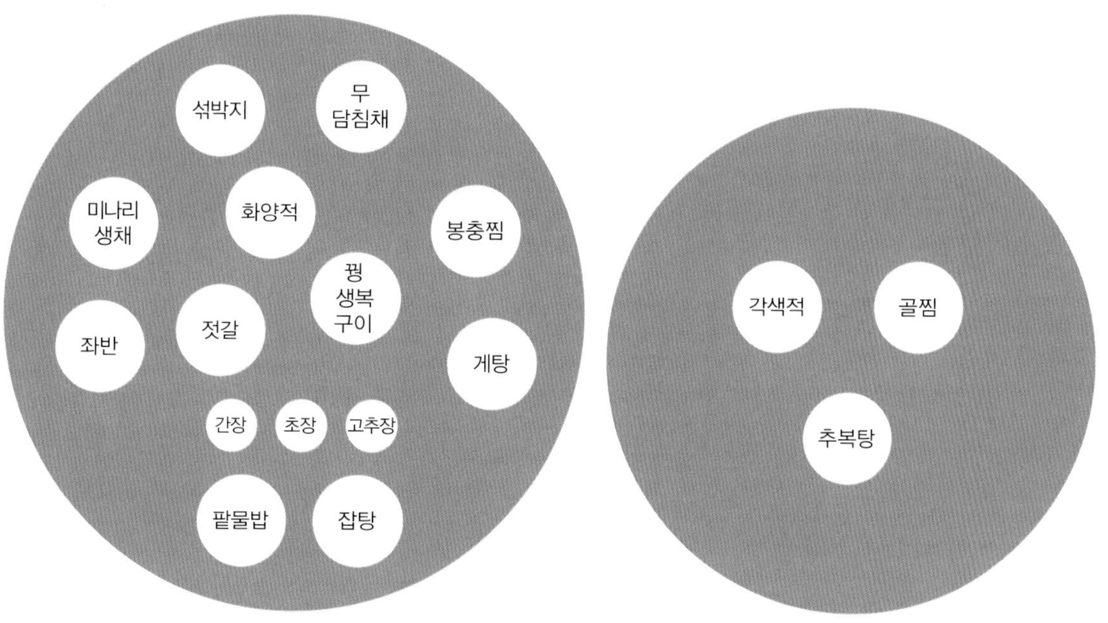

윤2월 15일 자궁께 올린 석수라

2.2 대전께 올리는 1상(大殿進御 一床)

七器 鍮器 黑漆足盤

7기의 음식을 유기에 담아 흑칠족반에 차린다.

	음식명	그릇 수	내용
1	반 (飯)	1기	赤豆水和炊 팥물로 지은 밥
2	갱 (羹)	1기	雜湯 잡탕
3	찜 (蒸)	1기	鳳充蒸 봉충찜
4	구이 (炙伊)	1기	生雉 生鰒 꿩, 생복
5	좌반 (佐飯)	1기	民魚魚脯 藥脯 藥乾雉 肉醬 細醬 全鰒包 乾雉包 不鹽民魚 鹽脯 鹽乾雉 甘醬炒 민어어포, 약포, 약건치, 육장, 세장, 전복쌈, 건치쌈, 불염민어, 염포, 염건치, 감장초
6	해 (醢)	1기	鰕卵 明太卵 大口卵 細鰕 倭魴魚 鰱魚卵 鷄卵醢 새우알, 명태알, 대구알, 세하, 왜방어, 연어알, 달걀해
7	담침채 (淡沈菜)	1기	菁根 무
	장 (醬)	2기	艮醬 苦椒醬煎 간장, 고추장전

2.3 청연군주, 청선군주 진지 각 1상(淸衍郡主 淸璿郡主 進止 各 一床)

每床 七器

상마다 각 7기

3. 야다소반과(夜茶小盤果)

十五日 回鑾時

윤2월 15일 돌아오실 때

2월 9일 야다소반과와 같다

3.1 자궁께 올리는 1상(慈宮進御 一床)

十二器

12기

	음식명	그릇 수	고임 높이(高)	재료 및 분량
1	각색병 (各色餠)	1기	5치	粘米一斗 白米八升 赤豆四升 菉豆三升 大棗實生栗石耳各五升 乾柿三串 眞油實栢子艾各一升 淸生薑各二升 辛甘草末三合 梔子一錢 松古三片 桂皮末一兩 찹쌀 1말, 멥쌀 8되, 팥 4되, 녹두 3되, 대추 5되, 밤 5되, 석이 5되, 곶감 3꼬치, 참기름 1되, 잣 1되, 쑥 1되, 꿀 2되, 생강 2되, 승검초가루 3홉, 치자 1돈, 송기 3조각, 계핏가루 1냥
2	채만두 (菜饅頭)	1기		木末一升 生雉一首 黃肉三兩 水芹一丹 胡椒一夕 眞油二合 生葱二丹 生薑一夕 메밀가루 1되, 꿩 1마리, 쇠고기 3냥, 미나리 1단, 후추 1작, 참기름 2홉, 파 2단, 생강 1작
3	만두과 (饅頭果)	1기	5치	眞末一斗 眞油淸各四升 實栢子五合 乾薑末五分 桂皮末一錢 胡椒末五夕 砂糖一圓 밀가루 1말, 참기름 4되, 꿀 4되, 잣 5홉, 생강가루 5푼, 계핏가루 1돈, 후춧가루 5작, 사탕 1원
4	각색연사과 (各色軟絲果)	1기	4치	粘米實栢子各二升 粘租一斗 眞油二升三合 芝草八兩 白糖一斤八兩 淸五合 酒一甁 찹쌀 2되, 잣 2되, 찰나락 1말, 참기름 2되 3홉, 지초 8냥, 백당 1근 8냥, 꿀 5홉, 술 1병
5	각색당 (各色糖)	1기	4치	八寶糖 門冬糖 玉春糖 人蔘糖 靑梅糖 菓子糖 氷糖 乾葡萄 橘餠 閩薑 鹿茸膏 合四斤 팔보당, 문동당, 옥춘당, 인삼당, 청매당, 과자당, 빙당, 건포도, 귤병, 민강, 녹용고를 합하여 4근
6	용안 여지 조란 율란 강과 (龍眼 荔支 棗卵 栗卵 薑果)	1기	4치	龍眼荔支各二斤 大棗黃栗各五升 生薑實栢子各二升 胡椒一合 淸一升 용안 2근, 여지 2근, 대추 5되, 말린 밤 5되, 생강 2되, 잣 2되, 후추 1홉, 꿀 1되
7	각색정과 (各色正果)	1기	3치	蓮根七本 山査三升五合 柑子柚子生梨各四箇 冬苽四片 生薑一升五合 淸二升二合 연근 7뿌리, 산사 3되 5홉, 감귤 4개, 유자 4개, 배 4개, 동아 4조각, 생강 1되 5홉, 꿀 2되2홉
8	화채 (花菜)	1기		生梨八箇 石榴七箇 柑子十五箇 淸三合 臙脂一椀 實栢子一夕 배 8개, 석류 7개, 감귤 15개, 꿀 3홉, 연지 1사발, 잣 1작
9	전철 (煎鐵)	1기		牛臀一部 牛心肉猪心肉各二部 胖半部 豆太一隻 生雉二首 菁根菁苽各二箇 朴古之五吐里 菉豆長音菁笋桔莄煎醬艮醬各一升 水芹一丹 生薑五合 生葱三十丹 鷄卵三十箇 眞油三升 實栢子一合 蕈古胡椒末各二合 乾麪四沙里 우둔 1부, 우심육 2부, 저심육 2부, 소의 양 ½부, 콩팥 1척, 꿩 2마리, 무 2개, 오이 2개, 박고지 5토리, 숙주 1되, 무순 1되, 도라지 1되, 전장 1되, 간장 1되, 미나리 1단, 생강 5홉, 파 30단, 달걀 30개, 참기름 3되, 잣 1홉, 표고버섯 2홉, 후춧가루 2홉, 건면 4사리

계속

	음식명	그릇 수	고임 높이(高)	재료 및 분량
10	각색전유화 (各色煎油花)	1기	4치	秀魚三尾 肝二斤 胖三斤 生雉二首 鷄卵一百箇 眞油三升 眞末菉末木末各一升五合 鹽七合 숭어 3마리, 간 2근, 소의 양 3근, 꿩 2마리, 달걀 100개, 참기름 3되, 밀가루 1되 5홉, 녹말 1되5홉, 메밀가루 1되 5홉, 소금 7홉
11	편육 (片肉)	1기	3치	陽支頭牛頭各半部 牛舌一部 猪頭二部 猪脚一部 양지머리 ½부, 쇠머리 ½부, 우설 1부, 돼지머리 2부, 돼지다리 1부
12	절육 (截肉)	1기		廣魚四尾 文魚一尾 烏賊魚鹽脯藥脯各三貼 鹽乾雉四首 藥乾雉二首 全鰒一串 大鰕五十箇 江瑤柱一貼 魚脯四貼 實栢子一升 광어 4마리, 문어 1마리, 오징어 3첩, 염포 3첩, 약포 3첩, 염건치 4마리, 약건치 2마리, 전복 1꼬치, 대하 50개, 강요주 1첩, 어포 4첩, 잣 1되
	청 (淸)	1기		淸三合 꿀 3홉
	초장 개자 (醋醬 芥子)	각1기		艮醬醋各二合 芥子一合 實栢子淸鹽各一夕 간장 2홉, 초 2홉, 겨자 1홉, 잣 1작, 꿀 1작, 소금 1작
	상화 (床花)	9개 (箇)		小水波蓮一箇 紅桃別三枝花二箇 紅桃建花間花各三箇 소수파련 1개, 홍도별삼지화 2개, 홍도건화 3개, 간화 3개

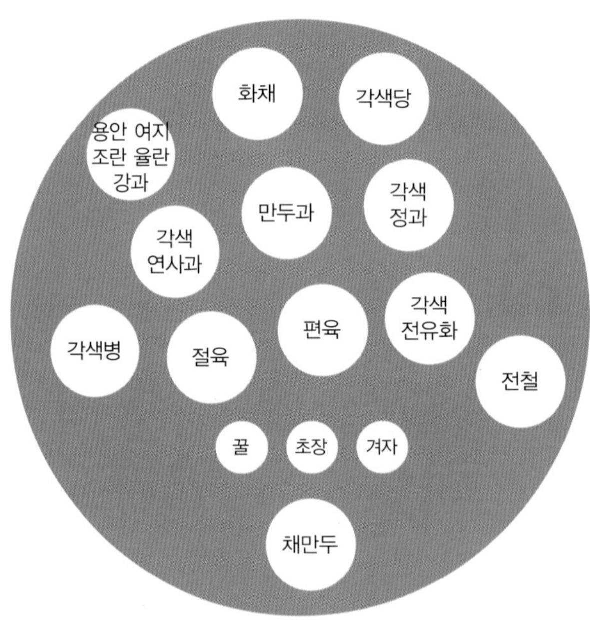

윤2월 15일 자궁께 올린 야다소반과

3.2 대전께 올리는 1상(大殿進御 一床)

七器 7기

	음식명	그릇 수	고임 높이(高)	재료 및 분량
1	각색병 (各色餠)	1기	5치	粘米一斗 白米八升 赤豆四升 菉豆三升 大棗實生栗石耳各五升 乾柿三串 眞油實栢子艾各一升 淸生薑各二升 辛甘草末三合 梔子一錢 松古三片 桂皮末一兩 찹쌀 1말, 멥쌀 8되, 팥 4되, 녹두 3되, 대추 5되, 밤 5되, 석이 5되, 곶감 3꼬치, 참기름 1되, 잣 1되, 쑥 1되, 꿀 2되, 생강 2되, 승검초가루 3홉, 치자 1돈, 송기 3조각, 계핏가루 1냥
2	채만두 (菜饅頭)	1기		木末一升 生雉一首 黃肉三兩 水芹一丹 胡椒一夕 眞油二合五夕 生葱二丹 生薑一角 메밀가루 1되, 꿩 1마리, 쇠고기 3냥, 미나리 1단, 후추 1작, 참기름 2홉 5작, 파 2단, 생강 1뿔
3	연사과 (軟絲果)	1기	3치	粘米實栢子各二升 粘租一斗 眞油二升三合 芝草八兩 白糖一斤八兩 淸五合 酒一甁 찹쌀 2되, 잣 2되, 찰나락 1말, 참기름 2되3홉, 지초 8냥, 백당 1근 8냥, 꿀 5홉, 술 1병
4	각색당 (各色糖)	1기	3치	八寶糖 門冬糖 玉春糖 人蔘糖 靑梅糖 菓子糖 氷糖 乾葡萄 橘餠 閩薑 鹿茸膏 合三斤 팔보당, 문동당, 옥춘당, 인삼당, 청매당, 과자당, 빙당, 건포도, 귤병, 민강, 녹용고를 합하여 3근
5	각색정과 (各色正果)	1기	2치	蓮根五本 山査三升 柑子五箇 柚子生梨各三箇 冬苽三片 生薑淸各一升 연근 5뿌리, 산사 3되, 감귤 5개, 유자 3개, 배 3개, 동아 3조각, 생강 1되, 꿀 1되
6	전철 (煎鐵)	1기		牛臀一部 牛心肉一部半 猪心肉二部 胖半部 豆太一隻 生雉二首 菁根三丹 朴古之五吐里 菉豆長音菁笋桔莄煎醬艮醬各一升 水芹一丹 生薑五合 生葱三十丹 鷄卵三十箇 眞油三升 菁苽二箇 實栢子一合 蕈古胡椒末各二合 乾麪四沙里 우둔 1부, 우심육 1½부, 저심육 2부, 소의 양 ½부, 콩팥 1척, 꿩 2마리, 무 3단, 박고지 5토리, 숙주 1되, 무순 1되, 도라지 1되, 전장 1되, 간장 1되, 미나리 1단, 생강 5홉, 파 30단, 달걀 30개, 참기름 3되, 오이 2개, 잣 1홉, 표고버섯 2홉, 후춧가루 2홉, 건면 4사리
7	편육 (片肉)	1기	3치	陽支頭一部 牛舌一部 猪頭一部 猪脚一部 양지머리 1부, 우설 1부, 돼지머리 1부, 돼지다리 1부
	청 (淸)	1기		淸三合 꿀 3홉
	초장 (醋醬)	1기		艮醬二合 醋一合 實栢子一夕 간장 2홉, 초 1홉, 잣 1작

3.3 청연군주, 청선군주 각 1상(淸衍郡主 淸璿郡主 各 一床)

每床 各七器

상마다 각 7기

床花 各四箇

상화 각 4개

紅桃別建花二箇 紅桃間花紙間花各一箇

홍도별건화 2개, 홍도간화 1개, 지간화 1개

윤2월 16일

● 윤2월 16일 장소별 상차림의 종류

날짜	장소	구분	내용	비고
8일차 윤2월 16일	시흥참 (始興站)	조수라 (朝水剌)	- 자궁께 올리는 1상 - 대전께 올리는 1상 - 청연군주, 청선군주 진지 각 1상	윤2월 9일 석수라와 같음
	중로 안양점남변 (中路 安養店 南邊)	미음 (米飮)	- 자궁께 올리는 1반 - 청연군주, 청선군주 각 1반	윤2월 10일 미음과 같음
	노량참 (鷺梁站)	주다소반과 (晝茶小盤果)	- 자궁께 올리는 1상	윤2월 9일 조다소반과와 같음
		주수라 (晝水剌)	- 자궁께 올리는 1상 - 대전께 올리는 1상 - 청연군주, 청선군주 진지 각 1상	윤2월 9일 조수라와 같음
	중로 마장천 교북 (中路 馬場川 橋北)	미음 (米飮)	- 자궁께 올리는 1반 - 청연군주, 청선군주 각 1반	윤2월 9일 미음과 같음

시흥참(始興站)

1. 조수라(朝水剌)

十六日 朝水剌

윤2월 16일 조수라

2월 9일 석수라와 같다.

1.1 자궁께 올리는 1상(慈宮進御 一床)

十四器 元盤十一器 銀器 挾盤三器 畵器 黑漆足盤

14기로 원반에는 11기의 음식을 은기에 담고, 협반에는 3기의 음식을 화기에 담아 흑칠족반에 차린다.

	구분	음식명	그릇 수	내용
1	원반(元盤)	반(飯)	1기	赤豆水和炊 팥물로 지은 밥
2		만두(饅頭)	1기	骨饅頭 골만두
3, 4		찜(蒸)	2기	秀魚醬蒸 軟鷄蒸 숭어장증, 연계찜
5		구이(炙伊)	1기	秀魚 腰骨 雜炙 숭어, 등골, 잡적
6		회(膾)	1기	生鰒膾 생복회
7		좌반(佐飯)	1기	民魚魚脯 藥脯 藥乾雉 肉醬 細醬 全鰒包 乾雉包 不鹽民魚 鹽脯 鹽乾雉 甘醬炒 銀口魚 민어어포, 약포, 약건치, 육장, 세장, 전복쌈, 건치쌈, 불염민어, 염포, 염건치 감장초, 은어
8		해(醢)	1기	鰕卵 明太卵 大口卵 細鰕 倭魴魚 鰱魚卵 藥蟹醢 새우알, 명태알, 대구알, 세하, 왜방어, 연어알, 약게젓
9		채(菜)	1기	菁根熟菜 무숙채
10		침채(沈菜)	1기	水芹 미나리
11		담침채(淡沈菜)	1기	菁根 무
		장(醬)	3기	艮醬 醋醬 蟹醬 간장, 초장, 게장
12	협반(挾盤)	탕(湯)	1기	雜湯 잡탕
13		찜(蒸)	1기	乫飛蒸 갈비찜
14		각색적(各色炙)	1기	牛足 錦鱗魚 우족, 쏘가리

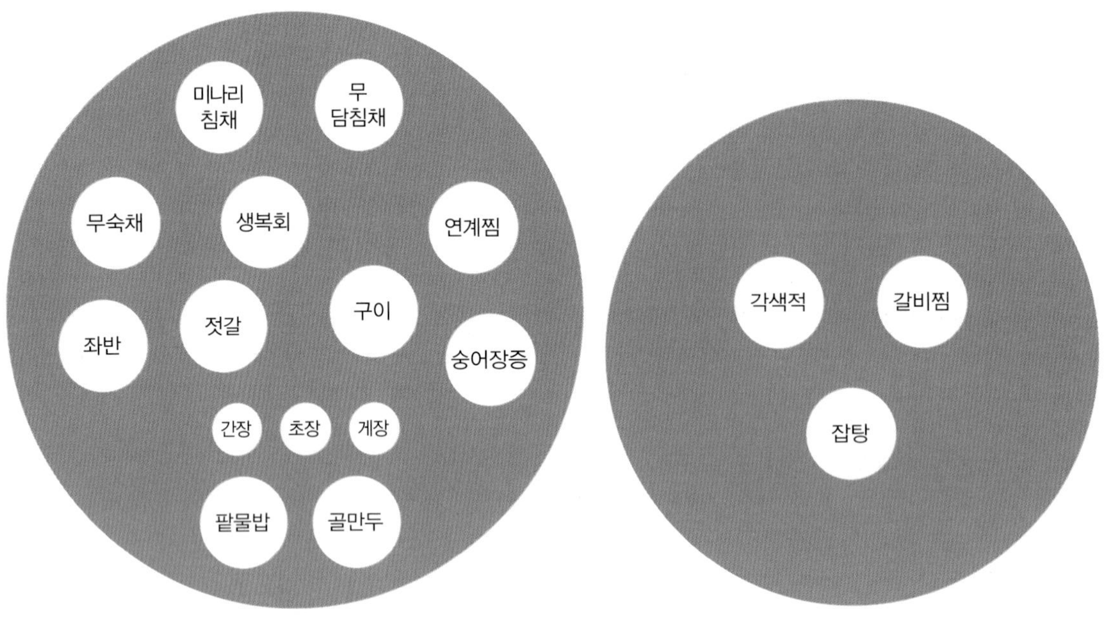

윤2월 16일 자궁께 올린 조수라

1.2 대전께 올리는 1상(大殿進御 一床)

七器 鍮器 黑漆足盤

7기의 음식을 유기에 담아 흑칠족반에 차린다.

	음식명	그릇 수	내용
1	반(飯)	1기	赤豆水和炊 팥물로 지은 밥
2	만두(饅頭)	1기	骨饅頭 골만두
3	찜(蒸)	1기	軟鷄蒸 연계찜
4	구이(炙伊)	1기	秀魚 腰骨 雜炙 숭어, 등골, 잡적
5	좌반(佐飯)	1기	民魚魚脯 藥脯 藥乾雉 肉醬 細醬 全鰒包 乾雉包 不鹽民魚 鹽脯 鹽乾雉 甘醬炒 민어어포, 약포, 약건치, 육장, 세장, 전복쌈, 건치쌈, 불염민어, 염포, 염건치, 감장초
6	회(膾)	1기	生鰒膾 생복회
7	담침채(淡沈菜)	1기	菁根 무
	장(醬)	2기	艮醬 蟹醬 간장, 게장

1.3 청연군주, 청선군주 진지 각 1상(淸衍郡主 淸璿郡主 進止 各 一床)

每床 七器

상마다 각 7기

2. 미음(米飮)

中路 安養店南邊

가는 도중 안양참 남변에서 올린다.

2월 9일 미음과 같다.

2.1 자궁께 올리는 1반(慈宮進御 一盤)

三器 畵器 圓足鍮錚盤

3기의 음식을 화기에 담아 둥근 굽이 달린 유기 쟁반에 차린다.

	음식명	그릇 수	내용
1	미음 (米飮)	1기	靑粱米飮 中路白米飮 淸具 청량미음, 가는 도중에는 백미음, 꿀을 갖춘다
2	고음 (膏飮)	1기	胖 都干伊 陳鷄 소의 양, 도가니, 묵은닭
3	정과 (正果)	1기	生薑 蓮根 冬苽 桔莄 山査 柚子 木苽 생강, 연근, 동아, 도라지, 산사, 유자, 모과

2.2 청연군주, 청선군주 각 1반(淸衍郡主 淸璿郡主 各 一盤)

每盤 各三器 畵器 圓足鍮錚盤

반마다 각 3기의 음식을 화기에 담아 둥근 굽이 달린 유기 쟁반에 차린다.

	음식명	그릇 수	내용
1	미음 (米飮)	1기	青粱米飮 中路 白米飮 淸具 청량미음, 가는 도중에는 백미음, 꿀을 갖춘다.
2	고음 (膏飮)	1기	胖 都干伊 陳鷄 소의 양, 도가니, 묵은닭
3	정과 (正果)	1기	生薑 蓮根 冬苽 桔莄 山査 柚子 木苽 생강, 연근, 동아, 도라지, 산사, 유자, 모과

노량참(鷺梁站)

3. 주다소반과(晝茶小盤果)

十六日 回鑾時

2월 16일 궁으로 돌아오실 때

2월 9일 조다소반과와 같다.

3.1 자궁께 올리는 1상(慈宮進御一床)

十六器 磁器 黑漆足盤

16기의 음식을 자기에 담아 흑칠족반에 차린다.

	음식명	그릇 수	고임 높이(高)	재료 및 분량
1	각색병 (各色餠)	1기	5치	粘米一斗 白米八升 赤豆四升 菉豆三升 大棗五升 生栗五升 石耳五升 乾柿三串 眞油一升 實栢子一升 艾一升 淸二升 生薑二升 辛甘草末三合 梔子一錢 松古三片 桂皮末一兩 찹쌀 1말, 멥쌀 8되, 팥 4되, 녹두 3되, 대추 5되, 밤 5되, 석이 5되, 곶감 3꼬치, 참기름 1되, 잣 1되, 쑥 1되, 꿀 2되, 생강 2되, 승검초가루 3홉, 치자 1돈, 송기 3조각, 계핏가루 1냥
2	약반 (藥飯)	1기		粘米大棗實生栗各三升 眞油五合 淸一升五合 實栢子艮醬各一合 찹쌀 3되, 대추 3되, 밤 3되, 참기름 5홉, 꿀 1되5홉, 잣 1홉, 간장 1홉
3	면 (麪)	1기		木末三升 菉末五合 生雉一脚 黃肉三兩 鷄卵三箇 艮醬一合 胡椒末一夕 메밀가루 3되, 녹말 5홉, 꿩 1각, 쇠고기 3냥, 달걀 3개, 간장 1홉, 후춧가루 1작

계속

	음식명	그릇 수	고임 높이(高)	재료 및 분량
4	다식과 (茶食果)	1기	5치	眞末一斗 眞油淸各四升 乾薑末五分 桂皮末一錢 實栢子五合 胡椒末五夕 砂糖一圓 밀가루 1말, 참기름 4되, 꿀 4되, 생강가루 5푼, 계핏가루 1돈, 잣 5홉, 후춧가루 5작, 사탕 1원
5	각색연사과 (各色軟絲果)	1기	4치	粘米五升 細乾飯眞油各二升 芝草五兩 淸五合 白糖一斤五兩 實栢子三升五合 찹쌀 5되, 세건반 2되, 참기름 2되, 지초 5냥, 꿀 5홉, 백당 1근 5냥, 잣 3되 5홉
6	각색다식 (各色茶食)	1기	4치	黃栗黑荏子松花葛粉各二升五合 臙脂三椀 淸一升六合 五味子三合 말린 밤 2되5홉, 흑임자 2되5홉, 송화 2되5홉, 칡전분 2되5홉, 연지 3사발, 꿀 1되6홉, 오미자 3홉
7	각색당 (各色糖)	1기	4치	八寶糖 門冬糖 玉春糖 人蔘糖 菓子糖 五花糖 雪糖 氷糖 橘餠合四斤 팔보당, 문동당, 옥춘당, 인삼당, 과자당, 오화당, 설탕, 빙당, 귤병 합하여 4근
8	산약 (山藥)	1기	3치	山藥六丹 마 6단
9	조란 율란 (棗卵 栗卵)	1기	4치	大棗五升五合 熟栗五升五合 黃栗二升五合 桂皮末四錢 淸一升五合 實栢子四升 대추 5되5홉, 삶은 밤 5되5홉, 말린 밤 2되 5홉, 계핏가루 4돈, 꿀 1되 5홉, 잣 4되
10	각색정과 (各色正果)	1기	3치	蓮根七本 山査三升五合 柑子柚子生梨木苽各四箇 冬苽四片 生薑一升五合 淸二升二合 연근 7뿌리, 산사 3되5홉, 감귤 4개, 유자 4개, 배 4개, 모과 4개, 동아 4조각, 생강 1되5홉, 꿀 2되2홉
11	수정과 (水正果)	1기		生梨七箇 淸五合 胡椒五夕 배 7개, 꿀 5홉, 후추 5작
12	별잡탕 (別雜湯)	1기		黃肉熟肉胖昆者巽猪胞猪肉熟猪肉各二兩 頭骨半部 秀魚半半尾 陳鷄一脚 海蔘鷄卵各二箇 全鰒菁根各一箇 靑苽半箇 朴古之一吐里 水芹半丹 眞油艮醬各一合 菉末蕈古各五夕 實栢子胡椒末各二夕 쇠고기 2냥, 숙육 2냥, 소의 양 2냥, 곤자소니 2냥, 저포 2냥, 돼지고기 2냥, 숙저육 2냥, 두골 ½부, 숭어 ¼마리, 묵은닭 1각, 해삼 2개, 달걀 2개, 전복 1개, 무 1개, 오이 ½개, 박고지 1토리, 미나리 ½단, 참기름 1홉, 간장 1홉, 녹말 5작, 표고버섯 5작, 잣 2작, 후춧가루 2작
13	완자탕 (莞子湯)	1기		菁根三箇 陳鷄二首 黃肉胖猪肉各三兩 海蔘鷄卵各五箇 全鰒三箇 昆者巽二部 靑苽二箇 菉末一合 蕈古一合 胡椒末五夕 艮醬二合 무 3개, 묵은닭 2마리, 쇠고기 3냥, 소의 양 3냥, 돼지고기 3냥, 해삼 5개, 달걀 5개, 전복 3개, 곤자소니 2부, 오이 2개, 녹말 1홉, 표고버섯 1홉, 후춧가루 5작, 간장 2홉
14	각색전유화 (各色煎油花)	1기	4치	秀魚三尾 肝二斤 胖三斤 生雉二首 鷄卵一百箇 眞油三升 眞末菉末木末各二升 鹽七合 숭어 3마리, 간 2근, 소의 양 3근, 꿩 2마리, 달걀 100개, 참기름 3되, 밀가루 2되, 녹말 2되, 메밀가루 2되, 소금 7홉

계속

	음식명	그릇 수	고임 높이(高)	재료 및 분량
15	화양적 (華陽炙)	1기	4치	黃肉四斤 胖猪肉八兩 全鰒三箇 海蔘七箇 眞油眞末各二升 石耳蕈古各一合 胡椒三夕 鷄卵四十箇 生葱二十五丹 桔莄二丹 實荏子艮醬各一升 쇠고기 4근, 소의 양 8냥, 돼지고기 8냥, 전복 3개, 해삼 7개, 참기름 2되, 밀가루 2되, 석이 1홉, 표고버섯 1홉, 후춧가루 3작, 달걀 40개, 파 25단, 도라지 2단, 실깨 1되, 간장 1되
16	편육 (片肉)	1기	4치	熟肉猪肉各六斤 숙육 6근, 돼지고기 6근
	청 (淸)	1기		淸三合 꿀 3홉
	초장 (醋醬)	1기		艮醬二合 醋一合 實栢子一夕 간장 2홉, 초 1홉, 잣 1작
	상화 (床花)	10개 (箇)		小水波蓮紅桃別三枝花別建花各一箇 紅桃間花三箇 紙間花四箇 소수파련 1개, 홍도별삼지화 1개, 별건화 1개, 홍도간화 3개, 지간화 4개

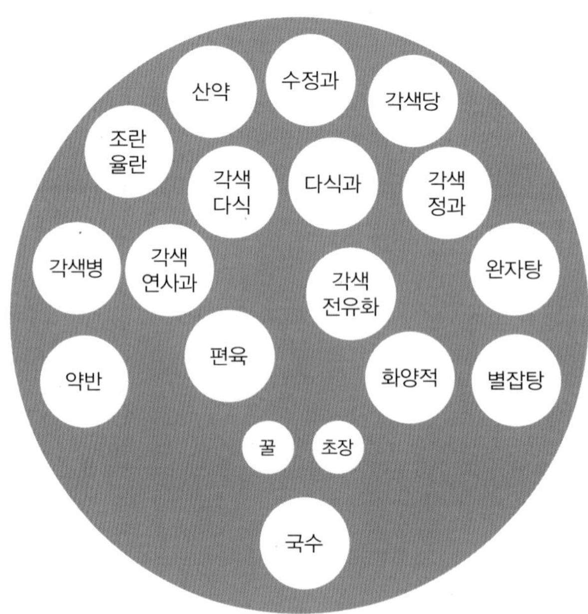

윤2월 16일 자궁께 올린 주다소반과

4. 주수라(晝水剌)

十六日 回鑾時 晝水剌同

2월 16일 궁으로 돌아오실 때

2월 9일 조수라와 같다.

4.1 자궁께 올리는 1상(慈宮進御一床)

十三器 元盤十器 鍮器 挾盤三器 畵器 黑漆足盤

총 13기로, 원반에는 10기의 음식을 유기에 담고, 협반에는 3기의 음식을 화기에 담아 흑칠족반에 차린다.

	구분	음식명	그릇 수	내용
1	원반(元盤)	반(飯)	1기	赤豆水和炊 팥물로 지은 밥
2		갱(羹)	1기	雜湯 잡탕
3, 4		조치(助致)	2기	軟鷄蒸 骨湯 연계찜, 골탕
5		구이(炙伊)	1기	錦鱗魚 腰骨 胖 雪夜炙 쏘가리, 등골, 소의 양, 설야적
6		좌반(佐飯)	1기	鹽民魚 不鹽民魚 片脯 鹽脯 鹽松魚 乾雉 全鰒包 醬卜只 염민어, 불염민어, 편포, 염포, 염송어, 건치, 전복쌈, 장복기
7		어만두(魚饅頭)	1기	魚饅頭 어만두
8		해(醢)	1기	松魚卵 大口卵 白蝦醢 송어알, 대구알, 백하젓
9		채(菜)	1기	熟菜 숙채
10		담침채(淡沈菜)	1기	菁根 무
		장(醬)	3기	艮醬 蒸甘醬 醋醬 간장, 증감장, 초장
11	협반(挾盤)	양복기(胖卜只)	1기	胖卜只 양복기
12		전복숙(全鰒熟)	1기	全鰒熟 전복숙
13		각색적(各色炙)	1기	乫飛 牛足 腰骨 生雉 散炙 갈비, 우족, 등골, 꿩 산적

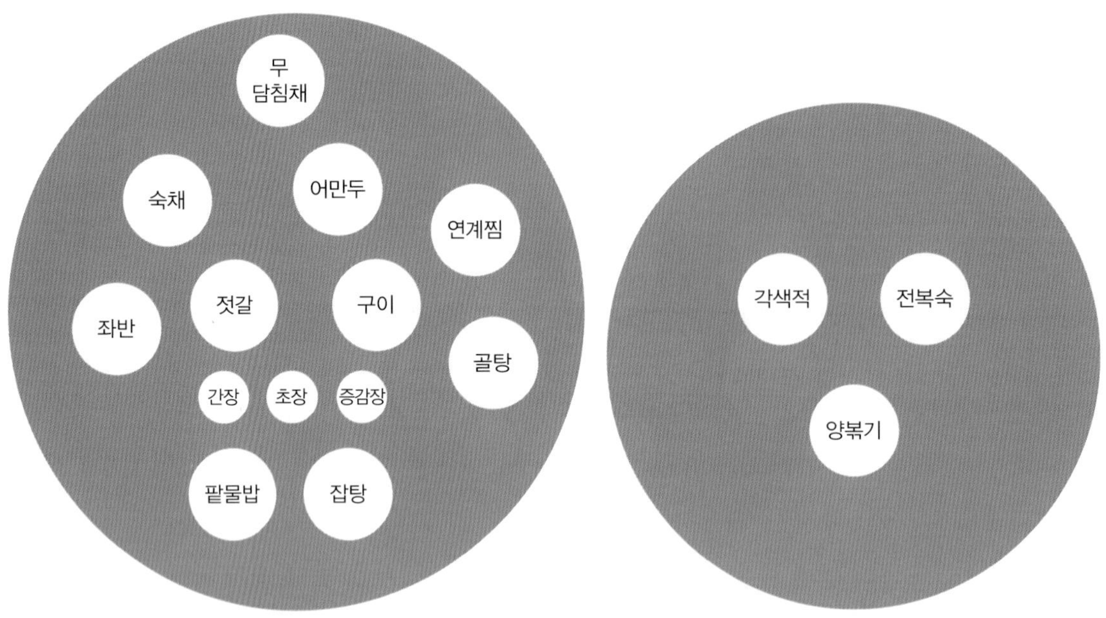

윤2월 16일 자궁께 올린 주수라

4.2 대전께 올리는 1상(大殿進御 一床)

七器 鍮器 黑漆足盤

7기의 음식을 유기에 담아 흑칠족반에 차린다.

	음식명	그릇 수	내용
1	반 (飯)	1기	赤豆水和炊 팥물로 지은 밥
2	갱 (羹)	1기	雜湯 잡탕
3	찜 (蒸)	1기	軟鷄蒸 연계찜
4	구이 (炙伊)	1기	錦鱗魚 腰骨 雪夜炙 쏘가리, 등골, 설야적
5	회 (膾)	1기	肉膾 육회
6	담침채 (淡沈菜)	1기	菁根 무

계속

	음식명	그릇 수	내용
7	좌반 (佐飯)	1기	鹽民魚 不鹽民魚 片脯 藥脯 鹽脯 乾雉 全鰒 醬卜只 염민어, 불염민어, 편포, 약포, 염포, 건치, 전복, 장복기
	장 (醬)	3기	艮醬 蒸甘醬 水醬 간장, 증감장, 수장

4.3 청연군주 청선군주 진지 각 1상(淸衍郡主淸璿郡主進止各 一床)

每床 各 七器

상마다 각 7기

因下敎盤器饌品依御床 磨鍊故不疊錄 以下各站並同

반기와 찬품은 어상에 의거하여 마련하도록 전교를 내렸으므로, 기록을 중복하지는 않으며 이하의 각 참에서도 이와 같다.

5. 미음(米飮)

2월 9일 미음과 같다.

5.1 자궁께 올리는 1반(慈宮進御 一盤)

三器 畫器 圓足鍮錚盤

3기의 음식을 화기에 담아 둥근 굽이 달린 유기 쟁반에 차린다.

	음식명	그릇 수	내용
1	미음 (米飮)	1기	白甘米飮 中路 白米飮 淸具 백감미음, 가는 도중에는 백미음, 꿀을 갖춘다.
2	고음 (膏飮)	1기	胖 全鰒 陳鷄 紅蛤 소의 양, 전복, 묵은닭, 홍합
3	정과 (正果)	1기	山查 木苽 柚子 東苽 生梨 生薑 煎藥 산사, 모과, 유자, 동아, 배, 생강, 전약

5.2 청연군주 청선군주 각 1반(淸衍郡主 淸璿郡主 各 一盤)

每盤 各三器 畵器 圓足鍮錚盤

반마다 각 3기의 음식을 화기에 담아 둥근 굽이 달린 유기 쟁반에 차린다.

	음식명	그릇 수	내용
1	미음 (米飮)	1기	白甘米飮 中路 白米飮 淸具 백감미음, 가는 도중에는 백미음, 꿀을 갖춘다.
2	고음 (膏飮)	1기	胖 全鰒 陳鷄 紅蛤 소의 양, 전복, 묵은닭, 홍합
3	정과 (正果)	3기	山査 木瓜 柚子 東瓜 生梨 生薑 煎藥 산사, 모과, 유자, 동아, 배, 생강, 전약

4부

일상식의 음식과 조리법

일상식의 음식과 조리법

《원행을묘정리의궤》에 기록된 일상식을 주식류, 찬물류로 분류하여 고찰하였다.

1. 주식류(主食類)

주식류는 밥, 죽, 미음, 국수(면), 만두, 떡국(병갱), 분탕 등이 기록되어 있었다.

1) 밥[飯 반]

밥은 수라상에 올렸으며, 팥물밥[赤豆水和炊]과 쌀밥[白飯]이었다. 수라상에 올린 밥은 팥물밥 13회, 쌀밥 6회로 팥물밥을 올리는 횟수가 많았다.

● 반수라의 내용

날짜	장소	상차림	대상 자궁	대전 · 군주
윤2월 9일	노량참	조수라	팥물밥(적두수화취)	팥물밥(적두수화취)
	시흥참	석수라	팥물밥(적두수화취)	팥물밥(적두수화취)
윤2월 10일	시흥참	조수라	팥물밥(적두수화취)	팥물밥(적두수화취)
	사근참	주수라	팥물밥(적두수화취)	팥물밥(적두수화취)
	화성참	석수라	쌀밥(백반)	쌀밥(백반)
윤2월 11일	화성참	조수라	팥물밥(적두수화취)	팥물밥(적두수화취)
		석수라	쌀밥(백반)	쌀밥(백반)
윤2월 12일	화성참	조수라	팥물밥(적두수화취)	팥물밥(적두수화취)
	원소참	주수라	팥물밥(적두수화취)	팥물밥(적두수화취)
	화성참	석수라	쌀밥(백반)	쌀밥(백반)
윤2월 13일	화성참	조수라	쌀밥(백반)	쌀밥(백반)
		석수라	팥물밥(적두수화취)	팥물밥(적두수화취)
윤2월 14일	화성참	조수라	쌀밥(백반)	쌀밥(백반)
		석수라	팥물밥(적두수화취)	팥물밥(적두수화취)
윤2월 15일	화성참	조수라	쌀밥(백반)	쌀밥(백반)
	사근참	주수라	팥물밥(적두수화취)	팥물밥(적두수화취)
	시흥참	석수라	팥물밥(적두수화취)	팥물밥(적두수화취)
윤2월 16일	시흥참	조수라	팥물밥(적두수화취)	팥물밥(적두수화취)
	노량참	주수라	팥물밥(적두수화취)	팥물밥(적두수화취)

(1) 팥물밥[赤豆水和炊 적두수화취]

팥물밥은 윤2월 9일 조수라·석수라, 윤2월 10일 조수라·주수라, 윤2월 11일 조수라, 윤2월 12일 조수라·주수라, 윤2월 13일·14일 석수라, 윤2월 15일 주수라·석수라, 윤2월 16일 조수라·주수라에 자궁과 대전께 올렸다. 재료와 분량에 대한 기록은 없다.

팥물밥은 《규합총서(閨閤叢書)》(1809)에 좋은 붉은팥을 통째로 진하게 삶아 그 팥은 건지고, 팥물에 좋은 쌀로 밥을 지으면 맛이 별스럽게도 좋다고 기록되어 있으며, 이후 1900년대의 조리서에는 중등밥으로 명칭이 바뀌었다. 《조선무쌍신식요리제법(朝鮮無雙新式料理製法)》(1924)에 중등밥(赤豆軟飯)으로, 《우리나라 음식 만드는 법》(1954)에 '중등밥'이라 하여 팥에 물을 많이 붓고 잘 삶아서 무른 후에 조리로 팥을 다 건지고, 팥물에 쌀을 넣어서 밥을 지은 것을 중등밥이라 한다고 기록되어 있다. 《이조궁정요리통고(李朝宮庭料理通考)》(1957)에는 팥수라라고 기록되어 있다.

이로 보아 팥물밥은 붉은팥을 푹 삶아 팥물이 진하게 우러났을 때 팥은 건지고 팥물로만 지은 밥이다.

(2) 멥쌀밥[白飯 백반]

멥쌀밥은 윤2월 10일·11일·12일 석수라, 윤2월 13일·14일·15일 조수라에 자궁과 대전께 올렸다. 재료와 분량에 대한 기록은 없다. 멥쌀밥은 일상적인 음식이어서 조리법이 기록된 책은 많지 않다. 《조선무쌍신식요리제법》,《조선요리제법(朝鮮料理製法)》(1917), 《조선음식 만드는 법》(1946), 《우리음식》(1948) 등에 밥 짓는 법이 기록되어 있으며, 《이조궁정요리통고》에는 백수라(白水剌)로 기록되어 있다.

밥을 짓는 법은 쌀에 물을 넣고 센불로 끓이다가 불을 줄이고 뜸을 들인다. 《조선음식 만드는 법》과 《이조궁정요리통고》에는 끓는 물로 밥 짓는 법이 기록되어 있었으며, 《조선무쌍신식요리제법》에는 우둔이나 양지머리를 고은 국물로 밥을 지으면 맛이 좋다라고 기록되어 있다.

2) 죽(粥)

죽은 죽수라, 주다소반과, 만다소반과에 올렸다. 죽수라에서는 백미죽만 올리고, 주다소반과에서는 백자죽, 만다소반과에서는 백감죽과 두죽을 올렸다.

죽의 재료로는 멥쌀을 사용하였고, 다소반과에는 멥쌀 외에 잣, 찹쌀, 팥, 백감 등 다양한 재료를 사용하였다.

● 죽의 종류

날짜	장소	상차림	자궁	대전
윤2월 11일	화성참	죽수라	멥쌀죽(백미죽)	멥쌀죽(백미죽)
		주다소반과	잣죽(백자죽)	잣죽(백자죽)
윤2월 13일	화성참	죽수라	멥쌀죽(백미죽)	멥쌀죽(백미죽)
		만다소반과	식혜암죽(백감죽), 팥죽(두죽)	식혜암죽(백감죽), 팥죽(두죽), 두죽
윤2월 14일	화성참	죽수라	멥쌀죽(백미죽)	멥쌀죽(백미죽)

죽은 쌀의 5~6배의 물을 더 붓고 오래 끓여 곡물 알갱이가 흠씬 무르게 푹 퍼지도록 만든 음식이다. 《성호사설(星湖僿說)》(1681)에 의하면 아침에 먹는 조반은 흰죽이었다고 하며, 이를 자릿조반이라고도 한다.

죽의 기본은 쌀로 만든 흰죽이며 이외에 콩죽, 팥죽, 녹두죽, 잣죽, 밤죽, 우유죽과 같이 부재료를 넣어서 만드는 것이 있다.

(1) 멥쌀죽[白米粥 백미죽]

멥쌀죽은 윤2월 11일·13일·14일 죽수라에 자궁과 대전께 올렸다. 재료와 분량에 대한 기록은 없다. 《동의보감(東醫寶鑑)》(1610), 《성호사설》, 《조선왕조실록(朝鮮王朝實錄)》(조선 태조~철종 연간), 《사가집(四佳集)》(1488), 《증보산림경제(增補山林經濟)》(1766)에서는 백미로 만든 죽을 이른 새벽에 늘 먹으면 위기(胃氣)를 퍼뜨리고, 진액을 생겨나게 하여, 몸과 맘을 건강하게 하는 양생(養生)에 도움이 되는 음식이라 하였다.

《농정회요(農政會要)》(1830)와 《증보산림경제》에 의하면 흰죽을 쑤는 데 사용하는 쌀은 늦벼(만생종) 멥쌀을 사용하여 진하게 쑤어 먹는다고 하였다. 죽을 쑤는 솥으로는 돌솥, 무쇠솥, 주석솥의 순으로 좋다고 하였다. 죽을 쑬 때 좋은 물을 사용하면 맛이 좋고, 샘물이 나쁘면 노랗게 되어 좋지 않다고 하였다. 《주식시의(酒食是義)》(1800년대 후반), 《조선요리제법》, 《조선무쌍신식요리제법》, 《조선요리법(朝鮮料理法)》(1939), 《우리음식》, 《(사철)우리나라 음식 만드는 법》(1954) 등에도 멥쌀죽을 쑤는 조리법이 기록되어 있다.

《조선요리제법》에서는 죽을 쑬 때, 쌀의 형태에 따라 통쌀을 그대로 사용하는 옹근죽, 쌀알을 반쯤 맷돌에 갈아서 쑤는 원미죽, 불린 쌀을 갈아 체에 걸러서 쑤는 무리죽이 있다고 하였다.

죽을 쑬 때 사용하는 물의 양은 불린 쌀의 5배 정도이며, 약간의 소금으로 간을 하였다.

(2) 잣죽[栢子粥 백자죽]

잣죽은 윤2월 11일 주다소반과에 자궁과 대전께 올렸다. 《원행을묘정리의궤》의 잣죽은 멥쌀 1되에 잣 1되 5홉으로, 쌀보다 잣의 함량이 더 많은 죽이다. 《동의보감》에서 잣은 오장을 살찌우고 윤택하게 하므로 죽을 쑤어 늘 먹으면 좋다고 하였다. 잣죽의 조리법이 기록된 문헌은 《산가요록(山家要錄)》(1450), 《증보산림경제》, 《농정회요》, 《군학회등(群學會騰)》(1800년대 중엽), 《주식시의》, 《조선요리제법》(1924), 《조선무쌍신식요리제법》, 《조선요리법》, 《조선음식 만드는 법》, 《우리음식》, 《이조궁정요리통고》 등이었다.

《산가요록》의 잣죽은 원미죽에 잣을 곱게 다져 넣고 가늘게 썬 생강을 넣어 끓인 죽이고, 그

이후의 문헌에 기록된 잣죽은 잣과 쌀을 갈아서 무리로 만들어 쑤는 무리죽이었다.

쌀과 잣의 비율은 문헌마다 차이가 있었다. 즉 《주식방문》(1847 또는 1907), 《조선음식 만드는 법》과 《이조궁정요리통고》에서는 잣과 쌀을 동량으로 사용하였고, 《조선요리제법》에서는 잣의 양이 쌀의 반이었다. 《주식시의》, 《조선요리제법》, 《조선무쌍신식요리제법》, 《조선요리법》, 《우리음식》에서는 《원행을묘정리의궤》의 잣죽과 같이 잣의 함량이 쌀보다 많았다.

(3) 두죽(豆粥 팥죽)

두죽은 윤2월 13일 만다소반과에 자궁과 대전께 올렸다. 《원행을묘정리의궤》에 기록된 두죽의 재료는 백미 1되, 팥 1되, 찹쌀 5홉인 것으로 보아 콩죽이 아니고 팥죽이다.

《산가요록》의 팥죽은 붉은팥을 삶아 곱게 가루내어 볕에 말려 두었다가 멥쌀을 넣어 쑤는 죽이다. 《조선요리제법》, 《조선무쌍신식요리제법》, 《조선음식 만드는 법》, 《우리나라 음식 만드는 법》, 《이조궁정요리통고》에서는 팥을 삶은 후 윗물만 솥에 붓고 쌀과 함께 끓이다가 가라앉은 팥 앙금을 넣고 죽을 쑨다고 하였다.

현재의 두죽은 콩죽으로 알려져 있으나 조선 초기에는 팥죽을 두죽이라 하였으며, 조리법도 볕에 말린 팥가루를 사용하는 방법에서 팥을 삶아서 그대로 쑤는 방법으로 변화된 것을 알 수 있다.

(4) 식혜암죽[百甘粥 백감죽]

식혜암죽은 윤2월 13일 만다소반과에 자궁과 대전께 올렸다. 《원행을묘정리의궤》에 기록된 식혜암죽의 재료는 멥쌀 1되, 식혜 5홉이었다. 《조선음식 만드는 법》, 《우리나라 음식 만드는 법》의 식혜암죽은 식혜 물에 쌀가루를 넣어 죽을 쑤는 방법이다. 이로 보아 식혜암죽은 식혜를 체에 거른 물에 쌀을 넣고 끓인 죽으로 보인다.

3) 미음(米飮)

미음으로는 대추미음 6회, 백미음 5회, 차조미음(靑粱米飮) 3회, 메조미음(黃粱米飮) 1회, 백감미음 1회, 삼합미음 1회, 가을보리 미음 1회를 올렸다. 미음은 출발할 때, 중로, 돌아올 때 각각 다른 미음을 올렸으며, 올릴 때는 꿀과 함께 올렸다. 미음은 중로에서 자궁과 군주에게만 올렸고, 대전께는 올리지 않았다.

● 미음의 종류

날짜	장소	자궁 · 군주	비고
윤2월 9일	노량참	대추미음	
	중로(마장천교북)	백미음	
	시흥참	대추미음	
	중로(안양참남변)	백미음	
윤2월 10일	사근참	가을보리미음(추모미음)	
	중로(일용리전로)	백미음	
	화성행궁	대추미음	참배하러 갈 때
윤2월 12일	중로(대황교남변)	백미음	원소참으로 가는 중로
	화성행궁	삼합미음	참배에서 돌아왔을 때
	원소참	백미음	재실로 갈 때
	중로(대황교남변)	대추미음	
윤2월 13일	원소참	차조미음(청량미음)	능에 참배할 때
	화성참	미음	진찬 때 소별미상에 올림 대추미음으로 보임
	중로(대황교 남변)	메조미음(황량미음)	궁으로 돌아갈 때
윤2월 15일	사근참	차조미음(청량미음)	
윤2월 16일	시흥참	차조미음(청량미음)	
	노량참	백감미음	

미음은 쌀이나 좁쌀에 물을 10배 이상 붓고 푹 끓인 후 체에 밭쳐 국물만 마시는 유동식이다.

(1) 백미음(白米飮)

백미음은 윤2월 9일·10일·12일 중로에서 자궁과 군주께 올렸다. 재료와 분량에 대한 기록은 없다. 《식료찬요(食療纂要)》(1460)에는 입쌀[稻米]을 맑은 물에 갈아 미음을 쑨다고 하였다. 《우리음식》에는 쌀 분량에 5배의 물을 붓고 끓여 체에 밭친 다음 소금을 쳐서 먹는다고 하였다. 미음을 끓일 때 넘치지 않게 하고 수저로는 젓지 않으며, 불에 유의하여 처음에는 왈칵 세게 끓게 하고 나중에는 뭉근하게 끓여서 퍼지게 해야 한다. 물 분량은 좀 되게 할 때와 묽게 할 때에 따라 달리하면 된다고 하였다.

(2) 대추미음[大棗米飮 대조미음]

대추미음은 윤2월 9일 노량참·시흥참, 윤2월 12일 화성참·중로에서 자궁과 군주께 올렸고, 윤2

월 13일 진찬의 소별미상에 자궁·대전·군주께 올렸다. 소별미상에는 미음으로 기록되었지만 재료로 멥쌀 1되, 대추 2되, 꿀 2홉이 기록된 것을 보아 대추미음으로 보인다.

대추미음은 《조선무쌍신식요리제법》에서는 대추를 무르도록 찌고 말린 것과 찹쌀로 쑤어 만드는 것이고, 《조선요리법》에서는 대추, 쌀, 황률을 뭉근히 고아 흐물흐물해지면 체에 밭쳐 먹는 것이며, 《우리음식》에서는 찹쌀과 대추를 넣고 보통 미음과 같이 쑤는 것인데, 대추를 넣고 조금 더 오래 끓여 만드는 것이었다.

(3) 백감미음(白甘米飮)

백감미음은 윤2월 16일 노량참에서 자궁과 군주께 올렸다. 재료와 분량에 대한 기록이 없고 고문헌에서도 조리법을 찾을 수 없다. 명칭으로 보아 식혜를 체에 밭친 물에 쌀을 넣어 쑨 것을 다시 체에 밭친 미음으로 보인다.

(4) 차조미음[靑粱米飮 청량미음]

차조미음은 윤2월 12일 원소참, 윤2월 15일 사근참·시흥참에서 자궁과 군주께 올렸다. 재료와 분량에 대한 기록은 없다. 《우리나라 음식 만드는 법》, 《조선음식 만드는 법》, 《이조궁정요리통고》에서는 차조, 대추, 황률, 인삼을 함께 넣고 푹 고아 퍼질 정도가 되면 체에 밭쳐 소금을 넣은 음식이었다.

(5) 메조미음[黃粱米飮 황량미음]

메조미음은 윤2월 15일 중로에서 자궁과 군주께 올렸다. 재료와 분량에 대한 기록은 없다. 메조미음은 《조선요리제법》, 《조선무쌍신식요리제법》, 《조선요리법》, 《우리음식》, 《(사철)우리나라음식 만드는법》(1954), 《이조궁정요리통고》 등에 기록되어 있으며, 조리법은 메조와 멥쌀을 푹 끓여서 퍼지면 체에 밭여 소금 또는 생강즙과 설탕을 넣는 것이었다.

(6) 가을보리미음[秋牟米飮 추모미음]

가을보리미음은 윤2월 10일 사근참에서 자궁과 군주께 올렸다. 재료와 분량에 대한 기록이 없고 고문헌에서도 조리법을 찾을 수 없다. 가을보리는 가을에 씨를 뿌려 이듬해 초여름에 거두어들이는 보리로, 추맥(秋麥) 또는 추모(秋麰)라고 한다. 가을보리미음은 가을보리에 물을 많이 넣고 오래 끓여 체에 밭친 미음으로 보인다.

(7) 삼합미음(蔘蛤米飮)

삼합미음은 윤2월 12일 화성참에서 자궁과 군주께 올렸다. 재료와 분량에 대한 기록은 없다. 《시의전서(是議全書)》(1800년대 말)에서는 삼합미음(三合米飮)이라 하였다. 《주식시의》의 삼합미음은 전복·해삼·홍합·쇠고기의 살을 통째로 함께 푹 고은 후 여기에 찹쌀을 넣고 끓여 밭친 것이다. 먹을 때 3년 묵은 장을 쳐서 먹으면 노인과 어린이의 원기를 크게 보하고 병든 사람에게 유익하다고 하였다.

《원행을묘정리의궤》에서는 삼합미음(蔘蛤米飮)으로 기록되어 있어 해삼을 사용했는지 인삼을 사용했는지는 알 수 없다.

4) 국수[麪 면]

국수는 소반과와 진찬에서 자궁과 대전께 윤2월 9일 조다소반과, 윤2월 10일 주다소반과, 윤2월 16일 주다소반과에서는 대전께는 상을 올리지 않고, 자궁께만 올렸다. 또한 윤2월 15일 사근참의 주다소반과에서는 국수 대신 만두탕을, 시흥참의 주다소반과에서는 분탕을 올렸다.

● 면의 내용

날짜	장소	상차림	자궁	대전	비고
윤2월 9일	노량참	조다소반과	면	–	대전께는 상을 올리지 않았음
	시흥참	주다소반과	면	면	
윤2월 10일	사근참	주다소반과	면	–	대전께는 상을 올리지 않았음
	화성참	주다별반과	면	면	
윤2월 12일	화성참	주다소반과	면	면	
	원소참	야다소반과	면	–	대전께는 상을 올리지 않았음
윤2월 13일	화성참	조다소반과	면	면	
		진찬	면	면	
		만다소반과	면	면	
		야다소반과	면	면	
윤2월 14일	화성참	주다소반과	면	면	
		야다소반과	면	면	
윤2월 15일	사근참	주다소반과	만두탕	–	면 대신 올렸음. 대전께는 상을 올리지 않았음
	시흥참	주다소반과	분탕	분탕	면 대신 올렸음
윤2월 16일	노량참	주다소반과	면	–	대전께는 상을 올리지 않았음

국수틀
자료: 대한민국 술테마박물관 제공

소반과에서 올린 국수의 재료와 양은 메밀가루 3되, 녹말 5홉, 꿩 1각, 쇠고기 3냥, 달걀 3개, 간장 1홉, 후춧가루 1작으로 모두 동일하였다. 진찬 때에는 꿩 2각, 달걀 5개, 후춧가루 2작, 우심육 3냥이었다. 재료로 보아 메밀국수로 보인다.

《산가요록》, 《음식디미방[閨壼是議方]》(1670), 《산림경제(山林經濟)》(1715), 《농정회요》, 《임원경제지(林園經濟志)》(1827) 등의 국수 만드는 법은 메밀가루에 차조, 밀가루 또는 녹두가루를 섞어 만들었으며, 《이조궁정요리통고》에서는 국수의 재료로 메밀가루와 녹말가루를 2:1의 비율로 만들었다. 《원행을묘정리의궤》의 면은 메밀가루와 녹말가루를 6:1의 비율로 섞어 면을 만든 것으로 생각된다. 우리나라는 밀이 귀해서 국수의 재료로 메밀을 많이 이용하였다. 메밀에는 글루텐 함량이 적으므로 국수 반죽을 구멍 뚫린 틀에 넣고 강한 압력을 주어 밀어 국수 가닥을 뽑는 '압면'이 주된 국수의 형태였다. 또한, 《음식디미방》의 메밀국수 만드는 법은 반죽한 다음 가늘게 면을 썰어 만드는 것이고, 《산림경제》, 《농정회요》, 《임원경제지》에서는 가루를 반죽하여 국수틀로 누르거나, 더운 물로 반죽하여 칼로 썰어 칼국수처럼 만드는 2가지 방법이 다 기록되어 있었다.

이로 보아 궁중의 국수는 메밀가루와 녹말가루를 섞어 반죽하여 썰어 만들거나 국수틀에 눌러 만들어 꿩·쇠고기 육수에 말고 꿩고기, 쇠고기, 달걀로 고명을 하고 후춧가루와 간장으로 간을 맞춘 것으로 보인다.

5) 만두(饅頭)

만두는 양만두, 어만두, 채만두, 생치만두, 침채만두, 골만두, 각색만두 등 7종이 있었다. 어만두를 가장 많이 올렸고, 어만두는 자궁께 9회, 대전께 3회 올렸고, 윤2월 13일 조다소반과에서는 자궁과 대전께 어만두 탕으로 올렸다. 골만두는 윤2월 16일 돌아오실 때 갱(羹) 대신 올렸다. 양만두는 자궁께만 윤2월 9일·11일 조수라에 올렸고, 채만두는 자궁께 2회, 대전께 1회, 각색만두는 자궁께 3회, 대전께 1회, 어육만두는 자궁께 1회, 생치만두와 골만두는 자궁과 대전께 각 1회 올렸다.

만두(饅頭)는 밀가루나 메밀가루에 물을 넣고 반죽하여 얇게 밀어 만든 만두피 속에 채소, 고기 등의 소를 넣고 빚어 찌거나 삶은 음식이다. 소의 재료에 따라 채소만두, 고기만두, 꿩만두, 김치만두, 만두피의 종류에 따라 밀만두, 메밀만두, 어만두, 양만두, 천엽만두, 골만두 등이 있다. 그 밖에 만둣국, 찐만두 등이 있다.

● 만두의 내용

날짜	장소	상차림	자궁	대전	비고
윤2월 9일	노량참	조수라	양만두	–	협반에 자궁께만 드림
	시흥참	석수라	어만두	–	협반에 자궁께만 드림
		야다소반과	채만두	채만두	
윤2월 10일	사근참	주수라	각색만두(어육만두)	–	협반에 자궁께만 드림
	화성참	야다소반과	생치만두	생치만두	
윤2월 11일	화성참	조수라	양만두	–	원반에 자궁께만 드림
		주다소반과	어만두	–	자궁께만 드림
윤2월 12일	원소참	주수라	양만두	–	조치로 올렸음
	원소참	주다소반과	어만두	–	대전께는 상차림이 없음
	화성참	석수라	어만두		원반에 자궁께만 드림
윤2월 13일	화성참	조수라	생복만두탕	생복만두탕	
		조다소반과	어만두탕	어만두탕	
		진찬	각색만두, 어만두	–	자궁께만 드림
		소별미	침채만두, 어만두	침채만두	
		만다소반과	어만두	어만두	
윤2월 14일	화성참	조수라	각색만두	각색만두	
윤2월 15일	사근참	주다소반과	만두탕	–	대전께는 상차림이 없음
	시흥참	야다소반과	채만두	채만두	
윤2월 16일	시흥참	조수라	골만두	골만두	갱 대신 올렸음
	노량참	주수라	어만두	–	원반에 자궁께만 드림

(1) 양만두(胖饅頭)

양만두는 윤2월 9일·11일 조수라에 자궁께 올렸고, 윤2월 12일 주수라에는 조치로 자궁께 올렸다. 재료와 분량에 대한 기록은 없다.

《주찬(酒饌)》(1800년대 초엽)에서는 "양을 안팎의 껍질을 벗겨 버리고, 길이와 너비가 각각 2치 정도 되도록 얇게 떠서, 칼날로 많이 두드려 놓았다가 녹말로 잠깐 이긴다.[51] 그런 다음, 여러 가지 소를 양념하여 어만두처럼 싸서 녹말에 굴려 손으로 가장자리를 여미거나 꿰맨다. 이것을 채광주리에 담아 끓는 물에 삶아서 냉수에 넣었다가 양념한 초장에 찍어 먹는다."고 하였다. 이로 보아 양만두는 소의 위(양)을 껍질로하여 소를 넣어 가장자리를 꿰맨 후 끓는 물에 삶아낸 만두로 보인다.

(2) 골만두(骨饅頭)

골만두는 윤2월 16일 조수라에서 자궁과 대전상에 갱(羹) 대신 올렸다. 재료와 분량에 대한 기록은 없다. 1829년 《진찬의궤》의 오미(五味)에 골만두가 기록되어 있다. 골만두는 두골(頭骨)을 만두피로 하여 녹말가루를 묻혀 어만두처럼 만들었거나, 또는 모든 재료를 함께 다져 양념하여 둥글게 빚어 녹말가루에 굴려 굴린만두처럼 만들었을 것으로 생각된다.

(3) 꿩만두[生雉饅頭 생치만두]

꿩만두는 윤2월 10일 야다소반과에 자궁과 대전께 올렸다. 재료와 양은 메밀가루 1되, 꿩 1각, 묵은닭 1각, 숙저육 2냥, 두부 1모, 잣 5작, 참기름 5작이었다. 무자(戊子) 《진작의궤》(1828)에서는 메밀가루, 생치, 우내심육(牛內心肉), 돼지다리(猪脚), 생강(生薑), 파(生葱), 간장(艮醬), 후춧가루, 참기름, 잣이 사용되었다.

꿩만두의 조리방법에 대해서는 《주찬》에서 "날 꿩을 삶아서 난도질하여 이긴 다음 종이처럼 얇게 만들어 둔다. 또, 삶은 무와 두부를 체에 걸러서 어육, 간장, 기름, 생강, 파, 후춧가루를 섞어 이긴 다음 냄비에 기름을 두르고 볶는다. 생강과 파는 세게 볶지 않으며, 약간 볶아 내어 잣가루를 섞어 넣고 이겨서 소를 만든다. 이것을 앞의 날 꿩고기로 만두처럼 싸서 메밀가루를 묻히고 끓는 물에 잠깐 삶아 내어 양념한 초장에 찍어 먹는다."고 하였다. 《임원경제지》에서는 "꿩의 뼈를 제거하고 손질한 살코기를 물에 삶아 건져내어 도마 위에 놓고 칼로 곱게 다진다. 다진 꿩고기를 만두껍질로 하여 소를 싸서 송편 모양으로 빚는다. 소는 두부, 고기, 채소, 파, 후추 등으로 만든다. 메밀가루를 묻혀 끓는 물에 삶아내고 초장을 곁들여 낸다."고 하였다. 이로 보아 꿩만두는 꿩을 삶아 다진 것을 만두피로 하여 만들었거나, 다진 것을 소에 묻힌 후 메밀가루를 묻혀 만든 굴린만두의 형태로 보이지만 《원행을묘정리의궤》의 꿩만두는 메밀가루의 양이 많은

---

51) 이기다: 가루나 흙 따위에 물을 부어 반죽하다.

것으로 보아 메밀가루를 반죽하여 만두피를 만들고 꿩, 닭, 돼지고기, 두부, 잣을 소로 하여 빚은 것으로 보인다.

(4) 어만두(魚饅頭)

● 어만두의 재료와 분량

재료 / 날짜	숭어	쇠고기	숙육	반숙육	숙저육	저각	양	꿩	진계	두부	참기름	생강	파	잣	녹말	소금	후춧가루
윤2월 11일	2마리		1근 8냥		1근		1근	1마리	1마리	1모	2홉	2각	1단	1홉	1되		1작
윤2월 12일	1마리			1근 3냥	1근 3냥		10냥	1마리	1마리	1모	1홉 5작	2각	½단	1홉	7홉	2홉	1작
윤2월 13일 진찬	6마리	2근				2부					5홉				2되	1홉	1홉
윤2월 13일 소별미	2마리		5근		5근				2각	5홉	2홉	2홉	2줌	2홉	5홉	1홉	2작
윤2월 13일 만다소반과	2마리		1근 8냥		1근		1근	1마리	1마리	1모	3홉	2각	1단	1홉 5작	1되 5홉	2홉	1작

어만두는 윤2월 9일 석수라, 윤2월 11일 주다소반과, 윤2월 12일 주다소반·석수라, 윤2월 13일 진찬·소별미, 윤2월 16일 주수라 때 자궁께 올렸으며, 2월 13일 만다소반과에서는 자궁과 대전께 올렸다. 만두 종류 중에서 어만두를 가장 많이 올렸다.

어만두는《산가요록》에 생선을 얇게 저민 후 소를 넣고 녹두가루나 찹쌀가루를 묻힌 다음 물에 삶고 다시 녹두가루를 묻혀 물에 삶아 내어 여름에는 차게, 겨울에는 따뜻하게 초장과 함께 먹는 것이다.《수운잡방(需雲雜方)》(1540년경)에서는 "날 숭어를 얇게 저며 두고, 삶은 어육과 표고, 생강, 초피, 파, 기름, 간장, 깨를 함께 섞어 많이 두드려 이긴 것을 소로 해서 싸고 가장자리를 여민다. 이것을 삶아서 냉수에 넣었다가 초장에 찍어 먹는다."고 하였다.《음식디미방》,《산림경제》,《농정회요》,《임원경제지》,《조선무쌍신식요리제법》에서도 어만두가 기록되어 있는데 만드는 법은 비슷하며 어만두의 재료로 숭어가 제일 좋다고 하였다.《윤씨음식법》(1854)에서는 "소의 재료로 두부, 간, 양, 돼지고기, 생강, 파, 후추, 잣가루를 넣는다. 사용하는 생선으로는 숭어가 가장 적합하다고 하였으며 농어로 만들면 둔하고 잘라지기 쉬워 좋지 않다. 제사상에 놓을 것은 크게, 보통 먹을 것은 모시조개 크기만 하게 만든다."고 하였다. 이로 보아 어만두는 숭어의 살을 얇게 저며서 만두피로 삼아 소를 넣어 만든 만두로 보인다.

(5) 어만두탕(魚饅頭湯)

어만두탕은 윤2월 13일 조다소반과에서 자궁과 대전께 올렸다. 만두탕의 재료는 숭어 1마리, 숙육 8냥, 저육 8냥, 꿩 2각, 묵은닭 2각, 두부 1모, 참기름 1홉, 생강 1뿔, 파 ½단, 잣 1홉, 녹말 1되, 소금 2홉, 후춧가루 1작이었다. 만두피로 숭어를 사용하고, 소로는 숙육, 저육, 양, 꿩, 묵은닭, 두부를 사용하였고, 양념으로는 참기름, 생강, 파, 잣, 소금, 후춧가루를 사용하였다. 《주찬》의 어만두탕은 장국에 꾸미[52]를 넣고 끓인 후, 먼저 어육을 잘게 썰어 넣고 가장자리를 곱게 여민 어만두를 넣어서 국을 끓인 다음, 달걀을 풀어 넣고 산초가루를 뿌려서 먹는 것이었다.

이로 보아 어만두탕은 육수에 어만두를 넣어 끓인 음식으로 보인다.

(6) 채만두(菜饅頭)

채만두는 윤2월 9일·15일 야다소반과에서 자궁과 대전께 올렸다. 재료는 메밀가루 1되, 꿩 1마리, 쇠고기 3냥, 미나리 1단, 파 2단, 생강 1작, 후추 1작, 참기름 2홉이었다. 만두피는 메밀가루를 반죽하고 만두소로 꿩, 쇠고기, 미나리, 파를 사용하였다.

채만두는 고조리서에서는 조리법이 기록되어 있지 않았다. 현재 강원도 정선지역의 채만두는 피를 메밀가루로 만들고 소로는 고기를 넣지 않고 갓김치와 묵은 나물을 사용하여 쪄낸 음식이다.

명칭으로 보아 채만두는 채소만을 넣어 만든 만두라고 생각되는데 꿩, 쇠고기가 들어갔으나 미나리와 파의 양이 많아서 채만두라 한 것으로 보인다.

(7) 김치만두[沈菜饅頭 침채만두]

김치만두는 윤2월 13일 소별미상에서 자궁과 대전께 올렸다. 사용된 재료와 양은 멥쌀 2되, 메밀가루 7홉, 배추김치 1줌, 꿩 2각, 쇠고기 3냥, 돼지고기 3냥, 두부 1모, 잣 3작, 참기름 1홉5작, 간장 1홉 5작이었다. 고문헌에는 김치만두에 관한 기록이 나오지 않았다.

사용된 재료와 분량으로 보아 멥쌀가루와 메밀가루로 만두피를 하고, 만두소로는 꿩[生雉], 쇠고기[黃肉], 돼지고기[猪肉], 배추김치[菘沈菜], 두부[太泡] 등을 사용하여 만든 것으로 보인다.

만두피의 재료로 멥쌀가루를 사용한 것이 특이하였다.

52) 꾸미: 국이나 찌개에 넣는 고기붙이

(8) 각색만두(各色饅頭)

각색만두는 윤2월 10일 주수라, 윤2월 13일 진찬 때에 자궁께 올렸으며, 윤2월 14일 조수라에는 자궁과 대전께 올렸다, 재료와 양은 진찬에서는 천엽 3부, 양 5돈, 돼지고기 2근, 쇠고기 2근, 녹말 2되, 참기름, 7홉, 후춧가루 1홉2작, 간장 1홉2작, 소금 1홉2작이었다. 14일 조수라에서는 소의 양, 천엽, 생전복(生鰒), 숭어, 쇠고기, 삶은 돼지고기, 묵은닭 등이었다. 10일 주수라에서는 이름은 각색만두라 하고 내용은 어육만두를 올렸는데 재료와 양은 기록되어 있지 않았다. 재료와 분량으로 보아 각색만두는 양만두, 천엽만두, 어만두, 전복만두 등으로 볼 수 있고 쇠고기, 돼지고기, 닭고기는 만두소로 사용된 것으로 보인다. 윤2월 10일 주수라의 어육만두는 어만두와 육만두를 말하는지 소로 생선과 육류가 사용되어 어육만두라 하였는지 알 수 없다.

《주찬》의 천엽만두는 "천엽의 길이와 너비를 양만두처럼 썰어서 소를 넣어, 녹말을 묻혀서 실로 가장자리를 꿰매어 여미고 삶아서 쓴다."고 하였다. 《윤씨음식법》의 제육만두법은 "돼지고기 안심살을 얇게 저며 간장과 기름을 넣고 재운 다음 널어서 반 정도 마르면 잣을 소로 넣어 만두로 빚는다."고 하였다.

(9) 만두탕(饅頭湯)

만두탕은 윤2월 15일 주다소반과에 자궁께 면 대신 올렸다. 만두탕에 사용된 재료는 메밀가루 2되, 쇠고기 3냥, 돼지고기 3냥, 꿩 1마리, 묵은닭 1마리, 두부 2모, 무 10개, 생강 2냥, 파 ½대, 후춧가루 1작이었다. 재료와 분량으로 미루어 만두탕은 메밀가루를 반죽하여 얇게 밀어 만든 만두피에 쇠고기, 돼지고기, 꿩, 닭, 두부, 무로 만든 소를 넣고 빚은 만두를 육수에 넣어 끓인 음식으로 보인다.

(10) 생복만두탕(生鰒饅頭湯)

윤2월 13일 조수라 때 자궁과 대전께 조치로 올렸다. 재료나 분량이 기록되어 있지 않고, 고문헌에도 조리법이 기록되어 있지 않다. 명칭으로 보아 생복만두탕은 생전복을 이용한 만두탕으로 보인다. 생전복을 밑부분이 떨어지지 않도록 칼집을 넣어 그 사이에 소를 넣어 생복만두를 만들어 육수에 넣어 끓인 음식으로 보인다.

6) 떡국[餠羹 병갱]

떡국은 장국에 돈짝같이 썬 흰떡을 넣고 끓여 고기와 황·백 지단으로 고명을 올린 설날을 대표하는 음식이다. 병갱(餠羹), 병탕(餠湯), 첨세병(添歲餠)이라 하며, 새해 첫날에 먹는 세찬음식이다.

《원행을묘정리의궤》의 떡국은 윤2월 11일 야다소반과에서 자궁과 대전께 한 번 올렸다. 재료와 양은 멥쌀 2되, 찹쌀 5홉, 묵은닭 1각, 꿩 1각, 쇠고기 3냥, 간장 5작이다.

떡국은 《시의전서》, 《조선요리제법》, 《조선무쌍신식요리제법》, 《조선요리법》, 《우리음식》, 《이조궁정요리통고》 등에 기록되어 있다. 만드는 방법은 흰 떡은 어슷 썰어 놓고, 맑은장국이 끓을 때 흰 떡을 넣어 익혀, 그릇에 담은 후 산적 또는 섭산적을 얹어 내는 음식이라 기록되어 있다. 떡국의 달걀 고명은 달걀을 국물에 줄알을 쳐서 내거나 알지단을 얹어서 내는 방법이 있었다.

이로 보아 《원행을묘정리의궤》의 떡국은 멥쌀에 찹쌀을 섞어 떡국 떡을 만들어 묵은닭(진계)과 꿩고기, 쇠고기로 육수를 내고, 고기 건더기는 건져서 고명으로 쓰고, 간장으로 간을 맞추어 끓인 것으로 생각된다.

7) 분탕(粉湯)

분탕은 윤2월 15일 주다소반과에서 자궁과 대전께 올렸으며, 재료는 녹말 5홉, 돼지고기 4냥, 쇠고기 3냥, 묵은닭 1마리, 달걀 10개, 간장 2홉, 후춧가루 1작이었다.

《수운잡방》의 분탕은 참기름과, 흰 파 썬 것을 같이 볶고 청장을 탄 물을 섞어 탕을 만든 후, 기름진 고기와 녹두묵을 긴 국수처럼 썰어 넣고, 생오이, 미나리 또는 도라지를 길이로 썰어 녹두가루를 입혀 끓는 물에 데쳐낸 것을 탕에 말아 먹는 것이다. 《주식방문》의 북경분탕은 장국을 끓이고 수면을 장국에 말되 돼지고기를 함께 썰어 넣는 것인데, 달걀을 깨서 함께 넣고 천초, 마늘, 파를 양념으로 넣어 먹으면 맛이 좋아진다고 하였다.

이로 보아 분탕은 돼지고기, 쇠고기, 닭을 끓인 국물에 녹말국수를 넣어 끓이다가 달걀을 풀어 넣고 간장으로 간을 맞추고 후춧가루를 뿌린 탕으로 보인다.

2. 찬물류(饌物類)

찬물류에는 갱·탕, 고음, 조치, 열구자탕, 전철, 찜, 초, 볶기, 구이, 적, 전유화, 편육, 족병, 좌반, 회·어채, 수란·숙란, 채, 젓갈, 침채, 장이 있었다.

1) 갱(羹) · 탕(湯)

수라상에 올리는 음식 이름에는 갱 1기라고 표기하고 내용은 어장탕, 잡탕으로 표기되어 있어 갱과 탕의 차이가 어떤 의미인지 알 수 없다.

● 갱 · 탕의 종류

	음식명	갱	탕	비고
1	간막기탕(間莫只湯)		1	
2	게탕(蟹湯 해탕)			조치에 나옴. 재료배합비 없음
3	골탕(骨湯)	2		재료배합비 없음
4	금중탕(錦中湯)		19	
5	꿩고기탕(生雉湯 생치탕)		1	
6	낙지탕(絡蹄湯 낙제탕)		1	재료배합비 없음
7	냉이국(薺菜湯 제채탕)	2		재료배합비 없음
8	누치탕(訥魚湯 눌어탕)	2		재료배합비 없음
9	닭고기탕(鷄湯 계탕)		1	재료배합비 없음
10	대구탕(大口湯)	2		재료배합비 없음
11	두부탕(豆泡湯 두포탕)		1	재료배합비 없음
12	명태탕(明太湯)	4		재료배합비 없음
13	배추탕(白菜湯 백채탕)	2		재료배합비 없음
14	별잡탕(別雜湯)		25	
15	생치숙(生雉熟)	2		재료배합비 없음
16	생치연포(生雉軟泡)	2		재료배합비 없음
17	쇠꼬리탕(牛尾湯 우미탕)		2	재료배합비 없음
18	소루쟁이국(蔬露長湯 소로장탕)	2		재료배합비 없음
19	송이탕(松耳湯)		1	재료배합비 없음
20	숭어백숙탕(秀魚白熟湯 수어백숙탕)		1	
21	숭어탕(秀魚湯 수어탕)	2	1	재료배합비 없음
22	쑥국(艾湯 애탕)	2		재료배합비 없음
23	양숙(䑋熟)	2	3	재료배합비 없음
24	어장탕(魚腸湯)	2		재료배합비 없음
25	완자탕(莞子湯)		5	
26	잡탕(雜湯)	8	4	재료배합비 없음

계속

	음식명	갱	탕	비고
27	저포탕(猪胞湯)		1	재료배합비 없음
28	조개탕(蛤湯 합탕)		1	재료배합비 없음
29	죽합탕(竹蛤湯)		1	재료배합비 없음
30	진계백숙(陳鷄白熟)	2		재료배합비 없음
31	초계탕(醋鷄湯)		4	재료배합비 없음
32	추복탕(搥鰒湯)		1	재료배합비 없음
33	토란탕(土蓮湯 토련탕)	2		재료배합비 없음
34	홍합탕(紅蛤湯)		1	재료배합비 없음

(1) 간막기탕(間莫只湯)

간막기탕은 윤2월 15일 주다소반과에 자궁께 한 번 올렸다. 간막기탕의 재료는 돼지간막기 1부, 쇠고기 1근, 묵은닭 ½마리, 달걀 15개, 참기름 2홉, 후춧가루 1작, 잣 1작, 젓국 1홉이었다.

《주식방문》(1800년대)에서는 '간막이탕'으로 기록되어 있는데, "장국에 돼지 아기집과 닭, 표고, 석이, 돼지고기를 넣어서 닭이 무르게 될 정도로 끓이고, 아기집 썬 것을 넣어 잠깐 끓여 익혀 깻국에 거르면 맛이 좋다."고 하였다. 이때 돼지아기집은 닭과 같이 넣어 끓이면 너무 물러서 좋지 않으니, 돼지아기집은 나중에 넣어 잠깐 끓이라고 당부하였다.

이로 보아 간막기탕은 쇠고기, 닭을 무르게 끓이다 돼지간막기를 썰어 넣고 잠깐 더 끓인 후 달걀을 풀어 넣고 젓국으로 간을 하고 참기름, 후춧가루, 잣을 넣은 탕으로 보인다.

(2) 게탕[蟹湯 해탕]

게탕은 윤2월 15일 석수라에 조치로 자궁께 올렸다. 재료와 분량에 대한 기록은 없다. 《요록(要錄)》(1680), 《주방문(酒方文)》(1700년대 초)에는 무를 함께 넣어서 끓이는 방법이 기록되어 있고, 《주식방문》에는 게살에 계란을 넣어 부친 후 꿩고기와 송이버섯을 넣어 끓였다.

《오주연문장전산고(伍洲衍文長箋散稿)》(1800년대 중엽)의 게탕 끓이는 법은 "가을 게의 등껍질을 벗겨 게 황장을 꺼내 따로 그릇에 준비한다. 게의 집게발, 다리와 배 전체를 함께 절구에 넣고 죽처럼 짓찧는다. 거친 삼베 천에 찧은 게를 담아 즙을 짜서 앞서 준비한 게장을 계란과 함께 버무려 기름에 지진다. 또 쇠고기를 다져서 밀가루를 섞어 작은 완자를 빚어 계란을 입혀 기름에 부친다. 파의 흰 부분, 배추 속 여린 노란줄기, 게장전, 고기완자전과 각종 양념과 청감장을 넣고 탕을 끓여 후춧가루를 뿌려 먹는다. 혹은 두부를 기름에 지져 넣고 교백(茭白)[53]을 볶거나 석이버섯을 볶고 생강채를 넣어 탕을 끓여도 되지만 아무것도 첨가하지 않고 탕을 끓여도 맛이 일품이다."라고 하였다.

이로 보아 게탕은 게를 두드려서 누른 장과 다리살을 섞어 청장과 기름을 넣어 양념하고, 장국을 부어 끓인 음식으로 보인다.

(3) 골탕(骨湯)

골탕은 윤2월 10일 조수라에는 갱으로 자궁과 대전께, 윤2월 9일 조수라에 조치로 자궁과 대전께 윤2월 16일 주수라에 조치로 자궁께 올렸다. 재료나 분량에 대한 기록이 없으나, 1902년《진연의궤》에는 골탕 1그릇에 두골 5부, 소안심살 ¼부, 달걀 20개, 전복 2개, 해삼 10개, 곤자손 2부, 부화 ½부, 무 3단, 미나리 5줌, 파 5뿌리, 후춧가루 5돈, 실깨가루 2작, 잣 1작, 간장 3작, 녹두가루 5홉이 소용된다고 하였다.

《주찬》에서는 소골탕 만드는 법으로, "쇠머리 안의 뇌수를 그 껍질을 벗겨 버리고 소금을 뿌려 한참 두었다가, 조각으로 반듯하게 썰어 밀가루를 묻히고 계란을 씌워서 지져낸다. 장국은 꾸미를 넣고 한참 팔팔 끓인 다음에 지진 뇌수를 넣는다. 여기에 쇠고기 다진 것·간장·기름·생강·파, 그리고 약간의 메밀가루를 섞어 이겨서 새알 같은 단자를 만들고 잣 한 개씩을 거기에 박아 함께 넣고 끓인 다음, 후춧가루와 천초가루를 뿌려서 쓴다. 계란을 켜켜이 넣어 한 덩어리로 삶는다. 그 사이사이를 익히려면 불을 붙였다 껐다 하면서 자주 변동시켜가며 끓인다. 켜켜이 익으면 내어서 쓴다."고 하였다.

이로 보아 골탕은《진연의궤》의 재료와 분량으로 미루어 쇠골로 전을 지지고 소안심살, 전복, 해삼, 곤자소니, 부화, 무 등을 넣고 장국을 끓인 후 쇠골전과 미나리 초대를 부쳐서 넣고 쇠고기 다진 것으로 완자를 빚어 잣을 박아 국물에 넣어 끓이다가 달걀을 넣고 실깨가루와 후춧가루를 뿌린 것으로 보인다.

---

53) 교백: 줄풀, 고(菰) 또는 장(蔣)으로 부르는 것으로 화목과 속하는 다년생 수생식물이다. 식용부위는 꽃과 줄기이다. 어린순은 죽순과 유사하게 생겼고 흰색이다. 줄풀의 어린줄기가 깜부기병에 걸려 비대해진 것인데 식용으로 한다. 옛 중국에서는 강남3대 음식으로 순채, 농어, 교백을 꼽았다고 한다.

(4) 금중탕(錦中湯)

● 금중탕의 재료와 분량

쇠고기	돼지고기	묵은닭	해삼	전복	달걀	무	박고지	다시마	오이	표고	밀가루	간장	참기름	후춧가루	합계	비고
5냥		2각				2개	1토리	1립				1홉	1홉	2작	8	8회
5냥		2각				2개	1토리	1립				1홉	1홉	1작	8	2회
4냥	4냥	3마리	4개	3개	5개	5개	1토리	2립	2개	1홉 5작	1홉 5작	1홉		5작	14	
4냥		3마리	5개	5개	5개	5개	1토리	2립	2개	1홉	1홉	1홉 5작		5작	13	

금중탕은 윤2월 10일 주다별반과·야다소반과, 윤2월 11일 주다소반과·야다소반과, 윤2월 12일 주다소반과에 자궁께 올렸다. 윤2월 12일 야다소반과, 윤2월 13일 조다소반과·진찬·만다소반과·야다소반과에 자궁과 대전께 올렸다. 윤2월 14일 주다소반과에 자궁께, 야다소반과에 자궁과 대전께 올렸다. 윤2월 13일 죽수라에 자궁께 올렸다. 금중탕에 들어가는 재료는 쇠고기, 돼지고기, 묵은닭, 해삼, 전복, 달걀, 무, 박고지, 다시마, 오이, 표고, 밀가루, 간장, 참기름, 후춧가루 등으로, 많게는 13~14가지 재료가 쓰이기도 하였다. 쇠고기, 닭고기, 무, 박, 다시마는 반드시 사용되었다.

금중탕은 1719년, 1827년, 1828년, 1829년, 1848년, 1868년, 1873년, 1877년, 1887년, 1901년 궁중의 의궤에 10여회 기록되어 있을 정도로 연회음식에서는 빼놓을 수 없는 중요한 탕이었다. 1719년의 잔치에는 '金中湯'으로 기록되어 있으나, 이후에는 '錦中湯'으로 그 표기법이 바뀌었다. 《주찬》에 기록된 '금중탕(錦中湯)'은 "묵은닭을 푹 삶아서 다시마·박고지·토란·무를 손가락처럼 썰어 넣고 함께 지진 다음 장을 넣고 간을 맞춘다."고 하였고, 《음식방문》(1800년대 말)의 금중탕도 "무를 붓두껍 크기로 모나게 썰고 박고지를 다시마 같이 썬다. 살찐 닭의 다리를 많이 넣고 함께 푹 고면 좋다."고 하였다.

이로 보아 금중탕은 쇠고기, 닭고기, 무, 박고지, 다시마는 반드시 들어가고 때에 따라서 해삼, 전복, 오이, 표고 등을 넣어 끓인 탕이다.

(5) 꿩고기탕[生雉湯 생치탕]

● 꿩고기탕의 재료와 분량

날짜	상차림	대상	꿩	쇠고기	무	표고버섯	다시마	간장	합계	비고
윤2월 9일	주다소반과	자궁	1마리	8냥	1개	1홉	1립	2홉	6	

꿩고기탕은 윤2월 9일·15일 주다소반과(晝茶小盤果)에 자궁께 올렸다. 주재료인 꿩 외에 쇠고기, 무, 표고버섯, 다시마, 간장 등을 사용하였다. 꿩고기탕은《시의전서》에서 꿩을 각을 떠서 탕무, 파·마늘 양념을 갖추어 넣고 주물러서 간을 맞추어 끓인다고 하였다.

이로 보아 꿩고기탕은 꿩, 쇠고기, 무, 표고버섯, 다시마를 넣고 간장으로 간을 하여 끓인 탕이다.

(6) 낙지탕[絡蹄湯 낙제탕]

낙지탕은 윤2월 13일 조수라에 자궁께 올렸다. 재료나 분량에 대한 기록은 없다. 요즘은 충청도 향토음식으로 박속낙지탕이라 하여 낙지에 박, 감자 등의 채소를 넣어 맑게 끓인 탕이 있다. 이로 보아 낙지탕은 낙지와 채소를 넣어 끓인 맑은 탕으로 생각된다.

(7) 냉이국[薺菜湯 제채탕]

냉이국은 윤2월 12일 조수라에 자궁과 대전께 갱으로 올렸다. 재료와 분량에 대한 기록은 없다.《조선요리제법》에는 냉이를 잠깐 삶아 데쳐놓고, 된장과 고추장을 물에 풀어 체에 걸러서 간맞추어 솥에 부어 고기와 데친 냉이를 잘게 썰어 넣고 끓인다고 하였다.《조선무쌍신식요리제법》에서는 냉이는 특별히 맛이 좋지는 않으나 봄철에 맨 먼저 나오기 때문에 많이 사용하며 토장을 걸러 붓고 고기를 많이 넣고 끓여 먹는다고 하였다.

이로 보아 냉이국은 봄철에 나는 연한 냉이를 캐어 고기나 조개와 함께 끓인 토장국으로 보인다.

(8) 누치탕[訥魚湯 눌어탕]

누치탕은 윤2월 12일 석수라에 자궁과 대전께 갱으로 올렸다. 재료나 분량에 대한 기록이 없고, 고문헌에서도 조리법을 찾을 수 없다.

《신증동국여지승람(新增東國輿地勝覽)》(1530)에는 경기도·충청도·강원도·황해도·평안도의 여러 지방 토산으로 기록되어 있는데, 조선 초기부터 널리 알려져 있었던 물고기이다. 《농정회요》에서는 "국을 끓이거나 구이를 하거나 회로 먹어도 좋다. 단 날카로운 가시가 준치[眞魚]처럼 많다."고 하였다. 눌어(訥魚)는 한자식 표현으로 우리말로 '누치'이다. 모양이 잉어와 비슷하나 머리가 뾰족하고, 등지느러미에 억센 가시가 있다.

이로 보아 누치탕은 누치에 채소를 넣어 끓인 맑은 탕으로 생각된다.

(9) 닭국[鷄湯 계탕]

닭국은 윤2월 13일 진찬에 올린 5가지 탕[54] 중의 하나이다. 진찬에 기록된 닭국의 재료와 분량은 묵은닭 3마리, 달걀 5개, 다시마 2립(立), 후춧가루 5작, 간장 1홉5작이다. 《주식방문》에 계탕은 "암탉에 물을 많이 붓고 끓이되 반 정도 될 때까지 달인 후 달걀, 기름, 간장, 파 등을 넣어 양념한 다음 다시 한소끔 끓인다. 또 다른 별법으로, 닭에 전복과 해삼을 넣어 끓이는데, 배추 줄기와 토란을 넣고 장국을 삼삼하게 붓고 다시 끓여 내면 닭고기가 부드럽게 되어 술안주로도 좋다."고 하였다.

이로 보아 닭국은 묵은닭을 다시마와 함께 푹 고아 간장으로 간을 하고 후춧가루를 넣은 국으로 달걀은 고명으로 썼는지 함께 삶았는지 알 수 없다.

(10) 대구탕(大口湯)

대구탕은 윤2월 10일 주수라에 자궁과 대전께 갱으로 올렸다. 재료와 분량에 대한 기록은 없다. 《조선요리제법》에는 먼저 솥에 물을 붓고 고추장과 된장을 조금 섞어 슴슴하게 풀고 고기와 무와 파와 미나리 데친 것을 썰어 넣고 끓이다가 한참 끓을 때에 대구를 넣어 다시 끓인다고 하였다. 《조선요리법》에는 대구를 깨끗이 씻어 토막을 쳐놓고 고기를 재우고 무를 얄팍하게 썰어서 고기와 같이 양념해서 볶다가 물을 붓고 충분히 끓으면 생선을 넣어 끓인다. 파는 채 썰어 넣는다고 하여 맑은 국으로 끓이는 방법을 소개하고 있다.

이로 보아 대구탕은 고기와 채소를 넣고 끓인 국에 토막 낸 대구를 넣어 끓인 맑은 탕으로 보인다.

(11) 두부탕[豆泡湯, 두포탕 또는 太泡湯, 태포탕]

두부탕은 윤2월 14일 양로연 때 어상과 노인상에 올렸고, 석수라에 자궁과 대전께 갱으로 올렸

---

54) 5가지 탕: 금중탕, 완자탕, 계탕, 저포탕, 홍합탕

다. 양로연에는 두포탕(豆泡湯), 석수라에는 태포탕(太泡湯)으로 기록되어 있다. 재료와 분량에 대한 기록은 없다. 두부탕으로 기록된 문헌은 없으나, 《주찬》에서는 소탕(蔬湯) 조리법으로, "두부를 길이 한 치 남짓, 너비 반 치 가량, 두께 한 푼 가량으로 썰어서 기름을 많이 두르고 지져 내고, 다시마는 찢어 놓고, 무는 두부 크기로 썰어 둔다. 이것들과 박고지·표고·도라지·고사리·생강·미나리·죽순으로 고명을 넣은 장국에 메밀가루즙을 섞어 푹 끓여서 후춧가루·천초가루를 뿌려 쓴다."고 하여 두부탕에 대한 기록이 있다. 《음식방문》(1800년대 말)에는 연포탕 조리법으로 "좋은 두부를 물을 짜서 담고 꿩고기, 돼지고기, 쇠고기를 두드려 짐작하여 넣는다. 표고버섯, 석이버섯, 참버섯은 찢어서 국에 넣고 파, 생강, 잣, 후춧가루, 계란 두세 개를 깨서 넣고 주물러서 반듯이 만들어 녹말을 묻혀 부친다. 식으면 썰어서 꾸미국을 달이다가 맛이 나면 두부 부친 것을 넣고 살짝 끓여 가루를 적당히 넣고 계란을 부쳐 썰어 고명으로 넣어 써라."라고 하였다. 《시의전서》(1800년대 말)에 연포탕은 "두부를 보자기에 싸서 짜고 달걀을 섞고 기름장과 각종 양념을 넣은 다음 두께를 고르게 하여 부친다. 부친 두부를 골패만 하게 썰어 새우젓국에 잠깐 담갔다가 밀목(꼬치)에 꿰고 닭국에 장을 섞어 맛있게 끓인다. 밀가루와 달걀을 풀고 꿩고기나 닭고기를 가늘게 찢어 섞는다."고 하였다.

이로 보아 두부탕은 두부를 기름에 부쳐서 장국에 넣고 여러 가지 채소와 양념을 넣고 끓인 국으로 보인다.

(12) 명태탕(明太湯)

명태탕은 윤2월 9일 석수라에 자궁과 대전께 갱으로 올렸다. 재료나 분량에 대한 기록은 없다. 《조선무쌍신식요리제법》에서는 "명태를 씻어 내장을 빼고 토막을 쳐놓는다. 움파를 넣고 맑은장국을 끓이는데, 끓을 때에 토막 친 명태를 달걀을 씌워 넣는다."고 하였다. 《우리나라 음식 만드는 법》에는 명태탕은 겨울철 음식으로 맑은장국을 먼저 끓이고, 생명태로 전유어를 두껍게 부쳐서 국에 넣어 끓이기도 한다고 하였다.

이로 보아 명태탕은 토막 친 명태를 맑은 장국이 끓을 때 넣어 끓인 탕으로 보인다. 명태를 그대로 넣었는지, 달걀을 씌워 넣었는지, 전유어로 부쳐서 넣었는지는 알 수 없다.

(13) 배추탕[白菜湯 백채탕]

배추탕은 윤2월 15일 주수라에 자궁과 대전상에 갱으로 올렸다. 재료나 분량에 대한 기록은 없다. 《조선음식 만드는 법》에서의 배추속대국은 "고기를 잘게 썰고 된장을 넣고 물을 친 후 국을 끓이고, 배추 속대는 잘 씻어서 끓는 국에 넣고 잘 무르도록 끓인다."고 하였다.

이로 보아 배추탕은 고기를 넣고 된장을 풀어 국을 끓이다가 배추를 넣어 끓인 토장국으로 생각된다. 배추는 결구배추가 도입되기 이전이므로 얼갈이배추와 같은 반결구배추였을 것이다.

(14) 별잡탕(別雜湯)

● 별잡탕의 재료와 분량

날짜 \ 재료	상차림	쇠고기	숙육	양	곤자소니	저포	돼지고기	숙저육	두골	숭어	묵은닭	해삼	달걀	전복	무	오이	박고지	미나리	표고	잣	녹말	간장	참기름	후춧가루	합계
윤2월 12일	주다소반과	2냥	2냥	2냥	2냥	2냥	2냥	2냥	½부	¼마리	1각	2개	2개	1개	1개	½개	1토리	½단	5작	2작	5작	1홉	1홉	2작	23

별잡탕은 조·주·야다소반과(朝·晝·夜茶小盤果)에 탕으로 자궁과 대전께 24회 올렸다. 별잡탕에 들어가는 재료는 총 23종으로 모두 같았다. 쇠고기, 숙육, 양, 곤자소니, 저포, 돼지고기, 숙저육, 두골, 묵은닭 등의 육류와 가금류, 숭어와 해삼, 전복 등의 어패류, 무, 오이, 박고지, 미나리, 표고버섯 등의 채소류, 달걀과 잣이 쓰였고, 양념으로 참기름, 간장, 녹말, 후춧가루가 사용되었다.

이로 보아 별잡탕은 잡탕에 더 많은 재료를 넣어서 특별하게 끓인 탕으로 보인다.

(15) 생치숙(生雉熟)

생치숙은 윤2월 13일 진찬에 자궁께 올렸고, 윤2월 14일 죽수라에 자궁과 대전께 갱으로 올렸다. 진찬에 기록된 생치숙의 재료와 분량은 꿩 4마리, 쇠고기 1근, 후춧가루 1돈, 간장 1홉, 소금 1홉이다. 재료로 보아 생치숙은 꿩, 쇠고기를 푹 고아 간장, 소금으로 간을 하고 후춧가루를 뿌린 음식이다. 숙(熟)으로 기록된 것으로 보아 국물이 자작한 상태로 생각된다.

(16) 생치연포(生雉軟泡)

생치연포는 윤2월 13일 조수라에 자궁과 대전께 갱으로 올렸다. 재료와 분량에 대한 기록은 없다. 《음식방문》의 연포탕은 "두부의 물을 짜고 꿩고기, 돼지고기, 쇠고기를 다져 알맞게 넣는다. 파, 생강, 잣, 후춧가루에 계란을 2~3개 깨어 넣고 주물러 반듯하게 만든 다음 녹말을 묻혀 부치고 식으면 썰어 놓는다. 고깃국을 끓여 맛이 우러나면 표고버섯, 석이버섯, 애참버섯을 찢어서 국에 넣는다. 위의 두부와 고기 섞어 부친 것을 넣고 살짝 끓인 다음 밀가루를 적당히 넣는다. 계란을 부쳐 썰어서 고명으로 넣는다."고 하였다.

이로 보아 생치연포는 꿩과 두부를 넣고 끓인 국으로 보인다. 국에 두부와 꿩을 넣어 끓였는지 《음식방문》과 같이 두부에 꿩, 쇠고기, 돼지고기를 섞어서 지져 넣었는지는 알 수 없다.

조선시대 조리서의 연포탕은 두부를 넣어 끓인 탕을 말하는데 지금은 낙지를 넣은 탕을 연포탕이라 하고 있다. 낙지를 넣은 탕을 연포탕이라 부르게 된 연유는 알 수 없다.

(17) 우미탕(牛尾湯)

우미탕은 윤2월 13일 석수라와 윤2월 15일 주수라 때 자궁께 탕으로 올렸다. 재료와 분량에 대한 기록은 없다. 《술 만드는 법》(1800년대 말)에 우미탕은 "살찐 쇠고기 대접살을 통째로 무르도록 삶아 잘게 썰고 소 앞갈비와 부아 삶은 것을 썰어 함께 유장, 후추, 깨소금 같은 것들과 섞어 주무른다. 삶은 파를 많이 넣고 청장에 고추장을 약간 타서 갱(국)을 만들면 개장국 같되 맛이 유별나다."고 하였다.

우미탕은 음식 명칭으로 보아 쇠꼬리를 끓인 탕으로 보이는데, 《술 만드는 법》과 같이 쇠고기와 내장을 삶아 양념하여 끓인 탕인지는 알 수 없다. 《술 만드는 법》의 우미탕은 한글로만 표기되어 있어 정확한 의미를 알 수 없다.

(18) 소루쟁이국[蔬露長湯 소루장국]

소루쟁이국은 윤2월 15일 조수라에 자궁과 대전께 갱으로 올렸다. 재료와 분량에 대한 기록은 없다. 《농정회요》와 《박해통고(博海通攷)》(1700년대)에 "봄이 시작될 때 새로 난 소루쟁이 잎을 따서 청어와 함께 국을 끓이면 맛이 아주 좋다. 가을에는 늙은 소루쟁이 잎을 따서 줄에 엮어 그늘에서 말리고, 겨울이 되면 끓는 물에 데쳐 줄기에 있는 심을 제거하고, 물에 하루 담근 후 물기를 짜서 없애고, 고기를 넣어 국을 하면 아주 좋다. 정월 즈음 움 속에 있는 연한 소루쟁이 줄기를 끓는 물에 살짝 데쳐 물에 하루 담가 신맛을 제거하고, 고기를 넣어 국을 끓이면 맛이 좋다."고 하였다.

이로 보아 소루쟁이국은 봄철에 어린 소루쟁이 잎을 따서 고기나 청어를 넣고 끓인 국으로 보인다.

(19) 송이탕(松耳湯)

송이탕은 윤2월 11일 죽수라에 자궁께 탕으로 올렸다. 재료와 분량에 대한 기록은 없다. 《시의전서》의 송이국에는 송이의 껍질을 얇게 벗겨 5푼 길이로 썰고 쇠고기는 다져서 파, 마늘, 기름장을 넣고 주무른 후 끓인다고 하였다. 《박해통고》의 송이갱법(松茸羹法)에는 꿩고기와 함께 국을 만들 수도 있는데, 신선의 음식이라고 하였다.

이로 보아 송이탕은 쇠고기, 꿩고기를 끓이다가 송이를 넣어 끓인 국으로 보인다.

(20) 숭어백숙탕[秀魚白熟湯 수어백숙탕]

● 숭어백숙탕의 재료와 분량

날짜	상차림	대상 \ 재료	숭어	식초	잣	후춧가루	합계
윤2월 15일	주다소반과	자궁	1마리	2작	1작	1작	4

숭어백숙탕은 윤2월 15일 주다소반과에 자궁께 별잡탕 대신 올렸다. 재료는 숭어, 식초, 잣, 후춧가루 등이 사용되었다. 조리법에 대한 기록은 없으나, 숭어 외에 다른 부재료가 없이 조미료만 있는 것으로 보아 숭어를 푹 고아 만든 맑은 탕일 것으로 생각된다.

(21) 숭어탕[秀魚湯 수어탕]

숭어탕은 윤2월 11일 조수라 때 자궁께 탕으로, 석수라에서는 자궁과 대전께 갱으로 올렸다. 재료와 분량에 대한 기록은 없다. 숭어탕은《술 만드는 법》에 숭어를 비롯한 살이 많은 생선을 껍질을 벗기고 모가 나게 썰어 녹말을 묻히고 고기장국에 파 밑동과 석이버섯은 가늘게 썰어 넣고 파는 길쭉길쭉하게 썰어 넣고 끓인다고 하였다.

이로 보아 숭어탕은 고기장국에 토막 낸 숭어와 채소 등을 넣어 끓인 맑은 탕으로 보인다.

(22) 쑥국[艾湯 애탕]

쑥국은 윤2월 14일 조수라 때 자궁과 대전께 갱으로 올렸다. 재료와 분량에 대한 기록은 없다.《음식디미방》에서 "1월과 2월 사이에 쑥을 뜯어 간장국에 끓인다. 국을 끓일 때 말린 청어를 잘게 뜯어 넣고 끓이면 매우 좋다. 꿩고기는 잘게 다져 달걀에 씌운 후 기름에 부쳐 고명으로 쓴다."고 하였다.

《시의전서(是議全書)》에 기록된 애탕은 "쑥이 움 돋는 것을 뜯어다가 깨끗이 다듬어 씻어 한 줌만 다진다. 쇠고기는 한 줌 부피가 되게 다져 쑥 다진 것과 합하여 유장 양념 갖춰 넣어 주물러서 밤만큼 환을 만든다. 계란은 깨어 풀어 (놓고) 끓일 때 장국이 팔팔 끓거든 계란을 묻혀 넣는다. 북어껍질도 가시 없이 깨끗이 씻어 함께 넣어서 두어 그릇 가량으로 끓인다. 혹 환을 하지 않고 혼합하였다가 장국이 끓을 때 수저로 똑똑 떠 넣으면 덩이가 된다."고 하였다.

이로 보아 쑥국은 연한 쑥이 올라오는 봄철에 먹는 국으로 고기장국이 팔팔 끓을 때 다진 쑥과 다진 고기를 양념하여 완자를 빚어 넣어 끓인 국으로 보인다.

(23) 양숙(䑋熟)

양숙은 윤2월 10일 주수라, 윤2월 12일 석수라, 윤2월 15일 조수라에 자궁께 탕으로 올렸다. 윤2월 10일 석수라에는 자궁과 대전께 갱으로 올렸다. 재료와 분량에 대한 기록은 없다.《음식디미방》의 양숙(䑋熟)은 "소의 양을 씻어 제물이 다 양에 배어들도록 충분히 삶아 내어 식으면 약과 낱알같이 썰어라. 간장 기름에 볶아서 두었다가 쓸 때면 쓸 것만큼 떠내어 다시 데워 후추와 산초로 양념해 쓰느니라."고 하였다.

《음식디미방》의 양숙 조리법은 국보다는 국물이 자작한 찜으로 보이는데《원행을묘정리의궤》에서는 탕과 갱으로 올렸다. 이로 보아 양숙은 소의 양을 손질하여 푹 익힌 음식인데 탕과 갱의 형태인지 찜의 형태인지는 알 수 없다.

(24) 어장탕(魚腸湯)

어장탕은 윤2월 9일 조수라에 자궁과 대전께 갱으로 올렸다. 재료와 분량에 대한 기록이 없고 고문헌에서도 조리법을 찾을 수 없다. 어장탕은 음식의 명칭으로 미루어 생선 내장을 이용한 탕으로 생각된다.

(25) 완자탕(莞子湯)

완자탕은 윤2월 9일 조다소반과, 윤2월 13일 진찬(進饌), 윤2월 15일·16일 주다소반과에 자궁께 올렸다.

● 완자탕의 재료와 분량

꿩	묵은 닭	쇠고기	소의 양	곤자소니	돼지고기	전복	해삼	무	오이	달걀	표고	녹말	후춧가루	간장	합계
2마리		4냥		2부	4냥	5개	5개	5개	2개	5개	1홉	1홉	5작	1홉 5작	13
	2마리	4냥	4냥	2부	4냥	3개	5개	5개	2개	5개	1홉	1홉	5작	1홉	14
	2마리	3냥	3냥	2부	3냥	3개	5개	3개	2개	5개	1홉	1홉	5작	2홉	14

완자탕의 재료는 꿩, 묵은닭, 쇠고기, 소의 양, 곤자소니, 돼지고기, 해삼, 전복, 무, 오이, 표고, 달걀, 녹말, 후춧가루, 간장 등의 재료가 13~14가지 쓰였다.《규합총서》,《임원경제지》,《시의전

서》, 《부인필지(夫人必知)》(1915)에 모두 기록되어 있으며, 생선살, 쇠고기, 돼지고기, 꿩고기나 닭고기의 동물성재료는 같았으나, 양념할 때 넣는 부재료에 차이가 있었다. 《주식시의》에서는 완자를 먼저 지진 후 장국에 넣어 끓였는데, 다른 책에서는 전처리 가열 없이 장국에 바로 넣어 익혔다. 《주식시의》에서는 밤과 대추, 호박고지나 미나리를 넣지만, 다른 책에서는 후추, 생강, 파, 표고나 버섯을 기름과 장에 섞었다.

완자탕은 1700년대 이후 궁중 의궤에 많이 기록된 탕이다. 쇠고기, 두골(頭骨), 우내심육(牛內心肉), 부아, 전복, 해삼, 생선, 달걀, 미나리, 표고, 무 등의 재료를 사용하였는데, 우설, 돼지다리, 꿩고기, 연계, 양, 숭어, 홍합, 청과, 박고지 등이 쓰였다. 양념으로는 간장, 소금, 생강, 파, 후춧가루, 깨가루, 참기름, 잣 등이 이용되었다. 기록에서 보는 바와 같이 궁중의궤에 올린 완자탕은 다양한 어류·조류·육류의 살코기와 내장, 채소류 등이 사용되었다.

이로 보아 완자탕은 쇠고기, 돼지고기, 닭고기, 꿩고기를 곱게 다져서 양념한 후 녹말과 달걀을 씌워 둥글게 완자를 빚어 끓는 고기장국에 넣고 전복, 해삼, 무, 버섯, 오이 등과 함께 끓이는 탕이다.

(26) 잡탕(雜湯)

잡탕은 윤2월 12일 주수라, 윤2월 13일 죽수라, 윤2월 15일 석수라, 윤2월 16일 주수라에 자궁과 대전께 갱으로 각각 올렸다. 또한 윤2월 9일·10일·14일·16일의 석수라에 자궁께 올렸다. 재료와 분량에 대한 기록은 없다. 1902년 《진연의궤》에서는 잡탕 1그릇에 소안심살 ¼부, 대장·곤자손 각 ½부, 달걀 2개, 파 2뿌리, 표고 1작, 후춧가루 1작, 간장 1작, 밀가루 1작, 실깨 1작, 부화 1/20, 양 3돈, 전복 ¼개, 무 1단이 소용되었다. 《시의전서》에서는 "양지머리와 갈비를 삶은 국에 부아와 창자를 잠깐 넣어 데쳐 건지고 통무와 다시마를 넣고 물을 많이 부어 푹 삶은 다음에 건진다. 부아, 창자, 양, 다시마 등은 모두 골패모양으로 썰어 삶은 국에 같이 넣는다. 고비, 도라지, 파, 미나리는 모두 가늘게 썰어 밀가루를 약간 묻히고 달걀을 씌워서 얇게 부친 다음 국건더기와 같은 모양으로 썰어 넣는다. 달걀을 얇게 부쳐서 비스듬한 네모모양으로 썰고 완자도 만들어 위에 넣는다."고 하였다.

이로 보아 잡탕은 여러 가지 수조육류와 채소류를 넣고 끓인 탕으로 보인다.

(27) 저포탕(猪胞湯)

저포탕은 윤2월 13일 진찬에서 자궁께 올린 5가지 탕의 하나였다. 재료와 분량에 대한 기록은 없다. 1902년 《진연의궤》에는 저포탕 1그릇에 저태(猪胎) 5부, 소안심살 ¼부, 해삼 10개, 달걀 10개,

전복 1개, 표고 2홉, 무 3단, 미나리 5줌, 파 3뿌리, 곤자손 2부, 등골 1부, 참기름 5홉, 밀가루 5홉, 잣 1작, 후춧가루 2돈, 실깨 3작, 간장 3작이 소용되었다.

이로 보아 저포탕은 저포, 쇠고기, 소 내장, 전복, 해삼, 버섯, 각종 채소 등을 넣어 끓인 탕으로, 등골은 전을 부쳐 넣은 것으로 보이고 실깨는 가루내어 국에 풀어 넣어 걸쭉하게 끓인 것으로 생각된다.

(28) 조개탕[蛤湯 합탕]

조개탕은 윤2월 11일 석수라에 자궁께 탕으로 올렸다. 재료와 분량에 대한 기록은 없다.《음식디미방》에서는 "모시조개나 가막조개를 껍질째 씻어 맹물에 삶아 만드는데, 다 되면 조개의 입이 벌어지게 되며 이때 국물까지 함께 사용한다. 다른 이름으로는 와각탕이라고도 한다."고 하였다. 《조선무쌍신식요리제법》에서는 모시조개탕을 제사에는 흔하게 쓰이지만 드물게 먹는 탕으로 다른 건더기도 넣지 않고 간도 치지 않으며 먹을 때 고명가루도 넣지 않고 그냥 국물을 마시고 조갯살이나 빼어 먹는 탕이라고 하였다. 이로 보아 조개탕은 모시조개나 가막조개를 넣어 끓인 맑은 탕으로 보인다.

(29) 죽합탕(竹蛤湯)

죽합탕은 윤2월 14일 조수라의 자궁상에 탕으로 올렸다. 재료와 분량에 대한 기록이 없고 고문헌에서도 조리법을 찾을 수 없다. 죽합탕은 음식의 명칭으로 미루어 맛조개로 끓인 탕으로 생각된다.

(30) 진계백숙(陳鷄白熟)

진계백숙은 윤2월 11일 자궁과 대전께 올리는 죽수라에 갱으로 올렸다. 재료와 분량에 대한 기록은 없다.

《농정회요》의 자로웅계법(煮老雄鷄法)에 "앵두나무(櫻桃)가지를 솥 안에 서로 교차시켜 걸쳐 놓은 후 그 위에 닭을 올려 물을 많이 붓고 삶으면 쉽게 익는다. 또 다른 방법으로 달걀 여러 개 깨서 탕에 넣으면 늙은 닭이 쉽게 익는다."고 하였고, 또 숙계방(烹鷄方)에서는 "2번째 받은 쌀뜨물에 암탉을 깨끗이 씻어 질항아리에 넣고 숯불로 천천히 삶아 익힌 다음 사발에 꺼내 놓고 소금으로 간을 해서 먹는다. 혹은 청장(淸醬)을 넣으려고 하면 국물이 반쯤 줄어들었을 때 넣고 후추를 뿌려 먹는다."고 하였다.

이로 보아 진계백숙은 묵은닭을 오래도록 푹 무르게 고아 부드럽게 익힌 음식으로 보인다.

(31) 초계탕(醋鷄湯)

초계탕은 윤2월 10일 조수라·주다소반과, 윤2월 12일 조수라·주수라 때 자궁께 탕으로 올렸다. 재료와 분량에 대한 기록은 없다. 《술 만드는 법》에는 쇠고기를 다져 새알처럼 빚고 녹말가루를 묻혀 물에 삶는다. 해삼과 전복을 삶아 납작납작하게 썬다. 닭을 삶아 저미고 푸른 오이를 길게 썰어 기름에 잠깐 볶는다. 참깨를 걸러 국으로 쓴다. 달걀은 부쳐 납작납작 썰어 넣는다고 하였다. 《주찬》과 《정일당잡지(貞一堂雜識)》(1856)에는 닭을 손질하여 기름을 빼버리고 무르게 푹 삶고, 여기에 파를 넣고 또 달걀은 물에 풀어 수란으로 만들어 넣은 다음, 장과 식초를 쳐서 맛이 어우러진 후에 먹으면 좋다고 하였다.

이로 보아 초계탕은 닭을 삶아 저며 넣고 여기에 깻국을 부어 장과 식초를 넣어 간맞추어 먹는 음식으로 보인다.

(32) 추복탕(槌鰒湯)

추복탕은 윤2월 15일 석수라에 자궁께 탕으로 올렸다. 재료와 분량에 대한 기록은 없다. 1902년 《진연의궤》에 추복탕의 재료는 추복 3동(同), 소안심살 3근, 해삼 10개, 달걀 10개, 전복 1개, 표고 1홉, 무 2단, 미나리 5손, 곤자손 2부, 등골 1부, 참기름 5홉, 밀가루 5홉, 파 3뿌리, 잣 1작, 후춧가루 1돈, 실깨 2작, 간장 1홉이었다.

이로 보아 추복탕은 두드려 말린 추복과 쇠고기, 소 내장, 해삼, 전복, 버섯, 채소 등을 넣어 끓인 탕으로, 등골은 전을 부쳐 넣은 것으로 보이고 실깨는 가루내어 국에 풀어 넣어 끓인 것으로 생각된다.

(33) 토란탕[土蓮湯 토련탕]

토란탕은 윤2월 11일 조수라에 자궁과 대전께 갱으로 올렸다. 재료와 분량에 대한 기록은 없다. 《시의전서》에서는 토란을 깨끗이 긁어서 씻고 홀떼기[55], 무, 다시마를 넣고 지령에 간을 맞추어 푹 끓인다. 닭을 넣으면 좋다고 하였다. 《조선요리제법》에서는 맑은장국이나 곰국에 끓이라고 하였고, 《조선무쌍신식요리제법》에서는 "토란국을 지성[56]으로 하려면 토란을 삶아 체에 걸러 갖은 고명하여 비빈다. 고기를 연한 것으로 많이 다져 넣는다. 그런 후에 손에 기름 묻히고 완자처럼 빚어서 밀가루 묻혀 달걀을 씌워 지져서 곰국이나 토장국에 넣으면 좋다. 맑은 장국이 더욱 담백하다."고 하였다.

---

55) 홀떼기: 짐승의 힘줄이나 근육 사이에 박힌 고기. 얇은 껍질이 많이 섞여 있어서 질기다. 표준어는 흘떼기이다.

56) 至誠: 지극한 정성.

이로 보아 토란탕은 고기, 다시마, 무와 함께 끓인 국에 토란을 넣어 끓이거나, 삶아 으깬 토란과 다진 쇠고기로 완자를 빚어 기름에 지져 넣어 끓이는 방법이 있는데 어떤 방법으로 끓였는지는 알 수 없다.

(34) 홍합탕(紅蛤湯)

홍합탕은 윤2월 13일 진찬 때 자궁께 올린 5가지 탕 중의 하나였다. 재료와 분량에 대한 기록은 없다. 홍합탕은 《조선무쌍신식요리제법》에서 "홍합은 흰 고기가 암컷이고 붉은 고기가 수컷이다. 암컷이 맛이 달고 좋으나 똥이 많아서 긁어내고 맑은 장에 끓여 먹으면 사람에게 이롭다. 특히 부인에게 더욱 유익하다고 한다. 또 마른 홍합도 순전히 장물에다가 많이 넣고 푹 끓여내어 먹으면 맛이 구수하여 좋다."고 하였다.

홍합탕은 음식의 명칭으로 미루어 홍합에 물을 붓고 끓인 맑은 탕으로 보인다.

2) 고음(膏飮)

고음은 소의 살코기, 내장, 뼈, 꼬리, 도가니, 족 등에 물을 붓고 푹 고아서 영양 성분과 맛 성분이 국물에 우러나도록 하여 밭쳐 국물만 마시는 음식이다. 전복, 홍합, 꿩, 닭, 붕어 등도 같은 방법으로 하였다.

《원행을묘정리의궤》에서 고음은 미음상에 미음, 정과와 함께 자궁과 군주께 올렸다. 미음상은 참에 들어갔을 때나 해당 참에서 이동하는 중로에 올렸다. 노량참과 중로인 마장천교 북쪽에서는 소의 양, 전복, 묵은닭, 홍합을 한꺼번에 물을 붓고 고아서 밭쳐 국물만 한 그릇으로 올렸다. 시흥참과 중로인 안양참 남변에서는 소의 양, 도가니, 묵은닭을 함께 고아서 밭친 고음을 올렸다. 사근참과 중로인 일용리 앞길에서는 묵은닭, 우둔, 전복, 소의 양을 함께 고아서 밭친 고음을 올렸다. 윤2월 12일 화성행궁에서는 현륭원으로 참배를 갈 때는 닭고음, 중로에서는 소의 양고음, 화성행궁으로 돌아와서는 붕어고음을 올렸다. 원소참에서는 소의 양, 묵은닭, 꿩을 함께 고아서 밭친 고음을 올렸고, 중로에서는 잡탕을 올렸다. 잡탕의 재료는 기록되어 있지 않았다.

● 날짜, 장소별 자궁과 군주에게 올린 고음

날짜	장소	재료	비고
윤2월 9일	노량참	소의 양, 전복, 묵은닭, 홍합	
	중로(마장천)	소의 양, 전복, 묵은닭, 홍합	
	시흥참	소의 양, 도가니, 묵은닭	
윤2월 10일	중로(안양참 남변)	소의 양, 도가니, 묵은닭	
	사근참	묵은닭, 우둔, 전복, 소의 양	
	중로(일용리 앞길)	묵은닭, 우둔, 전복, 소의 양	
윤2월 12일	화성참	닭 고음	참배하러 갈 때
	중로(대황교 남변)	소의 양 고음	
	화성참	붕어 고음	참배에서 돌아왔을 때
	원소참	소의 양, 묵은닭, 꿩	재실에 들어갈 때
	원소참	소의 양, 묵은닭, 꿩	원소에서 참배할 때
	중로(대황교 남변)	잡탕	원소에서의 중로
윤2월 15일	중로(대황교 남변)		돌아올 때 중로에서는 고음이 없음
	사근참	묵은닭, 우둔, 전복, 소의 양	
	시흥참	소의 양, 도가니, 묵은닭	
윤2월 16일	노량참	소의 양, 전복, 묵은닭, 홍합	

3) 조치

조치로 기록된 음식은 찜[蒸], 초(炒), 볶기[卜只], 탕(湯), 잡장(雜醬), 장자(醬煮), 장전(醬煎), 장증(醬蒸), 만두(饅頭), 수잔지(水盞脂) 등 10가지로 다양하여 그 정의를 내리기가 쉽지 않다. 조치라는 용어는 《시의전서》에 천엽조치·골조치·생선조치·양조치 등이 기록되어 있고, 《조선요리제법》에서는 조치 대신 두부찌개, 방어찌개 등으로 찌개라는 용어가 처음 기록되어 있다. 현재는 조치라는 용어는 없어지고 찌개로 통용되고 있다.

조치 중에서 탕, 찜, 만두는 조리법이 중복되어 해당 조리법에서 다루었고, 초와 볶기도 별도로 설명하였다. 따라서 잡장, 장자, 장전, 수잔지만 조치에서 설명하고자 한다.

조치는 봉충찜·생복초·연계찜·양볶기가 4회로 가장 빈도가 높았고, 골탕이 3회, 골볶기·낙지초·붕어잡장·생복만두탕·생복찜·숭어장자·숭어잡장·숭어찜·수잔지·잡장자·잡장전·저포초·죽합초·토화초가 2회, 천엽볶기·건숭어찜·건숭어초·곤자소니찜·게탕·반건대구초·생치볶기·쇠고기볶기·수잔지·숭어장증·양만두·저포찜·전복초·추복탕·홍합탕·쇠고기볶기가 각각 1회씩 기록되었다.

골탕은 갱과 조치로 올랐으며, 조치로는 초가 8종으로 가장 많았다. 생복초 4회, 죽합초·낙지초·저포초가 각 2회, 건청어초·반건대구초·전복초가 각 1회였다. 조치로 올린 찜은 총 7종이었는데, 연계찜과 봉충찜 4회, 생복찜과 숭어찜 2회, 건숭어찜·곤자소니찜·저포찜이 각 1회였다. 볶기는 7종이었는데 양볶기 4회, 골볶기 2회, 쇠고기볶기·천엽볶기·생치볶기 1회였다. 잡장은 붕어잡장과 숭어잡장이 각각 2회씩 기록되었다. 조치로 오른 탕은 골탕 3회, 생복만두탕 2회, 게탕 1회였다. 또 조리법을 추정할 수 없는 장자가 총 4회로 숭어장자와 잡장자가 각각 2회였고, 그외 잡장전 2회, 숭어장증·양만두·수잔지가 각각 1회씩 올랐다.

● 조치의 종류와 횟수

음식명	갱	탕	조치	합계	비고
건청어초(乾靑魚炒)			1	1	재료배합비 없음
게탕(蟹湯 해탕)			1	1	재료배합비 없음
골볶기(骨卜只 골복기)			2	2	재료배합비 없음
골탕(骨湯)	2		3	5	재료배합비 없음
낙지초(絡蹄炒 낙제초)			2	2	재료배합비 없음
반건대구초(半乾大口炒)			1	1	재료배합비 없음
붕어잡장(鮒魚雜醬 부어잡장)			2	2	재료배합비 없음
생복초(生鰒炒)			4	4	재료배합비 없음
생치볶기(生雉卜只 생치복기)			1	1	재료배합비 없음
쇠고기볶기(黃肉卜只 황육복기)			1	1	재료배합비 없음
수잔지(水盞脂)			2	2	재료배합비 없음
숭어잡장(秀魚雜醬 수어잡장)			2	2	재료배합비 없음
숭어장자(秀魚醬煮 수어장자)			2	2	재료배합비 없음
양볶기(䑋卜只 양복기)		1	4	5	재료배합비 없음
잡장자(雜醬煮)			2	2	재료배합비 없음
잡장전(雜醬煎)			2	2	재료배합비 없음
저포초(猪胞炒)			2	2	재료배합비 없음
전복초(全鰒炒)			1	1	재료배합비 없음
죽합볶기(竹蛤卜只 죽합복기)			1	1	재료배합비 없음
죽합초(竹蛤炒)			2	2	재료배합비 없음
진계볶기(陳鷄卜只 진계복기)			1	1	재료배합비 없음
천엽볶기(千葉卜只 천엽복기)			1	1	재료배합비 없음
콩팥볶기(豆太卜只 두태복기)		1		1	재료배합비 없음
토화초(土花炒)			2	2	재료배합비 없음

● 조치의 종류

	초(炒)	증(蒸)	볶기(卜只)	탕갱(湯羹)	잡장(雜醬)	장자(醬煑)	장증(醬蒸)	장전(醬煎)	만두(饅頭)	수잔지
1	건청어초	건숭어찜	골볶기	골탕	붕어잡장	숭어장자	숭어장증	잡장전	양만두	수잔지
2	낙지초	곤자소니찜	생치볶기	생복만두탕	숭어잡장	잡장자				
3	반건대구초	봉총찜	양볶기	게탕						
4	생복초	생복찜	죽합볶기	병갱(떡국)						
5	저포초	숭어찜	닭볶기							
6	전복초	연계찜	천엽볶기							
7	죽합초	저포찜	황육볶기							
8	토화초									

※ 수잔지는 재료에 국물을 붓고 끓였으므로 전철로 분류하였음.

간막기탕·금중탕·별잡탕·병갱·생치탕·숭어백숙탕·열구자탕·완자탕 등 총 8종의 음식에는 재료 및 분량이 기록되어 있었으나, 이를 제외한 다른 음식은 기록되어 있지 않았다.

조치로 기록된 음식 중 붕어잡장, 숭어잡장, 숭어장자, 잡장자, 잡장전, 수잔지는《원행을묘정리의궤》에서도 단 1회만 기록되어 있고 요즘에는 사라진 음식이어서 그 조리법을 추측하기 어렵다.

(1) 붕어잡장[鮒魚雜醬 부어잡장]

붕어잡장은 윤2월 15일 주수라에 자궁께 양볶기와 함께 조치로, 대전께는 붕어잡장만 조치로 올렸다. 재료나 분량이 기록되어 있지 않고 고문헌에도 조리법이 기록되어 있지 않다.

그런데《조선무쌍신식요리제법》에서 잡장은 "노루고기, 양고기, 토끼고기나 아무 고기든지 내장과 심줄을 빼고 네 근 가량에 메줏가루 1근 반과 소금 1근쯤 혹은 네 냥과 파 대가리 썬 것 한 사발과 고량강, 천초, 무이(無荑), 진피 각 2~3냥에 술을 부어 버무리되 된죽처럼 만들어 항아리에 넣는다. 봉한 지 십여 일만에 열어보아 되거든 술을 더 치고 싱겁거든 소금을 더 쳐서 볕에 쬐이되 기운이 나가지 않게 단단히 봉한다."고 하였다.

이로 보아 붕어잡장은 붕어를 손질하여 끓일 때 위와 같이 담근 잡장을 이용해서 간을 맞춘 것으로 보인다.

(2) 숭어잡장[秀魚雜醬 수어잡장]

숭어잡장은 윤2월 15일 주수라에 자궁과 대전께 조치로 올렸다. 재료와 분량에 대한 기록이 없고 고문헌에서도 조리법을 찾을 수 없다. 숭어잡장은 음식의 명칭으로 미루어 숭어를 손질하여 끓일 때 잡장을 이용해서 간을 맞춘 것으로 보인다.

(3) 숭어장자[秀魚醬煑 수어장자]

숭어장자는 윤2월 15일 조수라에 자궁께 조치로 올렸다. 재료와 분량에 대한 기록이 없고 고문헌에서도 조리법을 찾을 수 없다. 숭어장자는 음식의 명칭으로 미루어 숭어를 손질하여 끓일 때 장으로 간을 맞춘 것으로 보인다.

(4) 잡장자(雜醬煑)

잡장자는 윤2월 12일 석수라에 자궁과 대전께 조치로 올렸다. 재료와 분량에 대한 기록이 없고 고문헌에서도 조리법을 찾을 수 없다. 잡장자는 음식의 명칭으로 미루어 어떤 재료인지는 알 수 없으나 여러 가지 재료를 넣고 끓일 때 장으로 간을 맞춘 것으로 보인다.

(5) 잡장전(雜醬煎)

잡장전은 윤2월 9일 석수라에 자궁께 수잔지와 함께 조치로 올렸으며, 대전께는 잡장전만 조치로 올렸다. 재료와 분량에 대한 기록이 없고 고문헌에서도 조리법을 찾을 수 없다. 잡장전은 음식의 명칭으로 미루어 여러 가지 재료에 장을 넣고 국물이 자작하게 지진 음식으로 보인다.

(6) 수잔지(水盞脂)

수잔지는 윤2월 13일 죽수라에 자궁과 대전께 조치로 한 번 올렸다. 재료와 분량에 대한 기록은 없다. 《조선요리제법》과 《간편조선요리제법(簡便朝鮮料理製法)》(1934)에 그 조리법이 기록되어 있다. "다시마를 길고 좋은 것으로 골라 깨끗하게 씻어 삶아 길이 육 푼 너비 너 푼으로 썰어 다시 솥에 넣고 기름 없는 살코기를 저며 잘게 썬 것, 간장, 후추, 깨소금, 파 다진 것을 넣고 한참 주무른다. 다시마와 다시마 삶은 물을 넣고 끓인다. 석이, 표고버섯을 물에 불려 깨끗하게 씻어서 골패 짝만큼씩 썰어 기름에 볶아 넣는다. 저육은 채를 썰어 넣고 알고명 부친 것을 골패 짝 만큼씩 썰어 넣고 끓인다."라고 하여 여름철 음식으로 소개되어 있다.

이로 보아 수잔지는 다시마 끓인 물에 양념한 쇠고기와 채 썬 돼지고기를 넣고 끓이다가 건져낸 다시마를 골패쪽으로 썰어 넣고, 석이·표고·달걀지단을 골패쪽으로 썰어 넣은 음식으로 보인다. 석이는 손질하여 다져서 달걀흰자에 넣어 지단을 부쳐 골패쪽으로 썰어 넣었을 것으로 생각된다.

4) 열구자탕(悅口資湯)

열구자탕은 윤2월 9일 주다소반과, 윤2월 13일 조다소반과·소별미, 윤2월 15일의 주다소반과에 자궁과 대전께 탕으로 올렸고, 윤2월 10일 주다별반과에 자궁께 탕으로 올렸다.

● 열구자탕의 재료와 분량

쇠고기	숙육	돼지고기	숙저육	(소)양	곤자소니	등골	두골	우설	저포	묵은닭	꿩	달걀	숭어	전복	추복	해삼	오이	표고버섯	순무·무	박고지	도라지	미나리	고사리	파	생강	잣	황률	대추	호도	은행	녹말	간장	참기름	후춧가루	합계	비고
1근	8냥	8냥		¼부	1부	1부	½부		½부	½마리	½마리	15개	½마리	1개		5개	1개	2홉	3개	2토리		½단		2단	2쪽	2작					5홉	3홉	5홉	2작	26	3회
2냥	2냥	2냥	2냥	2냥	2냥	2냥	2냥	2냥	2냥	1각	1각	20개	¼마리	1개	5조	2개	½개	2홉	1개	1토리	5개	½단	¼타래	1단		5작	5작	5작	5작	5작	2홉	2홉	3홉		33	
3냥		2냥	2냥	2냥	1부	½부		2냥	2냥	2각	2각	15개	½마리	2개	3조	3개	2개	1홉	2개	1줌	1줌	½단	1줌	1단		5작	5작	5작			3홉	5홉	6홉		19	2회
1근	8냥	8냥		¼부	1부	1부	½부		½부			15개		1개		5개	1개	2홉	3개	2토리		½단		2단	2쪽	2작					5홉	3홉	5홉	2작	13	

양·곤자소니·등골·쇠고기·숙육·우설·돼지고기·숙저육·저포 등의 육류, 꿩, 묵은닭 등의 가금류, 숭어·해삼·추복·전복 등의 어패류, 무·오이·도라지·움파·박고지·미나리·고사리·표고버섯 등의 채소류, 황률·대추·호두·은행·잣 등의 견과류, 달걀, 간장·녹두·참기름·생강·후춧가루 등이 양념으로 기록되어 있다. 총 35종의 재료가 사용되었는데 그 중 33가지, 26가지, 19가지, 13가지의 재료가 사용되었다.

열구자탕은 《임원경제지》, 《주식시의》, 노가재공댁 《주식방문》, 《규합총서》, 《시의전서》, 《부인필지》 등에 조리법이 기록되어 있다. 《임원경제지》의 열구자탕은 "쇠고기, 소 내장, 천엽, 돼지고기, 돼지내장, 닭고기, 꿩고기. 건전복, 해삼을 삶아서 신선로 틀에 맞게 편으로 썬다. 붕어, 숭어는 흰 살만을 얇게 떠서 전을 부쳐 틀에 맞게 썬다. 파, 부추, 미나리, 배추, 순무, 무, 오이 등을 익혀서 틀에 맞게 썬다. 생강은 썰고, 고추는 채 썰고, 천초, 후추는 껍질을 벗기고, 잣은 고깔을 떼고, 대추, 달걀지단은 편으로 썬다. 색을 맞추어 순서대로 돌려가며 놓는다. 육수를 간 맞추어 신선로 안에 붓는다."고 하였다.

열구자탕은 그 맛이 좋아 입을 기쁘게 한다는 뜻으로 대개 '悅口子湯'으로 기록하나, 《원행을묘정리의궤》에서는 '悅口資湯(열구자탕)'으로 기록되어 있다. 열구자탕은 책마다 들어가는 재료가 다르다.

이로 보아 열구자탕은 여러 가지 육류, 내장, 어패류, 가금류, 버섯류, 채소류 익힌 것과 생선전과 미나리초대를 신선로 틀의 크기에 맞추어 썰어 담고, 위에 고명을 얹어 육수를 붓고 끓여 먹는 음식이다.

5) 전철(煎鐵)

전철은 윤2월 15일 야다소반과에 자궁과 대전께 탕으로 올렸다. 재료와 분량에 대한 기록은 없다. 《시의전서》의 전골법은 "연한 안심부위의 살로 풀잎같이 골패짝(골패쪽)처럼 떠서 저미기도 하고 얇게 저며 채 치기도 한다. 고기는 갖가지 양념에 재워 위에 잣가루를 뿌린다. 전골은 때에 따라 죽순, 송이, 조개, 낙지, 굴을 섞어 재우기도 한다. 전골 나물은 무, 콩나물, 숙주, 미나리, 파, 고비, 표고버섯, 느타리버섯, 석이, 도라지 등을 손질하여 1치 길이씩 자른다. 달걀은 황백 지단을 얇게 부쳐서 채 친다. 지치로 무를 홍색으로 물들인다. 준비한 나물을 옆옆이 색스럽게 놓아 접시에 담고 위에는 한 줄로 잣을 놓고, 실고추와 석이버섯, 황백 지단채를 뿌린다. 전골소반에는 전골 그릇과 나물 접시를 놓고 탕 그릇에는 장국을 탄다. 접시에는 계란 두세 개를 담고, 기름 종지를 놓고, 풍로에 숯을 피워 전골틀이나 냄비에 지진다."라고 하였다.

전철은 전골과 같은 음식으로 생각된다. 이로 보아 전철은 양념한 고기를 갖가지 채소와 함께 육수를 붓고 끓여 먹는 즉석 음식으로 보인다.

6) 찜[蒸]

찜은 찜 재료를 찜기에 넣고 김을 올려서 찌거나, 중탕으로 익히거나, 찜 재료에 갖은 양념을 하여 물을 부어 끓여 국물이 바특하게 남을 정도까지 익히는 음식이다.

● 찜의 종류, 재료, 빈도

	음식명	자궁	대전	재료	비고
1	각색증	2	1	갈비, 꿩, 생전복, 숙복, 쇠고기, 돼지고기, 꿩	배합비 없음
2	갈비찜	1	0		재료배합비 없음
3	건숭어찜				
4	곤자소니찜				
5	붕어찜	4	1	붕어 5마리, 쇠고기 3냥, 돼지고기 3냥, 숙저육 2냥, 묵은닭 1마리, 두부 2모, 표고 3홉, 참기름 2홉, 생강 3각, 파 2단, 달걀 10개	
6	생복찜	1	0		재료배합비 없음
7	생치증	1	0	꿩	배합비 없음
8	송이증	1	0		재료배합비 없음
9	숭어찜	1	0	숭어 2마리, 쇠고기 1근, 묵은닭 1마리, 달걀 50개, 녹말 3홉, 간장 1홉	
10	숭어장증	1	0		재료배합비 없음
11	연계찜	6	3	연계 25마리, 쇠고기 2근, 표고버섯 2홉, 밀가루 2홉, 석이 1홉, 생강 1홉, 파 2단, 녹말 5홉, 참기름 5홉, 달걀 10개, 후춧가루 5작, 잣 2작, 간장 3홉	재료배합비 없음
12	연저잡증	1	0	돼지	재료배합비 없음
13	연저증	5	2	연저 1구, 묵은닭 1수, 쇠고기 1근, 박고지 1토리, 무 2개, 미나리 2단, 생강 3각, 파 2단, 표고버섯 2홉, 소금물 2홉, 참기름 5홉, 실깨 1홉	
14	잡증	1	0	돼지다리 1부, 곤자소니 1부, 꿩 1마리, (소)양 ¼부, 쇠고기 1근, 전복 5개, 해삼 5개, 박고지 5토리, 표고버섯 2홉, 미나리 1단, 무2개, 파 5단, 후춧가루 5작, 달걀 10개, 참기름 5홉, 새우젓국 5홉, 잣 1홉	
15	저포찜	1	1		재료배합비 없음
16	전복숙	1	0		재료배합비 없음
17	전치증	1	1		재료배합비 없음
18	골찜	1	0		재료배합비 없음
19	봉총찜	2	2		재료배합비 없음
20	흑태증	0	1		재료배합비 없음
21	해삼증	3	0		재료배합비 없음

(1) 각색증(各色蒸)

각색증은 윤2월 14일 죽수라에 자궁과 대전께 올렸고, 석수라에는 자궁께 올렸다. 죽수라에 올린 각색증의 재료는 생전복, 숙복, 쇠고기, 돼지고기, 꿩이었고, 석수라에 올린 각색증의 재료는

● 각색증의 재료

날짜	상차림	재료 / 대상	생전복	숙복	쇠고기	돼지고기	꿩	갈비
윤2월 14일	죽수라	자궁	○	○	○	○	○	
		대전	○	○	○	○	○	
	석수라	자궁					○	○

꿩, 갈비이다. 조리법은 기록되어 있지 않다.

이로 보아 각색증은 육류, 어패류, 조류 등의 동물성 재료를 양념하여 물을 붓고 찐 음식이다.

(2) 갈비찜[乫飛蒸 갈비증]

갈비찜은 윤2월 16일 조수라에 자궁께 올렸다. 재료나 분량에 대한 기록은 없다.

《술 만드는 법》의 갈비찜은 "살이 많고 좋은 갈비를 2치 길이로 자르고 갖은 양념을 한 다음 대나무나 싸리를 솥에 가로지르고 장국을 붓고 갈비를 넣어 쪄서 쓴다."라고 기록되어 있다. 《시의전서》에는 "갈비를 1치 길이씩 잘게 잘라 삶는다. 소의 위를 뜨거운 물에 잠깐 넣어 데치고 부아, 곱창, 통무, 다시마를 같이 넣고 무르게 삶은 후 건진다. 무는 탕무처럼 잘게 썰고 다른 고기도 무와 같이 썬다. 다시마는 골패조각(골패쪽)처럼 썰고 표고와 석이도 썰되 파와 미나리는 살짝 데쳐 넣는다. 갖은 양념과 밀가루를 섞어 주무른 후 볶되 국물을 조금 있게 하여 그릇에 담는다. 달걀을 부치고 석이와 같이 채를 쳐서 얹는다."고 기록되어 있다. 이로 보아 갈비찜은 갈비만을 양념하여 찌거나 소 내장과 기타 부재료를 함께 넣어 찐 음식으로 생각된다.

(3) 건숭어찜[乾秀魚蒸 건수어증]

건숭어찜은 윤2월 14일 조수라에 자궁께 올렸다. 재료나 분량에 대한 기록이 없고, 고문헌에서도 조리법을 찾을 수 없다.

숭어는 한자로는 빼어날 수(秀)를 붙여 '秀魚'라 했다. 숭어와 말린 건숭어는 조선시대 진상품이었는데, 탕(湯)·증(蒸)·구이(炙伊)·적(炙)·전(煎)·숙편(熟片)·만두(饅頭)·채(菜)·회(膾) 등 다양한 찬품(饌品)으로 이용되었다.

건숭어찜은 음식의 명칭으로 미루어 말린 숭어를 수증기로 쪄서 만든 음식으로 보인다.

(4) 곤자소니찜[昆者巽蒸 곤자손증]

곤자소니찜은 윤2월 11일 죽수라에 자궁과 대전께 올렸다. 재료나 분량에 대한 기록이 없고, 고문헌에서도 조리법을 찾을 수 없다. 곤자소니는 소의 골반 안에 있는 창자의 끝부분이다. 기름기가 많이 달리고 질겨 오래 푹 끓여 찜을 하거나, 궁중에서 금중탕(錦中湯)[57], 만증탕(饅蒸湯)[58] 등의 부재료로 이용되었다. 숙종 45년(1719)의 《진연의궤(進宴儀軌)》에는 곤자수(昆者手)라 기록되어 있다.

곤자소니찜은 음식의 명칭으로 미루어 곤자소니를 양념하여 물을 붓고 푹 끓인 음식으로 보인다.

(5) 골찜[骨蒸 골증]

골찜은 윤2월 15일 석수라에 자궁께 올렸으며 재료나 분량에 대한 기록이 없다. 조선시대 조리서에 골찜이라는 명칭으로 기록된 음식은 찾을 수 없으나 《조선음식 만드는 법》의 등골찜은 "소등골의 껍질을 벗겨서 다섯 푼 길이로 잘라서 넓게 펴놓고 소금을 약간씩 뿌려서, 이것에 밀가루를 묻히고 계란을 풀어 씌워서 번철에 기름을 두르고 지져놓고, 고기는 곱게 이겨서 여러 가지 양념을 해서 냄비에 담고 등골전을 넣고 그 위에는 미나리 초대와 석이, 표고 썬 것을 얹고, 물을 자란자란(자작자작)하게 붓고 간장으로 간을 맞추어 고기가 익을 만큼만 잠깐 끓이다가 파채 친 것을 얹어 잠깐만 뜸을 들인다."고 기록되어 있다.

이로 보아 골찜은 두골을 사용하였는지 등골을 사용하였는지 명확하게 알 수는 없으나 전의 형태로 지져 국물을 넣고 부재료와 함께 끓인 음식으로 생각된다.

(6) 봉총찜[鳳充蒸 봉충증]

봉총찜은 윤2월 14일 조수라, 윤2월 15일 석수라에 자궁과 대전께 올렸다. 재료나 분량에 대한 기록은 없다. 《시의전서》의 봉총찜은 "꿩의 껍질이 상하지 않게 털을 뽑고 살을 곱게 뜯어 사각을 뜬다. 다리 껍질을 자루처럼 잘 벗긴 다음에 뼈의 아랫마디는 젖혀 두고 윗마디는 찢어서 살을 모두 긁어낸다. 긁어낸 윗마디 살과 쇠고기를 조금 섞어 나른하게 두드려서 갖은 양념을 넣고 간을 맞추어 주물러서 반상 위에 펴놓는다. 이것으로 꿩의 다리를 만들어 젖힌 껍질을 다시 씌우고 모양은 마음대로 만든다. 이것을 여러 개 만들어 찜을 하려면 채소와 각색 양념을 넣어 찜을 한다."고 기록되어 있다.

이로 보아 봉총찜은 꿩의 껍질에 소를 넣고 다리 모양을 만들어 찐 음식으로 생각된다.

---

57) 제육을 가늘게 짓 두드려 양념을 갖추어 주물러 양푼에 기름 두르고 계란 황백 고루 섞어 양푼에 깔고 제육 두드린 것 얇게 펴서 반지어 놓고 그 위에 계란을 덮어 지져 모지게 비어 전유어로 쓴다. 이씨 《음식법(飮食法)》

58) 녹두가루에 참기름을 넣고 반죽하여 쇠고기·돼지고기·꿩고기·닭고기·계란·숭어(秀魚)·표고버섯·박고지·잣에, 소금·생강즙·후춧가루를 섞은 소를 넣고 만두 모양으로 빚어서 찐 다음에 이것을 넣고 끓인 국.

(7) 붕어찜[鮒魚蒸 부어증]

● 붕어찜의 재료와 분량

날짜	상차림	대상 \ 재료	붕어	쇠고기	돼지고기	숙저육	묵은닭	두부	표고	달걀	파	생강	참기름
윤2월 13일	조다소반과	자궁	5마리	3냥	3냥	2냥	1마리	2모	3홉	10개	2단	3각	2홉

※ 윤2월 11일 석수라, 윤2월 12일 주수라 · 조수라에는 재료와 분량에 대한 기록이 없어 표에 넣지 않았다.

붕어찜은 윤2월 11일 석수라, 윤2월 12일 주수라, 윤2월 13일 조다소반과에 자궁께, 윤2월 12일 조수라에는 자궁과 대전께 올렸다. 윤2월 11일 석수라, 윤2월 12일 조수라와 주수라에는 이름만 올라 있고 재료와 분량에 대한 기록은 없다. 윤2월 13일 조다소반과에는 자궁에게 올렸는데, 재료는 붕어, 쇠고기, 돼지고기, 숙저육, 묵은닭, 두부, 표고, 생강, 파, 달걀, 참기름 등이 기록되어 있다. 조리법은 기록되어 있지 않아서 정확한 방법은 알 수 없다. 《규곤요람(閨壼要覽)》(1795)의 붕어찜은 "큰 붕어의 등을 가르고 내장을 모두 제거한 다음 후추, 천초, 파, 생강, 표고, 참버섯, 꿩고기를 함께 다져 붕어 속에 소로 넣는다. 달걀은 부쳐 썰고 밀가루는 물을 풀어 쓴다."고 하였다. 《규합총서》에는 "큰 붕어를 통째로 비늘을 제거하고 칼로 등마루를 찢어 속을 빼내고, 어만두처럼 소를 만들어 뱃속에 넣고 좋은 초 2술을 붓는다. 고기 입 가운데 작은 백반 조각을 넣는다. 생선을 베어 구멍 난 곳에 녹말을 묻혀 실로 동여매고 노구[솥]에 물을 조금 부어 기름장에 뭉근한 불로 끓이되 밀가루, 계란을 푼다."고 하였다.

이로 보아 붕어찜은 붕어 뱃속에 고기, 두부, 표고를 양념하여 소로 넣고 찐 음식으로 생각된다.

(8) 생복찜[生鰒蒸 생복증]

● 《진연의궤》 생복찜의 재료

연도 \ 재료	우심내육	묵은닭	생복	해삼	도간리	달걀	표고	수근	석이	잣	목이	황화	녹두채	파	후춧가루	참기름	간장	실깨가루
1848	○		○			○	○		○	○					○	○	○	
1873		○	○	○	○	○	○	○		○			○		○		○	○
1887	○		○			○	○			○	○	○		○	○	○	○	○

생복찜은 윤2월 9일 조수라에 자궁께 올렸고, 윤2월 10일 주수라에 조치로 양복기와 함께 자궁상에 올렸다. 재료나 분량에 대한 기록은 없다.

《주식방문》에서는 "생전복과 생가오리의 배를 갈라 소를 넣을 만큼 구멍을 내고 고기와 두부를 다져서 속에 넣는다. 시루에 베보자기를 깔고 펴 놓고 쪄서 먹는다."라고 하였다. 이로 보아 생복찜은 생전복을 그대로 찌거나, 전복을 저민 사이에 쇠고기와 표고버섯을 다져 양념한 것을 끼우고 냄비에 담아서 전복이 잠길 정도의 물을 붓고 은근한 불에서 익힌 음식으로 생각된다.

(9) 생치찜[生雉蒸]

● 《진연의궤》 생치찜의 재료

재료 연도	꿩	파	생강	후춧가루	참기름	간장	실깨가루	잣	소금	마늘	비고
1827	○			○	○	○			○		
1828	○			○	○	○			○		전치수
1829	○			○	○	○			○		
1868	○	○	○	○	○		○	○	○		
1902(4)	○	○		○	○	○	○	○	○	○	생치전 채소

생치찜은 윤2월 11일 조수라에 자궁께 올렸으며 재료로 꿩만 기록되어 있고 부재료와 조리법에 대한 기록이 없어서 《진연의궤》의 생치찜 재료를 참고하였다. 《주찬》의 생치찜은 "날꿩을 통째로 끓는 물에 튀해서 털을 뽑고 깨끗이 씻은 다음, 밀가루를 묻혀 참기름에 지져 낸다. 여기에 미나리·박고지·순무·도라지·고비·표고·파·생강·다시마 섞은 것과 쇠고기 고명 약간과 돼지고기 고명을 많이 섞어서 장국에 넣고 세차게 끓여 졸인다. 국물이 없어지면 가루즙을 듬뿍 풀어서 쓴다."고 하였다. 《규합총서》에는 "꿩을 털 없이 뽑을 때 껍질이 상하지 않도록 깨끗이 뜯어 4토막으로 뜬다. 다리 껍질을 통째로 자루처럼 벗겨 제친다. 다리 아랫마디 뼈만 두고 윗마디는 자르고 살은 다 긁어내어 다른 꿩 살과 쇠고기 섞어 두드려 힘줄 없이 한다. 생강, 파, 후추를 곱게 갈아 섞고 기름장과 간을 맞추어 주물러 소반 위에 펴 놓고 큰 꿩다리 모양처럼 만든다. 그 제친 껍질을 다리 아래 뼈 없이 채우고 도로 씌워 모양을 만든다. 이렇게 여럿을 만들어 나물과 온갖 양념을 넣어 밀가루를 풀어 찜으로 쓴다."고 하였다. 《정일당잡지》에는 "꿩고기의 살을 부드럽게 다지고 두부의 물을 뺀 다음 갖은 양념을 넣고 기름장을 쳐서 주물러 양푼에 펴 놓는다. 계란을 깨서 위에 얹어 중탕을 한 다음 족편 썰 듯 썬다. 초간장에 먹고 즙을 넣어서도 먹는다."고 하였다.

생치찜은 위와 같이 꿩을 기름에 지진 후 갖은 나물과 고기 고명과 함께 가루즙을 넣어 익히거나, 꿩의 다리 껍질 안에 꿩 살과 쇠고기를 함께 양념 하여 소로 넣은 후 나물과 함께 가루즙을 넣어 익히거나, 꿩고기 살을 다진 후 두부와 섞어 갖은 양념하여 계란을 얹어 중탕하는 등 다양한 방법이 있다. 이로 보아 《원행을묘정리의궤》의 생치찜은 정확하게 어떻게 만들었는지는 알 수 없다.

(10) 전치찜[全雉蒸]

전치찜은 윤2월 13일 자궁과 대전의 조수라에 올렸다. 재료와 분량에 대한 기록은 없다. 《원행을묘정리의궤》에 생치찜과 전치찜이 각각 기록된 것으로 보아 전치찜은 꿩을 통째로 사용한 것으로 생각된다.

(11) 송이찜[松耳蒸]

송이찜은 윤2월 14일 자궁의 석수라에 올렸다. 재료나 분량에 대한 기록은 없다. 송이찜은 《소문사설(謏聞事說)》(1720), 《규합총서》, 《시의전서》, 《윤씨음식법》 등 조선시대 여러 조리서에 기록되어 있다. 《규합총서》 의 송이찜은 "송이 껍질을 얇게 벗기고, 줄기는 도려내고, 위에 핀 것은 넓게 저민다. 쇠고기와 돼지고기를 곱게 다지고 두부를 섞어 기름장에 갖은 양념을 하여 크기는 알맞게 소를 만든다. 이 소를 송이 저민 것으로 덮어 싸서 고운 밀가루를 묻혀 달걀 씌워 지진다. 국은 꾸미를 많이 넣고 밀가루와 달걀 풀어 끓이다가 송이 지진 것을 넣어 다시 끓여 황·백 지단채와 후추, 잣가루를 뿌려 쓴다."고 하였다.

이로 보아 송이찜은 고기와 두부를 양념하여 만든 소를 송이 저민 것에 넣어 전으로 지진 후 국물을 붓고 끓이다가 밀가루와 달걀을 넣어 걸쭉하게 하고 위에 고명을 얹어 낸 음식으로 보인다.

(12) 숭어찜[秀魚蒸 수어증]

● 숭어찜의 재료와 분량

날짜	상차림	대상 \ 재료	숭어	쇠고기	묵은닭	달걀	녹말	간장
윤2월 13일	진찬	자궁	2마리	3근	1마리	50개	3홉	1홉

※ 윤2월 9일 조수라, 윤2월 12일 주수라에는 재료와 분량에 대한 기록이 없어 표에 넣지 않았다.

숭어찜은 윤2월 9일 조수라 때 골탕과 함께, 윤2월 12일 주수라에 양만두와 함께 자궁께 조치로 올렸다. 재료와 분량에 대한 기록은 없다. 윤2월 13일 진찬에도 자궁께 올렸으며, 숭어, 쇠고기, 묵은닭, 달걀, 녹말, 간장의 재료가 기록되어 있다.

《규곤요람》에는 "숭어를 내장은 꺼내고 말끔히 씻어 머리와 꼬리를 떼어내고 숙주나물 머리와 꼬리도 떼어내고 미나리 다듬어 끓는 물에 데쳐 내어 숙주만큼씩 미나리도 썬다. 육회는 재우고 표고버섯과 석이버섯은 채쳐 갖은 양념으로 비빈다. 숭어 반절을 잘라서 이것을 배에 다 집어넣고 밀가루를 씌워서 계란에 지진다. 또 계란 노른자와 흰자를 지단 부쳐서 반은 완자로 썰고 반은 채를 썬다."고 하였다. 《시의전서》에는 "숭어는 토막을 내고 달걀을 씌워 지진다. 다진 쇠고기, 표고, 느타리, 석이, 파, 미나리, 후춧가루, 깨소금, 기름을 합하여 주물러 생선 토막의 켜와 켜 사이에 넣고 물을 조금 쳐서 지지면 좋다."고 하였다. 이로 보아 숭어찜은 숭어의 뱃속에 쇠고기와 닭고기를 양념하여 소로 넣고 녹말과 달걀을 씌워 지진 후 장국에 익힌 음식으로 생각된다.

(13) 숭어장찜[秀魚醬蒸 수어장증]

숭어장찜은 윤2월 16일 조수라 때 자궁께 올렸다. 《정일당잡지》의 숭어찜에는 "숭어의 등을 가른다. 닭고기나 쇠고기를 다져 생강, 표고버섯, 송이버섯, 잣, 파 등의 양념을 갖추어 넣고 볶아 소를 만든다. 숭어 속에 소를 넣고 실로 동여맨다. 장을 많이 치고 숭어를 넣고 삶다가 밀가루를 맑게 타 넣고 끓인 후 초를 뿌려 쓴다."고 하였다. 이로 보아 숭어장찜은 장을 넉넉히 넣어 끓인 숭어찜으로 보인다.

(14) 연계찜[軟鷄蒸 연계증]

● 연계찜의 재료와 분량

날짜	상차림	재료 / 대상	연계	쇠고기	표고버섯	석이	달걀	잣	파	생강	밀가루	녹말	간장	참기름	후춧가루
윤2월 9일	주다소반과	자궁	25마리	2근	2홉	1홉	10개	2작	2단	1홉	2홉	5홉	3홉	5홉	5작

※ 윤2월 11일 죽수라, 윤2월 12일 주수라, 윤2월 13일 · 14일 석수라, 윤2월 15일 주수라, 윤2월 16일 조수라, 주수라에는 재료와 분량에 대한 기록이 없어 표에 넣지 않았다.

연계찜은 윤2월 9일 주다소반과·윤2월 11일 죽수라·윤2월 15일 주수라에 자궁께, 윤2월 13일·14일 석수라에 자궁과 대전께 올렸고, 윤2월 12일 주수라, 윤2월 16일 조수라·주수라에는 자궁과 대전께 조치로 올렸다. 연계찜은 찜 중에서 가장 많이 올려진 음식이다. 수라상의 연계찜은 이름만 기록되어 있고, 윤2월 9일 주다소반과에만 연계, 쇠고기, 표고, 석이, 생강, 파, 달걀, 잣, 밀가루, 녹말, 간장, 참기름 등이 재료로 기록되어 있다.

연계찜은《주방문》에서는 "닭을 핏기 없이 씻고 밀가루와 간장에 온갖 양념을 한데 짓찧어 닭 뱃속에 넣는다. 간장물 3사발을 기름을 쳐서 솥에 붓고 나무로 다리를 만들어 그 위에 닭을 놓아 푹 찐다. 이렇게 하면 국물이 더 맛있다. 이리하여 온갖 채소마저 알맞은 단지에 넣어 중탕하여 고으면 나물이 더 좋다."고 하였다.《주찬》에서는 "연계는 통째로 털을 뽑고, 연계의 내장은 다른 어육 및 여러 양념과 다져서 유장에 섞어 이긴다. 이것을 연계 속에 채워 넣고 삶아 낸 후, 미나리와 파를 섞어 넣고 다시 꿩찜처럼 찐다."고 하였다.

이로 보아 연계찜은 연계의 뱃속에 쇠고기를 양념하여 소로 채우고 육수에 삶다가 국물에 밀가루, 녹말즙, 간장, 참기름을 넣어 걸쭉하게 익힌 음식으로 생각된다. 표고와 석이는 소에 넣었는지, 고명으로 쓰였는지는 알 수 없다.

(15) 연저찜[軟猪蒸], 연저잡찜[軟猪雜蒸]

● 연저찜, 연저잡찜의 재료와 분량

날짜	상차림	대상 \ 재료	연저	우심육	저심육	쇠고기	묵은닭	꿩	무	박고지	미나리	표고버섯	석이	달걀	잣	파	생강	밀가루	간장	참깨	실깨	참기름	후춧가루	젓국	소금물
윤2월 9일	야다소반과	자궁	1마리	½부	2부		1마리	1마리				1홉	1홉	10개	1홉	3단	2쪽	3홉	5홉			5홉	1작		
윤2월 11일	주다소반과	자궁	1구			1근	1수		2개	1토리	2단	2홉				2단	3각			1홉		5홉			2홉
윤2월 12일	야다소반과	자궁	1마리			1근	1마리		2개	1토리	1단	2홉				2단	3쪽				2홉	5홉			2홉
		대전	1마리			1근	1마리		2개	1토리	1단	2홉				2단	3쪽			2홉		5홉			2홉
윤2월 13일	조다소반과	자궁	1마리			1근	1마리		2개	1토리	1단	2홉				2단	3각				1홉	5홉		2홉	
	진찬	자궁	3마리			1근	2마리	2마리							5홉		2홉		1홉 5작			3되	1홉		

※ 윤2월 11일 조수라에는 재료와 분량에 대한 기록이 없어 표에 넣지 않았다.

연저찜은 윤2월 9일 야다소반과·윤2월11일 주다소반과, 윤2월 13일 조다소반과·진찬에 자궁께, 윤2월 11일 조수라에 대전께, 윤2월 12일 야다소반과에 자궁과 대전께 올렸다. 연저잡찜은 윤2월 11일 조수라에 자궁께 올렸는데 재료로 연저가 있을 뿐이고 다른 재료와 조리법은 기록이 없다. 연저찜은 연계찜 다음으로 많이 오른 음식이다. 재료는 연저를 통째로 쓰는 것은 공통적이었고 연저찜과 연저잡찜의 차이는 재료의 정확한 기록이 없어 알 수 없다. 이로 보아 연저찜·연저잡찜은 연저를 통째로 쓰고 쇠고기의 여러 부위, 묵은닭, 꿩, 채소 등 다양한 재료를 사용하여 연계찜과 같은 방법으로 만든 것으로 보인다.

(16) 잡찜[雜蒸 잡증]

● 잡찜의 재료와 분량

날짜	상차림	대상 \ 재료	돼지다리	곤자소니	꿩	소의 양	쇠고기	전복	해삼	박고지	표고버섯	미나리	무	달걀	잣	파	참기름	후춧가루	젓국
윤2월 15일	주다소반과	자궁	1부	1부	1마리	¼부	1근	5개	5개	5토리	2홉	1단	2개	10개	1홉	5단	5홉	5작	5홉

잡찜은 윤2월 15일 주다소반과에 자궁께 올렸다. 재료로는 돼지다리, 쇠고기, 소양, 곤자소니, 꿩, 전복, 해삼, 달걀, 버섯, 채소 등 17가지가 기록되어 있다. 이로 보아 잡찜은 육류, 내장, 채소, 버섯 등 다양한 재료를 익힌 후 새우젓국으로 간을 한 찜으로 보인다.

(17) 저포찜[猪胞蒸 저포증]

저포찜은 윤2월 14일 석수라 때 자궁께 생복초와 함께 조치로 올렸고, 윤2월 15일 조수라에 자궁과 대전께 올렸다.

《시의전서》의 저포찜은 "돼지새끼집을 1마디씩 자른다. 돼지고기와 쇠고기를 곱게 다져서 갖은 양념을 하고 메밀가루와 섞어 돼지새끼집 속에 넣는다. 닭이나 꿩고기와 함께 전복, 해삼, 채소 등을 썬 뒤에 깨소금과 기름장을 섞어서 함께 찜을 하면 좋다."고 기록되어 있다. 저포는 돼지새끼집이다. 이로 보아 저포찜은 돼지새끼집에 다져서 양념한 고기를 소로 넣고 그밖에 육류, 어패류, 채소류 등과 함께 익힌 음식으로 보인다.

(18) 전복숙(全鰒熟)

전복숙은 윤2월 16일 주수라에 자궁께 올렸다. 재료와 분량에 대한 기록은 없다.

《주찬》의 숙복증(熟鰒蒸)은 "전복을 통째로 푹 삶아 그 물은 따로 두고, 익은 전복이 큰 것이면 절반으로 자르고 작은 것이면 그대로 쓴다. 전복의 사방 가장자리는 그대로 두고 칼로 한쪽 끝에서 안으로 속을 베어 뚫은 후, 돼지고기·쇠고기·전복살·고명에 여러 가지 양념을 섞어 다져서 진흙처럼 만들어, 뚫어 놓은 그 안에 채워 넣고 끝을 실로 꿰매어 여민다. 이것을 녹말을 묻혀 기름에 튀겨 낸 다음, 전복 삶은 물에 장국물을 섞고 전복을 넣어 세차게 끓인다. 달걀을 풀어 넣고, 산초가루를 뿌려서 먹는다."고 하였다.

《윤씨음식법》의 생포찜은 "큰 전복의 가장자리를 도려내고 칼로 저민다. 저밀 때 전복의 넓은 부분은 칼이 비치게 저며 놓는다. 송이찜 하듯 소를 싸서 지진다. 전복은 물이 끓지 않았을 때 넣으면 오그라들기 쉬우나 계속 끓이면 다시 펴지게 되니 소가 빠지지 않게 손으로 잡고 가장자리에 밀가루를 묻혀 가루만 익을 정도로 끓인 후 꺼낸다. 꾸미를 많이 넣고 송이도 저며 넣되 겨울에는 송이 대신 표고를 넣고 파를 잘라 넣는다. 전복이 완전히 무르진 않았어도 맛이 나면 밀가루를 약간 섞고 달걀을 푼 다음 양념을 뿌린다."고 하였다.

《정일당잡지》의 전복찜은 "좋은 전복을 무르게 곤 다음 가장자리를 오려 버리고 한 편은 붙여 둔 채 배를 가른다. 양념을 갖추어 볶아 넣고 실로 동여맨 다음 꾸미를 많이 넣고 국물을 만들어 다시 쪄 낸다. 실로 꿰매어 쓰되 미나리 두어 개를 넣고 쪄서 곁들여 쓴다."고 하였다.

이로 보아 전복숙은 전복을 생으로 또는 익혀서 칼로 저며 양념한 고기소를 넣고 저민 부분에 녹말가루나 밀가루를 묻혀 육수를 붓고 익히다가 밀가루 푼 물과 달걀 풀은 것을 넣어 걸쭉하게 만든 음식으로 보인다.

(19) 해삼찜[海蔘蒸 해삼증]

● 해삼찜의 재료와 분량

날짜	상차림	대상 (재료)	해삼	숙저육	돼지고기	묵은닭	저각	쇠고기	두부	달걀	파	생강	밀가루	녹말	소금	참기름
윤2월 10일	주다별반과	자궁	70개	3근	3근	1마리			2모	30개	1단	3뿔		5홉		7홉
윤2월 12일	주다소반과	자궁	45개	2근	2근	2각			1모	25개	1단	2뿔		3홉		5홉
윤2월 13일	진찬	자궁	1첩 7꼬지				3부	3근		80개			5되		2홉	5되

해삼찜은 윤2월 10일 주다별반과·윤2월12일 주다소반과·윤2월 13일 진찬 때 자궁께 올렸다. 주다별반과, 주다소반과에는 해삼과 돼지고기, 묵은닭, 두부, 달걀, 생강, 파, 녹말, 참기름 등이, 진찬에는 해삼, 돼지고기, 쇠고기, 달걀, 참기름, 소금, 밀가루의 재료가 사용되었다.

《역주방문(歷酒方文)》(1800년대 중엽)의 해삼찜은 "마른 해삼 큰 것을 푹 무르게 삶는데 볏짚으로 찔러서 들어갈 정도로 삶는다. 생더덕이나 연하고 좋은 생무를 짓찧어서 푹 삶고 거기에 후춧가루 등 온갖 양념을 섞어 해삼 속에 넣는다. 그리고 찹쌀가루나 밀가루로 즙을 만들어 천천히 그 위에 붓고 또 후춧가루와 계란을 얇게 지져낸 것을 썰어 그 위에 뿌려 쓴다. 또 잣 껍질을 벗겨 즙 위에 뿌린다."고 하였다.

《농정회요》의 해삼찜은 "싱싱한 것은 찜을 하는 것이 좋다. 말린 것은 솥에 물을 많이 붓고 푹 삶은 다음 내장을 손질하고 돌 위에 올려놓고 물을 뿌려가며 한동안 비빈 뒤 깨끗이 씻는다. 별도로 익힌 육류와 두부, 생강, 파, 후추 등 여러 가지 양념을 섞어 곱게 다진 다음 기름과 장을 두르고 볶아낸다. 이것을 해삼 뱃속에 채워 넣고 실로 단단히 동여맨다. 달걀물을 입혀 솥뚜껑에 기름을 두르고 지져내어 찌거나 솥에 간장, 물을 붓고 함께 끓인 다음, 남은 재료에 밀가루 조금과 달걀을 섞어 넣는다. 익으면 접시에 담아 지단을 가늘게 썬 것과 잣을 뿌려 올린다."고 하였다.

이로 보아 해삼찜은 해삼 뱃속에 고기, 두부 등을 양념하여 소로 넣고 밀가루와 달걀을 입혀 지진 다음 찌거나, 소를 채운 해삼을 육수를 붓고 끓여 익힌 후 밀가루와 달걀을 넣어 걸쭉하게 만든 음식으로 생각된다.

(20) 흑태찜[黑太蒸]

흑태찜은 윤2월 14일 양로연 때 대전의 어상과 양로연상에 올렸다. 재료와 분량에 대한 기록이 없고 고문헌에서도 조리법을 찾을 수 없다. 흑태찜은 음식의 명칭으로 미루어 검은 콩을 찐 음식으로 보인다.

7) 초(炒)

초는 한자로는 볶을 초로 기름에 볶는 음식을 말한다. 그러나 요즈음 한국음식에서는 습열과 건열의 두 가지 방법으로 나누고 있다. 습열은 해삼초·전복초·홍합초와 같이 조림의 국물에 녹말가루를 풀어 넣어 익혀서 재료가 엉기도록 한 음식이며, 건열은 콩볶기·멸치볶기·새우볶기와 같이 기름에 볶는 것을 말한다. 그러나 《원행을묘정리의궤》에서는 초를 초와 볶기로 구분하였는데 습열초에 해당되는 음식도 볶기로 기록하여 초와 볶기의 차이를 알 수 없다.

(1) 건청어초(乾青魚炒)

건청어초는 윤2월 12일 조수라에 자궁께 저포초와 함께 조치로 올렸다. 재료나 분량에 대한 기록이 없고, 고문헌에서도 조리법을 찾을 수 없다. 예로부터 말린 청어(건청어)는 궁중에 진상되는 고급 식품이었다. 《조선왕조실록》에는 왕이 신하나 대마도주(對馬島主) 등에게 건청어를 주라고 지시한 기록이 여러 차례 나온다.

조선시대 청어는 가난한 선비를 살찌우는 물고기라는 뜻에서 '비유어(肥儒魚)'라고도 불렀다. 청어는 조기, 명태와 더불어 고려, 조선시대를 통틀어 가장 흔했던 생선이었다.

《도문대작(屠門大嚼)》(1611)에서는 "청어는 네 종류가 있다. 북도에서 나는 것은 크고 배가 희고, 경상도에서 잡히는 것은 등이 검고 배가 붉다. 호남에서 잡히는 것은 조금 작고 해주(황해도)에서는 2월에 잡히는데 매우 맛이 좋다."고 했다.

건청어초는 음식의 명칭으로 미루어 말린 청어를 조려 만든 음식으로 보인다.

(2) 낙지초[絡蹄炒 낙제초]

낙지초는 윤2월 11일 석수라에 자궁과 대전께 조치로 올렸다. 재료나 분량에 대한 기록이 없다.

《주식시의》에 낙지볶기는 "낙지를 기름장에 주물러 살짝 볶아 펴 놓고 장국을 끓인다. 고기를 많이 볶아 끓여 낙지 펴놓은 데다 따로 끓여 붓고 바로 하면 연하고 아주 볶으면 오그라진다."고 하였다. 이로 보아 낙지초는 낙지를 토막 쳐서 양념을 하여 육수를 조금 붓고 끓여 익힌 음식으로 보인다.

(3) 반건대구초(半乾大口炒)

반건대구초는 윤2월 11일 조수라에 양볶기와 함께 조치로 자궁께 올렸다. 재료나 분량에 대한 기록이 없고 고문헌에도 조리법이 기록되어 있지 않다. 대구는 생물로도 사용하지만 완전 건조 또는 반 건조로 구분하여 저장해 두고 음식에 다양하게 활용하였다. 반건대구초는 음식의 명칭으로 미루어 반 건조한 대구로 만든 초로 생각된다.

(4) 생복초(生鰒炒)

생복초는 윤2월 10일·14일 석수라에 자궁과 대전께 조치로 올렸다. 윤2월 10일 석수라에는 생치볶기와 함께, 윤2월 14일 석수라에 저포찜과 함께 자궁께 올렸다. 재료와 분량에 대한 기록은 없다. 《진연의궤(進宴儀軌)》(1902년)에는 생복초의 재료로 생복 200개, 소안심살1부, 간장 2되, 참기름 1되, 꿀 1되, 잣 2홉이 기록되어 있다. 이로 보아 생복초는 생전복만 이용하거나 생전복에 육류를 함께 넣어 익힌 음식으로 보인다.

(5) 저포초(猪胞炒)

저포초는 윤2월 12일 조수라 때 자궁과 대전께 조치로 올렸다. 재료와 분량에 대한 기록이 없고 고문헌에서도 조리법을 찾을 수 없다. 저포초는 음식의 명칭으로 미루어 돼지새끼집과 다른 재료와 함께 익힌 음식으로 생각된다.

(6) 전복초(全鰒炒)

전복초는 윤2월 14일 죽수라에 골볶기와 함께 자궁께 조치로 올렸다. 재료와 분량에 대한 기록은 없다. 《진연의궤(進宴儀軌)》(1902)에서 전복초의 재료는 전복 2접, 간장 3되, 꿀 2되, 소안심살 4분의 1부, 잣 5홉, 참기름 2되, 후춧가루 5돈이었다. 《조선무쌍신식요리제법》에는 "마른 전복을 불려 얇게 저며서 진간장, 기름, 꿀을 넣고 아주 약한 불에서 조려 만든다. 전복이 작은 것은 통째로, 굵은 것은 어린아이 손가락만큼씩 썰어서 진간장과 기름과 꿀과 고기를 잘게 다져 넣고, 파 다진 것과 깨소금, 후춧가루, 물을 조금 붓고 눋지 않게 아주 약한 불로 오랫동안 조리고 쓸 때에 잣가루를 뿌린다. 전복을 통째로 진간장에 끓여서 저며 먹어도 맛이 좋다. 작은 전복을 쓰는 것도 무방하다."라고 하였다.

《이조궁정요리통고》에서는 "건전복은 따뜻한 물에 담가서 푹 불려서 가장자리를 도리고 가운데 살을 될 수 있는 대로 얇게 저민다. 쇠고기는 납작납작 썰어서 간장, 설탕, 후춧가루, 깨소금으로 양념하여 물을 부어 끓인다. 여기에 저며 놓은 전복을 함께 넣고 조린다. 물이 거의 졸았을 때에 진간장과 설탕을 넣고 다시 끓인다. 빛깔이 거뭇거뭇 해지면 녹말가루를 물에 풀어서 넣고 그 다음에 참기름을 넣는다. 빛깔이 까맣게 되고 졸깃졸깃하며 윤택이 나면 잘 된 것이다. 전복초를 잡느름적 또는 어산적과 어울려 담고 잣가루를 뿌린다."고 하였다.

이로 보아 전복초는 생전복이나 물에 불린 건전복을 얇게 저미고 쇠고기를 썬 것을 양념하여 함께 넣고 익히다가 녹말가루를 물에 풀어서 넣고 참기름을 넣고 잣가루를 뿌린 음식으로 보인다.

(7) 죽합초(竹蛤炒)

죽합초는 윤2월 11일 죽수라에 자궁과 대전께 조치로 올렸다. 재료와 분량에 대한 기록이 없고 고문헌에서도 조리법을 찾을 수 없다. 죽합초는 음식의 명칭으로 보아 맛조개를 손질하여 물을 붓고 끓이다가 양념하고 녹말가루를 물에 풀어서 넣고 참기름을 넣고 잣가루를 뿌린 음식으로 보인다.

(8) 토화초(土花炒)

토화초는 윤2월 13일 석수라에 자궁과 대전께 조치로 올렸다. 재료와 분량에 대한 기록은 없다. 《농정회요》에 의하면 "토화(土花)는 즉 '진정[蟶][59]'이다. 민간에서는 가리맛이라고 한다. 깨끗하게 씻어, 먼저 뜨거운 솥에서 볶고 다음에 유장수(油醬水)를 넣어 국을 끓이면 아주 맛있다. 또 젓을 담아도 맛있다. 또 녹두 비지[泡滓]에 넣어 국을 만들어도 좋다."고 하였다.

---

59) 긴맛(긴맛과에 속하는 조개), 마도패(馬刀貝: 맛조개. 죽합과의 연체동물)

토화초는 음식의 명칭으로 미루어 가리맛을 손질하여 물을 붓고 끓이다가 양념하고 녹말가루를 물에 풀어서 넣고 참기름을 넣고 잣가루를 뿌린 음식으로 보인다.

8) 복기

(1) 골복기[骨卜只 골복기]

골복기는 윤2월 14일 죽수라에 자궁과 대전께 조치로 올렸다. 자궁께는 전복초와 함께 올렸다. 재료나 분량에 대한 기록이 없고, 고문헌에서도 조리법이 기록되어 있지 않다. 골복기는 음식의 명칭으로 미루어 골을 손질하여 양념해서 소량의 물을 붓고 볶은 음식으로 보인다.

(2) 생치복기[生雉卜只 생치복기]

생치복기는 윤2월 10일 석수라에 자궁께 생복초와 함께 조치로 올렸다. 재료나 분량에 대한 기록이 없고, 고문헌에서도 조리법이 기록되어 있지 않다. 생치복기는 음식의 명칭으로 미루어 꿩고기를 양념하여 볶은 음식으로 보인다.

(3) 쇠고기복기[黃肉卜只 황육복기]

쇠고기복기는 윤2월 11일 석수라의 조치로 낙지초와 함께 자궁께 올렸고, 윤2월 13일 석수라에 좌반으로도 올렸다. 재료나 분량에 대한 기록은 없다.

《사계의 조선요리》(1946)에 쇠고기볶음은 "고기를 얇게 저미고 1푼 너비에 1치 길이 정도로 가늘게 채를 썬다. 간장을 치고 파를 채쳐 넣고 마늘을 곱게 다져 넣는다. 깨소금, 후춧가루, 설탕 등 양념들을 모두 넣고 잘 섞어가며 볶다가 타지 않도록 물을 조금씩 부으면서 고기를 볶아 익힌 다음 상에 놓는다."고 하였다.

이로 보아 쇠고기복기는 쇠고기를 채썰어 양념하여 물을 조금 넣고 볶은 음식으로 보인다.

(4) 양복기[䑋卜只 양복기]

양복기는 윤2월 16일 주수라에 탕으로, 윤2월 10일 조수라·석수라, 윤2월 15일 조수라에 조치로 자궁께 올렸다. 윤2월 11일 조수라에는 자궁과 대전께 조치로 올렸다. 이와 같이 탕 또는 조치로 이용되었음을 알 수 있다. 재료와 분량에 대한 기록은 없다.

《조선무쌍신식요리제법》의 양복기(牛肚炒, 䑋炒)는 "양에 붙어 있는 고기를 너붓너붓하게 썬다. 물을 조금 넣고 장, 파, 기름, 후춧가루를 치고 볶는다. 너무 볶으면 질기게 되므로 살짝 볶아서 잣을 얹어 내고 국물 째 먹는다. 양의 껍질을 벗기고 밤톨만 하게 썬 다음 뜨거운 솥에 기름을 치고 급히 볶는다. 바로 내어 더운 상태일 때 바가지에 담고 다른 바가지로 꼭 맞게 덮은 다음 급히 까불어준다. 소금물에 파와 깨소금과 후춧가루를 넣고 끓인 다음 까불어 두었던 양을 넣고 육칠 분 익혀 먹으면 맛도 좋고 연하다. 깻국을 넣어도 좋다. 또 다른 방법은 양을 볶을 때 황밀(黃蜜)을 밤톨 반 알 만큼 넣고 기와 조각을 솥에 넣고 끓이면 매우 연하게 된다."고 하였다.

이로 보아 양볶기는 소의 양을 끓는 물에 튀하여 검은 막을 벗기고 채썰어서 양념하여 물을 조금 붓고 끓이면서 볶은 음식으로 보인다.

(5) 죽합복기[竹蛤卜只 죽합복기]

죽합복기는 윤2월 15일 주수라에 자궁께 숭어잡장과 함께 조치로 올렸다. 재료와 분량에 대한 기록이 없고 고문헌에서도 조리법을 찾을 수 없다. 죽합복기는 음식 명칭으로 미루어 손질한 맛조개를 양념하여 볶은 음식으로 보인다. 죽합초와 죽합복기의 차이점은 명확히 알 수 없다.

(6) 진계복기[陳鷄卜只 진계복기]

진계복기는 윤2월 13일 석수라에 자궁께 토화초와 함께 조치로 올렸다. 재료와 분량에 대한 기록은 없다. 《조선무쌍신식요리제법》의 닭볶음(鷄炒)은 닭을 토막 쳐서 내장과 함께 물을 부어 끓인다. 간은 새우젓국으로 한다. 파의 흰 부분을 채쳐서 넣고 깨소금, 후춧가루를 넣어 뭉근한 불로 볶는다고 하였다. 이로 보아 진계복기는 묵은닭을 토막 쳐서 물을 붓고 푹 끓여 닭이 익은 다음 양념하여 국물이 자작자작할 때까지 익힌 음식으로 보인다.

(7) 천엽복기[千葉卜只 천엽복기]

천엽복기는 윤2월 12일 석수라에 자궁께 잡장자와 함께 조치로 올렸다. 재료와 분량에 대한 기록은 없다. 《조선음식 만드는 법》에는 "천엽을 소금으로 문질러서 빨래하듯이 오래 잘 빨아서 냄새가 조금도 없도록 씻어 채쳐서 놓고, 표고·느타리·파·마늘·생강을 가늘게 채쳐서 놓고, 냄비에 간장을 붓고 양념들을 전부 한데 넣어 섞은 후에 천엽을 넣어, 화로에 놓고 볶을 때 저어가면서 볶아서 다 익거든 물을 치고 간을 맞추어 한참 더 볶아 그릇에 담고 잣가루를 뿌린다."고 하였다.

이로 보아 천엽복기는 천엽을 잘 손질하여 채썰고 버섯과 양념을 넣어 간장으로 간을 하여 물을 조금 붓고 볶다가 잣가루를 뿌려 낸 음식으로 보인다.

(8) 콩팥복기[豆太卜只 두태복기]

콩팥복기는 윤2월 14일 죽수라에 자궁께 탕으로 올렸다. 재료나 분량에 대한 기록은 없고 고문헌에도 조리법이 기록되어 있지 않다. 두태는 콩팥을 말한다. 두태복기는 콩팥볶음으로 생각된다.

《조선음식 만드는 법》에 콩팥볶음은 "소의 콩팥[腎腸]을 얇게 덮고 있는 막을 벗기고 얇게 저며 채 썬다. 간장에 파, 마늘, 생강 다진 것과 후추, 기름, 깨소금을 섞어놓고, 채 썬 표고, 느타리 등 모든 재료들을 전부 냄비에 한데 담아, 거의 익어갈 때에 물을 치고 간을 맞추어 볶아 그릇에 담고, 채 썬 황백 지단과 파 잎을 넣는다."고 하였다.

이로 보아 콩팥볶기는 손질한 콩팥을 채 썰고, 표고·느타리 버섯 등과 함께 간장 양념을 넣고 물을 조금 붓고 볶다가 채 썬 황백 지단과 채 썬 파 잎을 고명으로 얹은 음식으로 보인다.

9) 구이(灸伊) · 적(炙)

구이란 수조육류, 어패류, 채소류에 소금 간 또는 갖은 양념을 하여 불에 구운 음식이다. 구이에는 직화법과 간접법이 있다. 직화법으로 가까운 불에서 굽는 것을 번(燔)이라 하고, 먼 불로 쬐어 굽는 것을 적(炙)이라 한다. 간접법으로는 새빨갛게 달군 돌 위에 굽는 법, 재료를 종이나 흙에 싸서 굽는 법이 있다. 재료를 종이나 흙에 싸서 굽는 것을 포(炮), 종이나 흙에 싼 것을 재에 묻거나 밀폐된 그릇에서 가열하면 외증(煨蒸)이라 한다. 직화로 구울 때 첨자에 꿰어 구웠으나 철이 많이 생산됨에 따라 석쇠를 쓰게 되었다. 적은 고기를 두툼하게 저며서 양념하여 꼬챙이에

● 구이 · 적의 종류, 빈도, 재료

	음식명	자궁	대전	재료	비고
1	구이	23	23	양, 게다리, 꿩, 낙지, 돼지갈비, 등골, 붕어, 생게, 생대하, 생복,생합, 석화, 쇠고기, 쇠고기내장,숙전복, 숭어,승검초, 쏘가리,연계, 연복, 우족, 은어, 잡육, 전어, 청어, 추복, 침방어, 침숭어, 침연어, 침청어, 파, 설야적, 잡적, 잡산적, 숭어적	재료배합비 없음
2	전치수	3	1		
3	각색적	19	0	소의 양, 갈비, 곤자소니, 꿩, 농어, 대합, 돼지갈비, 돼지고기, 등골, 메추라기, 붕어, 산적, 생복, 설야적, 세갈비, 쇠고기, 쇠꼬리, 송어, 송이, 숭어적, 쏘가리, 연계, 연저, 우심육, 우족, 잡산적, 전장, 천증어, 청어, 콩팥,	재료배합비 없음
4	각색화양적	7	3	쇠고기 4근, 돼지고기 8냥, 소의 양 8냥, 전복 3개, 해삼 7개, 참기름 2되, 밀가루 2되, 실깨 1되, 간장 1되, 달걀 40개, 파 25단, 도라지 2단, 표고버섯 1홉, 석이 1홉, 후춧가루 3작	
5	화양적	4	0	돼지고기 7근, 돼지안심 5근, 양 ½부, 등골 5부, 곤자소니 5부, 숭어 1마리, 달걀 50개, 전복 7개, 해삼 3꼬지, 밀가루 5되, 도라지 3묶음, 파 1단, 석이 2되, 표고 1되, 후춧가루 1돈5푼, 간장 1홉, 소금 1홉	
6	약산적	3	0		재료배합비 없음
7	생치적	1	0		재료배합비 없음
8	생복적	1	0		재료배합비 없음

꿰어서 구운 것과 어패류를 통으로 또는 두툼하게 썰어서 양념하여 구운 것 등을 말한다. 구이는 수라상에만 올렸고, 다소반과나 별반과, 진찬에는 오르지 않았다. 총 46종류의 재료가 사용되었으며 그 중 등골과 꿩이 7회, 숭어, 생복이 6회, 소의 양·쏘가리·연계·붕어가 5회, 침

● 구이의 재료와 빈도

날짜	상차림	대상＼재료	쇠고기	우심육	쇠꼬리	쇠고기내장	소의 양	곤자소니	등골	두태	갈비	세갈비	우족	잡육	연저	돼지갈비	연계	꿩	메추라기	숭어	침숭어	쏘가리
윤2월 9일	조수라	자궁	○										○			○		○		○		
		대전	○										○			○		○		○		
	석수라	자궁					○															○
		대전					○															○
윤2월 10일	조수라	자궁															○					
		대전															○					
	주수라	자궁																				
		대전															○					
	석수라	자궁																				
		대전			○													○				
	죽수라	자궁																			○	
		대전																				
윤2월 11일	조수라	자궁																				
		대전														○						
	석수라	자궁																				
		대전																				
윤2월 12일	조수라	자궁																				
		대전										○										○
	주수라	자궁				○																
		대전					○		○								○	○				○
	석수라	자궁																				
		대전		○					○													
	죽수라	자궁																				
		대전								○							○		○			
윤2월 13일	조수라	자궁												○								
		대전										○								○		
	석수라	자궁																				
		대전																○				

방어가 4회, 돼지갈비·쇠고기·우족이 3회, 쇠꼬리·우심육·세갈비·은어·메추라기·생게·게다리·숙전복·승검초가 2회, 소내장·곤자소니·두태·갈비·잡육·연저·침숭어·청어·침청어·방어·농어·침연어·천증어·전어·연복·추복·생합·생대하·석화·낙지·파 등이 각 1회였다.

	은어	청어	침청어	방어	침방어	농어	침연어	붕어	천증어	전어	생게	게다리	연복	생복	숙전복	추복	생합	생대하	석화	낙지	승검초	파	잡적	잡산적	설야적	숭어적
											○															
											○															
								○																		
								○																		
												○	○													
								○				○		○										△		
					○																					
				○																						
														○												
														○												
					○																					
					○				○																	
										○								○								
																								△		△
	○																									
	○																									
															○						○	○				
															○						○					
							○																			
								○																		
					○																					
																			○							
		○																								

구이(炙伊)		쇠고기	우심육	쇠꼬리	쇠고기내장	소의양	곤자소니	등골	두태	갈비	세갈비	우족	잡육	연저	돼지갈비	연계	꿩	메추라기	숭어	침숭어	쏘가리	은어
2/14 죽수라	자궁																					
	대전		○	○																		
2/14 조수라	자궁																					
	대전					○	○															
2/14 석수라	자궁	○																				
	대전													○				○				
2/15 조수라	자궁																					
	대전											○									○	
2/15 주수라	자궁																					
	대전							○		○							○		○			
2/15 석수라	자궁																○					
	대전																○					
2/16 조수라	자궁							○											○			
	대전							○											○			
2/16 주수라	자궁					○		○													○	
	대전							○													○	

※ 표 안의 △ 표시는 구이와 적에 같이 올랐던 음식이다.

● 적의 종류와 빈도

음식명	자궁	대전
각색적	19	0
각색화양적	7	3
화양적	4	0
약산적	3	0
생치적	1	0
생복적	1	0

(1) 갈비구이(乫飛炙伊), 세갈비구이(細乫飛炙伊)

갈비구이는 윤2월 15일 주수라에 대전께, 세갈비구이는 윤2월 12일·13일 조수라에 대전께 올렸다. 재료와 분량에 대한 기록은 없다.

《조선요리제법》의 갈비구이는 "암소의 갈비를 1개씩 따로 떼어 한 치 길이씩 잘라서 물에 씻

	청어	침청어	방어	침방어	농어	침연어	붕어	천증어	전어	생게	게다리	연복	생복	숙전복	추복	생합	생대하	석화	낙지	승검초	파	잡적	잡산적	설야적	숭어적
													○												
		○																							
					○																				
																○									
							○																		
															○				○						
													○												
													○												
																						△			
																						△			
																								△	
																								△	

어서 보자기에 꼭꼭 짜서 물기가 없게 한다. 그런 후에 칼로 살이 떨어지지 않도록 잘게 베어서 놓는다. 간장에 파·마늘 다진 것, 깨소금, 기름, 후추 등을 다 함께 넣은 후에 갈비 토막을 펴놓고 양념한 간장을 바른다. 석쇠에 구워 먹는다."고 하였다.

이로 보아 갈비구이는 갈비를 양념간장으로 재워 구운 음식이고, 세갈비는 갈비의 살을 얇게 저며서 칼질하여 양념간장으로 양념해서 구운 음식으로 보인다.

(2) 게다리구이[蟹脚灸伊 해각구이]

게다리구이는 윤2월 10일 주수라에 자궁과 대전께 올렸다. 재료나 분량에 대한 기록이 없고, 고문헌에서도 조리법을 찾을 수 없다. 게다리구이는 음식 명칭으로 미루어 홍게나 대게처럼 다리가 긴 게를 그대로 또는 다리살에 기름장을 발라 구운 음식으로 생각된다.

(3) 꿩구이[生雉灸伊 생치구이]

꿩구이는 윤2월 9일 조수라, 윤2월 15일 석수라에 자궁과 대전께 올렸다. 재료와 분량에 대한 기록은 없다. 《박해통고》, 《농정회요》, 《임원경제지》 등의 문헌에 기록된 꿩구이는 꿩고기를 백지를 물에 적셔 빈틈없이 싸서 굽되, 반숙 정도로 구워지면 종이를 제거하고 기름, 간장, 후춧가루를 바르고 다시 굽는 것이었다. 이로 보아 꿩구이는 꿩의 살을 얇게 저며 갖은 양념으로 재웠다가 구운 음식으로 보인다.

(4) 전치수(全雉首)

● 전치수의 재료와 분량

날짜	상차림	재료 / 대상	꿩	파	생강	소금	참기름	후춧가루
윤2월 10일	야다소반과	자궁	3마리	2단	3뿔	3홉	6홉	3작
		대전	3마리	2단	3뿔	3홉	6홉	3작
윤2월 12일	주다소반과	자궁	3마리	2단	3쪽	3홉	6홉	3작
윤2월 13일	진찬	자궁	7마리			1홉5작	1홉5작	

전치수는 윤2월 10일 야다소반과에 자궁과 대전께, 윤2월 12일 주다소반과·윤2월 13일 진찬에 자궁께 올렸다. 《시의전서》에서 꿩을 통적으로 구운 것을 전치수라 하였다. 이로 보아 전치수는 꿩을 통째로 파, 생강, 소금, 참기름, 후춧가루로 양념하여 구운 꿩구이로 보인다.

(5) 낙지구이[絡蹄炙伊 낙제구이]

낙지구이는 윤2월 15일 주수라에 자궁께 올렸다. 재료나 분량에 대한 기록이 없고, 고문헌에서도 조리법을 찾을 수 없다. 낙지구이는 음식의 명칭으로 미루어 낙지를 구운 음식으로 보이는데 낙지를 잘라서 꼬챙이에 구웠는지, 낙지를 통째로 양념하여 구운 것인지 알 수 없다.

전라도 향토음식 중 낙지호롱이라 하여 낙지를 볏짚에 감거나 꼬챙이에 꿰어 양념장을 발라 구운 음식이 있다.

(6) 돼지갈비구이[猪乫飛炙伊 저갈비구이]

돼지갈비구이는 윤2월 9일 조수라에 자궁과 대전께, 윤2월 11일 조수라에 대전께 올렸다. 재료나 분량에 대한 기록이 없고, 고문헌에서도 조리법을 찾을 수 없다. 요즘은 돼지갈비를 간장양념이나 고추장양념에 재워 굽는 것으로 미루어 이와 같은 방법으로 구운 음식이라 생각된다.

(7) 등골구이[腰骨炙伊 요골구이]

등골구이는 윤2월 12일 주수라, 윤2월 12일 석수라, 윤2월 15일 주수라에 대전께 올렸고, 윤2월 16일 조수라, 윤2월 16일 주수라에는 자궁과 대전께 올렸다. 재료나 분량에 대한 기록이 없고, 고문헌에서도 조리법을 찾을 수 없다. 등골구이는 음식의 명칭으로 미루어 등골을 꼬챙이에 꿰어 굽다가 양념을 발라 구웠을 것으로 생각된다. 등골은 열을 받으면 오그라들어 모양이 반듯하지 않게 되므로 꼬챙이에 꿰었을 것으로 생각된다.

(8) 메추라기구이[鶉鳥炙伊 순조구이]

메추라기구이는 윤2월 13일 죽수라, 윤2월 14일 석수라에 대전께 올렸다. 재료와 분량에 대한 기록은 없다.

《농정회요》에 암순(鵪鶉)은 "사람에게 매우 이롭다. 단지 국으로 만들지 않고 구워서만 먹는다. 기름과 소금을 쳐서 간이 배이면 바로 통째로 굽고 기름과 장을 바른다. 물에 담갔다 굽는 방법은 쓰지 않는다."고 하였다. 이로 보아 메추라기구이는 메추라기에 기름과 소금을 쳐서 간을 하여 통째로 구운 음식으로 보인다.

(9) 붕어구이[鮒魚炙伊 부어구이]

붕어구이는 윤2월 10일 조수라에는 대전과 자궁께, 윤2월 10일 주수라, 윤2월 12일 석수라에는 대전께, 윤2월 15일 조수라에는 자궁께 올렸다. 재료와 분량에 대한 기록은 없다. 《소문사설》, 《규합총서》, 《임원경제지》, 《시의전서》 등의 문헌에 기록된 붕어구이는 붕어를 씻되 비늘을 제거하지 않고 구우면서 찬물을 발라 일어났던 비늘이 붙었다 하기를 5~6번 하고, 기름장을 발라 구우면 비늘이 자연스럽게 떨어지며 맛도 좋다고 하였다. 이로 보아 붕어구이는 붕어에 찬물을 발라 가면서 굽다가 기름장을 발라 구운 것으로 보인다.

(10) 생게구이[生蟹炙伊 생해구이]

생게구이는 윤2월 9일 석수라에 자궁과 대전에게 올렸으며, 재료와 분량에 대한 기록은 없다.

《박해통고》와 《규합총서》의 게구이는 "생게의 장을 긁어 그릇에 담고, 딱지와 발은 칼로 두드려 체에 거른 다음 장에 섞는다. 생강과 파를 가늘게 두드리고 후춧가루를 넣는다. 달걀을 섞고 녹말이나 밀가루를 조금 넣어 한데 합한다. 대통 밑 마디를 뚫지 않은 것을 쪼개서 다시 맞추고 노끈으로 틈 없이 동여매어 게 즙을 붓고 입구를 막아 익게 삶는다. 익은 후 동여 맨 것을 풀고 대나무를 갈라 빼내어 둥글게든, 길게든 마음대로 저며 꼬치에 꿰어 기름장을 발라 굽는다."라고 하였다. 게의 장과 게살을 발라 섞어 대통에 넣어 찐 다음, 다시 기름장을 발라 구운 음식이다.

생게구이는 생게의 살과 장을 발라 양념하여 달걀과 녹말을 넣어 대통 속에 넣고 쪄서 익은 후, 대통에서 꺼내어 썰어 꼬치에 꿰어 다시 구운 음식인지 또는 생게를 통째로 구운 음식인지는 알 수 없다.

(11) 생대하구이(生大蝦炙伊)

생대하구이는 윤2월 11일 석수라에 자궁께 올렸다. 재료나 분량에 대한 기록이 없고, 고문헌에서도 조리법을 찾을 수 없다. 생대하구이는 음식의 명칭으로 미루어 큰 새우를 껍질째 구워서 익은 후에 껍질은 벗긴 음식으로 보인다.

(12) 생복구이(生鰒炙伊)

생복구이는 윤2월 10일 주수라, 윤2월 11일 죽수라에 대전께, 윤2월 14일 죽수라에 자궁께, 윤2월 15일 석수라에는 자궁과 대전께 올렸다. 재료와 분량에 대한 기록은 없다.

《증보산림경제》에는 "생전복을 깨끗이 씻어 손가락 하나 크기로 자르고, 대나무 꼬챙이로 꿰뚫어 유장을 발라 구워 먹는다."라고 기록되어 있고, 《임원경제지》에는 "생전복을 골패 모양 크기로 잘라 계란 흰자와 골고루 섞는다. 다시 전복 껍질 속에 담고 유장을 넣어 화롯불 위에서 껍질 속 전복이 푹 익도록 굽는다."라고 기록되어 있다. 《조선무쌍신식요리제법》에는 "생전복을 넓고 두껍게 저미고 좋은 진장에 넣어 잠깐 축였다가 모닥불에 살짝 구워 먹는다. 전복초보다 심심하고 맛이 좋다."고 기록되어 있다. 이로 보아 생복구이는 생전복을 잘라서 꼬챙이에 꿰어 유장을 발라 굽거나, 생전복을 잘라서 달걀을 섞어 다시 전복껍질 속에 넣어 구운 음식으로 보인다.

(13) 숙전복구이[熟鰒炙伊 숙복구이]

숙전복구이는 윤2월 12일 주수라에 자궁과 대전께 올렸으며 재료와 분량에 대한 기록은 없다. 숙전복구이는 음식의 명칭으로 미루어 익힌 전복을 생복구이처럼 다시 구운 음식으로 보인다.

(14) 연복구이(軟鰒炙伊)

연복구이는 윤2월 10일 주수라에 자궁께 올렸으며 재료와 분량에 대한 기록은 없다. 연복구이는 음식의 명칭으로 미루어 어린 전복을 생복구이처럼 구운 음식으로 보인다.

(15) 추복구이(搥鰒炙伊)

추복구이는 윤2월 15일 주수라에 자궁께 올렸으며 재료와 분량에 대한 기록은 없다. 추복(槌鰒)은 두드려 가면서 말린 전복이다. 추복구이는 음식의 명칭으로 미루어 말린 전복을 두드려서 물에 불려 생복구이처럼 구운 음식으로 보인다.

(16) 생합구이(生蛤炙伊)

생합구이는 윤2월 14일 석수라에 자궁께 올렸으며 재료와 분량에 대한 기록은 없다. 《임원경제지》에는 "깨끗이 손질한 조갯살을 취해 곱게 다져 유장, 파 채, 생강 채, 계란 노른자와 흰자를 섞어 구워 익혀 먹는다."고 하였다. 이로 보아 생합구이는 조갯살을 다져서 달걀, 유장, 양념을 섞어 다시 조개껍질 속에 넣어서 구운 음식으로 보인다.

(17) 석화구이(石花炙伊)

석화구이는 윤2월 13일 조수라에 자궁께 올렸으며 재료와 분량에 대한 기록은 없다. 《산림경제》에는 "굴은 이른 봄, 가을과 겨울에 다 먹을 수 있다. 대모려(大牡蠣) 살을 꼬치에 꿰어 기름과 장을 발라 구워먹으면 맛이 아주 뛰어나다."라고 기록되어 있다. 이로 보아 석화구이는 굴을 꼬치에 꿰어 유장을 발라 굽거나 굴을 껍질째 구워서 익혀 먹는 음식으로 보인다.

(18) 쇠고기구이[黃肉炙伊 황육구이], 우심육구이(牛心肉炙伊)

쇠고기구이는 윤2월 9일 조수라에 자궁과 대전께 올렸으며, 윤2월 14일 석수라에 자궁께 올렸다. 우심육구이는 윤2월 12일 석수라, 윤2월 14일 죽수라에 대전께 올렸다. 재료와 분량에 대한 기록은 없다. 《조선요리제법》에는 쇠고기를 얇게 저며서 그릇에 담고 간장, 다진 파, 깨소금, 후추, 설탕을 다 넣고 잘 섞어서 구운 것을 우육구이(너비아니)라 하였다. 이로 보아 쇠고기구이·우심육구이는 쇠고기를 얇게 저미고 잔 칼질을 하여 양념하여 구운 음식으로 보인다.

(19) 쇠꼬리구이[牛尾炙伊 우미구이]

쇠꼬리구이는 윤2월 10일 석수라, 윤2월 14일 죽수라에 대전께 올렸다. 재료와 분량에 대한 기록이 없고 고문헌에서도 조리법을 찾을 수 없다. 쇠꼬리구이는 음식의 명칭으로 미루어 쇠꼬리를 토막 내어 푹 삶아서 간장양념을 하여 다시 구운 음식으로 보인다.

(20) 숭어구이[秀魚灸伊 수어구이], 숭어적구이[秀魚炙灸伊 수어적구이]

숭어구이는 윤2월 9일·16일 조수라에 자궁과 대전께 올렸다. 숭어적구이는 윤2월 11일 석수라에 대전께 올렸다. 재료와 분량에 대한 기록은 없다. 《조선무쌍신식요리제법》에는 "큰 숭어가 작은 숭어보다 맛이 더 좋다. 민어구이 같이 여러 가지 방법으로 구워 먹으면 민어구이보다 훨씬 좋다. 껍질이 있어도 좋다."라고 기록되어 있다. 민어구이 조리법은 민어의 껍질을 벗겨 뼈를 발라내고 크게 토막을 친 다음 진한 장에 설탕만 조금 치고 구워 먹거나 다진 파, 기름, 깨소금, 후춧가루, 설탕을 넣은 양념장을 발라 굽는다고 하였다. 이로 보아 숭어구이도 민어구이처럼 숭어에 진한 장이나 양념장을 발라 구운 음식으로 보인다. 숭어적은 숭어를 손질하여 꼬치에 꿰어 진한 장이나 양념장을 발라 구운 음식으로 보인다.

(21) 쏘가리구이[錦鱗魚灸伊 금린어구이]

쏘가리구이는 윤2월9일 석수라, 윤2월16일 주수라에 자궁과 대전께 올렸다. 재료나 분량에 대한 기록이 없고, 고문헌에서도 조리법을 찾을 수 없다. 쏘가리구이는 음식의 명칭으로 미루어 숭어구이나 붕어구이처럼 통째로 또는 토막 쳐서 소금이나 양념장을 발라 구운 음식으로 보인다.

(22) 승검초구이[辛甘草灸伊 신감초구이]

승검초구이는 윤2월 12일 주수라에 자궁과 대전께 올렸다. 재료나 분량에 대한 기록이 없다. 《시의전서》, 《규합총서》에는 승검초와 쇠고기를 양념하여 함께 재웠다가 구운 승검초산적이 기록되어 있다. 이로 보아 승검초구이는 봄에 나는 연한 승검초 줄기를 데쳐서 양념하여 굽거나 쇠고기와 함께 재웠다가 구운 음식으로 보인다.

(23) 양구이(䑋灸伊)

양구이는 윤2월 9일 석수라에 자궁과 대전께, 윤2월 16일 주수라에는 자궁께 올렸다. 재료나 분량에 대한 기록이 없고, 고문헌에서도 조리법을 찾을 수 없다. 《한국향토음식 조사보고서》(1985)에 서울과 경기도의 향토음식으로 손질한 소의 양에 잔 칼집을 넣은 후 간장 양념에 재워 두었다가 구운 음식으로 기록되어 있다. 이로 보아 양구이는 양의 검은 껍질을 벗기고 흰 쪽에 붙은 얇은 점막도 떼어내어 6~7cm 너비로 썰어 갖은 양념을 하여 구운 음식으로 보인다.

(24) 연계구이(軟鷄灸伊)

연계구이는 윤2월 10일 조수라에 자궁과 대전께 올렸고 윤2월 10일 주수라, 윤2월 12일 주수라,

윤2월 13일 죽수라에 대전께 올렸다. 재료와 분량에 대한 기록은 없다. 《임원경제지》에는 어린 닭에 유장을 발라 구우면 아주 부드러워 암탉보다 맛이 좋다고 하였고, 《주찬》에는 연계(軟鷄, 영계)의 사지를 각을 뜨고 뼈는 칼로 두드린 다음, 간장에 한참 재웠다가 깨소금과 밀가루 약간 섞은 것을 묻혀서 굽는다고 하였다. 《시의전서》에는 닭을 손질하여 조각으로 자른 후 다진 마늘 깨소금, 기름, 후춧가루, 꿀, 간장으로 간을 하여 주물러 백지에 물을 축이고 싸서 굽는다고 하였다. 이로 보아 연계구이는 어린 닭을 손질하여 유장이나 갖은 양념을 하여 그대로 굽거나, 백지에 싸서 구운 음식으로 보인다.

(25) 연저구이(軟猪炙伊)

연저구이는 윤2월 14일 석수라에 대전께 올렸다. 재료나 분량에 대한 기록이 없고, 고문헌에서도 조리법을 찾을 수 없다. 연저구이는 음식의 명칭으로 미루어 어린 돼지의 고기를 손질하여 갖은 양념을 하여 구운 음식으로 보인다.

(26) 우육내장구이(牛肉內腸炙伊), 곤자소니구이[昆者巽炙伊 곤자손구이], 콩팥구이[豆太炙伊 두태구이]

우육내장구이는 윤2월 12일 주수라에 자궁께, 콩팥구이는 윤2월 13일 죽수라에 대전께, 곤자소니구이는 윤2월 14일 조수라에 대전께 올렸다. 재료와 분량에 대한 기록은 없다.

《역주방문》에는 소 창자나 허파 같은 고기를 삶아서 잘게 썬은 다음 손질한 도라지를 사이사이에 섞어 꼬챙이에 꿰어서 구이를 만들고, 계란을 얇게 부쳐서 가늘게 썰어 후춧가루와 함께 뿌리고 즙을 찍어 먹는 것을 우육인(牛肉引, 소내장꼬치구이)이라 하였다.

이로 보아 소내장구이는 곱창, 양, 허파, 곤자소니, 콩팥 등 소의 내장 부위를 손질하여 갖은 양념을 해서 구운 음식으로 보인다.

(27) 우족구이(牛足炙伊)

우족구이는 윤2월 9일 조수라에 자궁과 대전께 올렸으며 재료와 분량에 대한 기록은 없다. 《농정회요》에는 우족적방(牛足炙方)이라 하여 "소 족발을 삶아 털을 제거하고 반으로 쪼개 물에 넣고 7할 정도 익도록 삶은 다음 꺼내 기름과 장을 발라 불에 굽는데 반드시 자주 돌리면서 구워야 한다."고 하였다. 《시의전서》에는 족구이라 하여 "족을 무르게 삶아 뼈를 대강 추리고 양념하여 굽는다."고 하였다.

이로 보아 우족구이는 우족을 무르게 삶아 뼈를 추려 내고 적당한 크기로 썰어 유장이나 양념을 발라 굽는 것을 여러 차례 한 음식으로 보인다.

(28) 은어구이[銀口魚灸伊 은구어구이]

은어구이는 윤2월 12일 조수라에 자궁과 대전께 올렸으며 재료와 분량에 대한 기록은 없다.《농정회요》에는 "살아 있는 은어에 소금을 뿌려 구워 먹으면 맛이 뛰어나다."고 하였다. 이로 보아 은어구이는 은어에 소금을 뿌려 굽거나 양념하여 구운 음식으로 보인다.

(29) 잡육구이(雜肉灸伊)

잡육구이는 윤2월 13일 조수라에 자궁께 올렸다. 재료와 분량에 대한 기록이 없고, 고문헌에서도 조리법을 찾을 수 없다. 고문헌에도 기록되어 있지 않으나 잡육이라고 하는 것은 쇠고기, 돼지고기, 닭고기, 꿩고기 등 여러 가지 고기를 칭하는 말로 생각된다. 그러므로 잡육고기는 쇠고기, 돼지고기, 닭고기, 꿩고기 등을 손질하여 양념해서 구운 것으로 보인다.

(30) 전어구이(鱣魚灸伊)

전어구이는 윤2월 11일 석수라에 자궁께 올렸으며 재료와 분량에 대한 기록은 없다.《조선무쌍신식요리제법》에는 "전어는 구워서만 먹는다. 비늘을 긁고 잘 씻어서 속까지 바싹 구운 다음 더운 상태로 먹으면 고소하고 바틋한 맛이 아주 좋다."고 하였다. 이로 보아 전어구이는 전어를 손질하여 소금을 뿌려 구운 음식으로 보인다.

(31) 농어구이[鱸魚灸伊 노어구이]

농어구이는 윤2월 14일 조수라에 대전께 올렸다. 재료와 분량에 대한 기록이 없고, 고문헌에서도 조리법을 찾을 수 없다. 농어구이는 음식의 명칭으로 미루어 손질한 농어를 소금 또는 양념장을 발라 구운 음식으로 보인다.

(32) 천증어구이(千增魚灸伊)

천증어구이는 윤2월 11일 조수라에 대전께 올렸다. 재료와 분량에 대한 기록이 없고, 고문헌에서도 조리법을 찾을 수 없다. 인터넷에 검색하면 흰오징어, 무늬오징어, 흰꼴뚜기 등을 천증어라 부르고 있다. 천증어구이는 음식의 명칭으로 미루어 흰오징어, 무늬오징어, 흰꼴뚜기 등을 손질하여 소금 또는 양념장을 발라 구운 음식으로 보인다.

(33) 청어구이(靑魚炙伊)

청어구이는 윤2월 13일 석수라에 자궁께 올렸으며 재료와 분량에 대한 기록은 없다. 《임원경제지》에는 "청어는 서해에서 나는 것이 좋다. 남해에서 나는 것이 그 다음이고 북쪽에서 나는 것이 맛이 제일 못하다. 굽는 방법은 비늘이 있는 모든 생선과 같이 소금을 뿌려 센 불 위에서 굽는데 맛이 아주 좋다. 소금을 뿌린 시간이 조금 길어지면 맛이 없게 된다."고 하였다. 이로 보아 청어구이는 청어를 손질하여 통째로 소금을 뿌려 구운 음식으로 보인다.

(34) 침청어구이(沈靑魚炙伊)

침청어구이는 윤2월 14일 조수라에 자궁께 올렸다. 재료나 분량에 대한 기록이 없고, 고문헌에서도 조리법을 찾을 수 없다. 침청어구이는 음식의 명칭으로 미루어 소금에 절인 청어를 물에 담가 짠맛을 뺀 후 손질하여 구운 음식으로 보인다.

(35) 방어구이(魴魚炙伊)

방어구이는 윤2월 10일 석수라에 대전께 올렸다. 재료나 분량에 대한 기록은 없다. 《조선무쌍신식요리제법》에 방어구이는 "방어를 토막 쳐서 기름장을 발라가며 굽는다. 더운 상태로 먹으면 맛이 매우 좋으나 식으면 비려지기 쉽다."고 하였다. 이로 보아 방어구이는 토막 친 방어에 기름장을 발라 구운 음식으로 보인다.

(36) 침방어구이(沈魴魚炙伊)

침방어구이는 윤2월 10일 석수라에 자궁께, 윤2월 11일 조수라에 자궁과 대전께, 윤2월 13일 죽수라에 자궁께 올렸으며 재료와 분량에 대한 기록은 없다.

침방어구이는 음식의 명칭으로 미루어 소금에 절인 방어를 물에 담가 짠맛을 뺀 후 손질하여 기름장을 발라 구운 음식으로 보인다.

(37) 침숭어구이[沈秀魚炙伊 침수어구이]

침숭어구이는 윤2월 11일 죽수라에 자궁께 올렸으며 재료와 분량에 대한 기록은 없다. 침숭어구이는 소금에 절인 숭어를 물에 담가 짠맛을 뺀 후 손질하여 구운 음식으로 보인다.

(38) 침연어구이(沈鰱魚炙伊)

침연어구이는 윤2월 12일 석수라에 자궁께 올렸으며 재료와 분량에 대한 기록은 없다. 침연어구이는 소금에 절인 연어를 물에 담가 짠맛을 뺀 후 구운 음식으로 보인다.

(39) 파구이[生葱灸伊 생총구이]

파구이는 윤2월 12일 주수라에 자궁께 올렸으며 재료와 분량에 대한 기록은 없다.

《농정회요》에는 "입춘 뒤에 움에서 기르던 싹이 노랗게 자란 파를 취해 대꼬챙이[竹簽]로 꼬치를 만들고, 칼등으로 살짝 두드려서 평평하게 한다. 기름과 간장물을 밀가루와 섞어 즙을 만들어서 꼬치에 바르고 구운 다음에 좋은 식초 몇 방울을 떨구어 먹으면 아주 신선한 맛이 난다. 여름과 가을에는 파를 구이로 만들면 맛이 없다."고 하였다. 이로 보아 파구이는 초봄에 움파를 그대로 또는 살짝 데쳐서 가루즙을 발라 구운 음식으로 보인다.

(40) 설야적구이(雪夜炙灸伊)

설야적구이는 윤2월 16일 주수라에 자궁과 대전께 올렸으며 재료와 분량에 대한 기록은 없다. 설야적구이는 《산림경제》, 《고사십이집(攷事十二集)》(1787)에는 설야멱적(雪下覓炙), 《증보산림경제》, 《규합총서》, 《임원경제지》에는 설하멱(雪下覓), 《주찬》에는 설화멱(雪花覓), 《조선무쌍신식요리제법》에는 서리목(雪夜覓), 《해동죽지(海東竹枝)》(1925)에는 설이적(雪裏炙) 등 다양한 명칭으로 기록되어 있다. 《임원경제지》의 설하멱은 "쇠고기를 편으로 썰어 칼등으로 두드려 연하게 한 뒤 대나무 꼬챙이로 꿰어 기름과 소금에 재워 기름이 다 스며들면 화롯불에 굽는다. 잠깐 물에 넣었다 바로 꺼내고 다시 굽기를 세 번 반복하고 또 기름을 발라 다시 구우면 매우 연하고 맛이 좋다."고 하였다. 이로 미루어 설야적은 쇠고기를 편으로 썰어 칼집을 내고 양념하여 꼬챙이에 꿰어 구운 음식으로 보인다. 그러나 《원행을묘정리의궤》에서는 구이와 각색적에 설야적이 기록되어 있어 구이와 적의 경계가 모호하다.

(41) 잡산적구이(雜散炙灸伊)

● 《진연의궤》 산적의 재료

연도 \ 재료	우둔	파	참기름	실깨	후춧가루	간장	생강	마늘
1868	○	○	○	○	○	○	○	
1873	○	○	○	○	○	○	○	○

잡산적구이는 윤2월 10일 주수라, 윤2월 11일 석수라에 대전께 올렸으며 재료와 분량에 대한 기

록은 없다. 윤2월 11일 석수라에는 대전께 구이로 잡산적을 올렸고, 자궁께는 각색적이라는 이름으로 잡산적을 올렸다. 1868년, 1873년《진연의궤》의 잡산적구이는 우둔, 파, 마늘, 생강, 간장, 깨소금, 참기름, 후춧가루가 기록된 것으로 보아 쇠고기산적구이인데 잡이라는 표현을 한 이유를 알 수 없다. 잡산적구이는 음식의 명칭으로 미루어 쇠고기, 돼지고기, 닭고기, 꿩고기 등을 손질하여 갖은 양념하여 구운 음식으로 보인다.

(42) 잡적구이(雜炙灸伊)

● 《진연의궤》 잡적의 재료

재료 / 연도	우둔	소의 양	곤자선	해삼	전복	표고	배골	저각	우심내육	우협골	달걀	잣	파	참기름	실깨	후춧가루	간장	녹말
1868	○	○	○	○	○	○		○	○	○	○	○	○	○	○	○	○	○
1873	○	○	○	○	○	○	○	○			○		○	○	○	○	○	○

잡적구이는 윤2월 16일 조수라에 자궁과 대전께 올렸으며 재료와 분량에 대한 기록은 없다. 잡적구이는《진연의궤》(1868년)에 의하면 우둔, 소의 양, 곤자소니, 등골, 돼지다리, 우심내육, 우협골 등 육류와 해삼, 전복, 표고 등의 여러 재료를 손질하여 양념하여 구운 음식으로 보인다. 달걀과 녹말이 있는 것으로 보아 달걀과 녹말을 풀어서 그 즙에 담갔다가 구웠을 수도 있다.

(43) 각색적(各色炙)

각색적은 윤2월 9일 조수라·석수라, 윤2월 10일 조수라·주수라·석수라, 윤2월 11일 조수라·석수라, 윤2월 12일 조수라·석수라, 윤2월 13일 죽수라·조수라, 윤2월 14일 죽수라·주수라·석수라, 윤2월 15일 조수라·주수라·석수라, 윤2월 16일 조수라·주수라에 자궁께만 올렸다. 각색적은 총 25종류의 재료가 사용되었으며 그 중 우족, 등골, 붕어가 4회, 갈비, 꿩, 쏘가리, 돼지갈비가 3회, 세갈비, 연계, 생복, 숭어가 2회, 쇠고기, 우심육, 소양, 송이, 청어, 천증어, 쇠꼬리, 농어, 곤자손이, 연저, 메추라기, 대합을 각 1회 올렸다. 설야적, 잡산적, 숭어적은 구이에도 포함되어 있으며 각색적에도 포함되어 있어 적과 구이의 차이가 모호하다.

● 각색적의 재료

날짜	상차림	대상	갈비	세갈비	우족	등골	쇠고기	우심육	소양	콩팥	돼지고기	꿩	송이	붕어	쏘가리	돼지갈비	청어	연계	생복	천증어	쇠꼬리	숭어	농어	곤자소니	연저	메추라기	대합	설야적	산적	잡산적	숭어적	꿩적
윤2월 9일	조수라	자궁	○		○	○																						○	○			
	석수라	자궁				○	○		○	○	○	○	○	○																		
윤2월 10일	조수라	자궁														○	○															
	주수라	자궁												○				○	○											○		
	석수라	자궁										○									○											
윤2월 11일	조수라	자궁														○				○												
	석수라	자궁																												○	○	
윤2월 12일	조수라	자궁		○											○																	
	석수라	자궁						○		○				○																		
윤2월 13일	죽수라	자궁								○								○								○						
	조수라	자궁		○																		○										
윤2월 14일	죽수라	자궁						○													○											
	조수라	자궁																					○	○								
	석수라	자궁																							○	○						
윤2월 15일	조수라	자궁			○										○																	
	주수라	자궁	○			○						○										○										
	석수라	자궁														○											○					
윤2월 16일	조수라	자궁			○										○																	
	주수라	자궁	○		○	○																							○			○

(44) 각색화양적(各色華陽炙), 화양적(華陽炙)

각색화양적은 윤2월 9일 야다소반과, 윤2월 10일 주다별반과, 윤2월 12일 주다소반과, 윤2월 15일 주다소반과에는 자궁께만 올렸으며 윤2월 11일 야다소반과, 윤2월 13일 조다소반과에는 자궁과 대전께 올렸다. 윤2월 11일 석수라에도 자궁과 대전께 올렸다. 소반과에는 재료와 분량이 기록되어 있으나 석수라에는 재료와 분량에 대한 기록이 없다.

화양적은 윤2월 13일 진찬, 윤2월 16일 주다소반과에 자궁께 올렸다. 윤2월 12일 석수라와 윤2월 15일 석수라에도 자궁께 올렸으나 재료와 분량에 대한 기록은 없다.

《원행을묘정리의궤》에는 각색 화양적과 화양적이 기록되어 있는데 사용된 재료로 볼 때 각색

● 각색화양적, 화양적의 재료와 분량

날짜	상차림	음식명	대상 \ 재료	쇠고기	소의양	곤자소니	등골	돼지고기	돼지고기(안심)	숭어	전복	해삼	대합	도라지	표고버섯	석이	달걀	파	잣	생강	밀가루	간장	소금	실깨	참기름	후춧가루
윤2월 9일	야다소반과	각색화양적	자궁	우둔 1부	¼부	3부	3부	4냥		2마리	10개	20개	50개	1단	1홉	1홉	30개	30단	1홉	1홉	5홉			5홉	2되	2작
윤2월 10일	주다별반과	각색화양적	자궁	4근	8냥			8냥			3개	7개		2단	1홉	1홉	40개	20단			2되	1되		1되	2되	3작
윤2월 11일	야다소반과	각색화양적	자궁	4근	8냥			8냥			3개	7개		2단	1홉	1홉	40개	25단			2되	1되		1되	2되	3작
			대전	3근	8냥			8냥			2개	5개		2단	1홉	1홉	35개	20단			1되 5홉	8작		8홉	1되 5홉	3작
윤2월 12일	주다소반과	각색화양적	자궁	4근	8냥			8냥			3개	7개		2단	1홉	1홉	40개	25단			2되	1되		1되	2되	3작
윤2월 13일	조다소반과	각색화양적	자궁	4근	8냥			8냥			3개	7개		2단	1홉	1홉	40개	25단			2되	1되		1되	2되	3작
			대전	3근	5냥			5냥			2개	5개		2단	7작	7작	30개	18단			1되 5홉	7작		7홉	1되 5홉	2작
윤2월 15일	주다소반과	각색화양적	자궁	4근	8냥			8냥			3개	7개		2단	1홉	1홉	40개	25단			2되	1되		1되	2되	3작
윤2월 13일	진찬	화양적	자궁		½부	5부	5부	7근	5근	1마리	7개	3꼬지		3묶음	1되	2되	50개	1단			5되	1홉	1홉			1돈 5푼
윤2월 16일	주다소반과	화양적	자궁	4근	8냥			8냥			3개	7개		2단	1홉	1홉	40개	25단			2되	1되		1되	2되	3작

화양적과 화양적은 큰 차이가 없다. 각색이라는 뜻은 사용된 재료의 색이 다양하거나, 여러 가지 종류의 재료를 사용했을 때 쓰이는 말이다. 현재 화양적은 5~7가지의 재료를 꿰지만《원행을묘정리의궤》에서는 13가지 이상의 많은 재료를 사용하는 것이 특징이다.

(45) 꿩적[生雉炙 생치적]

꿩적은 윤2월 13일 석수라에 자궁께 올렸으며 재료와 분량에 대한 기록은 없다. 1877년, 1887년, 1892년, 1902년《진연의궤》에는 전치적으로 기록되어 있다. 재료로는 생치와 갖은 양념이 기록되어 있으며, 1902년에만 잣이 기록되어 있다. 이로 미루어《원행을묘정리의궤》의 꿩적은 생치

● 《진연의궤》 전치적의 재료

연도 \ 재료	꿩	잣	파	참기름	실깨	후춧가루	간장	소금	생강	마늘
1877	○		○	○	○	○		○	○	○
1887	○		○	○	○	○	○	○	○	○
1892	○		○	○	○	○	○	○	○	○
1902(4)	○	○	○	○	○	○	○	○	○	○

에 갖은 양념을 하여 구운 음식으로 보인다. 실백자는 다져서 위에 뿌린 것으로 여겨진다.

(46) 생복적(生鰒炙)

생복적은 윤2월 11일 죽수라에 자궁께 올렸다. 재료와 분량에 대한 기록이 없고 고문헌에서도 조리법을 찾을 수 없다. 생복적은 음식의 명칭으로 미루어 생전복을 잘라서 꼬챙이에 꿰어 양념을 하여 구운 음식으로 보인다.

(47) 약산적(藥散炙)

약산적은 윤2월 10일 석수라, 윤2월 13일 죽수라, 윤2월 14일 석수라에 자궁께 올렸으며 재료와 분량에 대한 기록은 없다.

《시의전서》에는 "쇠고기를 썰고 좋은 진간장에 갖은 양념을 합하여 주무른 후 꼬지에 꿰어 도마에 놓고 잔칼질을 하되 사면을 얌전히 모아 반반하게 한다. 깨소금을 뿌려 석쇠에 굽는다. 꼬치에 꿰지 않고 네모반듯하게 썰어서 쓰기도 한다."고 하였다. 이로 보아 약산적은 쇠고기를 갖은 양념하여 그대로 네모반듯하게, 또는 꼬치에 꿰어 석쇠에 구운 음식으로 보인다.

10) 각색어육(各色魚肉)

각색어육은 윤2월 12일 주수라에 자궁께 올렸다. 재료와 분량에 대한 기록이 없고 고문헌에서도 조리법을 찾을 수 없다. 각색어육으로는 갈비, 전치수, 연계, 소의 양, 등골, 쏘가리, 청어가 올랐다. 자궁의 협반에는 각색적이 많이 올랐는데 각색어육은 윤2월 12일 주수라에만 협반에 한 번 올랐다. 각색어육에 기록된 재료로 보아 각색어육은 구이나 적으로 볼 수 있는데 적으로 표현을 하지 않고 각색어육이라 표현한 이유를 알 수 없다.

11) 절육(截肉)

절육은 말린 생선포나 육포, 건치포, 건전복, 오징어, 문어 등을 장식을 위하여 가위로 여러 가지 모양으로 오려 잔치상에 고임으로 올린다. 《원행을묘정리의궤》의 절육은 윤2월 13일 진찬에 자궁과 대전께, 윤2월 15일 야다소반과에 자궁께 올렸다. 진찬에는 절육으로 황대구 13마리, 건대구 13마리, 홍어 7마리, 상어 7마리, 광어 10마리, 문어 3마리, 전복 7꼬지, 염포 7첩, 추복·오징어 각 5첩, 건치 7마리를 올렸고, 야다소반과에는 광어 4마리, 문어 1마리, 오징어 3첩, 염포 3첩, 약포 3첩, 염건치 4마리, 약건치 2마리, 전복 1꼬치, 대하 50개, 강요주[60] 1첩, 어포 4첩, 잣 1되를 올렸다.

절육
자료: 궁중병과연구원 제공

12) 전(煎)

전은 수조육류, 내장, 어패류, 버섯, 채소 등을 얇게 저미거나 다져서 소금, 후추로 간을 하고 곡물가루, 달걀을 입혀서 기름에 지진 음식이다. 가루로는 메밀가루, 녹말, 밀가루, 쌀가루 등이 사용된다.

전은 반상, 면상, 교자상, 주안상, 제사상 등에 모두 올리는 음식으로 전유어, 전유화, 저냐라고도 한다. 전을 상에 올릴 때는 초간장을 갖춘다.

60) 강요주(江瑤柱): 돌조개과에 딸린 바닷조개의 일종. 길이는 5㎝ 폭은 3.5㎝ 정도의 살조개. 전라도와 충청도에서 날씨가 추울 때에 해구(海口)의 조수(潮水) 머리 개흙 바닥에 물이 줄어들고 진흙이 드러난 곳에서 잡히며, 그 맛이 특별하여 진상(進上)하였다.

● 전의 종류와 빈도

음식명	자궁	대전
각색전유화, 각색전	13	3
전유어	1	1
계란전	1	0
꿩고기전	1	0
숭어전	1	0
생선전	1	0
메추라기전	3	1
양전	1	0
해삼전	1	0

(1) 각색전유어[各色煎油花 각색전유화], 각색전(各色煎), 전유어[煎油花 전유화]

각색전유어는 윤2월 9일 조다소반과·주다소반과, 윤2월 10일 주다소반과, 윤2월 11일 야다소반과, 윤2월 12일 주다소반과·야다소반과, 윤2월 13일 조다소반과·야다소반과, 윤2월 14일 주다소반과, 윤2월 15일 야다소반과, 윤2월 16일 주다소반과에 자궁께 올렸고, 윤2월 13일 진찬에는 대전께만 올렸다. 윤2월 13일 조다소반과, 윤2월 14일 주다소반과에는 자궁과 대전께 올렸다. 윤2월 13일 죽수라에는 자궁께 각색전이라는 명칭으로 골전과 전이 아닌 족병을 함께 올린 점이 특이하다. 재료와 분량에 대한 기록은 없다.

각색전유어는 숭어, 숙육, 간, 소의 양, 꿩, 메추라기, 저포, 돼지머리, 양지머리 등의 주재료에 소금 간을 하고, 밀가루, 녹말, 메밀가루 등의 가루를 묻혀서 달걀물을 입혀 참기름에 지져낸 음식으로 보인다.

전유어는 윤2월 10일 석수라에 자궁께, 주다별반과에 대전께 올렸다. 석수라에는 재료와 분량에 대한 기록이 없고, 주다별반과의 재료와 분량은 숭어 1마리, 소의 양 2근, 메추라기 5마리, 달걀 75개, 밀가루 1되, 녹말 1되, 소금 5홉, 참기름 1되가 기록되어 있다. 달걀 75개가 모두 전유어에 쓰인 것인지 여유분을 포함한 분량인지는 명확하지 않다. 주재료로 숭어, 소의 양, 메추라기를 사용한 각색전유어로 보이나 명칭은 전유어라고만 기록되어 있다.

《원행을묘정리의궤》에서는 사용된 재료로 보아 각색전유어, 각색전, 전유어 등은 모두 같은 것으로 보인다.

● 각색전유어, 각색전, 전유어의 재료와 분량

날짜	상차림	음식명	대상 \ 재료	숭어	숙육	간	소의 양	꿩	메추라기	저포	돼지머리	양지머리	달걀	밀가루	녹말	메밀가루	소금	참기름
윤2월 9일	조다소반과	각색전유어	자궁	3마리		2근	3근	2마리					100개	2되	2되	2되	7홉	3되
	주다소반과	각색전유어	자궁	3마리		2근	3근	2마리					100개	2되	2되	2되	7홉	3되
윤2월 10일	주다소반과	각색전유어	자궁	3마리		2근	3근	2마리					100개	2되	2되	2되	7홉	3되
	주다별반과	각색전유어	자궁	5마리	3근	3근	5근	3마리	10마리				150개	2되	2되	2되	1되	4되
			대전	1마리			2근		5마리				75개	1되	1되		5홉	1되
윤2월 11일	야다소반과	각색전유어	자궁	3미		2근	3근	2수					100개	2되	1되 5홉	1되 5홉	7홉	3되
윤2월 12일	주다소반과	각색전유어	자궁	2마리		1근	2근	1마리		2부	반부	반부	70개	1되	1되	1되	5홉	2되
	야다소반과	각색전유어	자궁	3마리		2근	3근	2마리	10마리				100개	1되 5홉	1되 5홉	1되 5홉	7홉	3되
윤2월 13일	조다소반과	각색전유어	자궁	3마리		2근	3근	2마리	5마리				100개	1되 5홉	1되 5홉	1되 5홉	7홉	3되
			대전	2마리			2근	1마리	5마리				70개	1되 2홉	1되 2홉	1되 2홉	5홉	2되 4홉
	야다소반과	각색전유어	자궁	3마리		2근	3근	2마리					100개	1되 5홉	1되 5홉	1되 5홉	7홉	3되
윤2월 14일	주다소반과	각색전유어	자궁	3마리		2근	3근	2마리	10마리				100개	1되 5홉	1되 5홉	1되 5홉	7홉	3되
			대전	2마리			2근	1마리	5마리				75개	1되 2홉	1되 2홉	1되 2홉	5홉	2되 4홉
윤2월 15일	야다소반과	각색전유어	자궁	3마리		2근	3근	2마리					100개	1되 5홉	1되 5홉	1되 5홉	7홉	3되
윤2월 16일	주다소반과	각색전유어	자궁	3마리		2근	3근	2마리					100개	2되	2되	2되	7홉	3되
윤2월 10일	주다별반과	전유어	대전	1마리			2근		5마리				75개	1되	1되		5홉	1되

※ 윤2월 10일 석수라, 윤2월 13일 죽수라에는 재료와 분량에 대한 기록이 없어 표에 넣지 않았다.

(2) 꿩고기전[生雉煎油花 생치전유화]

● 꿩고기전의 재료와 분량

날짜	상차림	대상 \ 재료	꿩	달걀	녹말	메밀가루	소금	참기름
2/13	진찬	자궁	10마리	150개	1되	6되	1홉	8되

꿩고기전은 윤2월 13일 진찬에 자궁께 올렸다. 재료와 분량은 꿩 10마리, 달걀 150개, 녹말 1되, 메밀가루 6되, 소금 1홉, 참기름 8되가 기록되어 있다. 달걀의 양이 너무 많은 것으로 보이는데 여유분을 포함한 분량인지는 명확하지 않다. 재료로 보아 꿩고기를 포 떠서 소금 간을 하고 녹말, 메밀가루를 묻히고 달걀물을 입혀 참기름으로 지진 전으로 보인다.

(3) 달걀전[鷄卵煎 계란전]

달걀전은 윤2월 13일 조수라에 자궁께 올렸으며 재료와 분량에 대한 기록은 없다.

《주찬》에는 계란병이라 하여 "달걀을 번철에 얇게 부친다. 부칠 때에는 번철에 기름을 두른다. 어육, 초피, 생강을 섞고 적당히 간을 맞추어서 만두소처럼 하여 달걀을 부쳐 더울 때 싸서 가장자리를 여미고 생강과 파를 섞은 초장에 찍어 먹는다."라고 기록되어 있다.

《시의전서》에는 건수란이라 하여 "번철에 기름을 두르고 달걀을 쏟은 후, 위에 소금을 약간 뿌려 지진다. 이때 불이 세면 타기 쉬우니 알맞게 하고 가장자리를 가지런히 정리하여 쓴다."고 기록되어 있다. 이로 보아 달걀전은 달걀을 그대로 부치거나, 달걀을 얇게 부쳐 소를 넣어 만든 알쌈과 비슷한 음식으로 크기는 알쌈보다는 큰 것으로 보인다.

(4) 메추라기전[鶉鳥煎 순조전]

메추라기전은 윤2월 11일 죽수라에 자궁과 대전께 올렸고, 윤2월 11일 석수라, 윤2월 15일 조수라에는 자궁께 올렸다. 재료나 분량에 대한 기록이 없고, 고문헌에서도 조리법을 찾을 수 없다. 메추라기전은 음식의 명칭으로 미루어 메추라기를 얇게 포 떠서 소금, 후추를 뿌리고 메밀가루나 녹말을 묻힌 후 달걀물을 입혀 참기름으로 지진 전으로 보인다.

(5) 생선전[魚煎油花 어전유화]

● 생선전의 재료와 분량

날짜	상차림	대상 \ 재료	숭어	달걀	녹말	메밀가루	소금	참기름	비고
윤2월 12일	조수라	자궁	○						재료와 분량 없음
		대전	○						재료와 분량 없음
윤2월 13일	진찬	자궁	2묶음	170개	4되		1홉	8되	
		내빈	½마리	7개	1홉	1홉	1작	3홉	

※ 윤2월 12일 조수라에는 재료와 분량에 대한 기록이 없어 표에 넣지 않았다.

생선전은 윤2월 13일 진찬에 자궁께 올렸고, 내빈 15상에는 어전유화와 저육족병을 한 그릇에 담아냈다. 윤2월 12일 조수라에도 자궁과 대전께 숭어전을 올렸으나 재료와 분량에 대한 기록은 없다. 진찬에 올린 숭어전의 재료와 분량은 숭어 2묶음, 달걀 170개, 녹말 4되, 소금 1홉, 참기름 8되가 기록되어 있다. 재료로 보아 숭어를 포 떠서 소금 간을 하고 녹말을 묻히고 달걀물을 입혀 참기름에 지진 숭어전이다.

(6) 양전(胖煎)

● 《진연의궤》 양전유화의 재료

연도 \ 재료	소의 양	달걀	잣	참기름	소금	쌀가루	메밀가루	밀가루	녹말
1828	○	○	○	○	○	○	○	○	○
1829	○	○		○	○				○
1868	○			○					○
1892	○	○		○	○				○
1901(5)	○			○	○				○
1902(4)	○	○		○	○				○
1902(11)	○	○		○	○				○

양전은 윤2월 14일 죽수라에 자궁께 올렸고 재료와 분량에 대한 기록은 없다. 1828년·1829년·1868년·1892년·1901년·1902년 《진연의궤》에 양전유화로 기록되어 있다. 《이조궁정요리통고》에는 소의 양을 곱게 다져 녹말과 달걀을 풀어 넣고 간을 한 후 숟가락으로 떠서 번철에 지

진 전이 양동구리라고 기록되어 있다. 이로 보아 양전은 양동구리와 같은 방법으로 만든 전으로 보인다.

(7) 해삼전(海蔘煎)

● 해삼전의 재료와 분량

날짜	상차림	대상 \ 재료	해삼	전복	돼지다리	쇠고기	묵은닭	달걀	잣	파	생강	녹말	간장	꿀	참기름	후춧가루
윤2월 15일	주다소반과	자궁	70개	30개	1부	1근	1마리	30개	1홉	2단	1홉	1되	2작	3홉	1되	2작

해삼전은 윤2월 15일 주다소반과에 자궁께 올렸다. 재료와 분량은 해삼 70개, 전복 30개, 돼지다리 1부, 쇠고기 1근, 묵은닭 1마리, 달걀 30개, 잣 1홉, 파 2단, 생강 1홉, 녹말 1되, 간장 2작, 꿀 3홉, 참기름 1되, 후춧가루 2작이 기록되어 있다.

《농정회요》에는 "말린 해삼을 솥에 물을 많이 붓고 푹 삶은 다음 내장을 손질하고 돌 위에 올려놓고 물을 뿌려가며 한 동안 비빈 뒤 깨끗이 씻는다. 별도로 익힌 육류와 두부, 생강, 파, 후추 등 여러 가지 양념을 섞어 곱게 다져 기름과 장을 두르고 볶아낸다. 이것을 해삼 뱃속에 채워 넣고 실로 단단히 동여맨다. 달걀물을 입혀 솥뚜껑에 기름을 두르고 지져낸다."고 하였다. 《시의전서》에는 믜쌈이라 하여 "좋은 해삼을 물에 담가 불거든 푹 삶아 쪼개어 속에 모래와 해감과 잡것을 버리고 깨끗이 씻는다. 쇠고기, 숙주, 미나리는 다지고 두부를 섞어 갖은 양념을 넣어 주물러 해삼의 뱃속에 가득 넣은 후 가루를 묻히고 달걀을 씌워 부친다."고 하였다. 이로 보아 해삼전은 해삼의 뱃속에 소를 채워 넣고 녹말을 묻히고 달걀을 씌워 지진 전으로 보인다.

13) 편육(片肉)

편육(片肉)은 육류를 덩어리째 삶아 면포에 싸서 누른 다음, 식혀서 얇게 썬 음식으로 돼지고기와 쇠고기를 많이 이용하며, 숙육(熟肉), 수육(獸肉)이라고도 한다. 《원행을묘정리의궤》에서는 숙육, 돼지고기, 양지머리, 저포, 우설, 소머리, 돼지다리, 돼지머리가 편육의 재료로 사용되었으나 현재는 소의 양지머리·사태·업진·장정육·쇠머리 등과 돼지의 삼겹살·목살·머리 부위 등을 많이 사용한다. 새우젓과 함께 배추김치에 싸먹기도 한다.

● 편육의 재료와 분량

날짜	상차림	재료 / 대상	숙육	돼지고기	양지머리	저포	우설	소머리	돼지다리	돼지머리
윤2월 9일	조다소반과	자궁	6근	6근						
윤2월9일	주다소반과	자궁			1½부	5부				
		대전			1부	3부				
윤2월 9일	석수라	자궁			×	×	×			
윤2월 9일	야다소반과	자궁		2부	½부		1부	½부	1부	
		대전		1부	1부		1부		1부	
윤2월 9일	주다소반과	자궁			1부	2부				1부
윤2월 10일	주다별반과	자궁	10근	5근		3부				
		대전	3근							
윤2월 10일	석수라	대전			×					
윤2월 11일	주다소반과	자궁	12근							
윤2월 12일	조수라	자궁			×					
윤2월 12일	주다소반과	자궁	6근	6근						
		대전	5근	4근						
윤2월 12일	주다소반과	자궁			½부	2부				½부
윤2월 12일	석수라	자궁			×					×
		대전			×					×
윤2월 13일	죽수라	자궁			×					
윤2월 13일	진찬	자궁		30근						
		대전		16근						
윤2월 13일	야다소반과	자궁	9근							
윤2월 14일	죽수라	자궁								×
윤2월 14일	조수라	자궁			×					
윤2월 14일	주다소반과	자궁	12근							
윤2월 14일	야다소반과	자궁	5근	4근						
		대전	5근	4근						
윤2월 15일	주다소반과	자궁			½부	5부				
		대전			1부	3부				
윤2월 15일	야다소반과	자궁			½부		1부	½부	1부	2부
		대전			1부		1부		1부	1부
윤2월 15일	양노연찬품	어상								
		노인상 425상								
윤2월 16일	주다소반과	자궁	6근	6근						

※ 양이 기록되지 않은 것은 × 표시를 하였다.
윤2월 15일 양노연찬품의 어상, 노인상에는 재료와 분량에 대한 표시가 없어 빈칸으로 두었다.

편육은 자궁께 21회, 대전께 10회, 양로연찬품에서 어상과 노인상에 각 1회를 올렸다. 사용한 재료는 숙육, 돼지머리, 양지머리, 저포, 우설, 소머리, 돼지다리, 돼지머리가 사용되었고, 저포와 소머리는 자궁께 올렸다.

《주방문》의 황육 삶는 법은 살코기를 간장과 새우젓국에 후추 넣어 삶으라고 기록되어 있다. 《주식방문》의 저편은 "돼지고기를 반쯤 익혀 반 정도 나른하게 두드려 천초가루, 후춧가루, 마늘, 파, 생강을 넣고, 기름장을 묻혀 어레미에 놓아 쪄서 식힌 후 썰어 초간장을 찍어 먹는다."고 하였다.

《시의전서》의 숙육은 "양지머리, 부화, 유통, 우낭, 쇠머리, 사태, 이자, 돼지고기를 다 삶아 썰어 쓰고, 돼지고기는 초장과 젓국과 고춧가루를 넣어 쓰고 마늘을 저며 싸 먹으면 느끼하지 않다."고 하였다.

《음식방문》의 증돈법(제육 찌는 법)은 "술안주로 하려면 돼지고기 머릿속에 쇠고기를 다져 넣고 저두(豬頭)에 맛있는 새우젓국을 발라 쪄낸다. 그리고 후춧가루를 뿌려 쓴다."고 하였다.

《조선무쌍신식요리제법》·《조선요리제법》에는 양지머리편육, 우설편육, 업진편육, 제육편육, 쇠머리편육 등이 기록되어 있다.

이로 보아 편육은 쇠고기와 돼지고기의 여러 부위를 삶아서 보자기에 싸서 눌렀다가 썰어 내는 음식이다.

14) 족병(足餠)

족병(足餠)은 우족을 푹 삶아 뼈를 발라내고 꿩고기, 돼지고기, 닭고기 등과 함께 삶아 건더기는 건지고 그 국물에 간장으로 간을 맞춘다. 이것을 넓은 그릇에 쏟아 삶아낸 고기 찢은 것과 갖은 고명을 골고루 뿌려 굳힌 후 반듯반듯하게 썬 음식이다. 교병(膠餠) 또는 족편(足片)이라고도 한다. 족병은 윤2월 11일 주다소반과, 윤2월 13일 진찬·만다소반과, 윤2월 14일 주다소반과에서 자궁께 4회, 윤2월 11일 주다소반과, 윤2월 13일 죽수라에 대전께 2회 올렸고, 윤2월 13일 진찬 시 내빈과 제신에게 각 1회를 올렸다. 사용한 재료는 돼지고기, 우족, 묵은닭, 꿩, 두골, 달걀, 참기름, 후춧가루, 잣 등이었다. 진찬의 내빈과 제신의 상에는 어전유화·편육이 족병과 같이 기록되어 있다.

《시의전서》에는 우족, 가죽, 꼬리, 사태, 꿩고기나 닭, 실고추, 석이, 달걀 부친 것, 후춧가루, 잣가루, 다진 고기나 채친 것 등을 사용하였다. 《규합총서》의 족편에는 우족, 꿩고기, 후추, 잣가루, 기름장, 달걀흰자와 노른자 지단 채, 잣가루와 후추를 사용하였다. 《윤씨음식법》 족편에는 쇠족, 닭, 꿩고기, 쇠고기 꾸미, 후추, 잣가루, 황백 달걀지단 등을 사용하였다. 《음식방문》의 족편은

● 족병의 재료와 분량

날짜	상차림	대상 \ 재료	돼지고기	우족	꿩	두골	달걀	묵은 닭	참기름	후춧가루	잣
윤2월 11일	주다소 반과	자궁	8냥	4개	2각	½부	5개	2각	2홉	2작	2홉
		대전	5냥	3개	1각	½부	3개	1각	2홉	1작	1홉
윤2월 13일	죽수라	자궁(협반 각색전에 족병 있음)									
		대전									
윤2월 13일	진찬	내빈	8냥	1개			7개	½각	3홉	2작	
		제신	8냥	½개			4개	½각	1홉	1작	
윤2월 13일	만다소 반과	자궁	8냥	4개	2각	½부	5개	2각	2홉	2작	2홉
윤2월 14일	주다소 반과	자궁	8냥	4개	2각	½부	5개	2각	2홉	2작	2홉

※ 윤2월 13일 죽수라에는 각색전에 족병과 골전을 함께 담았고 재료와 분량에 대한 기록은 없다.

족, 꿩고기, 후추, 잣가루, 유장, 생강, 파, 황백색 지단채, 붉은 고추, 잣가루, 후춧가루를 사용하였다. 《주식방문》에서는 족병을 우족채라는 명칭으로 "족을 오래 고아 꿩고기를 넣고 간장 조금 타 뼈가 저절로 빠지면 체에 밭여 후추 양념하여 깨끗한 그릇에 펴 식혀 가늘게 썰어 초간장에 먹는다."고 하였다.

이로 보아 족병은 우족, 가죽, 꼬리, 사태를 푹 삶아 뼈를 추려내고 그 국물에 꿩고기·닭고기 삶은 것을 찢어 넣고 황백 지단채, 석이채 등의 고명을 얹어 굳힌 후 썰어 내는 음식이다.

15) 좌반(佐飯)

좌반은 사계절이 뚜렷한 자연환경 속에서 겨울철 대비 혹은 먹거리가 충족하지 않을 때를 위해서 마련해두는 식품이다. 소금에 절여 말린 반건 생선, 자반 생선, 말린 해조류로 만든 매듭자반, 미역자반, 김자반 등이 있다. 좌반은 반상, 죽상, 주안상 등에 꼭 필요한 반찬이다.

《원행을묘정리의궤》의 좌반은 전복, 청어, 꿩, 광어 조기, 김, 민어, 대구, 대하, 새우, 쇠고기, 숭어, 송어, 은어 등으로 포, 어란, 좌반, 건어물, 다식, 구이 볶음, 조림 등이 기록되어 있다.

● 좌반의 재료

날짜	상차림	대상	감복 甘鰒	반건전복 半乾全鰒	감장초 甘醬炒	건치 乾雉	건치쌈 乾雉包	꿩고기포 雉脯	꿩다식 生雉茶食	꿩약포 生雉藥脯	꿩편포 生雉片脯	담염민어 淡鹽民魚	민어 民魚	민어포 民魚魚脯	민어전 民魚煎	불염민어 不鹽民魚	광어 廣魚	광어다식 廣魚茶食	대구다식 大口茶食	반건대구 半乾大口	건청어 乾青魚	굴비 乾石魚	숭어장 秀魚醬	숭어포 秀魚脯	대하 大鰕	새우가루다식 鰕屑茶食	새우알 鰕卵	쇠고기다식 黃肉茶食	쇠고기복기 牛肉卜只	세장 細醬	김 海衣
윤2월 9일	조수라	자궁				○										○															
	석수라	자궁			○		○							○		○														○	
		대전			○		○							○		○														○	
윤2월 10일	조수라	자궁			○		○							○		○														○	
		대전			○		○							○		○														○	
	주수라	자궁														○	○														
	석수라	자궁											○						○												
		대전											○						○												
윤2월 11일	죽수라	자궁														○															○
		대전														○															○
	조수라	자궁													○			○			○										
		대전													○			○			○										
	석수라	자궁							○				○							○				○							
		대전							○				○							○				○							
윤2월 12일	조수라	자궁									○	○								○								○			
		대전									○	○								○								○			
	주수라	자궁														○							○								
		대전														○							○								
	석수라	자궁														○										○					
		대전														○										○					

계속

날짜	상차림	대상 \ 종류	감복 甘鰒	반건전복 半乾全鰒	감장초 甘醬炒	건치 乾雉	건치쌈 乾雉包	꿩고기포 雉脯	꿩다식 生雉茶食	꿩약포 生雉藥脯	꿩편포 生雉片脯	담염민어 淡鹽民魚	민어 民魚	민어포 民魚魚脯	민어전 民魚煎	불염민어 不鹽民魚	광어 廣魚	광어다식 廣魚茶食	대구다식 大口茶食	반건대구 半乾大口	건청어 乾青魚	굴비 乾石魚	숭어장 秀魚醬	숭어포 秀魚脯	대하 大鰕	새우가루다식 鰕屑茶食	새우알 鰕卵	쇠고기다식 黃肉茶食	쇠고기복기 牛肉卜只	세장 細醬	김 海衣
윤2월 13일	죽수라	자궁		○								○													○						
		대전		○								○													○						
	조수라	자궁	○					○								○			○								○				
		대전	○					○								○			○								○				
	석수라	자궁											○																○		
		대전											○																○		
윤2월 14일	죽수라	자궁						○																	○						
		대전						○																	○						
	조수라	자궁							○						○						○						○				
		대전							○						○						○						○				
	석수라	자궁								○						○		○						○							
		대전								○						○		○						○							
윤2월 15일	조수라	자궁								○			○													○	○				
		대전								○			○													○	○				
	주수라	자궁																				○									
	석수라	자궁			○		○							○		○														○	
		대전			○		○							○		○														○	
윤2월 16일	조수라	자궁			○		○							○		○														○	
		대전			○		○							○		○														○	
	주수라	자궁				○										○															
		대전				○										○															

날짜	상차림	대상 \ 종류	약건치 藥乾雉	약포 藥脯	어란 魚卵	어포 魚脯	염건치 鹽乾雉	염민어 鹽民魚	염송어 鹽松魚	염포 鹽脯	우포다식 牛脯茶食	육병 肉餠	육장 肉醬	육포 肉脯	은어 銀口魚	잡육병 雜肉餠	장복기 醬卜只	전복 全鰒	전복다식 全鰒茶食	전복쌈 全鰒包	조기 石魚	편포 片脯
윤2월 9일	조수라	자궁						○	○	○							○			○		○
		대전																				
	석수라	자궁	○	○			○			○			○		○					○		
		대전	○	○			○			○			○							○		
윤2월 10일	조수라	자궁	○	○			○			○			○		○					○		
		대전	○	○			○			○			○							○		
	주수라	자궁	○	○																○		
		대전																				
	석수라	자궁		○													○			○		
		대전		○													○			○		
윤2월 11일	죽수라	자궁																	○		○	
		대전																	○		○	
	조수라	자궁	○		○																	
		대전		○	○																	
	석수라	자궁																		○		
		대전																		○		
윤2월 12일	조수라	자궁											○									
		대전											○									
	주수라	자궁	○	○	○												○			○		
		대전	○	○	○												○			○		
	석수라	자궁		○												○		○				
		대전		○												○		○				

계속

날짜	상차림	대상＼종류	약건치藥乾雉	약포藥脯	어란魚卵	어포魚脯	염건치鹽乾雉	염민어鹽民魚	염송어鹽松魚	염포鹽脯	우포다식牛脯茶食	육병肉餠	육장肉醬	육포肉脯	은어銀口魚	잡육병雜肉餠	장복기醬卜只	전복全鰒	전복다식全鰒茶食	전복쌈全鰒包	조기石魚	편포片脯
윤2월 13일	죽수라	자궁									○		○									
		대전									○		○									
	조수라	자궁																				
		대전																				
	석수라	자궁		○	○														○			
		대전		○															○			
윤2월 14일	죽수라	자궁			○																○	
		대전			○																○	
	조수라	자궁										○										
		대전										○										
	석수라	자궁																				○
		대전																				○
윤2월 15일	조수라	자궁			○															○		
		대전			○															○		
	주수라	자궁				○		○						○								○
		대전																				
	석수라	자궁	○	○			○			○			○		○					○		
		대전	○	○			○			○			○							○		
윤2월 16일	조수라	자궁	○	○			○			○			○		○					○		
		대전	○	○			○			○			○							○		
	주수라	자궁						○	○	○							○			○		○
		대전		○				○		○							○	○				○

(1) 어류(魚類)

① 광어(廣魚)

○ 광어(포)

광어는 윤2월 10일 주수라에 자궁께 올렸다. 재료와 분량에 대한 기록은 없다.《도문대작》에 광어는 동해에서 많이 나는데 가을에 말린 것이 끈끈하지 않아 좋다고 기록되었으며,《조선무쌍신식요리제법》에 '광어는 넙치를 말린 것으로서 찰넙치 말린 것은 입에 붙어서 먹을 수가 없고 메넙치라야 먹기가 좋다. 넙치 자체는 대수롭게 여기지 않지만 말려 놓으면 최고의 안주가 된다.'고 하였다. 이로 보아 광어(포)는 광어를 반을 갈라 넓게 펴고 소금에 절여 말린 것으로 광어포를 의미하는 것으로 보인다.

○ 광어다식(廣魚茶食)

광어다식은 윤2월 11일 조수라, 윤2월 14일 석수라에 자궁과 대전께 올렸다. 재료와 분량에 대한 기록은 없다.《윤씨음식법》에 광어다식은 "추광어의 살을 뜯어 절구에 찧고 체에 친 다음 기름장을 알맞게 반죽하여 다식판에 박는다."고 하였다. 이로 보아 광어다식은 말린 광어 살을 절구에 찧어 체에 내려 기름장으로 반죽하여 다식판에 박은 음식으로 보인다.

② 대구(大口)

○ 반건대구(半乾大口)

반건대구는 윤2월 11일 석수라, 윤2월 12일 조수라에 자궁과 대전께 올렸다. 재료와 분량에 대한 기록은 없다.《산림경제》에 대구어(大口魚)는 "생선살은 맛이 담백하다. 겨울에는 반쯤 말린 것이 아주 맛있다."라고 기록되어 있으며,《조선무쌍신식요리제법》에는 "대구에 소금을 조금 쳐서 말린다. 술안주로 좋고 그 중에서도 빛이 누런 황대구는 맛이 아주 좋다. 대구는 얼려서 말리는 것이 좋다."고 기록되어 있다.《조선음식 만드는 법》에 건대구는 "대구의 내장을 꺼내고 둘로 갈라서 잘 씻어서 물기 없이 해서 넓게 벌려서 펴놓고, 소금을 약하게 뿌려서 볕에 바싹 말린다." 고 기록되어 있다. 이로 보아 반건대구는 대구를 반을 갈라서 소금을 뿌려 반쯤 말린 것으로 보인다.

○ 대구다식(大口茶食)

대구다식은 윤2월 10일 석수라, 윤2월 13일 조수라에 자궁과 대전께 올렸다. 재료와 분량에 대한 기록은 없다.《윤씨음식법》의 대구다식은 "좋은 대구를 체에 곱게 내려 다식을 박아도 광어처럼 좋다."고 하였다. 대구다식도 대구 살을 절구에 찧어 체에 내려 기름장으로 반죽하여 다식판에 박아낸 음식으로 보인다.

③ 민어(民魚)

민어는 민어, 불염민어, 담염민어, 염민어, 민어포, 민어전 등으로 사용되었는데 좌반으로 제일 많이 오른 생선이다. 민어 중에서는 불염민어가 가장 많았다. 암민어 말린 것은 암치라 한다.

○ 민어(포)

민어(포)는 윤2월 10일·11일·13일 석수라, 윤2월 15일 조수라에 자궁과 대전께 올렸다. 재료와 분량에 대한 기록은 없다. 《규합총서》에서 민어는 가을에 어포(魚脯)를 두껍게 떠 말려 펴면 광어보다 낫다고 기록되어 있다. 《시의전서》에서는 어포법이라 하여 "민어의 살을 너비아니처럼 저며 좋은 진장에 고춧가루, 깨소금, 기름, 후춧가루를 섞어 주물러 간을 맞게 하여 채반에 말린다."고 하였다. 이로 보아 민어(포)는 민어 살을 포 떠서 소금만 뿌려 말리거나 갖은 양념장에 주물러 말린 민어포로 보인다.

○ 불염민어(不鹽民魚)

불염민어는 윤2월 9일 조수라, 윤2월 10일 주수라에 자궁께 올렸고, 윤2월 9일·12일·14일·15일 석수라, 윤2월 10일·윤2월 12일·윤2월 16일 주수라, 윤2월 11일 죽수라, 윤2월 13일·윤2월 16일 조수라 에 자궁과 대전께 올렸다. 재료와 분량에 대한 기록은 없다.
불염민어는 소금에 절이지 않고 말린 민어로 보인다.

○ 담염민어(淡鹽民魚)

담염민어는 윤2월 12일 조수라, 윤2월 13일 죽수라에 자궁과 대전께 올렸다. 재료와 분량에 대한 기록은 없다. 담염민어는 소금을 약간 뿌려서 절여 말린 짜지 않은 민어포로 보인다.

○ 염민어(鹽民魚)

염민어는 윤2월 9일 조수라, 윤2월 15일 주수라에 자궁께 올렸고, 윤2월 16일 주수라에 자궁과 대전께 올렸다. 재료와 분량에 대한 기록은 없다. 염민어는《조선음식 만드는 법》에 "좋은 민어 배를 가르고 내장을 꺼내 깨끗하게 씻어 물기 없이 대가리를 붙은 그대로 벌려서 펴놓고 생선 몸이 거의 덮이도록 얇고도 고르게 소금을 뿌려서 뜨거운 볕에 잘 말려두고 쓴다. 염민어는 쓸 때마다 골패 쪽만큼씩 얇게 저며서 여러 종류의 마른 것들과 함께 곁들여 놓기도 하고, 번철에 기름을 조금 부어 화로에 올려놓아 기름이 끓기 시작할 때에 말린 민어를 넣어서 살짝 볶아서 먹기도 한다."고 하였다. 이로 보아 염민어는 소금에 절여 말린 민어포를 골패 쪽으로 썰어 포로 이용하거나 기름에 볶아 이용한 것으로 보인다.

○ 민어어포(民魚魚脯)

민어어포는 윤2월 9일과 15일 석수라, 윤2월 10일과 16일 조수라에 자궁과 대전께 올렸다. 재료와 분량에 대한 기록은 없다. 《조선무쌍신식요리제법》의 어포는 민어나 도미를 소금에 절여서 말리는 염포와 간장양념을 발라서 말리는 장포가 기록되어 있다. 《조선음식 만드는 법》에 민어어포는 민어를 얄팍하게 썰어 간장, 다진 생강, 설탕, 후춧가루, 고춧가루, 기름, 깨소금을 섞어 민어에 발라 채반에 펴 놓고 참기름을 넉넉히 발라서 말리는 장포가 기록되어 있다. 이로 보아 민어어포는 소금에 절여 말린 염포나 간장양념을 발라 말린 장포로 보인다.

○ 민어전(民魚煎)

민어전은 윤2월 11일·14일 조수라에 자궁과 대전께 올렸다. 윤2월 11일 조수라의 좌반 1그릇에 민어전, 어란, 약건치, 건청어를 담았다. 재료와 분량에 대한 기록은 없다. 좌반에 오른 민어전은 전유어는 아닌 것 같고, 민어를 간장에 조린 음식으로 보인다.

④ 새우

○ 대하(포)(大蝦)

대하(포)는 윤2월 13일과 14일 죽수라에 자궁과 대전께 올렸다. 재료와 분량에 대한 기록은 없다.

《산림경제》에 "대하는 쪄서 햇볕에 말려 먹으면 맛이 좋다. 중하는 햇볕에 말려서 속살을 꺼내 가루를 내어 자루에 담아 장항아리에 넣어두면 맛이 아주 좋다. 기름과 장으로 볶아내어 햇볕에 말려 먹기도 한다. 작은 새우는 젓갈을 담그면 좋다."고 기록되어 있다. 이로 보아 대하(포)는 쪄서 햇볕에 말린 대하포로 보인다.

○ 새우가루다식[鰕屑茶食 하설다식]

새우가루다식은 윤2월 12일 석수라, 윤2월 15일 조수라에 자궁과 대전께 올렸다. 재료와 분량에 대한 기록은 없다.

《음식법》에는 "봄이면 크고 싱싱한 대하를 반건하여 저며 넣어도 좋고, 철 지난 후엔 마른 대하를 뜬어 그 가루에 기름, 후추, 잣가루를 넣고 장으로 간을 맞춘 다음 쳐서 반죽하여 다식을 만들면 빛깔도 곱고 맛도 좋다. 다식판에 박기 어려우므로 풀을 조금 넣고 반죽을 한다."고 하였다. 이로 보아 새우가루다식은 새우가루에 기름, 간장, 후추, 잣가루를 넣고 풀로 반죽하여 다식판에 박아낸 것으로 보인다.

⑤ 송어(松魚)

○ 염송어(鹽松魚)

윤2월 9일 조수라, 윤2월 16일 주수라에 자궁께 올렸다. 재료와 분량에 대한 기록이 없고 고문헌에서도 조리법을 찾을 수 없다. 염송어는 송어를 소금에 절여 말린 포로 보인다.

⑥ 숭어

○ 숭어장[秀魚醬 수어장]

숭어장은 윤2월 12일 주수라에 자궁과 대전께 올렸다, 재료와 분량에 대한 기록이 없고 고문헌에서도 조리법을 찾을 수 없다. 숭어장은 숭어를 간장 양념장에 절여 두고 필요할 때 꺼내 사용한 것으로 보인다.

○ 숭어포[秀魚脯 수어포]

숭어포는 윤2월 11일·윤2월 14일 석수라에 자궁과 대전께 올렸다. 재료와 분량에 대한 기록은 없다. 숭어포는 숭어를 포를 떠서 소금이나 간장양념장에 주물러서 말린 것으로 보인다.

⑦ 은어(銀魚)

○ 은어(포)

은어(포)는 윤2월 10일·윤2월 16일 조수라에, 윤2월 9일·윤2월 15일 석수라에 자궁께 올렸다. 재료와 분량에 대한 기록은 없다. 《농정회요》에 살아 있는 은어에 소금을 뿌려 구워 먹으면 맛이 뛰어나고, 회나 국으로 먹어도 맛이 좋다고 기록되었다. 이로 보아 은어(포)는 소금을 뿌려 말린 은어포로 보인다.

⑧ 조기

○ 조기[石魚 석어]

조기는 윤2월 11일·윤2월 14일에 죽수라에 자궁과 대전께 올렸다. 재료나 분량에 대한 기록은 없다. 《산림경제》에 조기는 "탕이나 구이 모두 좋다. 소금을 뿌려 통째로 말린 것이 찢어서 말린 것보다 맛이 좋다. 그 알로 담근 젓갈도 먹을 만하다."고 하였다. 이로 보아 조기를 통째로 소금에 절여 말린 굴비로 보인다.

○ 건석어(乾石魚)

건석어는 윤2월 15일 주수라에 자궁께 올렸다. 좌반 1기에 어포, 육포, 편포, 염민어, 건석어를 올렸다. 재료와 분량에 대한 기록은 없다.

《조선무쌍신식요리제법》에 굴비는 "한철에 먹는 음식으로 반찬 또는 술안주로도 좋다고 하였으며, 알이 가장 맛이 있으며 영광 굴비가 작기는 하지만 빛깔이 거뭇하고 알이 크며 맛도 아주 좋다."고 하였다. 또한 《우리나라 음식 만드는 법》에서는 마른반찬으로 맛이 순후하고 여름철 찬거리가 귀할 때에 반찬이 된다고 하였다. 이로 보아 건석어는 조기를 통째로 소금에 절여서 말린 굴비로 보인다.

⑨ 청어(靑魚)

○ 건청어(乾靑魚)

건청어는 윤2월 11일·14일 조수라에 자궁과 대전께 올렸다. 재료와 분량에 대한 기록은 없다. 《조선무쌍신식요리제법》에 관목(貫目)은 "좋은 청어를 말린 것으로서 껍질을 벗기고 토막을 쳐서 초고초장에 찍어 먹으면 좋다. 술안주로도 좋고 멧나물[61] 지짐이에 넣으면 맛이 아주 좋다."고 하였다. 이로 보아 건청어는 소금에 절여 말린 청어포로 보인다.

⑩ 어란(魚卵)

어란은 윤2월 11일·윤2월 15일 조수라, 윤2월 12일 주수라, 윤2월 13일 석수라, 윤2월 14일 죽수라에 자궁과 대전께 올렸다. 재료와 분량에 대한 기록은 없다. 《산림경제》에 숭어 알 말리는 법으로 "숭어알에 소금을 뿌려 간이 완전히 배이면 발에 널어 햇볕에 말린다. 참기름을 골고루 발라주고 자주 뒤집어 주면서 햇볕에 말려야 한다."고 하였다.

《조선음식 만드는 법》에 "민어 알은 터지지 않도록 꺼내 씻고 소금을 쳐서 살살 눌러서 바싹 말린다."고 하였다. 이로 보아 어란은 숭어알이나 민어알을 소금이나 간장에 절여 말린 것이다. 간장에 말릴 때에는 기름과 꿀을 섞은 간장을 붓으로 매일 칠을 해서 말리기를 20일 정도 해야

61) 멧나물: 산에서 나는 나물.

맛이 좋다고 하였다. 많은 정성이 들어가는 음식이다.

⑪ 어포(魚脯)

어포는 윤2월 15일 주수라에 자궁께 올렸다. 재료와 분량에 대한 기록은 없다.

《윤씨음식법》에 어포는 "농어나 민어와 같은 흰 살 생선을 두껍게 떠서 소금을 싱겁게 뿌리고 말린다. 말린 생선을 길이대로 놓고 망치로 두드려 부풀게 한 다음 힘줄과 가장자리를 잘라내고 말린 오징어포만한 크기로 자른다."고 하였다. 《산림경제》에 술에 절인 어포[酒鯉脯]는 "섣달에 큰 잉어를 잡아 깨끗이 씻어 베 헝겊으로 물기를 닦아낸다. 잉어 1근에 소금 1냥, 약간의 파채·생강채·천초(川椒)를 넣고, 좋은 술에 절이되 술이 생선보다 1촌쯤 올라오게 붓고, 날마다 뒤적여[飜] 맛이 배어들면 꺼내어 볕에 말려 저며서 먹는다."고 하였다. 이로 보아 어포는 흰살 생선을 포 떠서 말린 것인데 사용된 생선은 농어인지 민어인지 잉어인지 알 수 없고 양념도 소금만 했는지, 술에 절이는 방법으로 했는지 알 수 없다.

(2) 패류(貝類)

전복은 좌반에 많이 이용하는 식품으로 감복, 반건전복, 전복, 전복다식, 전복쌈, 전복포 등 다양하게 올렸고 이 중 전복쌈을 가장 많이 올렸다.

○ 전복(全鰒)

전복은 윤2월 12일 석수라에 자궁과 대전께, 윤2월 16일 주수라에 대전께 올렸다. 재료와 분량에 대한 기록은 없다.

《임원경제지》에서는 전복은 꼬챙이에 꿰어서 말린다고 하였고, 《산림경제》에 말린 큰 전복은 짜서 소금기를 빼고 삶아 먹을 수밖에 없다고 하였다. 이로 보아 말린 전복을 물에 불려 삶아서 소금기를 빼고 부드럽게 하여 올렸을 것으로 보인다.

○ 감복(甘鰒)

감복은 윤2월 13일 조수라에 자궁과 대전께 올렸다. 재료와 분량에 대한 기록은 없다. 《해동죽지》에는 감복은 울산에서 나는 것이 유명하고 궁중에 진상품으로 올렸다고 하였다. 《여유당전서(與猶堂全書)》(1934~1938)에 "울산에서 온 감복은 환하게 글자 비추네"라는 시구(詩句)가 기록되어 있다. 감복은 말린 전복을 물에 불려 꿀, 기름, 간장으로 양념하여 만든 음식으로 보인다.

○ 반건전복(半乾全鰒)

반건전복은 윤2월 13일 죽수라에 자궁과 대전께 올렸다. 재료와 분량에 대한 기록은 없다. 반건전복은 완전히 말리지 않고 반만 말린 전복이다. 반건전복도 물에 불려 꿀, 기름, 간장으로 양념하여 만든 음식으로 보인다.

○ 전복다식(全鰒茶食)

전복다식은 윤2월 11일 죽수라, 윤2월 13일 석수라에 자궁과 대전께 올렸다. 재료와 분량에 대한 기록은 없다. 《시의전서》에는 전복을 흠씬 축여 속까지 다 무르게 한 후 가늘게 두드려서 가루를 만들어 수건에 싸서 축인 뒤에 다식판에 박아 쓴다고 하였다. 이로 보아 전복다식은 말린 전복을 충분히 불려서 가루내어 다식판에 박아 낸 음식으로 보인다.

○ 전복쌈[全鰒包 전복포]

전복쌈은 윤2월 9일 조수라, 윤2월 10일·16일 주수라에 자궁께, 윤2월 9일·10일·11일·15일 석수라, 윤2월 10일·15일·16일 조수라, 윤2월 12일 주수라에 자궁과 대전께 올렸다. 재료와 분량에 대한 기록은 없다.

《시의전서》의 전복쌈은 "좋은 전복을 흠씬 불렸다가 건져서 베보자기에 싸서 물기를 없앤 후 얇게 저며 잣을 싸서 작은 송편만 하게 가장자리를 가지런히 모양을 만들어 쓴다."고 하였다. 《소문사설》의 전복쌈은 "울산에서 잡은 전복을 반쯤 말려서 배를 째고 그 속에 잣을 짓이겨 채워 넣고 베로 싸서 목간으로 눌러 잣 향이 전복에 푹 배게 하고 반쯤 건조되면 편을 쳐서 먹는다."고 하였다. 이로 보아 전복쌈은 불린 전복을 얇게 저며 잣을 넣고 한쪽을 덮어서 반달모양으로 만든 음식으로 보인다.

(3) 해조류(海藻類)

○ 김[海衣 해의]

김은 윤2월 11일 죽수라에 자궁과 대전께 올렸다. 재료와 분량에 대한 기록은 없다. 《시의전서》, 《조선무쌍신식요리제법》의 김자반은 김을 여러 장 합하여 진간장, 깨소금, 고춧가루, 기름을 합하여 적시고 채반에 말린 다음 반듯하게 썰어 먹는 음식이다.

《조선무쌍신식요리제법》의 김무침(해의무침)은 김을 깨끗하게 티를 다 뜯어서 손바닥으로 비비어 한장씩 구워 잘게 부셔서 장과 기름 깨소금, 설탕과 고춧가루를 쳐서 무쳐 먹는다고 하였다. 《시의전서》의 김쌈은 "김을 손으로 문질러 잡티를 뜯는다. 손질한 김을 소반 위에 펴 놓고, 발갯

깃으로 기름을 바르며 소금을 솔솔 뿌려 재워 구웠다가 네모반듯하게 잘라 담고 복판에 꼬지를 꽂는다."고 하여 오늘날의 김구이로 보인다.

고문헌에 김을 이용한 음식으로 김자반, 김구이, 김부각, 김무침 등이 기록되어 있는데《원행을묘정리의궤》의 김은 이 중 어떤 형태의 음식이었는지 알 수 없다.

(4) 육류(肉類)

① 꿩고기

꿩으로 만든 음식은 건치, 건치쌈, 꿩고기포, 꿩다식, 꿩약포, 꿩편포 등으로 기록되어 있다. 경기, 경상, 강원, 함경지방에서는 날꿩이나 어린 꿩(兒雉)을 정초, 동지, 탄일에 궁중에 올렸는데 때에 따라서는 건치(乾雉)를 올리기도 하였다.

《만기요람(萬機要覽)》(1808) 공상편과 재용편에 혜경궁 축일공상에 생치 1,227마리, 월령(月令)으로는 아치(兒雉) 20마리를 공물로 올렸다는 기록이 있다. 꿩은 생치(生雉), 건치(乾雉), 아치(兒雉) 등이 진상되었다.

○ 건치(乾雉), 약건치(藥乾雉), 염건치(鹽乾雉), 꿩고기포[雉脯 치포], 꿩약포[生雉藥脯 생치약포]

건치는 윤2월 9일 조수라에 자궁께, 윤2월 16일 주수라에 자궁과 대전께 올렸다. 치포는 윤2월 13일 조수라, 윤2월 14일 죽수라에 자궁과 대전께 올렸다. 약건치는 윤2월 10일 주수라, 윤2월 11일 조수라에 자궁께 올렸고, 윤2월 9일·윤2월 15일 석수라, 윤2월 10일·윤2월 16일 조수라, 윤2월 12일 주수라에 자궁과 대전께 올렸다. 염건치는 윤2월 9일·윤2월 15일 석수라, 윤2월 10일·윤2월 16일 조수라에 자궁과 대전께 올렸다. 꿩약포는 윤2월 14일 석수라, 윤2월 15일 조수라에 자궁과 대전께 올렸다. 재료와 분량에 대한 기록은 없다.

《산림경제》에 건치는 "꿩고기를 육포로 만들 때는 껍질을 벗기고 기름, 장, 후추를 발라 말린다. 포를 뜰 때는 볶은 참깨를 가루로 하지 않고 통깨를 뿌려 준다."고 하였다.

《우리음식》의 치포는 꿩의 털을 뜯고 내장 등 필요 없는 것들을 제거한 후, 간장, 참기름, 후추를 섞어서 바르고 볕에 잘 말린다고 하였다.

건치는 꿩을 통째로 말린 것이고 치포는 포를 떠서 말린 것이다. 양념은 기름, 간장, 후추, 통깨를 이용하였는데 건치와 치포의 구별이 정확하지 않다. 고문헌에서 음식명에 약이라는 명칭은 참기름, 꿀, 간장이 들어갔을 때 붙인다. 그러므로 약건치는 참기름, 꿀, 간장에 재어 말린 것으로 보인다. 염건치는 소금만으로 절여 말린 것으로 보인다. 꿩약포는 꿩고기를 얇게 포를 뜨거나 다져서 참기름, 꿀, 간장에 재어 말린 것으로 보인다.

○ 꿩고기편포[生雉片脯 생치편포]

꿩고기편포는 윤2월 12일 조수라에 자궁과 대전께 올렸다. 재료와 분량에 대한 기록은 없다. 《시의전서》의 꿩고기편포는 연하고 기름진 꿩고기를 곱게 다져서 소금으로 간을 맞추고 기름, 후춧가루, 볶은 깨, 잣가루를 섞어 모양을 만들고 위에 기름을 발라 잘 말린다고 하였다. 이로 보아 꿩고기편포는 곱게 다진 꿩고기를 양념하여 모양을 만들어 기름을 발라 말린 포로 보인다.

○ 건치쌈[乾雉包 건치포]

건치쌈은 윤2월 9일·윤2월 15일 석수라, 윤2월 10일·윤2월 16일 조수라에 자궁과 대전께 올렸다. 재료와 분량에 대한 기록이 없고 고문헌에서도 조리법을 찾을 수 없다. 《시의전서》의 전복쌈은 "좋은 전복을 흠씬 불렸다가 건져서 베보자기에 싸서 물기를 없앤 후 얇게 저며 잣을 싸서 작은 송편 만하게 가장자리를 가지런히 모양을 만들어 쓴다."고 하였다. 건치쌈은 건치를 편으로 떠서 잣으로 속을 넣고 접어서 반달 모양으로 만든 음식으로 보인다.

○ 꿩다식[生雉茶食 생치다식]

꿩다식은 윤2월 11일 석수라, 윤2월 14일 조수라에 자궁과 대전께 올렸다. 재료와 분량에 대한 기록은 없다. 《윤씨음식법》의 꿩다식은 "소금에 절여 말린 꿩고기 살을 두드려 찧은 다음 굵은 체에 친다. 기름을 조금 치고 후추와 잣가루를 넣은 다음 물로 반죽하여 다식판에 단단히 다져 박는다."고 하였다. 이로 보아 꿩다식은 말린 꿩고기 살을 찧어서 체에 쳐서 양념하여 다식판에 박아낸 음식으로 보인다.

② 쇠고기

○ 쇠고기다식[黃肉茶食 황육다식]

쇠고기다식은 윤2월 12일 조수라에 자궁과 대전께 올렸다. 재료와 분량에 대한 기록은 없다. 《고사십이집》에 쇠고기다식은 "쇠고기를 힘줄과 뼈를 발라내고 꿩고기와 같이 다져서 기름과 장을 발라 작은 다식판에 박아서 잠깐 말렸다가 먹는다. 맛이 아주 좋다."라고 기록되어 있다. 이로 보아 쇠고기다식은 쇠고기를 다져서 기름장을 넣어 다식판에 박아내어 말린 음식으로 보인다.

○ 쇠고기포다식[牛脯茶食 우포다식]

쇠고기포다식은 윤2월 13일 죽수라에 자궁과 대전께 올렸다. 재료와 분량에 대한 기록은 없다.

쇠고기포다식은 쇠고기포를 가루 내어 기름, 후추, 잣가루 등으로 양념하고 약간의 물로 반죽하여 다식판에 박은 것으로 보인다.

○ **쇠고기볶기[黃肉卜只 황육볶기]**

쇠고기볶기는 윤2월 13일 석수라에 자궁과 대전께 올렸으며, 조치와 좌반에 기록되어 있다. 재료와 분량에 대한 기록이 없고 고문헌에서도 조리법을 찾을 수 없다.《우리나라 음식 만드는 법》에는 "고기를 아주 얇게 저며 냄비에 담아놓고 파와 마늘 곱게 채치고 표고와 느타리를 골패쪽처럼 반듯하게 썰어 넣고 간장, 후춧가루, 깨소금, 기름을 함께 섞어 볶다가 고기가 익으면 물을 쳐가며 끓인다. 여기에 달걀을 넣으면 좋다."고 하였다. 이로 보아 쇠고기볶기는 쇠고기를 얇게 저며 양념한 후 채소류, 버섯류와 함께 볶아낸 음식으로 보인다.

③ **약포(藥脯)**

약포는 윤2월 9일·윤2월 13일·윤2월 15일 석수라, 윤2월 10일 조수라·석수라, 윤2월 12일 주수라·석수라, 윤2월 16일 조수라에 자궁과 대전께 올렸고, 윤2월 10일 주수라, 윤2월 11일 조수라에 자궁께 올렸으며, 윤2월 16일 주수라에 대전께 올렸다. 재료와 분량에 대한 기록은 없다.

《규합총서》의 약포는 "연한 고기의 기름기를 없애고 곱게 짓다져 굵은 체에 쳐서 힘줄을 없앤다. 기름과 달인 좋은 장(醬)과 후춧가루를 꿀을 조금 쳐 주물러 섞는다. 넓고 반반한 잎에 화전처럼 펴고 잣가루를 뿌린다. 반쯤 말려 노인의 반찬에 쓴다."고 하였다.《주찬》의 쇠고기 약포는 "연한 쇠고기를 매우 얇게 편포를 떠서 천초가루·후춧가루·간장·기름을 섞어 양념한 다음, 손으로 기름을 발라 말려 쓴다."고 하였다. 이로 보아 약포는 고기를 얇게 저미거나 다져서 꿀, 간장, 참기름, 후춧가루 등으로 양념하여 말린 포로 보인다.

④ **염포(鹽脯)**

염포는 윤2월 9일 조수라에 자궁께, 윤2월 12일 주수라에 대전께, 윤2월 9일·윤2월 15일 석수라, 윤2월 10일·윤2월 16일 조수라, 윤2월 16일 주수라에 자궁과 대전께 올렸다. 재료와 분량에 대한 기록은 없다.《조선음식 만드는 법》의 염포는 우둔을 저며서 소금과 후춧가루를 치고 말린다고 하였다. 이로 보아 염포는 쇠고기를 저며서 소금으로 간을 하고 기름과 후추를 뿌려 말린 포로 보인다.

⑤ 육포(肉脯)

육포는 윤2월 15일 주수라에 자궁께 올렸다. 재료와 분량에 대한 기록은 없다. 《임원경제지》의 육포는 "쇠고기와 사슴고기는 좋은 고기를 힘줄과 막을 제거하고 얇고 길게 썬다. 소금, 천초, 파, 술을 넣고 절여서 말린 것이다."라고 하였다. 이로 보아 육포는 쇠고기를 얇게 저며 간장, 참기름, 후추 등으로 양념하여 말린 포로 보인다.

⑥ 편포(片脯)

편포는 윤2월 9일 조수라, 윤2월 15일 죽수라에 자궁께, 윤2월 14일 석수라, 윤2월 16일 주수라에 자궁과 대전께 올렸다. 재료와 분량에 대한 기록은 없다. 《임원경제지》의 편포는 "쇠고기를 곱게 다진 후 소금을 약간 넣어 나무틀에 천을 깔고, 다진 고기를 넣어 그 천을 덮은 후 발로 단단히 밟아서 말린다. 먹을 때 편으로 한 조각씩 잘라내어 기름을 발라 구워 먹는다."고 하였다. 《규합총서》의 편포는 "고기를 곱게 두드려 소금으로 간을 맞추고 기름을 친다. 후춧가루, 천초가루, 실깨를 볶아 넣고, 잣가루로 함께 섞어 주물러 모양을 반듯하게 만든다. 겉에 기름을 살짝 발라 햇볕에 말려 쓴다."고 하였다.

이로 보아 편포는 고기를 곱게 다져 소금이나 장으로 간을 하고 후춧가루, 깨소금, 잣가루를 넣어 모양을 만들어 말린 포로 보인다.

(5) 육병(肉餠)

병(餠)은 떡을 의미하는 단어이나 때로는 한 덩어리로 뭉쳐진 음식을 지칭하기도 한다. 육병은 돼지고기, 쇠고기, 묵은닭, 꿩고기 등의 육류를 다져서 양념하여 달걀을 넣고 주물러 적당한 크기의 덩어리로 빚어 익힌 음식이다.

① 육병(肉餠)

윤2월 14일 조수라에 자궁과 대전께 좌반으로 올렸고, 윤2월 15일 주다소반과의 자궁께 올렸다. 조수라에는 재료와 분량에 대한 기록이 없고, 주다소반과에서는 돼지고기, 묵은닭, 꿩, 쇠고기, 달걀을 사용하였다.

● 육병의 재료와 분량

날짜	상차림	재료 대상	돼지고기	묵은닭	꿩	쇠고기	달걀
윤2월 15일	주다소반과	자궁	2근	5마리	7마리	2근	80개

육병은 돼지고기, 닭고기, 꿩고기, 쇠고기를 다져서 양념하여 달걀을 넣어 반죽하여 덩어리로 빚어 익힌 잡육병으로 보인다.

② 생치병(生雉餠)

생치병은 윤2월 9일 조수라에 자궁께 올렸으며 재료와 분량에 대한 기록은 없다. 생치병은 꿩을 육병 만드는 방법으로 익힌 음식으로 보인다.

③ 잡육병(雜肉餠)

잡육병은 윤2월 12일 석수라에 자궁과 대전께 올렸다. 재료와 분량에 대한 기록이 없고 고문헌에서도 조리법을 찾을 수 없다. 잡육병은 음식의 명칭으로 미루어 쇠고기, 돼지고기, 닭고기, 꿩고기를 섞어서 육병과 같은 방법으로 빚어 익힌 음식으로 보인다.

(6) 세장(細醬)

세장은 윤2월 9일·15일 석수라, 윤2월 10일·16일 조수라에 자궁과 대전께 올렸다. 재료와 분량에 대한 기록이 없고 고문헌에서도 조리법을 찾을 수 없다. 세장은 장의 일종으로 보이지만 수라상의 좌반에 기록되어 있는 것으로 미루어 장똑똑이(똑똑이자반)로 추측된다. 장똑똑이는《이조궁정요리통고》에 연하고 기름기 없는 살코기를 가늘게 채로 썰고 간장에 채를 썬 생강·파·마늘을 넣고 조린 찬으로 기록되어 있다.

(7) 육장(肉醬)

육장은 윤2월 9일·15일 석수라, 윤2월 10일·12일·16일 조수라, 윤2월 13일 죽수라에 자궁과 대전께 올렸다. 재료와 분량에 대한 기록은 없다.《임원경제지》,《고사신서(攷事新書)》(1771)의 육장은 "살코기 4근을 힘줄과 뼈를 제거하고 장 1근 8냥, 곱게 빻은 소금 4냥, 파 흰 부분을 가늘게 썬 것 1사발, 천초·회향·진피를 각각 5~6전을 가루 내어 술에 함께 넣고 걸쭉한 죽처럼 버무려 항아리 속에 넣고 단단히 밀봉한다. 뜨거운 햇볕에 10여일 쬐어서 항아리를 열어보아 말랐으면 다시 술을 더 붓고 싱거우면 소금을 더 넣어 다시 항아리를 진흙으로 단단히 밀봉해서 햇별을 쬔다."고 하였다.《주방문》의 육장은 "메주가루 3말에 삶아 말린 쇠고기를 찧어 5되, 가루 3되를 한데 섞어 소금과 물을 보통 장 만드는 방식으로 하되 깨 5되를 볶아 찧어 그 밑에 넣으라." 고 하였다.

《한국의 음식용어》(2011)의 육장은 "천리찬을 말한다. 쇠고기를 잘게 다져 장을 넣고 국물이 거의 없을 정도로 자작하게 조린 것으로 천릿길에 들고 가도 변질하지 않는다."고 하였다.

《시의전서》의 천리찬은 "쇠고기를 다져 물을 조금 붓고 볶는다. 볶은 것을 곱게 다지고 볶을 때 생긴 물에 진간장과 파, 마늘, 꿀, 깨소금, 후춧가루를 넣고 다시 볶아서 물기를 없게 만든다."고 하였다.

《고사신서》·《임원경제지》·《주방문》의 육장은 쇠고기나 말린 쇠고기를 넣어 담근 장의 일종이며, 《한국의 음식용어》와 《시의전서》에서는 쇠고기를 간장에 졸여 만든 쇠고기자반의 일종인 천리찬이다. 《원행을묘정리의궤》의 육장은 수라상의 좌반으로 기록된 것으로 보아 천리찬과 비슷한 음식으로 보인다.

(8) 장볶기(醬卜只)

장볶기는 윤2월 9일 조수라에 자궁께, 윤2월 10일 석수라, 윤2월 12일·16일 주수라에 자궁과 대전께 올렸다. 재료와 분량에 대한 기록은 없다.

《시의전서》의 장볶기는 "고추장을 작은 놋쇠 솥이나 냄비에 담고 물을 조금 넣은 다음 뭉근하게 약한 불로 볶되 파, 생강, 고기를 다져 넣고 꿀과 기름을 많이 넣고 볶아야 맛이 좋고 윤기도 난다. 불은 세게 하지 말고 자주 저어 주어야 눋지 않는다. 볶다가 통잣을 넣어 주며 접시에 담을 때는 잣가루를 뿌린다."고 하였다.

이로 보아 장볶기는 된장이나 고추장에 다진 고기, 꿀, 기름, 물을 넣고 뭉근하게 약한 불로 국물이 있을 정도로 자작하게 볶은 음식으로 보인다.

(9) 감장초(甘醬炒)

감장초는 윤2월 9일·15일 석수라, 윤2월 10일·16일 조수라에 자궁과 대전께 올렸다. 재료와 분량에 대한 기록이 없고, 고문헌에서도 조리법을 찾을 수 없다. 어떤 재료가 사용되었는지는 알 수 없으나 감장을 이용하여 볶은 음식으로 보인다.

16) 회(膾)

회는 생회, 숙회, 강회가 있다. 생회는 생선, 조개류, 쇠고기, 소의 내장을 날 것으로 먹는 음식이다. 생선을 쓴 것은 생선회, 쇠고기를 쓴 것은 육회, 소의 내장(콩팥, 간, 양, 천엽 등)을 쓴 것은 갑회라 한다. 숙회는 육류 내장이나 생선, 채소, 해조류 등을 살짝 익힌 음식이다. 생선에 녹말을 묻혀 끓는 물에 데쳐낸 것은 어채라 한다. 조개 익힌 것은 숙합회라 한다. 파나 미나리를 익힌 것은 강회라고 한다.

《원행을묘정리의궤》에 기록된 회는 7종이었으며 총 22회 올렸다. 생회로는 회, 어회, 각색어육회가 있고, 숙회로는 각색어채, 어채, 숙합회가 있다.

(1) 생회(生膾)

① 육회(肉膾)

육회는 윤2월 10일 조수라에 자궁께, 윤2월 15일 주수라에 자궁과 대전께, 윤2월 16일 주수라에 대전께 올렸다. 재료와 분량에 대한 기록은 없다.

《시의전서》에는 "쇠고기를 기름기 없는 연한 살로 얇게 저며서 가늘게 썰어 물에 담가 피를 빼고 베 보자기로 싸서 잘 짠다. 다진 파, 마늘, 후춧가루, 깨소금, 기름, 꿀을 섞어 잘 주물러서 재우는데 이때 잣가루를 많이 섞는다. 여기에 깨소금이 많이 들어가면 맛이 탁하다. 육회에는 기름을 많이 치고 후추와 꿀을 섞는다."고 하였다. 《농정회요》의 육회는 기름기 없는 쇠고기를 사용하였고, 《조선요리제법》에는 볼기살이나 대접살을 사용하였다. 이로 보아 육회는 채썬 쇠고기를 익히지 않고, 갖은 양념으로 버무려 먹는 음식으로 보인다.

② 생복회(生鰒膾)

● 생복회의 재료와 분량

날짜	상차림	대상 (재료)	생전복	생강	파	고추	비고
윤2월 9일	주다소반과	자궁	100개	5홉	5단	30개	
윤2월 16일	조수라	자궁, 대전					재료와 분량이 없음

생복회는 윤2월 9일 주다소반과에 자궁께, 윤2월 16일 조수라에 자궁과 대전께 올렸다. 조수라에는 재료와 분량에 대한 기록이 없다. 주다소반과에는 생전복, 생강, 파, 고추를 사용하였다.

《조선요리법》에는 "신선한 전복을 솔로 문질러 깨끗하게 씻어 껍질을 제거하고 다시 깨끗하게 소금으로 문질러 씻은 후 가장자리 곁 살은 도려내고 얇게 저며서 그대로 전복 껍질에 다시 담고 위에 잣가루를 뿌려 놓는다. 그리고 간장에 고운 고춧가루를 약간 뿌려놓는다."고 기록되어 있다. 이로 보아 생복회는 생전복을 얇게 저며 생강, 파, 고추와 함께 먹는 음식으로 보인다.

③ 어회(魚膾)

● 어회의 재료와 분량

날짜	상차림	대상 \ 재료	숭어	농어	웅어	쏘가리
윤2월 10일	주다별반과	자궁	2마리			
윤2월 13일	진찬	자궁	5마리	1마리		
		대전	5마리	1마리		
윤2월 13일	조수라	자궁			○	
윤2월 15일	조수라	자궁				○

어회는 윤2월 10일 주다별반과, 윤2월 13일·윤2월 15일 조수라에 자궁께, 윤2월 13일 진찬에 자궁과 대전께 올렸다. 어회에 사용된 재료는 숭어, 농어, 웅어, 쏘가리였다.

《시의전서》의 어회는 "민어를 껍질을 벗기고 살을 얇게 저며서 가로결로 가늘게 썰어 기름을 발라 접시에 담는다. 겨자와 윤즙을 식성대로 곁들여 먹는다."고 기록되어 있다. 《조선요리제법》에는 도미, 민어, 웅어, 병어, 《우리음식》에는 민어, 뱅어, 농어, 다랑어, 병어, 도미, 《우리나라 음식 만드는 법》과 《조선음식 만드는 법》에는 도미, 민어, 웅어, 조기, 낙지, 전어, 조개를 사용하였다. 또한, 《농정회요》와 《조선무쌍신식요리제법》에는 생선 회 뜨는 방법이 설명되어 있다.

이로 보아 어회는 생선의 껍질을 벗기고 살을 가늘게 썰거나 납작납작하게 잘게 썰어서 초장, 초고추창(윤즙), 겨자장 등에 찍어 먹는 음식으로 보인다.

④ 각색어육회(各色魚肉膾)

● 각색어육회의 재료와 분량

날짜	상차림	대상 \ 재료	생복	대합	죽합	콩팥	양	천엽
윤2월 15일	주다소반과	자궁	50개	100개	100개	1부	1부	½부

각색어육회는 윤2월 15일 주다소반과에 자궁께 올렸다. 각색어육회에 사용된 재료는 생복, 대합, 죽합, 콩팥, 양, 천엽이다. 《시의전서》에는 잡회라 하여 콩팥·천엽·간을 사용하였고, 《규곤요람》에는 콩팥, 천엽, 소의 위, 간을 사용하였다.

《원행을묘정리의궤》의 각색어육회는 갑회와 어회를 한 접시에 담은 모듬회로 보인다.

(2) 숙회(熟膾)

① 각색어채(各色魚菜), 어채(魚菜)

● 각색어채, 어채의 재료와 분량

날짜	상차림	음식명	재료 대상	숭어	(소)양	돼지고기	곤자소니	전복	해삼	표고버섯	석이	승검초	도라지	달걀	녹말	연지
윤2월 9일	조다소반과	각색어채	자궁	3마리	1근			2개	5개	1홉	1홉	1줌				
윤2월 10일	주다별반과	각색어채	자궁	3마리	1근			2개	5개	1홉	1홉	1줌				
윤2월 12일	주다소반과	각색어채	자궁	3마리	1근			2개	5개	1홉	1홉	1줌				
윤2월 12일	주다소반과	각색어채	자궁	3마리	1근			2개	5개	1홉	1홉	1줌				
윤2월 13일	조다소반과	각색어채	자궁	3마리	1근			2개	5개	1홉 2작	1홉 2작	1줌				
윤2월 14일	주다소반과	각색어채	자궁	3마리	1근			2개	5개	1홉	1홉	1줌				
윤2월 15일	주다소반과	각색어채	자궁	3마리	1근			2개	5개	1홉	1홉	1줌				
윤2월 13일	진찬	어채	자궁	3마리	2근	2근	3부	5개	3꼬지	5홉	1되		½근	50개	5되	1사발
윤2월 13일	석수라	어채	자궁	○												

※ 윤2월 13일 석수라의 어채는 숭어만 기록되어 있고 다른 재료와 분량은 없음

각색어채는 윤2월 9일 조다소반과, 윤2월 10일 주다별반과, 윤2월 12일·14일·15일 주다소반과, 윤2월 13일 조다소반과에 자궁께 올렸다. 사용한 재료는 숭어, 소의 양, 전복, 해삼, 표고버섯, 석이, 승검초 등이다.

어채는 윤2월 13일 진찬과 석수라에 자궁께 올렸다. 석수라에는 재료로 숭어만 기록되어 있다. 진찬에 사용된 재료는 숭어, 전복, 해삼, 양, 돼지고기, 곤자소니, 도라지, 달걀, 석이, 표고버섯, 녹말, 연지 등이다. 연지는 색을 내는 데 사용된 것으로 보인다.

각색어채는 고문헌에는 기록되어 있지 않고 어채로만 기록되어 있다. 각색이라는 뜻은 사용된 재료의 색이 다양하거나, 여러 가지 종류의 재료를 사용했을 때 쓰이는 말로 유난히 궁중에서 자주 쓰는 표현이다.

《조선요리제법》에서는 숭어, 천엽, 양, 곤자소니, 부아, 생치, 대하, 전복, 해삼, 제육 등을 사용하

였지만 각색어채라 하지 않고 어채로 기록하였다.

《술 만드는 법》에는 도미나 민어, 《농정회요》에는 해삼, 숭어 또는 도미, 《규곤요람》에는 숭어, 민어, 도미 또는 조기, 《음식방문》(1800년대 말)에는 숭어, 전복, 해삼 등을 사용하였다. 《우리음식》에는 "어회로 적당한 생선을 손가락만한 굵기로 썰고 녹말을 씌워 끓는 물에 살짝 데쳐 낸다. 채소와 버섯을 색에 맞추어 녹말을 씌우고 데친 다음 함께 담는다. 푸른 빛깔로는 오이, 파 잎, 쑥, 국화잎, 쑥갓을 사용하고, 붉은 빛깔로는 당근, 통고추, 진달래꽃을 쓰며 검은 빛깔로는 석이와 표고버섯을 사용한다."고 기록되어 있다.

《원행을묘정리의궤》에서는 각색어채, 어채로 기록되어 있으며 사용된 재료로 보아서는 윤2월 13일 석수라에 올린 어채를 제외하고는 모두 각색어채이다. 각색어채는 숭어, 전복, 해삼, 양, 돼지고기, 곤자소니, 도라지, 승검초, 달걀, 석이, 표고버섯 등을 썰어 녹말을 묻혀 살짝 데쳐 내어 보기 좋게 담아낸 음식으로 윤즙이나 겨자초장을 곁들인 것으로 보인다.

② 숙합회(熟蛤膾)

숙합회는 윤2월 13일 진찬에 자궁께 올렸으며, 사용된 재료와 분량은 대합살 3말2되, 녹말 5되, 소금 1홉5작이다.

《시의전서》에는 조개어채라 하여 "조개를 까서 깨끗이 발라내고 녹말을 씌워 물에 데친다. 오이를 갸름하게 썰고 녹말을 씌워 데친 다음 찬물에 헹군다. 이것을 다시 갸름하게 자르고 조개 삶은 것과 달걀 삶아 4등분하여 썬 것을 함께 섞는다."고 하였다.

《조선무쌍신식요리제법》에의 조개어채는 "조개는 보양도 되고 맛도 좋다. 큰 조개의 혀와 살을 각각 내어 녹말을 씌워 잠깐 데친다. 여러 가지를 넣지 않아도 좋다."고 하였다.

이로 보아 숙합회는 대합살을 녹말을 묻혀 끓는 물에 데쳐낸 숙회이다.

③ 육채(肉菜)

육채는 윤2월 10일 주수라에 자궁과 대전께 채로 올렸다. 재료와 분량에 대한 기록은 없다. 다른 고문헌에는 육채라는 음식의 기록이 없고 《정일당잡지》에 잡육채가 기록되어 있다.

《정일당잡지》의 잡육채는 숭어, 꿩고기, 양지머리를 길쭉길쭉하게 썰어 녹말을 묻혀 데치고 족발을 무르게 고아 같이 썰어서 한데 넣어 쓰라고 기록되어 있다.

이로 보아 육채는 각종 육류를 썰어 녹말을 묻혀 끓는 물에 데친 음식으로 어채와 같이 여러 가지 채소도 함께 데쳐서 어울려 담았을 것으로 생각된다.

17) 수란(水卵) · 숙란(熟卵)

(1) 수란(水卵)

수란은 윤2월 14일 조수라에서 자궁께 올렸다. 재료와 분량에 대한 기록은 없다. 《시의전서》의 수란은 "수란 만드는 수란자에 먼저 기름을 조금 쳐야 수란이 붙지 않는다. 수란자 가장자리로 달걀을 붓고 물이 팔팔 끓을 때 넣어 물에 잠기게 하여 익힌다. 다 익으면 냉수에 담갔다가 건져 가장자리를 가지런히 정리하여 접시에 담는다. 고추와 청파를 4푼 길이씩 잘라 가늘게 썰어 열십자로 얹고 잣가루를 뿌린다."고 하였다.

수란자
자료: 국립민속박물관 제공

이로 보아 수란은 수란자에 기름을 바르고 달걀을 깨 넣어 끓는 물에 익혀 낸 뒤 고명을 얹은 음식으로 보인다.

(2) 숙란(熟卵)

숙란은 윤2월 13일 진찬에서 자궁께 올렸다. 재료와 분량에 대한 기록은 없다.

《산가요록》 의 팽계란(烹鷄卵)은 콩 10여 알을 달걀과 함께 물에 넣고 삶다가 콩 껍질이 쭈글쭈글해질 때 꺼내 냉수에 담그면 알맞다고 하여 달걀 삶는 방법을 설명하였다. 《시의전서》의 팽란은 "달걀을 삶아서 깐다."라고 하였고, 《조선요리법》의 숙란은 "달걀을 물에 삶아 까서 졸여 쓰고, 이것은 특히 큰잔치 같은 때 반찬으로 쓴다. 또는 장아찌 접시에도 곁들이는데 이런 경우에는 둥글게 썰든지 길이로 열십자로 썰어 곁들인다."고 기록되어 있다.

이로 보아 숙란은 달걀을 삶아 껍질 벗겨 그대로 사용하거나 간장에 졸여 사용한 것으로 생각된다.

18) 채류(菜類)

채류에는 생채, 숙채, 잡채가 있다. 생채는 채소를 생으로 또는 소금에 절여 간장, 소금, 고추장,

● 채류의 종류

날짜	상차림	대상 \ 재료	거여목 苜蓿	겨자나물 芥子長音	고들빼기 古乭朴只	도라지(桔莄)				동아 冬苽	무(菁根)		무순 菁笋	물쑥생채 水艾生菜	미나리(水芹)		박고지 朴古之	생강순 薑筍	숙주나물 菉豆長音	승검초 辛甘草	쑥갓생채 艾芥生菜	오이 靑苽	죽순 竹笋	파 生葱	파순 葱笋	숙채 熟菜	잡채 雜菜
						도라지	생채 桔莄生菜	숙채 桔莄熟菜	잡채 桔莄雜菜		무	숙채 菁根熟菜			미나리	생채 水芹生菜											
윤2월 9일	조수라	자궁				○							○		○		○					○	○		○		
		대전				○							○		○		○					○	○		○		
	석수라	자궁																									○
윤2월 10일	조수라	자궁						○																			
	석수라	자궁							○																		
윤2월 11일	죽수라	자궁																	○								
	조수라	자궁					○																				
	석수라	자궁			○																○						
윤2월 12일	조수라	자궁	○																	○							
	주수라	자궁				○				○	○				○				○	○							
		대전				○					○				○				○	○							
	석수라	자궁		○									○					○									
윤2월 13일	죽수라	자궁										○															
	조수라	자궁													○									○			
	석수라	자궁							○																		
윤2월 14일	죽수라	자궁												○													
	조수라	자궁																									○
윤2월 15일	조수라	자궁	○																	○							
	석수라	자궁														○											
윤2월 16일	조수라	자궁										○														○	

※ 윤2월 12일 주수라 대전상에 침채로 기록되어 있는데, 내용상 채를 잘못 쓴 것으로 판단되어 채에 넣었다.

된장으로 간을 맞추고 갖은 양념으로 무친 것이다. 숙채는 채소를 기름에 볶거나 끓는 물에 데쳐서 양념에 무친 나물이다. 잡채는 채소, 버섯, 육류를 채썰어 양념하여 볶아서 함께 섞은 것이다.

《원행을묘정리의궤》에 기록된 채류는 거여목, 겨자잎, 고들빼기, 도라지, 동아, 무, 무순, 물쑥, 미나리, 박고지, 생강순, 숙주, 승검초, 어린 갓, 오이, 죽순, 파, 파순 등의 재료를 사용하였고, 재료를 정확히 알 수 없는 숙채가 1회, 잡채가 2회, 육채가 2회가 기록되어 있다. 육채는 채류로 분류되어 있으나 재료나 조리법으로 보아 숙회로 분류하였다.

윤2월 12일 주수라에 대전께 올린 침채는 도라지, 무, 미나리, 승검초, 숙주 등이었다. 이들 재료중 숙주, 승검초, 도라지는 김치의 재료로 사용된 적 없고, 채의 재료로만 사용되어 온 것을 보면 채의 오기(誤記)로 보인다.

(1) 거여목[目蓿 목숙]

거여목은 윤2월 12일·15일 조수라에 자궁께 올렸다. 재료와 분량에 대한 기록은 없다.

거여목은 《한국의 음식용어》(2011)에 '거축채'라 하며 이명으로 '목숙'이라 하였다. 《증보산림경제》에 거축채는 거여목의 연한 뿌리를 데쳐 기름과 소금으로 양념하여 무친 나물이라 하였다. 그러나 지금은 잘 먹지 않는 나물이다. 《성소부부고(惺所覆瓿藁)》(1613)에 거여목은 원주(原州)에서 나는 것이 줄기가 희고 매우 맛있다고 하였다. 이로 보아 거여목은 생채보다 숙채로 올린 것으로 보인다.

(2) 겨자나물[芥子長音 개자장음]

겨자나물은 윤2월 12일 석수라에 자궁께 올렸다. 재료와 분량에 대한 기록이 없고 고문헌에서도 조리법을 찾을 수 없다. 콩나물, 숙주나물과 같이 물을 주면 싹이 터서 자라는 나물을 장음(長音)이라고 한다. 이로 보아 겨자나물은 겨자씨를 발아시켜 나물로 먹은 것으로 추정된다. 생채로 했는지 숙채로 했는지는 알 수 없다.

(3) 고들빼기[古乭朴只 고돌박지]

고들빼기는 윤2월 11일 석수라에 자궁께 올렸다. 재료와 분량에 대한 기록이 없고 고문헌에서도 조리법을 찾을 수 없다. 그러나 요즈음에는 고들빼기를 삶아 쓴맛을 빼고 고추장이나 된장에 무쳐 먹고 있다. 이로 보아 고들빼기를 삶아 쓴맛을 빼고 간장, 된장, 고추장에 갖은 양념을 넣어 무쳤을 것으로 생각된다.

(4) 도라지[桔梗 길경], 도라지생채[桔梗生菜 길경생채], 도라지숙채[桔梗熟菜 길경숙채], 도라지잡채[桔梗雜菜 길경잡채]

도라지는 윤2월 9일 조수라에 자궁과 대전, 윤2월12일 주수라에 자궁께 올렸으나 조리법은 숙채인지 생채인지 알 수 없다. 또한, 도라지생채는 윤2월 11일 조수라에 자궁께 올렸고, 도라지숙채는 윤2월 10일 조수라에 자궁께 올렸다. 도라지잡채는 윤2월 10일·13일 석수라에 자궁께 올렸으나 재료와 분량에 대한 기록이 없어서 잡채의 정확한 재료를 알 수 없다.

《시의전서》에 도라지생채는 좋은 도라지의 껍질을 벗겨 낸 다음 물에 우려내어 찢고, 소금을 넣어 주물러 빨고 보자기에 잘 싸서 물기를 없앤 다음 다진 파, 마늘, 고춧가루, 깨소금, 기름, 초를 넣고 간장으로 간을 맞춰 주무른 후 쓴다고 하였다. 또한 도라지나물은 좋은 도라지를 삶아 물에 많이 우린 다음 도라지를 어슷어슷하게 저민 후 진간장에 볶고 깨소금, 기름, 고춧가루에 무친다고 하여 생채와 숙채로 사용하는 방법을 모두 설명하고 있다. 이로 보아 도라지생채, 도라지숙채는 《시의전서》처럼 만들었을 것으로 여겨진다. 도라지잡채는 도라지와 여러 가지 채소를 기름에 볶아 함께 무쳐낸 음식으로 보인다.

(5) 동아[冬苽 동과]

동아는 윤2월 12일 주수라에 자궁께 올렸다. 재료와 분량에 대한 기록은 없다. 《음식디미방》에 동아돈채는 동아를 작게 썰어 살짝 데친 다음 체에 건져 둔다. 기름간장으로 동아를 무치고, 겨자, 초, 간장의 3가지 맛이 알맞게 어울리도록 한 다음, 체에 밭인 깨소금과 함께 섞어 버무린다고 하였다. 이로 보아 동아도 데친 후 갖은 양념으로 무친 것으로 보인다.

(6) 무[青芹 청근], 무숙채[青芹熟菜 청근숙채]

무는 윤2월 12일 주수라에 자궁과 대전께 올렸다. 식품명만 있어 숙채인지 생채인지 알 수 없다. 무숙채(青芹熟菜, 청근숙채)는 윤2월 13일 죽수라, 윤2월 16일 조수라에 자궁께 올렸다. 재료와 분량에 대한 기록은 없다.

《조선요리제법》에 무나물은 "무를 채 쳐서 냄비에 넣고 고기를 연한 살로만 잘게 이겨서 함께 넣고 물을 치고 파, 생강, 마늘, 고추를 다 곱게 이겨서 넣고 간장, 깨소금 넣고 볶아서 잘 익은 후에 간을 맞추어서 접시에 넣고 맨 위에는 깨소금, 고춧가루를 조금 뿌려서 놓는다."고 하였다.

무숙채는 무를 채 쳐서 양념을 하여 물을 붓고 푹 끓여 만드는 방법과 채 친 무를 기름에 볶아 양념하여 만드는 방법이 있는데, 《원행을묘정리의궤》에서는 어떤 방법으로 만들었는지 알 수 없다.

(7) 무순[靑笋 청순]

무순은 윤2월 9일 조수라에 자궁과 대전께, 윤2월 12일 석수라에 자궁께 올렸다. 재료와 분량에 대한 기록은 없다. 무순은 《시의전서》·《조선요리제법》의 산갓김치, 《조선무쌍신식요리제법》의 나박김치에 재료로 쓰인 기록이 있다. 《원행을묘정리의궤》에서 무순은 어떠한 방법으로 사용되었는지 알 수 없다.

(8) 물쑥생채[水艾生菜 수애생채]

물쑥 생채는 윤2월 14일 죽수라에 자궁께 올렸다. 재료와 분량에 대한 기록은 없다.

《임원경제지》에서는 "물쑥 말림이 나오는데 물쑥의 이명은 누호(蔞蒿)이며, 줄기를 소량의 소금에 절여 햇볕에 말리면 맛이 아주 좋고 먼 지역까지 보낼 수 있다."고 하였다. 《조선무쌍신식요리제법》에서는 "물쑥나물은 물쑥 뿌리를 이른 봄뿐만 아니라 겨울에도 캐내며 초나 소금 기름에 먹는다. 살짝 데치고 냉수에 담가 흙냄새를 빼낸 다음 꼭 짜고 썰어서 묵청포 초나물과 섞어 먹으면 향취가 매우 좋고 신선하다. 봄에는 잎사귀를 먹고, 여름과 가을에는 줄기를 삶아 양념해서 먹기도 한다."고 기록되어 있다.

물쑥생채는 봄에 잎사귀를 따서 생으로 무쳐 먹거나 줄기를 다듬어서 잘게 썰어 초고추장에 무쳐 먹는다. 《원행을묘정리의궤》에서는 양념을 어떻게 하였는지 알 수 없다.

(9) 미나리[水芹 수근], 미나리생채[水芹生菜 수근생채]

미나리는 윤2월 9일 조수라에 자궁과 대전께, 윤2월 12일 주수라·윤2월 13일 조수라에 자궁께 올렸다. 미나리생채는 윤2월 15일 석수라에 자궁께 올렸다. 미나리는 식품명만 나와 조리법을 알 수 없다. 《산림경제》에 미나리는 4월에 연한 미나리 줄기를 따서 끓는 물에 살짝 데친다. 썰지 않고 고추장에 무쳐 먹으면 된다고 하였다. 《조선무쌍신식요리제법》에 미나리는 눈 밝은 사람이 깨끗하게 다듬어야 한다. 씻을 때 미나리를 놋그릇에 담아 거머리가 떨어지게 하여 하나하나 고른 다음 소금을 쳐 살짝 절어지면 꼭 짜서 기름에 볶아 놓는다. 고기를 재우고 지진 것을 다져 넣고 깨소금을 섞어 먹는다. 소금과 기름만 넣고 만들기도 하며 제사에 많이 쓴다. 소금을 치지 말고 볶아야 질기지 않으며 장으로 간을 맞춘다. 데쳐서 생파, 초, 기름에 무치기도 하고 또는 소금물에 데쳐 말렸다가 다시 물에 불려 양념하기도 한다고 하였다.

《원행을묘정리의궤》에는 미나리생채가 기록되어 있으나 현재는 미나리는 숙채로만 먹고 있어서 어떤 방법으로 먹었는지 알 수 없다.

(10) 박고지(朴古之)

박고지는 윤2월 9일 조수라에 자궁과 대전께 올렸다. 재료와 분량에 대한 기록은 없다. 《조선요리》에 박나물은 "박고지를 삶아서 썰고 참기름, 간장, 마늘을 넣고 무쳐둔다. 냄비에 참기름을 약간 두르고 잘게 다진 쇠고기를 볶다가 양념에 무친 박고지를 넣어 더 볶는다. 물을 조금 붓고 뚜껑을 덮어 물기가 없어지면 접시에 담고 깨소금, 실고추를 뿌린다."고 하였다. 《원행을묘정리의궤》에서 박고지를 어떠한 방법으로 사용하였는지 알 수 없다.

(11) 생강순[薑筍 강순]

생강순은 윤2월 12일 석수라에 자궁께 올렸다. 재료와 분량에 대한 기록은 없다.

《임원경제지》의 장강순방(醬薑筍方)에 "3년 이상 묵은 좋은 청장에 고기를 넣어 자기항아리에 속에 넣는다. 생강의 어린 싹을 깨끗이 씻어 잘라 볶은 참깨, 고추로 양념하여 함께 항아리에 넣는다. 앞에서 장에 넣었던 고기를 꺼내 잘게 찢어서 볶은 참깨가루로 양념하여 장 속에 넣었다가 먹으면 위장에 좋다."고 기록되어 있다. 《원행을묘정리의궤》에서 생강순을 어떠한 방법으로 사용하였는지 알 수 없다.

(12) 숙주나물[菉豆長音 녹두장음], 숙주나물잡채[菉豆長音雜菜 녹두장음잡채]

숙주나물은 윤2월 12일 주수라에 자궁께 올렸고, 숙주나물잡채는 윤2월 11일 죽수라에 올렸다. 재료와 분량에 대한 기록은 없다.

《시의전서》에 숙주는 삶아 초에 무친다고 하였고, 《조선요리제법》에는 "숙주의 끝을 제거하고 깨끗하게 씻는다. 솥에 넣고 끓는 물에 잠깐 데쳐서 냉수에 넣고 여러 번 씻어 식힌다. 물을 꼭 짜서 그릇에 넣고 소금, 초, 파 다진 것, 기름을 넣고 잘 섞어서 접시에 담아 놓는다."고 하였다.

이로 보아 숙주나물은 숙주를 데쳐 갖은 양념으로 무친 나물이고, 숙주나물잡채는 숙주와 여러 가지 채소를 기름에 볶아 함께 무쳐낸 음식으로 보인다.

(13) 승검초[辛甘草 신감초]

승검초는 윤2월 12일·15일 조수라, 윤2월 15일 조수라에 자궁께 올렸고, 윤2월 12일 주수라에 자궁과 대전께 올렸다. 재료와 분량에 대한 기록은 없다. 승검초는 당귀 잎이다. 《박해통고》에는 "10월이 되면 당귀뿌리를 많이 채취하여 큰 토굴에 심어 봄이 되어 싹이 나면 구워 먹거나 생으로 먹으면 좋다."고 하였다. 《윤씨음식법》의 소채, 《음식방문》의 어채에서 재료의 한가지로 쓰였다. 《원행을묘정리의궤》에서 승검초를 어떠한 방법으로 사용하였는지 알 수 없다.

(14) 쑥갓생채[艾芥生菜 애개생채]

쑥갓생채는 윤2월 11일 석수라에 자궁께 올렸다. 재료와 분량에 대한 기록이 없고 고문헌에서도 조리법을 찾을 수 없다. 쑥갓생채는 쑥갓을 생으로 양념한 것으로 보인다.

(15) 오이[靑苽 청과]

오이는 윤2월 9일 조수라에 자궁과 대전께 올렸다. 재료와 분량에 대한 기록은 없다. 《시의전서》의 외나물은 작은 외를 둥글고 얇게 썰어 소금에 잠깐 절였다가 물에 씻어 잘 짠다. 솥에 유장 섞어 둘러 솥이 뜨거워지거든 살짝 볶아내고 진장, 깨소금, 기름, 고춧가루에 무친다고 하였다.

《조선요리제법》의 오이생채는 "오이를 먼저 깨끗하게 씻어 한 치 길이로 잘라서 한 푼 두께로 썰고 속은 버리고 채쳐서 소금에 절였다가 꼭 짠다. 그리고 파는 채쳐놓고 고추 이겨 넣고 갖은 양념을 넣고 무쳐서 접시에 담고 깨소금을 뿌려서 상에 놓는다. 또는 간장이나 소금에 무치지 않고 고추장에 무쳐도 좋다."고 하였다.

《원행을묘정리의궤》에서는 오이를 생채로 하였는지 숙채로 하였는지 알 수 없다.

(16) 죽순(竹笋)

죽순은 윤2월 9일 조수라에 자궁과 대전께 올렸다. 재료와 분량에 대한 기록은 없다.

《규합총서》의 죽순나물은 죽순을 얇게 저민 것을 썰어 데쳐 담갔다가 쇠고기와 꿩고기 같은 것을 많이 다져 넣고, 표고버섯, 석이 등을 섞어 후추로 양념하여 기름을 많이 치고 밀가루 약간 넣어 볶아 쓴다. 절인 죽순은 물을 갈아 가며 짠맛을 우려낸 뒤에 쓰라고 하였다. 《조선무쌍신식요리제법》의 죽순채는 "죽순을 삶아 껍질을 벗겨 양념하여 먹는다. 새 죽순을 끓는 물에 삶아 익히면 연하고 맛이 더욱 좋다. 묵은 죽순이면 박하를 조금 넣고 삶으면 억세지 않으며, 고기와 같이 삶으면 박하를 넣지 않아도 부드러워 진다. 새우알젓이나 새우알을 넣어 먹으면 매우 좋다."고 기록되어 있다. 이로 보아 죽순은 숙채로 먹었을 것으로 보인다.

(17) 파[生葱 생총]

파는 윤2월 13일 조수라에 자궁께 올렸다. 재료와 분량에 대한 기록은 없다.

《시의전서》에 파나물은 "움파를 데치고 삶은 숙주와 채친 쇠고기에 기름, 고춧가루, 깨소금, 초를 섞고 진간장으로 간을 맞추어 무친다."고 기록되어 있다. 《조선요리제법》의 파나물은 고기를 잘게 채치고 간장, 깨소금, 후추, 기름 넣고 섞어서 냄비에 볶는다. 볶은 고기를 식힌 후 파를 데쳐서 한 치 길이씩 썰어 넣고 무쳐서 그릇에 담아놓는다고 하였다. 이로 보아 《원행을묘정리의궤》에서는 파를 단독으로 사용하였는지 쇠고기나 다른 재료를 함께 사용하였는지는 알 수 없다.

(18) 파순[葱笋 총순]

파순은 윤2월 9일 조수라에 자궁과 대전께 올렸다. 재료와 분량에 대한 기록은 없고, 고문헌에서도 조리법을 찾을 수 없다. 파순은 파의 여린 싹을 뜯어 기름에 볶아 양념하거나, 데쳐서 갖은 양념에 무쳤을 것으로 생각된다.

(19) 숙채(熟菜)

숙채는 윤2월 16일 주수라에 자궁께 올렸으나 명칭만 기록되어 있어 어떤 재료를 사용하였는지 알 수 없다.

(20) 잡채(雜菜)

잡채는 윤2월 9일 석수라, 윤2월 14일 조수라에 자궁께 올렸다. 재료와 분량에 대한 기록은 없다.

《음식디미방》의 잡채는 오이, 무, 댓무, 참버섯, 석이, 표고버섯, 송이, 숙주나물을 깨끗이 씻어 준비해 놓고, 도라지, 거여목, 박고지, 냉이, 미나리, 파, 두릅, 고사리, 당귀, 동아, 가지, 꿩고기는 데치거나 삶아 가늘게 찢어 놓는다. 생강 또는 건강이나 초강, 후춧가루, 참기름, 진간장, 밀가루를 사용하여 양념을 만든다. 가늘게 썰어놓은 재료들에 양념을 넣어 기름간장에 각각 볶거나 아니면 볶은 다음 함께 섞는다. 큰 대접에 담아 즙액을 알맞게 뿌리고 맨 나중에 천초가루, 후춧가루, 생강을 뿌린다. 즙액은 꿩고기를 다져 사용하고 된장을 국물에 걸러 내어 간을 맞춘 다음, 참기름과 밀가루를 넣고 한소끔 끓여 걸쭉하게 만든다고 하였다.

《규곤요람》의 잡채는 숙주나물의 머리와 꼬리를 떼고, 미나리를 숙주 길이만큼 썰고, 곤자소니와 소의 양을 삶아 같이 지져낸다. 파는 데쳐서 채치고 한데 모아 갖은 고명을 만드는 데 쓰고, 육회를 쳐서 한데 볶아 각종 재료를 모아 한데 섞어 무쳐낸다. 그릇에 담아 낸 후 달걀을 부쳐 가늘게 채쳐서 위에다 뿌린다. 잣가루를 뿌리고 겨자에 무치면 맛이 더 좋다고 하였다.

《음식디미방》과 《규곤요람》의 잡채는 음식명은 같지만 《음식디미방》 잡채는 여러 채소류를 볶은 뒤에 꿩 삶은 육수 즙액에 된장으로 간을 하여 걸쭉하게 만든 잡채이며, 《규곤요람》 잡채는 숙주, 미나리, 곤자소니, 육회 볶은 것에 계란 지단을 채친 후 잣가루 뿌리는 잡채이다. 이와 같이 잡채에 들어가는 재료와 조리법이 다양한 것으로 보아 《원행을묘정리의궤》의 잡채가 어떤 재료를 사용하여 어떤 방법으로 만들었는지 알 수 없다.

19) 해(醢)

해는 육류, 조류, 생선, 조개류, 갑각류 등을 소금에 절여서 발효시킨 젓갈을 말한다.

《원행을묘정리의궤》의 해의 재료는 굴, 자하, 게, 대구, 명태, 백하, 벤댕이알, 전복, 조기, 송어알, 연어알, 방어, 조개, 청어, 홍어 등이다. 수라상의 해는 감동해, 백하해처럼 해가 붙은 것과 생복, 조개 등과 같이 식품 명칭만 있는 것도 있다. 이들 모두는 해라는 분류에 기록되어 있어 젓갈로 보인다.

(1) 게[蟹 해]

① 게젓[蟹醢 해해]

게젓은 윤2월 9일 조수라에 대전께, 윤2월 12일·15일 주수라, 윤2월 11일·13일·14일 죽수라 에 자궁께 올렸다, 재료와 분량에 대한 기록은 없다.

《음식디미방》에 게젓 담는 법은 "게 10마리에 대하여 소금이 1되 분량 되도록 소금물을 만들어 끓인 후 식힌다. 산 게를 넣어 두었던 단지에 물을 부어 세게 흔들어 씻어 버리기를 3번 하고 죽은 게는 버리고 산 것으로만 단지에 가득 넣는다. 끓여 놓은 소금물이 미지근해지면 게가 잠기도록 붓고 그 위에 가랑잎을 덮은 다음 돌로 눌러 놓는다. 소금물이 묽으면 열흘 후에 쓸 수 있게 되고 소금물이 진하면 좀 더 빨리 익는다. 소금물을 부을 때 너무 뜨거우면 게가 익어서 좋지 않다."고 하였다. 《규합총서》의 게젓을 간장으로 담그는 법은 "좋은 게를 깨끗이 씻어 물기 마른 후 항아리 속에 넣고 나무로 가로질러 장을 붓는다. 한 이틀 후 그 장을 쏟아 다시 달여 식혀 붓고 입 다문 게는 독하니 가려내고 그 속에 천초를 씨 없이 하여 넣고 익거든 쓰라."고 하였다. 소금으로 담그는 법은 "소금물을 극히 짜게 끓여 채운다. 게를 깨끗이 씻어 물기 마른 후 소금물에 넣어 물이 위에 오르게 하고 천초를 넣고 마른 잎으로 위를 막고 나무로 단단히 질렀다가 이튿날 소금물을 도로 따라 다시 끓여 부어 익은 후 쓰면 맛이 아름답고 오래 되어도 상하지 않는다."고 기록되어 있다.

이로 보아 게젓은 소금물에 담그거나 간장에 담근 젓갈로 보인다.

② 약게젓[藥蟹醢 약해해]

약게젓은 윤2월 9일·15일 석수라, 윤2월 10일·16일 조수라에 자궁께 올렸다. 재료와 분량에 대한 기록은 없다.

《음식디미방》의 약게젓은 게 50마리 정도 분량이면 진간장 2되와 참기름 1되에 생강, 후추, 천

● 해의 종류

종류			새우(蝦)					게 (蟹)				굴(석화石花)				대구		명태		전복		조기			조개	기타						
날짜	상차림	대상	감동젓甘冬醢	자하젓紫鰕醢	하란鰕卵	세하細鰕	백하해白鰕醢	게장蟹醬	게젓蟹醢	약게젓藥蟹醢	게알蟹卵	굴石花	굴젓石花醢	석화石花	석화잡해石花雜醢	고지교침해古之交沈醢	대구알大口卵	명태고지明太古之	명태알明太卵	생복生鰒	생복해生鰒醢	석어아감해石魚牙甘醢	조기알石卵	황석어黃石魚	조개젓蛤醢	밴댕이알蘇魚卵	송어알松魚卵	연어알鰱魚卵	홍어알洪魚卵	침청어沈靑魚	왜방어倭魴魚	달걀해鷄卵醢
윤2월 9일	조수라	자궁												○						○					○							
		대전							○					○						○					○							
	석수라	자궁			○					○							○		○									○			○	
		대전			○												○		○									○			○	○
윤2월 10일	조수라	자궁			○					○							○		○									○			○	
		대전			○												○		○									○			○	○
	주수라	자궁			○											○			○									○				
	석수라	자궁			○																							○				
윤2월 11일	죽수라	자궁							○																							
	조수라	자궁																			○											
	석수라	자궁																						○	○							
윤2월 12일	조수라	자궁											○				○															
	주수라	자궁							○		○							○										○	○			
	석수라	자궁	○																													
윤2월 13일	죽수라	자궁							○																							
	조수라	자궁											○											○								
	석수라	자궁																								○				○		
윤2월 14일	죽수라	자궁							○																							
	조수라	자궁																				○										
	석수라	자궁													○																	
윤2월 15일	조수라	자궁																			○				○							
	주수라	자궁		○				○				○											○									
	석수라	자궁			○			○									○		○									○			○	
		대전			○												○		○									○			○	○
윤2월 16일	조수라	자궁			○			○									○		○									○			○	
	주수라	자궁					○										○										○					

초를 넣고 간장물을 짜게 달여 식혀 놓는다. 깨끗이 씻어서 2일 정도 굶긴 게를 그 국에 담가 익힌 후 사용한다고 하였다. 《주방문》의 약게장은 게를 바구니에 담아 소반을 덮어 하룻밤이 지나면 기름장을 섞고, 후추, 생강, 마늘을 잘게 썰어 섞어 담는다. 기름장을 끓여 따뜻한 김이 있을 때 담아서 7일 후에 쓴다고 하였다.

이로 보아 약게젓은 달인 간장에 약게를 넣고 담근 젓갈로 보인다.

③ 게알(젓)[蟹卵 해란]

게알(젓)은 윤2월 12일 주수라에 자궁에게 올렸다. 재료와 분량에 대한 기록이 없고 고문헌에서도 조리법을 찾을 수 없다. 게알젓은 게알을 소금이나 간장을 넣어 담근 젓갈로 보인다.

(2) 굴[石花 석화]

《원행을묘정리의궤》의 굴을 이용한 해(醢)는 굴(石花), 굴젓(石花醢), 석화잡해(石花雜醢) 등이 있다. 굴은 모려 또는 석화라고도 한다.

① 굴(젓)[石花 석화], 굴젓[石花醢 석화해]

굴(젓)은 윤2월 9일 조수라에 자궁과 대전께, 굴젓은 윤2월 12일·13일 조수라에 자궁께 올렸다. 재료와 분량에 대한 기록은 없다. 《산림경제》에 굴젓 담그는 법[石花醢法]은 4월에 굴이 알을 밴다. 굴을 바닷물로 깨끗이 씻어 발 위에 널어 물기가 빠지면 곧바로 항아리에 담는데 굴 1말당 소금 7되의 비율로 맞춘다. 굴을 항아리 입구까지 차올라 오도록 켜켜이 담고 유지로 단단히 봉하고 햇볕이 들지 않는 사랑채 밑에 놓아두었다가 1년 후 먹으면 맛이 아주 좋다고 하였다. 굴젓은 굴을 소금에 절여 담근 젓갈이다.

② 굴잡젓[石花雜醢 석화잡해]

굴잡젓은 윤2월 14일 석수라에 자궁께 올렸다. 재료와 분량에 대한 기록이 없고 고문헌에서도 조리법을 찾을 수 없다. 굴잡젓은 음식의 명칭으로 보아 굴과 다른 재료를 섞어 담근 젓갈로 보이는데 다른 재료가 무엇인지는 알 수 없다.

(3) 대구(大口)

○ 대구알젓[大口卵醢 대구란해]

대구알젓은 윤2월 12일·16일 조수라에 자궁께, 윤2월 9일·15일 석수라, 윤2월 10일 조수라에 자궁과 대전께 올렸다. 재료와 분량에 대한 기록이 없고, 고문헌에서도 조리법을 찾을 수 없다. 대구알젓은 음식의 명칭으로 미루어 대구알을 소금에 절인 젓갈로 보인다.

(4) 명태(明太)

① 고지교침해(古之交沈醢)

고지교침해는 윤2월 10일 주수라에 자궁께 올렸다. 재료와 분량에 대한 기록은 없다. 《규합총서》의 교침해는 굴젓에 숭어, 조기, 밴댕이, 생복, 소라 등을 말려서 큰 것은 저미고 작은 것은 그대로 합하여 담근 젓갈이라 하였다. 고지(古之)는 명태의 이리, 알, 내장을 통틀어 이르는 말이다. 이로 보아 고지교침해는 명태의 고지와 여러 가지 해산물을 섞어서 담근 젓갈로 보인다.

② 명태고지(젓)(明太古之)

명태고지젓은 윤2월 12일 주수라에 자궁께 올렸다. 재료와 분량에 대한 기록이 없고 고문헌에서도 조리법을 찾을 수 없다. 명태고지젓은 명태의 이리, 알, 내장에 소금을 넣어 담근 젓갈로 보인다.

③ 명태알(젓)[明太卵 명태란]

명태알젓은 윤2월 10일 주수라, 윤2월 16일 조수라에 자궁께, 윤2월 10일 조수라, 윤2월 9일·15일 석수라에 자궁과 대전께 올렸다. 재료와 분량에 대한 기록은 없다. 《조선음식 만드는 법》의 명란젓은 "명란을 씻어 소쿠리에 담아 물기를 뺀 후 소금을 짜지 않게 뿌려서 10시간 쯤 두었다가 꺼내서 소쿠리에 담아 소금물을 뺀다. 여기에 소금, 마늘, 고춧가루, 깨소금을 넣고 고루 묻힌다. 이것을 항아리에 담아 두었다가 10일 후부터 먹는다."고 하였다. 이로 보아 명태알젓은 명태의 알을 소금에 절여 담근 젓갈로 보인다.

(5) 새우[鰕 하]

① 자하[62]젓[甘冬醢 감동해]

자하젓은 윤2월 12일 석수라, 윤2월 15일 주수라에 자궁께 올렸다. 재료와 분량에 대한 기록은 없다. 자하는 곤쟁이, 감동, 권정이라고 한다.

---

62) 자하: 자하는 곤쟁이과에 속하는 갑각류이다. 대부분 바다에서 나지만 민물에서 사는 것도 있다. 작은 새우처럼 생겼다. 몸길이는 1~2cm이고, 여덟 쌍의 가슴다리가 있고 가슴다리의 기부에 노출된 아가미를 가진 점이 새우와 다르다.

《임원경제지》의 자하해방(紫蝦醢方)은 "자하(紫蝦,감동)를 소금에 절인다. 생전복살과 소라살은 모두 손가락 하나 크기로 자른다. 오이와 무도 먼저 소금에 절였다가 물에 담가 소금기를 빼고 4조각으로 자른다. 자른 전복, 소라, 오이, 무를 자하와 함께 버무려 항아리에 담는데, 버무린 것을 한 층 담고 그 위에 소금 한 층을 켜켜로 담는다. 기름종이로 항아리 입구를 단단히 밀봉하고 땅속에 묻고 동이로 잘 덮는다. 그런 다음 다시 태운 재로 항아리 입구 사방을 바른다."고 하였다. 이로 보아 자하젓은 자하를 소금에 절여서 절인 채소와 섞어서 버무려 담근 젓갈로 보인다.

② 새우젓[白鰕醢 백하해]

새우젓은 윤2월 16일 주수라에 자궁께 올렸다. 재료와 분량에 대한 기록은 없다. 《난호어목지(蘭湖漁牧志)》에는 어선에 미리 독과 소금을 싣고 새우가 잡히는 대로 새우젓을 담갔다는 기록이 있다. 이로 보아 새우젓은 새우를 소금에 절여 담근 젓갈이다.

③ 세하(젓)(細鰕)

세하는 윤2월 16일 조수라에 자궁께, 윤2월 9일·15일 석수라, 윤2월 10일 조수라에 자궁과 대전께 올렸다. 재료와 분량에 대한 기록은 없다. 세하는 쌀새우라 한다. 《농정회요》에 "쌀새우[細鰕]는 젓갈을 담그면 좋다. 그 젓갈 즙으로 생선이나 고깃국을 끓이면 모두 맛있는데 특히 돼지고기와 두부국에 넣으면 좋다."고 하였다. 이로 보아 세하젓은 세하에 소금을 넣어 담근 젓갈로 보인다.

④ 새우알(젓)[鰕卵 하란]

새우알젓은 윤2월 10일 주수라·석수라에 자궁께, 윤2월 9일·15일 석수라, 윤2월 10일 조수라에 자궁과 대전께 젓갈로 올렸고, 윤2월 13일·14일·15일 조수라에 자궁과 대전께 좌반으로 올렸다. 재료와 분량에 대한 기록은 없다.

《조선무쌍신식요리제법》에서는 하란젓[鰕卵醢] 한 사발을 만들려면 새우알 한 동이에 소금 3되를 천천히 넣어가며 담근다. 게알[蟹卵]보다 몇 배가 맛이 낫다. 또한 진간장을 넣고 오래 개서 술안주로 먹거나 간장을 넣어 섞지 않고 산사편처럼 썰어 술안주로 쓰면 더욱 좋다고 하였다. 《한국의 음식용어》에서는 몸이 붉은 중새우의 알에 소금을 섞어 담근다. 전북 옥구군 오봉마을에서만 생산되는 희귀한 젓갈로 4월에 새우를 잡아 알을 모아서 담그며, 조선시대 말부터 나라에 진상된 특산물이라 하였다.

이로 보아 새우알(젓)은 새우알에 소금을 넣어 담근 젓갈로 보인다.

(6) 밴댕이[蘇魚 소어]

○ 밴댕이알젓[蘇魚卵醢 소어란해]

밴댕이알젓은 윤2월 13일 석수라에 자궁께 올렸다. 재료와 분량에 대한 기록은 없다.《농정회요》에 밴댕이는 단오가 지나 소금에 절였다가 겨울철에 식초를 넣어서 먹으면 좋다고 하였으며,《조선무쌍신식요리제법》에 밴댕이젓(蘇魚醢)은 기름이 엉기므로 오래 두고 먹을 수는 없지만 잘 눌러서 꼭 덮어두면 오래 먹을 수 있다고 하였다. 이로 보아 밴댕이알젓은 밴댕이알에 소금을 넣어 담근 젓갈로 보인다.

(7) 전복(全鰒)

○ 생복(젓)(生鰒) 생복젓[生鰒醢 생복해]

생복(젓)은 윤2월 9일 조수라에 자궁과 대전께, 윤2월 15일 조수라에 대전께, 생복젓은 윤2월 11일·15일 조수라에 자궁께 올렸다. 재료와 분량에 대한 기록은 없다.《조선요리》의 전복젓은 "생전복을 떼어 갓의 질긴 부분을 잘라내고 살은 잔칼질을 하여 에어놓는다. 파, 마늘, 생강을 곱게 다져 소금과 함께 버무려 항아리에 담고 오래 두었다가 푹 삭은 후에 먹는다."고 하였다.《조선무쌍신식요리제법》의 전복젓[全鰒醢]은 "작은 것보다 큰 전복으로 담근 것이 극상등의 젓이다. 큰 전복을 새우젓에 넣었다가 먹어도 젓 중에 제일이다. 푹 삭지 않으면 단단해서 좋지 않다."고 하였다.

이로 보아 생복해는 생전복을 손질하여 소금과 양념을 버무려 담근 젓갈로 보인다.

(8) 조기[石魚]

① 조기아가미젓[石魚牙甘醢 석어아감해]

조기아가미젓은 윤2월 14일 조수라에 자궁께 올렸다. 재료와 분량에 대한 기록이 없고 고문헌에서도 조리법을 찾을 수 없다.《식품과학기술대사전》에 아가미젓은 명태, 대구 등의 아가미를 손질하여 소금에 절인 젓갈이라고 하였다. 이로 보아 조기아가미젓은 조기아가미를 손질하여 소금에 절인 젓갈로 보인다.

② 조기알(젓)[石卵 석란]

조기알(젓)은 윤2월 11일 석수라에 자궁께 올렸다. 재료와 분량에 대한 기록은 없다.《조선무쌍신식요리제법》의 석난젓[石卵醢]은 조기의 알과 이리 등을 소금에 절여 담가서 여러 달 후에 먹으면 조기 알젓과 같이 맛있는 것은 없다고 하였다. 이로 보아 조기알젓은 조기알을 소금에 절여 담근 젓갈로 보인다.

(9) 송어(松魚)

○ 송어알(젓)[松魚卵 송어란]

송어알(젓)은 윤2월 16일 주수라에 자궁께 올렸다. 재료와 분량에 대한 기록은 없다. 《미암일기》에 송어젓이 찬물로 나온다. 이로 보아 송어알젓은 송어알을 소금에 절여 담근 젓갈로 보인다.

(10) 연어(鰱魚)

○ 연어알(젓)[鰱魚卵 연어란]

연어알(젓)은 윤2월 10일 석수라, 윤2월 12일 주수라, 윤2월 16일 조수라에 자궁께, 윤2월 9일과 15일 석수라, 윤2월 10일 조수라에 자궁과 대전께 올렸다. 재료와 분량에 대한 기록은 없다.

《음식디미방》에서는 연어 알을 된장에 묻었다가 쓰기도 하고, 소금을 많이 넣은 물에 담갔다가 쓰기도 한다고 하였다. 《조선무쌍신식요리제법》에서는 연어알은 젓밖에는 할 것이 없다. 알주머니를 삭혀 먹으면 맛이 매우 좋다고 하였다. 이로 보아 연어알젓은 연어알을 소금에 절여 담근 젓갈로 보인다.

(11) 방어[魴魚]

○ 왜방어[63](젓)(倭魴魚)

왜방어(젓)은 윤2월 9일 석수라, 윤2월 10일 조수라에 자궁과 대전께, 윤2월15일 석수라, 윤2월 16일 조수라에 자궁께 올렸다. 재료와 분량에 대한 기록은 없다.

《음식디미방》의 방어젓은 방어를 썰어서 소금에 절여 담근다고 하였다. 《조선무쌍신식요리제법》에서 통김치를 담글 때 방어젓을 사용한 기록이 있다. 이로 보아 왜방어젓은 왜방어를 썰어서 또는 통째로 소금에 절여 담근 젓갈로 보인다.

---

63) 왜방어: 크기가 작은 방어.

(12) 조개[蛤]

○ 조개젓[蛤醢 합해]

조개젓은 윤2월 9일 조수라에 자궁과 대전께 윤2월 15일 조수라, 윤2월 11일 석수라에 자궁께 올렸다. 재료와 분량에 대한 기록은 없다.

《임원경제지》의 합해방(蛤醢方)은 "대합 살을 취해 깨끗이 손질하여 대합 살 1말에 소금 3되를 쓴다. 대합을 한 층 넣고 그 위에 천을 깔고 소금 한 층을 넣고 그 위에 천을 까는 식으로 켜켜이 덮어가며 항아리에 담아 넣어 입구를 단단히 봉하고 땅속에 묻어둔다. 해가 지난 후에 먹는다."고 하였다. 이로 보아 조개젓은 조갯살에 소금을 넣어 담근 젓갈로 보인다.

(13) 청어(青魚)

○ 침청어(젓)(沈青魚)

침청어는 윤2월 13일 석수라에 자궁께 올렸다. 재료와 분량에 대한 기록은 없다. 고문헌에 침청어에 대한 기록은 없지만 청어젓 담그는 법은 기록되어 있다.《음식디미방》의 청어염해법은 "청어를 물에 씻지 않고 그대로 손으로 훑어 내린 후 100마리에 소금 2되의 비율로 넣는데, 날 물기는 절대로 금하고 항아리를 마른 땅에 묻으면 제철이 돌아오도록 쓸 수 있다."고 하였다.《규합총서》,《시의전서》,《부인필지》,《보감록》에서는 청어를 발 위에 펴고 소금을 고루 뿌려 하룻밤 재워 생선즙을 다 빠지게 하고 항아리에 청어와 소금을 켜켜이 담는다고 하였다. 이로 보아 침청어는 청어에 소금을 넣어 담근 젓갈로 보인다. 침(沈)자가 들어간 것은 물에 담가 소금기를 제거하고 먹었기 때문에 붙인 것으로 추측된다.

(14) 홍어(洪魚)

○ 홍어알(젓)[洪魚卵 홍어난]

홍어알젓은 윤2월 12일 주수라에 자궁께 올렸다. 재료와 분량에 대한 기록이 없고 고문헌에서도 조리법을 찾을 수 없다. 연어알젓이나 송어알젓과 같이 홍어알에 소금을 넣어 담근 젓갈로 보인다.

(15) 황석어(黃石魚)

○ 황석어(젓)

황석어(젓)은 윤2월 13일 조수라에 자궁께 올렸다. 재료와 분량에 대한 기록은 없다.《난호어목지 蘭湖漁牧志》에는 황석수어에 대하여 "수원·평택 등지 해연(海沿)에서 산출되는데, 모양은 석수어 같으나 작고 빛깔이 심황색(深黃色)이다. 그 알은 크고 맛이 좋다. 소금에 절여 젓갈로 만든다."고 하였다. 이로 보아 황석어(젓)은 황석어에 소금을 넣어 담근 젓갈로 보인다.

(16) 달걀젓[鷄卵醢 계란해]

달걀젓은 윤2월 9일·15일 석수라, 윤2월 10일 조수라에 대전께 올렸다. 재료와 분량에 대한 기록은 없다. 《산가요록》에는 침계란(沈鷄卵)이라 하여 "매운 재[猛灰]를 물을 조금 넣고 죽처럼 진하게 개어 달걀을 넣어 한 달을 지내고 다시 꺼내어 깨끗이 턴다. 또 소금을 물에 죽처럼 타서 담갔다가 한두 달 지난 뒤에 껍질을 벗겨 보아서 삶은 계란처럼 굳어 있으면 그 때 먹는다."는 기록이 있다.

또한 중국 음식에 피단(皮蛋) 또는 송화단(松花蛋)이라 하여 오리알이나 달걀을 흙, 재, 소금, 석회, 쌀겨를 함께 섞은 것에 두 달 이상 묻어서 노른자 부위는 까맣게 되고 흰자 부위는 투명한 갈색이 되는 음식이 있다.

달걀젓은 위의 음식명과 명칭은 다르나 이와 비슷한 방법으로 만든 음식으로 보인다.

20) 김치[沈菜 침채]

김치는 채소를 소금에 절여 젓갈과 양념을 혼합하여 저온에서 유산 발효시키는 한국의 대표적인 채소 발효 음식이다. 김치라는 용어는 혜(醯), 저(菹), 지(漬), 지염(漬鹽), 침채를 거쳐서 현재는 김치로 통용되고 있다.

《원행을묘정리의궤》에는 침채와 담침채가 기록되어 있다. 침채는 국물이 자작하고 간이 있는 김치이며, 담침채는 나박김치와 같은 국물이 있고 침채보다는 싱거운 김치로 보인다.

(1) 김치[沈菜 침채]

김치의 종류로는 섞박지[交沈菜], 무김치[菁根沈菜], 미나리김치[水芹沈菜], 배추김치[白菜沈菜], 오이김치[靑苽沈菜], 동아초김치[東苽醋沈菜]의 총 6종이 기록되어 있다. 이중 섞박지를 자궁과 대전께 가장 많이 올렸으며, 그 다음으로 무김치를 올렸다.

윤2월 12일 주수라에 대전께 올린 침채는 김치가 아니고 채이며 담침채는 침채이다. 이것은 잘못된 기록으로 보인다.

① 섞박지[交沈菜 교침채]

섞박지는 윤2월 10일 주수라·석수라, 윤2월 11일 조수라, 윤2월 12일 조수라·주수라, 윤2월 13

● 자궁과 대전께 올린 수라상의 침채의 종류

상차림	대상 \ 날짜	2/9	2/10	2/11	2/12	2/13	2/14	2/15	2/16
죽수라	자궁			침채 (청근)		침채 (교침채)	침채 (청근)		
				담침채 (수근)		담침채 (동과)	담침채 (산갓)		
	대전			침채 (청근)		침채 (교침채)	침채 (청근)		
				–		–			
조수라	자궁	–	침채 (동과초)	침채 (교침채)	침채 (교침채)	침채 (청과)	침채 (교침채)	침채 (교침채)	침채 (교침채)
		담침채 (백채)	담침채 (청근)	담침채 (산갓)	담침채 (산갓)	담침채 (雉菹)	담침채 (석화잡저)	담침채 (청근)	담침채 (청근)
	대전	–	–	침채 (교침채)	침채 (교침채)	침채 (청과)	침채 (교침채)	침채 (교침채)	–
		담침채 (백채)	담침채 (청근)	–	–	–	–	–	담침채 (청근)
주수라	자궁		침채 (교침채)		침채 (교침채)			침채 (교침채)	
			담침채 (수근)		담침채 (만청, 청근,청과,수근,유자,배)			담침채 (청근)	담침채 (청근)
	대전		침채 (교침채)		침채 (교침채)			침채 (교침채)	–
			담침채 (수근)		–			담침채 (청근)	담침채 (청근)
석수라	자궁	침채 (수근)	침채 (교침채)	침채 (청근)	침채 (청근)	침채 (백채)	침채 (청근)	침채 (교침채)	
		담침채 (청근)	담침채 (雉菹)	담침채 (산갓)	담침채 (醢菹)	담침채 (수근)	담침채 (산갓)	담침채 (청근)	
	대전	–	침채 (교침채)	침채 (청근)	침채 (청근)	침채 (교침채)	침채 (청근)	–	
		담침채 (청근)	–	–	–	–	–	담침채 (청근)	

● 자궁과 대전께 올린 수라상의 침채의 종류

날짜	상차림	대상 (침채 종류)	섞박지	동아초	배추	미나리	오이	무	비고
윤2월 9일	석수라	자궁				○			
윤2월 10일	조수라	자궁		○					
	주수라	자궁	○						
		대전	○						
	석수라	자궁	○						
		대전	○						
윤2월 11일	죽수라	자궁						○	
		대전						○	
	조수라	자궁	○						
		대전	○						
	석수라	자궁						○	
		대전						○	
윤2월 12일	조수라	자궁	○						
		대전	○						
	주수라	자궁	○						
		대전	○						
	석수라	자궁						○	
		대전						○	
윤2월 13일	죽수라	자궁	○						
		대전	○						
	조수라	자궁					○		
		대전					○		
	석수라	자궁			○				
		대전	○						
윤2월 14일	죽수라	자궁						○	
		대전						○	
	조수라	자궁	○						
		대전	○						
	석수라	자궁						○	
		대전						○	
윤2월 15일	조수라	자궁	○						
		대전	○						
	주수라	자궁	○						
		대전	○						
	석수라	자궁	○						
윤2월 16일	조수라	자궁	○						

일 죽수라, 윤2월 14일 조수라, 윤2월 15일 조수라·주수라에 자궁과 대전께 올렸고, 윤2월 15일 석수라와 윤2월 16일 조수라에는 자궁께만 올렸다. 재료와 분량에 대한 기록은 없다.

《오주연문장전산고》에서는 잡젓[雜醢]과 채소를 섞어 담근 것[沈]을 교침채라 하였다. 교침저(交沈菹)의 '交(교)'는 섞었다는 뜻의 한자어로, 우리말로 섞박지라 한다. 섞박지형의 김치의 표기는 《주찬》에 서박저(胥薄菹), 《주초침저방(酒醋沉菹方)》(1600년대)에 교침저(交沈菹), 《규합총서》에 셧박지, 《시의전서》에 섯박지, 《주식시의》에 셕박지, 《조선무쌍신식요리제법》·《보감록》·《조선요리제법》에 석박지 등으로 기록되어 있다.

《임원경제지》와 《규합총서》에는 동아섞박지와 섞박지가 기록되어 있는데, 오이·가지·동아·청각·고추 등 다양한 채소와 소라·낙지 등의 해산물, 조기젓·준치젓·밴댕이젓·굴젓 등 다양한 젓갈을 사용하였다. 《시의전서》의 섞박지는 무·배추·준치·소라·조기젓·밴댕이·갓·오이·가지·동아·생전복·낙지·마늘·파·고추 등 다양한 재료를 사용하였다. 이로 보아 《원행을묘정리의궤》의 섞박지는 다양한 채소와 해산물, 젓갈을 넣어 담근 김치로 보인다.

② 무김치[菁根沈菜 청근침채]

무김치는 윤2월 11일 죽수라·석수라, 윤2월 12일 석수라, 윤2월 14일 죽수라·석수라에 자궁과 대전께 올렸다. 재료와 분량에 대한 기록은 없다.

《산가요록》에는 만청(蔓菁)과 청근(菁根)이 기록되어 있는데 이것이 순무로 번역되어 있다. 그러나 《원행을묘정리의궤》에서는 침채의 재료로 만청과 청근이 각각 따로 기록되어 있음을 볼 때 만청은 순무, 청근은 무로 보인다. 《산가요록》에서는 청침채(菁沈菜), 《요록》에서는 동과침채(過冬沈菜), 《수운잡방》에서는 청교침채법(青郊沈菜法), 《산림경제》, 《증보산림경제》, 《농정회요》에서는 만청저(蔓菁菹)로 기록되어 있다. 제조법을 보면 《산가요록》, 《요록》, 《수운잡방》에서는 순무(무)에 소금을 뿌려서 항아리에 담고 물을 부은 후 건져내어 잠깐 말린 후, 끓여서 식힌 소금물을 부어 익혀서 먹는 것으로 동치미와 비슷한 것이었다. 이로 보아 청근침채는 무로 담근 동치미의 일종으로 보인다.

③ 미나리김치[水芹沈菜 수근침채]

미나리김치는 윤2월 9일 석수라에 자궁께 올렸다. 재료와 분량에 대한 기록은 없다. 《증보산림경제》와 《농정회요》에서 미나리김치는 근함저(芹鹹菹)라 하여, 미나리, 연한 배추, 봄무와 함께 김치를 담그면 맛이 좋으며, 실파를 넣는다고 하였다. 이로 보아 미나리김치는 미나리에 배추나 무를 함께 넣고 담근 김치로 보인다.

④ 배추김치[白菜沈菜 백채침채]

배추김치는 윤2월 13일 석수라에 자궁께 올렸다. 재료와 분량에 대한 기록은 없다. 《산가요록》과 《수운잡방》에 침백채(沈白菜)라 하여, 배추(白菜)를 깨끗이 씻어 소금을 넣고 하룻밤 지난 뒤 다시 씻어 항아리에 소금과 함께 넣은 후 물을 붓는다고 하였다. 《농정회요》의 숭침저법(菘沈葅法)은 "배추가 서리를 1번 맞으면 바로 거둔다. 평소 방법대로 김치를 담그어 항아리에 넣고 뚜껑을 봉하여 땅에 파묻는다. 공기가 새어나지 않도록 한다. 이듬해 봄에 열어보면 그 빛깔이 햇김치 같고 맛도 개운하고 시원하다."고 하였다. 이로 보아 배추김치는 배추를 소금에 절여 갖은 양념을 하여 담근 김치로 보인다.

⑤ 오이김치[靑苽沈菜 청과침채]

오이김치는 윤2월 13일 조수라에 자궁과 대전께 올렸다. 재료와 분량에 대한 기록은 없다. 청과(靑苽)는 오이이다. 문헌에 기록된 오이김치는 《주찬》에는 과담침채(苽淡沈菜), 《증보산림경제》·《농정회요》에는 황과담저법(黃苽淡葅法), 《조선요리제법》·《조선무쌍신식요리제법》에는 외김치, 《조선음식 만드는 법》에 오이김치 등 다양하게 기록되어 있다.

《증보산림경제》의 황과담저법은 "늙은 오이의 배 부분에 세군데 칼집을 내고 그 사이에다 고춧가루와 마늘조각을 소로 넣어서 맑은 소금물에 담근다."고 하였다. 《조선요리제법》의 오이김치는 "오이를 깨끗하게 씻어 칠 푼 길이로 잘라서 넷으로 쪼개어서 소금에 절인다. 절인 후 건져서 항아리에 담고 파, 고초, 마늘 등을 다 곱게 채쳐서 잘 섞은 후 오이 절였던 소금물을 간맞추어 부어 잘 덮어서 익힌다."고 하였다. 《원행을묘정리의궤》의 오이김치는 칼집을 내고 소를 넣어 만든 김치인지, 오이를 넷으로 쪼개어 담근 김치인지 알 수 없다.

⑥ 동아초김치[冬苽醋沈菜 동과초침채]

동아초김치는 윤2월 10일 조수라에 자궁께 올렸다. 재료와 분량에 대한 기록은 없다. 《임원경제지》의 초과방(醋苽方)은 "작은 오이를 두 조각으로 가르고 다시 가로로 잘라 얇게 썰어 잠깐 햇볕에 말려 채 썬 생강과 설탕 그리고 식초와 함께 골고루 섞어 깨끗한 단지에 넣어 10여 일 후면 먹을 수 있다."고 하였다. 동아초김치는 음식의 명칭으로 미루어 동아를 손질하여 식초에 절여 생강과 설탕을 넣어 담근 김치로 보인다.

(2) 담침채(淡沈菜)

담침채는 《증보산림경제》에서 "담저(淡葅)를 시속에서는 나박김치라고 한다."고 하였다.

● 자궁과 대전께 올린 수라상의 담침채

날짜	상차림	대상	동과	만청	배	백채	산갓	수근	유자	청과	청근	석화잡저	젓국지	꿩김치
윤2월 9일	조수라	자궁				○								
		대전				○								
	석수라	자궁									○			
		대전									○			
윤2월 10일	조수라	자궁									○			
		대전									○			
	주수라	자궁						○						
		대전						○						
	석수라	자궁												○
	죽수라	자궁						○						
윤2월 11일	조수라	자궁					○							
	석수라	자궁					○							
윤2월 12일	조수라	자궁					○							
	주수라	자궁		○	○		○		○	○	○			
	석수라	자궁											○	
	죽수라	자궁	○											
윤2월 13일	조수라	자궁												○
	석수라	자궁						○						
	죽수라	자궁					○							
윤2월 14일	조수라	자궁										○		
	석수라	자궁					○							
윤2월 15일	조수라	자궁									○			
	주수라	자궁									○			
		대전									○			
	석수라	자궁									○			
		대전									○			
윤2월 16일	조수라	자궁									○			
		대전									○			
	주수라	자궁									○			
		대전									○			

담침채는 청근, 수근, 동아, 산갓, 백채로 만든 것과 치저(雉菹), 석화잡저(石花雜菹), 염저(鹽菹) 등이 기록되어 있었다. 윤2월 12일 주수라에 자궁께 드린 담침채에는 만청, 청과, 청근, 수근, 유자, 배 등의 재료가 자세히 기록되어 있는 점이 특이하다.

담저형 김치는 무, 오이, 가지를 원료를 하는 것이었다. 그중에서 국물을 넉넉히 부어 국물과 건더기를 한꺼번에 먹는 나박김치, 동치미가 있다. 《산가요록》에서는 토읍침채(土邑沈菜)로 기록되어 있으나 동치미이고, 《임원경제지》에는 나복담저법(蘿葍淡菹法)이 있다. 나복담저법은 초겨울에 무를 씻어 항아리에 담고, 오이·가지·송이버섯·생강·쪽파·녹각채·천초·홍고추도 통으로 넣고, 여기에 끓여 식힌 소금물을 붓고 땅 속에 묻거나 서늘한 곳에서 익힌다.

① 동아담침채[冬苽淡沈菜 동과담침채]

동아담침채는 윤2월 13일 죽수라에 자궁께 올렸다. 재료와 분량에 대한 기록은 없다. 동아담침채는 《임원경제지》에 해즙동과방(醢汁冬苽方), 《산림경제》, 《증보산림경제》, 《농정회요》에 동과저(冬苽葅), 《규합총서》에서는 동과침채, 《조선무쌍신식요리제법》에는 동과저(東苽菹)로 기록되어 있다. 《산림경제》와 《농정회요》에는 동아를 얇게 편으로 썰어 생강, 파와 함께 나박김치의 형태로 담근 것으로 《농정회요》에서는 이러한 김치를 담저(淡菹)라 하였다. 《규합총서》에서는 소금과 동아를 켜켜이 항아리에 넣고 무거운 돌로 누른 후 소금물을 부은 동치미 형태의 김치였다. 《임원경제지》에는 동아의 속을 파내고 소금물을 붓고 생강, 후추, 참깨 등 양념을 넣고 동아 뚜껑을 씌워 양념이 동아 살 속에 스며들게 한 후 잘라 먹는 김치가 기록되어 있다.

이로 보아 동아담침채는 동아를 얇게 썰어 양념과 함께 국물을 부어 나박김치 형태로 담그는 방법과 항아리에 손질한 동아를 넣고 소금물을 부어 동치미 형태로 담그는 방법이 있는데 어떤 방법으로 담갔는지는 알 수 없다.

② 배추담침채[白菜淡沈菜 백채담침채]

배추담침채는 윤2월 9일 조수라에 자궁과 대전께 올렸다. 재료와 분량에 대한 기록은 없다. 《임원경제지》에 불한제방(不寒虀方), 제수방(虀水方)이라 하여 배추 국물김치가 기록되어 있다. 불한제방에는 아주 맑은 국숫물에 배춧잎을 썬 것과 생강, 천초, 회향, 시라를 섞어 넣고 빨리 익히는 국물김치가 있다. 제수방에는 배추를 살짝 데친 후 밀가루풀물을 묽게 쑤어 넣어 작은 항아리에 담아 5~7일 정도 숙성시켜 먹는데, 빻은 생강, 마늘, 부추 같은 조미료를 첨가하면 하루면 익는다고 하였다. 《증보산림경제》의 침저법(沈菹法)은 서리가 내린 뒤 배추를 거두어 나박김치를 담가 항아리에 넣고 뚜껑을 덮은 뒤 땅에 묻어 이듬해 봄에 꺼내어 먹는다고 하였다.

이로 보아 배추담침채는 배추에 각종 향신재료를 넣고 국물을 부어 담근 김치로 밀가루풀물을 넣었는지는 알 수 없다.

③ 산갓담침채[山芥淡沈菜 산개담침채]

산갓담침채는 윤2월 11일 조수라·석수라, 윤2월 12일 조수라, 윤2월 13일 죽수라, 윤2월 14일 죽수라·석수라에서 자궁께 올렸다. 재료와 분량에 대한 기록은 없다. 《음식디미방》, 《규합총서》에는 산갓침채로, 《산림경제》, 《증보산림경제》, 《농정회요》, 《도문대작》에는 산개저(山芥菹), 《고사신서》에는 산개침채(山芥沈菜). 《조선무쌍신식요리제법》에는 산채침채(山菜沈菜)로 기록되어 있다.

산갓김치는 《해동농서(海東農書)》(18세기 후반)·《고사신서》에는 산갓을 항아리에 넣고 끓는 물을 붓고 밀봉하여 따뜻한 곳에 두어 익히는 방법과 《음식디미방》·《산림경제》·《증보산림경제》·《농정회요》·《규합총서》에는 나박김치를 담근 후 산갓을 넣어 익혀 먹는 방법이 기록되어 있다. 산갓김치에는 산갓 외에도 무, 미나리, 순무를 넣었고, 양념으로 파, 마늘, 생강, 고초, 소금 또는 장, 겨자를 사용하였으며, 고명으로는 실고추를 사용하였다.

이로 보아 산갓담침채는 산갓에 무, 미나리, 순무 등과 양념을 넣어 담근 싱겁고 국물이 있는 김치로 보인다.

④ 미나리담침채[水芹淡沈菜 수근담침채]

미나리담침채는 윤2월 11일 죽수라, 윤2월 13일 석수라에 자궁께, 윤2월 10일 주수라에 자궁과 대전께 올렸다. 재료와 분량에 대한 기록이 없고 고문헌에서도 조리법을 찾을 수 없다. 미나리담침채는 음식의 명칭으로 미루어 미나리를 주재료로 하고 배추나 무와 함께 담근 싱겁고 국물이 있는 김치로 보인다.

⑤ 무담침채[菁根淡沈菜 청근담침채]

무담침채는 윤2월 9일 석수라, 윤2월 10일 조수라, 윤2월 15일 주수라·석수라, 윤2월 16일 조수라·주수라에 자궁과 대전께 올렸고, 윤2월 15일 조수라에서는 자궁께만 올렸다. 재료와 분량에 대한 기록은 없다.

《산가요록》에 나박(蘿薄)이라 하여 "청근(菁根)을 깨끗이 씻어서 껍질을 벗기면 다시 씻지 말아야 한다. 하나하나 잘게 편으로 자르는 대로 곧 항아리에 담고 바람들지 않게 하여 담가야 좋다."고 기록되어 있다. 《조선무쌍신식요리제법》에서는 나복담저(羅葍淡菹)라 하여 "무를 썰되 번듯번듯하게 썰기도 하고 얇게 썰기도 한다. 무를 소금에 절인 후에 실고추와 움파와 미나리를 길게 잘라 넣고 마늘을 채 쳐 조금 넣은 다음 무절인 물에 물을 많이 타서 간을 알맞게 맞춰 붓고 익힌다. 무순을 넣으면 좋고 먹을 때 잣을 띄운다."고 하였다. 《산림경제》, 《농정회요》에서는 만청저(蔓菁菹)라 하여 "순무를 얇게 썰어서 김치를 담그는데, 금방 먹어야 하고 겨울 반찬으로 만들어 쓸 수는 없다."고 기록되어 있다.

이로 보아 무담침채는 무나 순무를 얇게 썰어 담근 국물김치로 보인다.

⑥ 굴김치[石花雜菹 석화잡저]

굴김치는 윤2월 14일 조수라에 자궁께 올렸다. 재료와 분량에 대한 기록은 없다. 《고사신서》, 《고사십이집》, 《증보산림경제》, 《해동농서》에 석화침채(石花沈菜)로, 《시의전서》에 굴김치법, 《조선무쌍신식요리제법》에는 굴김치[石花菹]로 기록되어 있다. 석화침채(石花沈菜)는 굴, 순무, 파의 흰 줄기를 가늘게 썰어 소금으로 절인 후, 그 국물을 따로 끓여 항아리에 담아서 식으면 반드시 굴과 간물의 양이 서로 알맞게 하여 함께 넣고 섞어서 따뜻한 곳에 두었다가 먹는 김치이다. 《시의전서》의 굴김치법은 "초가을에 좋은 배추를 깨끗하게 씻어 반듯하게 잘라 소금에 살짝 절여 실고추, 미나리, 파, 생강, 마늘을 모두 채쳐서 넣어 굴젓을 가려 한데 버무리고, 심심하게 익힌다. 쑥갓, 향갓, 배추를 합하여 양념하여 익히면 좋다. 외도 혹 섞는다."고 하였다.

이로 보아 굴김치는 무, 배추에 굴과 여러 재료를 넣어 담근 국물김치로 보인다.

⑦ 젓국지[醢菹 해저]

젓국지는 윤2월 12일 석수라 때 자궁께 올렸다. 재료와 분량에 대한 기록은 없다. 젓국지는 《임원경제지》, 《조선요리제법》, 《조선무쌍신식요리제법》, 《조선음식 만드는 법》, 《우리나라 음식 만드는 법》, 《이조궁정요리통고》에 기록되어 있다. 《조선요리제법》에 젓국지는 국물을 젓국으로 하는 것이라 하였고, 담그는 법은 통김치 하는 법과 꼭 같이 하여서 독에 담고, 국물은 조기젓으로 붓는다. 젓국의 분량과 그 외의 분량은 섞박지와 똑같이 하면 된다고 하였다. 《조선요리제법》과 《조선무쌍신식요리제법》의 젓국지는 배추, 무, 오이를 한 치 길이로 썰어 소금에 절인 후, 항아리에 건져 담고 물을 조금 부운 후 조기젓국을 간 맞추어 붓고, 고추, 마늘, 파, 미나리, 갓을 채 쳐 넣은 후 청각을 조금 넣고 봉해 익히는 김치이다.

이로 보아 젓국지는 배추와 무를 썰어서 소금에 절여 씻어 건진 후에 여러 가지 젓국을 넣고 갖은 양념을 하여 담근 국물김치로 보인다.

⑧ 꿩김치[雉菹 치저]

꿩김치는 윤2월 10일 석수라 때 자궁께 올렸다. 재료와 분량에 대한 기록은 없다.《음식디미방》에 생치침채법,《주식방문》에 싱치김치법(生雉沈菜法),《규합총서》,《주식시의》에는 싱치김치로 기록되어 있다.《음식디미방》의 생치침채법은 "간이 든 오이지의 껍질을 벗겨 속을 제거해 버리고 가늘게 한 치 길이 정도로 도톰하게 썰어라. 물을 우려내 두고 꿩고기를 삶아 그 오이지처럼 썰어서 따듯한 물과 소금을 알맞게 넣어 나박김치처럼 담가 삭혀서 쓰라."고 하였다.

이로 보아 꿩김치는 썰어서 짠물을 우려낸 오이지에 삶은 꿩고기를 가늘게 찢어 섞고 간 맞춘 소금물을 부어 익힌 김치로 보인다.

21) 장(醬)

한국의 장은 콩으로 메주를 쑤어 띄워 담근 간장, 된장이 있고, 이외에 고추장, 막장, 청국장, 어육장 등이 있다. 장은 음식의 맛을 내는 기본양념이다. 반상차림에 놓인 반찬의 종류에 따라서 곁들인 장으로도 이용하였다. 국에는 청장을, 전·구이·만두에는 초장(醋醬)을, 포에는 고추장·감장을, 편육·회 등에는 겨자장을 올렸다.《원행을묘정리의궤》에서도 이와 같았다. 기본양념 외에도 약고추장, 강된장 등과 같이 독립된 찬품으로 반상에 올리기도 하였다.

《원행을묘정리의궤》의 장류(醬類)는 간장(艮醬), 청장(淸醬), 초장(醋醬), 겨자장(介子醬), 고추장(苦椒醬), 즙장(汁醬). 게장[蟹醬], 고추장전(苦椒醬煎), 수장(水醬), 수장증(水醬蒸), 전장(煎醬), 증감장(蒸甘醬), 증장(蒸醬) 등이다.

(1) 간장(艮醬)

간장은 윤2월 10일·11일 조수라, 윤2월 15일 주수라에 대전께, 윤2월 9일 조수라·석수라, 윤2월 10일 조수라·석수라, 윤2월 11일 죽수라·석수라, 윤2월 12일 조수라·석수라, 윤2월 13일 죽수라·조수라·석수라, 윤2월 14일 죽수라·조수라·석수라, 윤2월 15일 조수라·석수라, 윤2월 16일 조수라·주수라에 자궁과 대전께 올렸다. 재료와 분량에 대한 기록은 없다.

간장은 궁중에서 담그기도 하지만,《만기요람》재정편에 의하면 간장, 감장, 말장 등이 공물로 진상된 기록이 있다.《주찬》의 간장 담그는 법은 메주 1말당 소금 1말을 물 1동이에 녹여 체에 걸러서 담은 다음, 마른 소금을 그 위에 많이 덮고 양지 바른 곳에 둔다.《수운잡방》에서는 20말 크기의 항아리 바닥에 메주 1말을 먼저 넣고 항아리 중간 부분에 다리를 걸쳐놓고 발을 펼쳐서 그 위에 메주 7말을 더 얹어 놓는다. 물 8동이에 팔팔 끓는 물 1동이, 소금 8되씩을 함께 섞어 부어 넣고 익기를 기다린다. 발 위의 메주를 걷어 내고 간장은 물이 새지 않는 항아리에 옮겨 담아 사용한다고 하였다. 이로 보아 간장은 메주에 소금물을 붓고 40일 이상 발효시켜 메주를 건져내고 그 물을 장시간 숙성시킨 것을 말한다.

(2) 청장(淸醬)

청장(淸醬)은 윤2월 10일·15일 주수라에 자궁께 올렸다. 재료와 분량에 대한 기록은 없다. 《주찬》에 조청장법은 "대두콩 1말을 무르게 푹 삶고 밀가루 5되를 잘 볶아서 같이 섞어 찧은 후, 온돌방에 널어 누렇게 될 때까지 말려서 햇볕에 다시 여러 번 바싹 말린 다음, 소금 6되를 끓는 물에 녹여 섞어서 담그고 햇빛이 드는 곳에 두고 자주 휘저어 장을 익힌다."고 하였다.

《주식방문》에 청장법은 "메주가 1말이면 물 1동이에 소금을 5되씩 담아 그늘에 놓아둔다. 2~3개월이 지나면 맛이 들게 되는데 이 때 체에 밭여 잘 달여 두면 빛깔이 곱고 맛이 좋다. 9~10월에 메주를 만들어 두었다가 동짓달 초승에 담가 정이월에 달이면 좋다."고 하였다. 이로 보아 청장은 메주에 소금물을 부어 2~3개월 발효시킨 다음 메주는 건져내고 달인 장으로 보인다. 청장은 햇간장이므로 간장보다 싱겁고 빛깔이 맑고 연하다.

(3) 수장(水醬)

수장은 윤2월 9일 조수라·윤2월 15일 석수라에 대전, 윤2월 12일 주수라에 자궁과 대전께 올렸다. 재료와 분량에 대한 기록은 없다. 수장은 《수운잡방》《증보산림경제》에 담수장법(淡水醬法),

● 장의 종류

날짜	상차림	대상 \ 종류	간장 艮醬	게장 蟹醬	겨자장 芥子醬	고추장 苦椒醬	고추장전 苦椒醬煎	수장 水醬	수장증 水醬蒸	전장 煎醬	즙장 汁醬	증감장 蒸甘醬	증장 蒸醬	청장 淸醬	초장 醋醬
윤2월 9일	조다소반과	자궁													○
	조수라	자궁	○									○			○
		대전	○					○				○			
	주다소반과	자궁			○										○
		대전													○
	석수라	자궁	○			○									○
		대전	○				○								
	야다소반과	자궁			○										○
		대전													○

계속

날짜	상차림	대상 \ 종류	간장 良醬	게장 蟹醬	겨자장 芥子醬	고추장 苦椒醬	고추장전 苦椒醬煎	수장 水醬	수장증 水醬蒸	전장 煎醬	즙장 汁醬	증감장 蒸甘醬	증장 蒸醬	청장 淸醬	초장 醋醬
윤2월 10일	조수라	자궁	○						○						○
		대전	○						○						
	주다소반과	자궁													○
	주수라	자궁			○									○	
		대전	○		○						○				
	주다별반과	자궁			○										○
		대전													○
	석수라	자궁	○		○						○				○
		대전	○		○										○
	야다소반과	자궁													○
		대전													○
윤2월 11일	죽수라	자궁	○												○
		대전	○												○
	조수라	자궁	○		○										○
		대전	○		○										○
	주다소반과	자궁													○
		대전													○
	석수라	자궁	○												○
		대전	○												○
	야다소반과	자궁													○
		대전													○
윤2월 12일	조수라	자궁	○			○									○
		대전	○			○									○
	주다소반과	자궁													○
	주수라	자궁						○		○					○
		대전						○		○					○
	주다소반과	자궁													○
		대전													○
	석수라	자궁	○												○
		대전	○												○
	야다소반과	자궁													○
		대전													○
윤2월 13일	죽수라	자궁	○												○
		대전	○												○
	조다소반과	자궁													○
		대전													○

계속

날짜	상차림	종류 / 대상	간장 艮醬	게장 蟹醬	겨자장 芥子醬	고추장 苦椒醬	고추장전 苦椒醬煎	수장 水醬	수장증 水醬蒸	전장 煎醬	즙장 汁醬	증감장 蒸甘醬	증장 蒸醬	청장 淸醬	초장 醋醬
윤2월 13일	진찬	자궁			○										○
		대전			○										○
	소별미	자궁													○
		대전													○
	조수라	자궁	○			○									○
		대전	○			○									○
	만다소반과	자궁													○
		대전													○
	석수라	자궁	○								○				○
		대전	○												○
	야다소반과	자궁													○
		대전													○
윤2월 14일	죽수라	자궁	○												○
		대전	○												○
	조수라	자궁	○												○
		대전	○												○
	주다소반과	자궁													○
		대전													○
	석수라	자궁	○												○
		대전	○												○
	야다소반과	자궁													○
		대전													○
윤2월 15일	조수라	자궁	○		○										○
		대전	○		○										○
	주다소반과	자궁													○
	주수라	자궁			○								○	○	
		대전	○	○	○										
	주다소반과	자궁			○										○
		대전													○
	석수라	자궁	○			○									○
		대전	○				○								
	야다소반과	자궁			○										○
		대전													○
윤2월 16일	조수라	자궁	○	○											○
		대전	○	○											
	주다소반과	자궁													○
	주수라	자궁	○									○			○
		대전	○					○				○			

《뎡니의궤》(1797)에는 수장, 무장, 《조선무쌍신식요리제법》에는 담수장, 물장, 무장, 《우리음식》에 무장(水醬)으로 기록되었다. 《증보산림경제》에 담수장법(淡水醬法)은 가을과 겨울 사이에 메주를 동글동글한 덩어리 모양으로 만들었다가 초봄에 덩어리를 부수어 볕에 쬐어 말린다. 3~4되씩을 따뜻한 물에 넣고 싱겁게 소금을 섞어 작은 독 안에 담근 다음 따뜻한 방 안에 두거나 볕을 쬐면 6~7일쯤 지나 숙성이 된다고 하였다.

《조선무쌍신식요리제법》에 수장은 무장[淡水醬], 물장이라 하여 "콩으로 메주를 띄어서 바싹 마르거든 쪼개어 물에 담가 솔로 씻은 후에 채반에 건져 볕에 바싹 말려 다시 물에 한번 씻어 좋은 냉수에 담근다. 물 한 사발에 씨를 뺀 고추 두 개쯤 넣은 후에 꼭 봉하여 얼지 않는 곳에 놓아 두면 겨울에는 7일 봄에는 삼사일이면 익는다. 무장은 한꺼번에는 많이 담그지 말고 작은 항아리에 자주 담가 먹어야 한다."고 하였고, 또 무장은 겨울부터 이듬해 봄까지 담가 먹으며 살구꽃이 피기 전까지 먹는다고 하였다.

《조선요리법》, 《조선음식 만드는 법》의 무장은 "시월에 메주를 먼저 띄운다. 다 뜨면 잘게 조각을 내어 항아리에 담고 물을 부어두면 이삼일 후면 물이 우러나고 메주가 동동 뜬다. 그러거든 소금을 간맞게 쳐서 꼭 덮어두면 삼사일 후면 익는다. 다 익으면 동치미, 배, 편육 등을 나박썰기로 썰어 무장국물에 섞어 담고 고춧가루를 뿌려 먹는다."고 하였다.

이로 보아 수장은 가을에 메주를 띄워 두었다가 봄철 필요할 때 메주를 부수어 볕에 말려 연한 소금물을 부어 속성으로 담가 먹는 싱거운 장으로 보인다.

(4) 수장증(水醬蒸)

수장증은 윤2월 10일 조수라에 자궁과 대전께 올렸다. 재료와 분량에 대한 기록이 없고 고문헌에서도 조리법을 찾을 수 없다. 그런데 《조선무쌍신식요리제법》에서는 무장찌개라 하여 "뚝배기에 무장을 붓고 물을 조금 치고 고기, 두부, 북어, 파, 기름, 고춧가루를 넣고 푹 끓여 먹는다."고 하였다. 수장증은 무장에 물을 조금 붓고 다진 고기, 잘게 썬 채소·버섯 등을 넣고 중탕한 것인지 위의 무장찌개와 비슷한 방법으로 만든 것인지는 알 수 없다.

(5) 전장(煎醬)

전장은 윤2월 12일 주수라에 자궁과 대전께 올렸다. 재료와 분량에 대한 기록은 없다.

《산림경제》에 자장법(煮醬法), 《농정회요》·《박해통고》에 자장법(炙醬法)이라 하여 "장에서 자주 청장을 많이 뜨면 나머지 장맛이 싱거워진다. 이럴 때 장 찌꺼기를 체에 밭쳐 즙을 받는다. 그 즙에 생강, 파, 천초, 후추, 고추 등을 섞어 다시 장과 잘 섞고 꿀과 함께 달이는 데 참깨를 볶아 넣어도 좋다."는 기록이 있다. 전장은 장을 달인다는 뜻이므로 자장법과 같은 방법으로 볼 수 있다. 따라서 전장은 장에 생강, 파, 천초, 후추, 고추 등을 넣어 달인 장으로 보인다.

(6) 증장(蒸醬)

증장은 윤2월 15일 주수라에 자궁께 올렸다. 재료와 분량에 대한 기록이 없고 고문헌에서도 조리법을 찾을 수 없다. 증장은 명칭으로 보아 장을 중탕하거나 끓인 것으로 보이는데 된장인지 고추장인지는 알 수 없다. 수장증처럼 생강, 파, 천초 등을 넣고 끓인 것일 수도 있다.

(7) 증감장(蒸甘醬)

증감장은 윤2월 9일 조수라, 윤2월 16일 주수라에 자궁과 대전께 올렸다. 재료와 분량에 대한 기록이 없고 고문헌에서도 조리법을 찾을 수 없다. 증감장은 명칭으로 보아 감장을 중탕하거나 끓인 것으로 보인다. 감장은 3년 이상 오래 묵어서 맛은 달고 걸쭉한 간장이다. 그러므로 농도를 묽게 하기 위하여 묽은 장과 생강, 파, 천초 등을 넣고 중탕한 것인지 끓인 것인지 알 수 없다.

(8) 즙장(汁醬)

즙장은 윤2월 10일 주수라에 대전께, 윤2월 10일·윤2월 13일 석수라에 자궁께 올렸다. 재료와 분량에 대한 기록은 없다.

즙장은 《산림경제》, 《증보산림경제》, 《온주법(蘊酒法)》(1700년대), 《역주방문》, 《주찬》, 《시의전서》 등에 기록되어 있다.

《시의전서》의 즙장법은 '7월에 메주를 쑤되 콩 1말에 밀기울 5되를 넣는다. 콩을 삶은 다음 콩 삶은 물에 밀기울을 훌훌 섞어 덮는다. 메주를 만든 다음 솔잎에 재웠다가 말려 가루를 낸다. 찰밥을 지어 메주가루와 섞은 후 간장과 소금을 넣어 간을 한다. 어린 고추를 기름에 둘러 숨이 죽을 정도로 볶아서 장에 넣는다. 오이와 가지도 절이고 짠물을 우려낸 다음에 보자기에 싸서 눌렀다가 장에 켜켜로 넣는다. 장항아리에 날물이 들어가지 않게 하여 두엄에 묻는다. 두엄이 매우 더우면 6~7일 정도 두고 덥지 않으면 10일 정도 둔다. 두엄이 더워야 좋으므로 8월에 장을 담는 것이 좋다. 밥과 메주를 되게 해서 버무려도 익으면 묽어지므로 붉은 고춧가루를 조금 넣으면 좋다.'고 하였다.

이로 보아 즙장은 즙장 메주로 담근 장에 박·오이·고추·무청·동아·가지 등의 채소를 넣어 담근 장이다. 즙장은 장과 장 속에 넣은 채소를 함께 먹는 장이다.

(9) 고추장[苦椒醬 고초장]

고추장은 윤2월 9일·15일 석수라에 자궁께, 윤2월 12일·13일 조수라에 자궁과 대전께 올렸다. 재료와 분량에 대한 기록은 없다.

고추장은 《소문사설》에 순창고초장조법(昌苦艸醬造法)은 "콩메주 2말에 백설기떡 5되로 메주를 띄워 가루로 한 것, 좋은 고춧가루 6되, 엿기름 1되와 찹쌀 1되로 죽을 쑤어 식힌 것, 감장을 모두 항아리에 넣어 담는다."고 하였다. 《영조실록(英祖實錄)》(1781)에도 영조가 송이(松茸)·생복(生鰒)·아치(兒雉)·고초장(苦椒醬) 이 네 가지 맛이 있으면 밥을 잘 먹는다고 말한 기록이 있다. 《증보산림경제》에 만초장(蠻草醬), 《월여농가(月餘農歌)》[64](1861)에 번초장(蕃椒醬), 《규합총서》에는 고추장으로 기록되어 있다.

《규합총서》, 《주식시의》의 고추장 담그는 법은 "삶은 콩 1말, 흰무리떡 2되를 찧어서 주먹만 하게 빚어 메주를 띄워 가루로 한다. 메줏가루 1말이면 소금 4되를 좋은 물에 타 버무리는데, 질고 되기를 의이처럼 하고, 고춧가루를 5홉이나 7홉을 식성대로 섞는다. 찹쌀 2되를 밥 질게 지어 한데 고루 버무려 만든다."고 하였다.

이로 보아 고추장은 엿기름물에 찹쌀가루를 넣어 죽을 쑤어서 메주가루, 고춧가루, 소금을 넣어 담근 장이다.

(10) 고추장전[苦椒醬煎 고초장전]

고추장전은 윤2월 9일·15일 석수라에 대전께 올렸다. 재료와 분량에 대한 기록은 없다. 《조선요리법》의 고추장볶음은 "찹쌀고추장을 냄비에 넣고 기름, 설탕을 알맞게 섞어 볶다가 잣을 넣고 볶는다."고 하였다. 《조선음식 만드는 법》의 약고추장은 "고기 다져 양념 한 것과 고추장에 파, 생강 다진 것, 설탕을 넣고 볶는다. 식은 뒤 잣을 넣는다."고 하였다.

이로 보아 고추장전은 약고추장, 고추장볶음과 같이 고추장에 다진 고기, 참기름, 꿀, 잣을 넣어 볶은 것으로 보이나 확실하지는 않다.

(11) 겨자장[芥子醬 개자장]

겨자장은 윤2월 9일 주다소반·야다소반과, 윤2월 10일 주다별반과에 자궁께, 윤2월 10일 주수라·석수라, 윤2월 11일 조수라, 윤2월 13일 진찬에 대전께 올렸다. 재료와 분량에 대한 기록은 없다.

64) 월여농가(月餘農歌): 1861년 김형수가 정학유의 「농가월령가」를 한역하고 증보하여 편찬한 농업서

《조선무쌍신식요리제법》에서는 겨자가루를 그릇에 담고 냉수를 넣고 되게 개고 숟가락으로 저어가며 입김을 불어 넣거나 불기를 주어 매운 기운이 나도록 한다. 매운 기운이 나거든 초와 장을 맞게 쳐서 고운 헝겊으로 밭친 후에 꿀이나 참깨즙을 조금 치면 독한 것이 조금 덜해진다고 하였다.

이로 보아 겨자장은 겨자를 곱게 갈아서 그릇에 담고, 물에 개어 따뜻한 곳에 놓아두고 발효되면 식초, 진간장에 개어 쓰는 장으로 보인다.

(12) 초장(醋醬)

초장은 윤2월 9일 조다소반과·조수라·석수라, 윤2월 10일 조수라·주다소반과, 윤2월 12일 주다소반과, 윤2월 15일 석수라, 윤2월 16일 조수라·주다소반과, 윤2월 16일 주수라에 자궁께, 윤2월 15일 주다 소반과에 대전께 올렸다. 윤2월 9일 주다소반과·야다소반과, 윤2월 10일 주다별반과·석수라·야다소반과, 윤2월 11일 죽수라·조수라·주다소반과·석수라·야다소반과, 윤2월 12일 조수라·주수라·주다소반과·석수라·야다소반과, 윤2월 13일 죽수라·조다소반과·진찬·소별미·조수라·만다소반과·석수라·야다소반과, 윤2월 14일 죽수라·조수라·주다소반과·석수라·야다소반과, 윤2월 15일 조수라·야다소반과에 자궁과 대전께 올렸다. 초장은 장류 중에 유일하게 재료와 분량이 있으며, 거의 모든 상에 올렸다.

● 초장의 재료와 분량

간장	식초	잣가루
2홉	1홉	1작
5홉	2홉	1작
4홉	3홉	
7작	3작	

《시의전서》에 초장법은 식초에 진간장을 타고 잣가루를 넣어 쓴다고 하였다. 이로 보아 초장은 간장에 식초를 넣고 잣가루를 넣은 장인데, 간장과 식초의 비율이 다르고 잣가루도 넣기도 하고 넣지 않기도 하였다.

(13) 게장[蟹醬 해장]

게장은 윤2월 15일 주수라에 대전께, 윤2월 16일 조수라에 자궁과 대전께 올렸다. 재료와 분량에 대한 기록은 없다.

《산림경제》의 장해속법(醬蟹俗法)은 "감청장 1말에 소금 1되가량 넣고 쇠고기 큰 덩어리 하나와 함께 솥에 넣고 아주 짤 때까지 조린다. 색깔이 붉은 오디 즙처럼 되었을 때 퍼내 동이에 담는데 쇠고기는 쓰지 않는다. 서리 내린 뒤 살아 있는 대게 50마리를 깨끗하게 씻고 물기를 닦는다. 장이 담긴 동이에 집어넣는데 장은 식은 것이어야 한다. 2일이 지난 후 게를 건져내고 간장(醬水)을 다시 끓여서 동이에 붓는데 게는 반드시 배가 위를 향하도록 담는다. 씨를 제거한 통천초를 넣고 다시 좋은 꿀 몇 홉을 부은 다음 단단히 봉해 두었다가 5~6일이 지난 다음 먹는다. 이듬해 봄까지 두고 먹어도 상하지 않는다."고 하였다. 《원행을묘정리의궤》에서는 게장을 젓갈로도 올리고 장으로도 올렸다.

5부 혜경궁 홍씨의 회갑상

혜경궁 홍씨의 회갑상

사도세자의 회갑날은 1795년 1월 21일고, 혜경궁 홍씨 회갑은 1795년 음력 6월 18일이지만 정조가 혜경궁 홍씨를 모시고 사도세자의 능이 있는 수원으로 원행을 갔을 때인 음력 윤2월 13일에 화성행궁의 봉수당에서 미리 회갑연을 하였다. 그리고 회갑일 당일 창덕궁 연희당에서 또 회갑연을 하였다. 봉수당에서 치러진 회갑상에는 70기의 음식을 올렸고 연희당의 회갑상에는 82기의 음식을 올렸다. 봉수당과 연희당의 회갑상 진찬 내용은 다음 표와 같다.

● 봉수당과 연희당에서의 진찬 내용

내용 / 그릇 수	음 · 윤2월13일, 봉수당(화성) 음식70기	고임 높이
1	각색병(백미병, 점미병, 삭병, 밀설기, 석이병, 각색절병, 각색조악, 사증병, 각색단자병)	1척5촌
2	약반	

내용 / 그릇 수	음 · 6월18일 창덕궁(연희당) 음식82기	고임 높이
1	각색설기(백설기, 밀설기, 석이설기,신감초설기, 임자설기)	1척2촌
2	각색밀점설기(밀점설기, 잡과점설기,합병, 임자점설기)	1척2촌
3	임자절병	1척2촌
4	각색절병 및 증병(오색절병, 증병, 산병)	1척2촌
5 6 7	각색조악 및 화전(칠색조악, 오색화전, 석이포, 석이단자, 각색산삼, 잡과고, 당귀엽전, 국화엽전)	1척2촌 1척2촌 1척2촌
8	약반	

계속

그릇 수 \ 내용	음 · 윤2월13일, 봉수당(화성) 음식70기	고임 높이
3	대약과	1척5촌
4	만두과	1척5촌
5	다식과	1척5촌
6	흑임자다식	1척5촌
7	송화다식	1척5촌
8	율다식	1척5촌
9	산약다식	1척5촌
10	홍갈분다식	1척5촌
11	홍매화강정	1척5촌
12	백매화강정	1척5촌
13	황매화강정	1척5촌
14	홍연사과	1척5촌
15	백연사과	1척5촌
16	황연사과	1척5촌
17	홍감사과	1척5촌
18	백감사과	1척5촌
19	홍요화	1척5촌
20	백요화	1척5촌
21	황요화	1척5촌
22	각색팔보당	1척4촌
23	인삼당	1척3촌
24	오화당	1척2촌
25	밀조, 건포도	1척1촌
26	민강	1척
27	귤병	1척
28	조란	1척
29	율란	1척
30	강란	1척
31	각색정과 (생강, 모과, 연근, 산사, 두충, 동과, 생리, 길경, 유자, 감자)	7촌

그릇 수 \ 내용	음 · 6월18일 창덕궁(연희당) 음식82기	고임 높이
9	약과	1척5촌
10	만두과	1척2촌
11	다식과	1척2촌
12	홍차수	1척2촌
13	백차수	1척2촌
14	흑임자다식	9촌
15	송화다식	9촌
16	잡당다식	9촌
17	신감초다식	9촌
18	홍갈분다식	9촌
19	황율다식, 상실다식	9촌
20	오색강정	9촌
21	삼색매화강정	9촌
22	삼색요화	1척
23	사탕	7촌
24	오화당	6촌
25	팔보당	6촌
26	옥춘당, 인삼당, 어과자	6촌
27	잡당(밀조, 건포도, 문동당, 청매당, 빙당)	6촌
28	민강, 귤병	7촌
29	강병	9촌
30	각색정과(동과, 연근, 두충, 생강/길경, 천문동, 맥문동/유월도, 유행/복분자, 두충)	5촌
31		5촌
32		5촌
33		5촌

계속

그릇 수 \ 내용	음 · 윤2월13일, 봉수당(화성) 음식70기	고임 높이
32	용안, 여지	1척4촌
33	준시	1척
34	호도	1척
35	송백자	1척
36	산약	7촌
37	증대조	4말
38	황률	3말5되
39	생률	3말5되
40	대조	3말
41	유자	80개
42	석류	80개
43	생리	60개
44	수정과	
45	생이숙	
46	금중탕	
47	완자탕	
48	저포탕	
49	계탕	
50	홍합탕	
51	편육	1척
52	절육	1척5촌
53	어전유화	1척
54	생치전유화	1척
55	전치수	7마리
56	화양적	7촌
57	생치숙	4마리

그릇 수 \ 내용	음 · 6월18일 창덕궁(연희당) 음식82기	고임 높이
34	증황률	6촌
35	증대조	6촌
36	실호도	2말
37	복분자	2말
38	송백자	1말
39	오얏(이실)	400개
40	자도	400개
41	사과	200개
42	유월도	160개
43	생리	100개
44	참외(진과)	80개
45	임금	40개
46	수박(서과)	16개
47	청포도	40송이
48	수정과	
49	이숙	
50	오색수단	
51	맥수단	
52	수면	
53	잡탕	
54	칠계탕	
55	생치탕	
56	양포탕	
57	천엽탕	
58	족탕	
59	추복탕	
60	저육탕	
61	편육	9촌
62	각색절육	1척2촌
63	생선전	8촌
64	양전	8촌
65	간전	8촌
66	게전, 합전	8촌
67	화양적	6촌
68	생복숙	200개
69	전복,해삼, 홍합초	6촌

계속

그릇 수 \ 내용	음 · 윤2월13일, 봉수당(화성) 음식70기	고임 높이
58	수어증	
59	해삼증	
60	연저증	
61	어채	
62	어회	
63	숙합회	
64	숙란	
65	각색만두	
66	어만두	
67	면	
68	청	
69	초장	
70	개자	
0		
	상화 42개	
	소별미 1상 12기	

그릇 수 \ 내용	음 · 6월18일 창덕궁(연희당) 음식82기	고임 높이
70	구증	
71	부어증	
72	연계증	
73	갈비증	
74	어채	
75	인복회	
76	생복회	
77	각색만두	
78	수상화	
79	낭화	
80	백청	
81	초장	
82	개자	
0	소주 3선	
	상화 83개	
	주별미 1상 40기	
	소주 1선	
	상화 32개	

떡은 봉수당에서는 각색병 한 그릇에 9종류, 연희당에서는 7그릇에 21종류의 떡을 올렸다. 봉수당의 각색병은 백미병·점미병·삭병·밀설기·석이병·각색절병·각색조악·사증병·각색단자병을 한 그릇에 담았다. 연희당에서는 각색설기·각색밀점설기·임자절병 각 1그릇, 각색절병 및 증병 1그릇, 각색조악 및 화전 3그릇으로 총 7그릇을 올렸다. 각색설기 한 그릇에는 백설기·밀설기·석이설기·신감초설기·임자설기를 담았고, 각색밀점설기 한 그릇에는 밀점설기·잡과점설기·합병·임자점설기를 담았다. 임자절병 한 그릇은 임자절병 한 종류만 담았다. 각색절병 및 증병은 한 그릇에 오색절병·증병·산병을 담았다. 각색 조악 및 화전은 3그릇을 올렸다. 각색 조악 및 화전 3그릇은 칠색조악·오색화전을 한 그릇에 담았고, 석이포(石耳包)[65]·석이단자·각색산삼을 한 그릇에 담았으며, 잡과고·당귀엽전·국화엽전을 한 그릇에 담았다. 봉수당에서는 떡을 1척 5촌의

65) 석이포(石耳包): 연희당 잔치에서 석이포 및 석이단자의 재료를 보면 쌀 1알, 석이 1.5말, 잣 5되, 대추 3되, 황률 3되, 꿀 3되로 기록되어 있다. 석이포는 명칭으로 보아 석이에 소를 넣고 싼 음식으로 보인다. 《증보산림경제》, 《농정회요》 등에 석이병법은 커다란 석이버섯을 한 조각 한 조각 고기비늘처럼 편다. 꿀에다 찹쌀가루를 개어 찰떡을 만들고 풀어지지 않도록 한 뒤에 대추와 밤 따위를 꿀과 섞어 떡소를 넣어 떡을 빚는다. 석이버섯과 찰떡 두 조각을 서로 합쳐 떡 모양으로 만든 뒤에 참기름을 발라 대나무체에 안쳐서 쪄낸다. 꿀을 바르고 잣가루를 입혀 먹는다고 하였다. 이로 보아 석이포는 《증보산림경제》의 석이병처럼 만든 떡으로 보인다.

높이로 고였고, 연희당에서는 떡을 1척 2촌의 높이로 고였다. 약반은 봉수당과 연희당에서 모두 한 그릇을 올렸다.

유밀과는 봉수당에서는 3그릇, 연희당에서는 5그릇을 올렸다. 봉수당에서는 대약과·만두과·다식과를 한 그릇씩 1척 5촌 높이로 괴었다. 연희당에서는 홍차수와 백차수가 추가되어 약과·만두과·다식과·홍차수·백차수를 한 그릇씩 담았다. 약과는 1척 5촌의 높이로 괴었고 나머지는 1척 2촌의 높이로 괴었다.

다식은 봉수당에서는 5그릇으로 흑임자다식·송화다식·율다식·산약다식·홍갈분다식을 각 한 그릇씩 올렸다. 연희당에서는 6그릇에 7종류를 올렸는데 산약다식 대신 신감초다식, 잡당다식을 올려 흑임자다식·송화다식·잡당다식·신감초다식·홍갈분다식을 각 한 그릇씩 올렸고, 황율다식·상실다식을 한 그릇에 담아 올렸다. 봉수당에서는 다식을 1척 5촌의 높이로 고였고, 연희당에서는 다식을 9촌의 높이로 고였다.

유과는 봉수당에서는 11그릇, 연희당에서는 3그릇을 올렸다. 봉수당에서는 강정 3그릇, 연사과 3그릇, 감사과 2그릇, 요화 3그릇을 1척 5촌의 높이로 고였다. 강정으로는 홍매화강정·백매화강정·황매화강정을 올렸고, 연사과로는 홍연사과·백연사과·황연사과를 올렸다. 감사과로는 홍감사과·백감사과를 올렸고, 요화로는 홍요화·백요화·황요화를 올렸다. 연희당에서는 강정 2그릇, 요화 1그릇을 올렸는데 강정으로는 오색강정·삼색매화강정을 9촌 높이로 고였고, 요화로는 삼색요화를 1척 높이로 고였다.

당은 봉수당에서는 4그릇에 5종류를, 연희당에서는 5그릇에 11종류를 올렸다. 봉수당에서는 각색팔보당을 1척 4촌, 인삼당을 1척 3촌, 오화당을 1척 2촌의 높이로 고였다. 밀조와 건포도는 한 그릇에 담아 1척 1촌의 높이로 고였다. 연희당에서는 사탕을 7촌의 높이로 고였고, 팔보당과 오화당은 각각 6촌의 높이로 고였다. 잡당은 밀조·건포도·문동당·청매당·빙당을 함께 한 그릇에 담아 6촌의 높이로 고였고, 옥춘당·인삼당·어과자[66]는 한 그릇에 함께 담아 6촌의 높이로 고였다. 민강, 귤병은 봉수당에서는 각각 한 그릇에 담아 1척의 높이로 고였고, 연희당에서는 한 그릇에 담아 7촌의 높이로 고였다.

숙실과는 봉수당에서는 3그릇, 연희당에서는 한 그릇을 올렸다. 봉수당에서는 조란·율란·강란을 1척의 높이로 고였다. 연희당에서는 강병(薑餠)을 9촌의 높이로 고였다. 강병은 강란으로 보인다.

정과는 봉수당에서는 각색정과를 한 그릇에 10종류를 올렸고, 연희당에서는 4그릇에 11종류를 올렸다. 봉수당에서는 각색정과로 생강·모과·연근·산사·두충·동과·생리·길경·유자·감자(감귤)를 올렸다. 연희당에서는 동과·연근·두충·생강을 한 그릇에, 길경·천문동·맥문동을 한

---

66) 어과자(御菓子): 일어로 오까시(과자), 현재의 화과자를 말한다.

그릇에, 유월도(六月桃)[67] · 유행(柳杏)[68]을 한 그릇에, 복분자·두충을 한 그릇에 담아 올렸다. 봉수당에서는 정과를 7촌의 높이로 고였고, 연희당에서는 5촌의 높이로 고였다.

과일은 봉수당에서는 12그릇에 13종류, 연희당에서는 14그릇에 14종류를 올렸다. 봉수당에서는 용안·여지를 한 그릇에 담아 1척 4촌의 높이로 고였다. 준시·호도·송백자를 각각 한 그릇에 담아 1척의 높이로, 산약을 한 그릇에 담아 7촌의 높이로 고였다. 찐대추(蒸大棗)는 4말을 한 그릇에, 황률과 생률은 3말 5되씩을 각각 한 그릇에, 대추는 3말을 한 그릇에 담았다. 유자·석류는 80개씩을 각각 한 그릇에, 생리는 60개를 한 그릇에 담았다. 연희당에서는 증황률, 찐대추를 각각 6촌의 높이로 고였다. 실호도, 복분자는 각각 2말, 송백자는 1말을 담았다. 이실(李實)[69]과 자도 각 400개, 사과(楂果) 200개, 유월도 160개, 생리 100개, 진과(眞苽)[70] 80개, 임금 40개, 서과(西苽)[71] 16개, 청포도 40송이를 각각 한 그릇에 담았다.

음청류는 봉수당에서는 수정과 생이숙을 한 그릇씩 2종류를 올렸고, 연희당에서는 수정과, 이숙, 오색수단, 맥수단, 수면을 한 그릇씩 5종류를 올렸다.

탕은 봉수당에서는 금중탕·완자탕·저포탕·계탕·홍합탕 5종류를 한 그릇씩 올렸고, 연희당에서는 잡탕·칠계탕·생치탕·양포탕·천엽탕·족탕·추복탕·저육탕 8종류를 한 그릇씩 올렸다.

편육은 봉수당에서는 1척, 연희당에서는 9촌의 높이로 고였다. 봉수당에서는 절육을 1척 5촌, 연희당에서는 각색절육을 1척 2촌의 높이로 고였다. 절육으로 황대구·건대구·홍어·사어·광어·문어·전복·염포·추복·오적어·건치를 올렸고, 각색절육으로 전복·추복·염포·광어·홍어·수어·황대구·백대구·문어·약포·강요주·오적어·생치·실백자·다시마를 올렸다.

전유어는 봉수당에서는 어전유화와 생치전유화 2종류를 각 한 그릇씩 1척의 높이로 고였고, 연희당에서는 5종류를 4그릇에 담아 8촌의 높이로 고였다. 생선전·양전·간전 3종류를 각 한 그릇씩 담고, 게전과 합전은 한 그릇에 담아 올렸다.

적은 봉수당에서는 전치수와 화양적 2종류를 올렸는데 전치수는 한 그릇에 7마리를 고였고, 화양적은 7촌의 높이로 고였다. 연희당에서는 화양적 한 종류를 6촌의 높이로 고였다.

생치숙은 봉수당에서는 4마리를 한 그릇에 담아 올렸고, 연희당에서는 생치숙 대신 생복숙 200개를 한 그릇에 담아 올렸다. 초는 봉수당에서는 올리지 않았고, 연희당에서는 전복초·해삼초·홍합초를 한 그릇에 담아 6촌 높이로 고였다.

---

67) 유월도: 음력 유월에 익는 복숭아. 빛이 검붉고 털이 많으며 맛이 달다.
68) 유행: 살구의 한 가지.
69) 이실: 장미과 자두나무의 생약명(生藥名). 과실을 약용하며 각종 유기산, 탄닌 등이 함유되어 소화 불량, 강장, 빈혈 등에 효과가 있다.
70) 진과: 참외.
71) 서과: 수박.

찜은 봉수당에서는 수어증·해삼증·연저증 3종류를 각 한 그릇씩 올렸고, 연희당에서는 구증·부어증·연계증·갈비증 4종류를 각 한 그릇씩 올렸다.

회는 봉수당에서는 어채·어회·숙합회 3종류를 각 한 그릇씩 올렸고, 연희당에서는 어채·인복회[72]·생복회 3종류를 각 한 그릇씩 올렸다. 숙란은 봉수당에서만 한 그릇 올렸고 연희당에서는 올리지 않았다.

만두는 봉수당에서 각색만두, 어만두 2종류를 각 한 그릇씩 올렸고 연희당에서는 각색만두, 수상화(水霜花)[73] 2종류를 각 한 그릇씩 올렸다. 면은 봉수당에서는 한 그릇을 올렸고, 연희당에서는 면 대신 낭화(浪花)[74] 한 그릇을 올렸다.

꿀(백청), 초장, 개자는 봉수당과 연희당에서 모두 올렸다. 꿀은 떡, 초장·개자는 전유어, 편육 등을 먹기 위해 곁들인 것이다.

봉수당 진찬시 잔치상 반배도(70기)

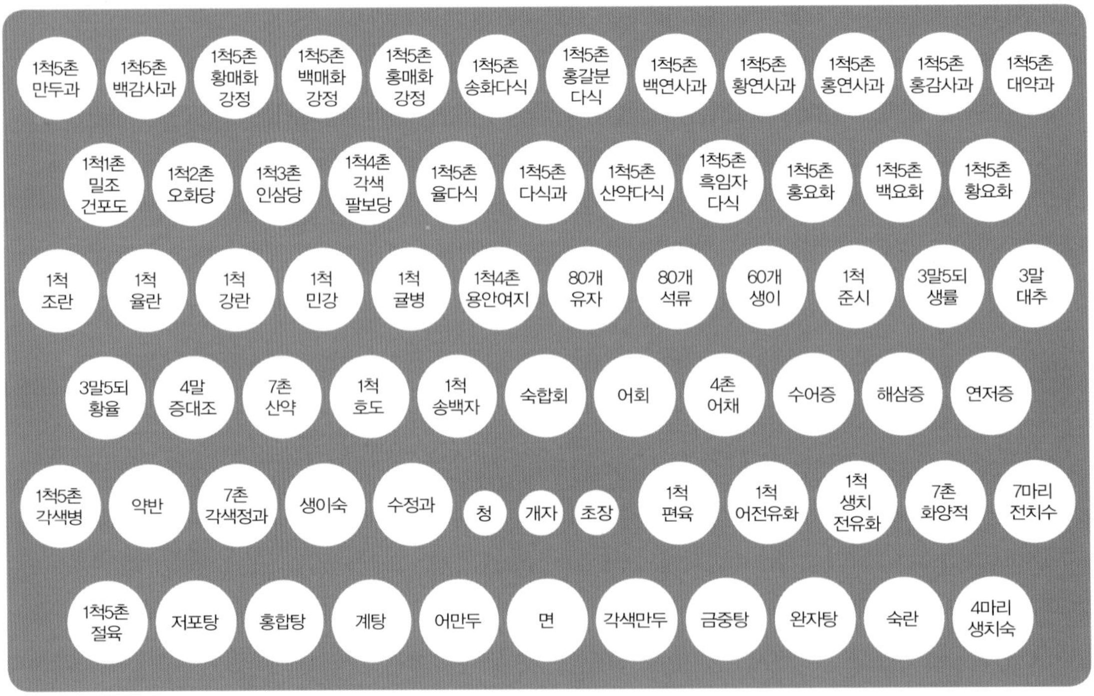

1척5촌 만두과 | 1척5촌 백감사과 | 1척5촌 황매화 강정 | 1척5촌 백매화 강정 | 1척5촌 홍매화 강정 | 1척5촌 송화다식 | 1척5촌 홍갈분 다식 | 1척5촌 백연사과 | 1척5촌 황연사과 | 1척5촌 홍연사과 | 1척5촌 홍감사과 | 1척5촌 대약과

1척1촌 밀조 건포도 | 1척2촌 오화당 | 1척3촌 인삼당 | 1척4촌 각색 팔보당 | 1척5촌 율다식 | 1척5촌 다식과 | 1척5촌 산약다식 | 1척5촌 흑임자 다식 | 1척5촌 홍요화 | 1척5촌 백요화 | 1척5촌 황요화

1척 조란 | 1척 율란 | 1척 강란 | 1척 민강 | 1척 귤병 | 1척4촌 용안여지 | 80개 유자 | 80개 석류 | 60개 생이 | 1척 준시 | 3말5되 생률 | 3말 대추

3말5되 황율 | 4말 증대조 | 7촌 산약 | 1척 호도 | 1척 송백자 | 숙합회 | 어회 | 4촌 어채 | 수어증 | 해삼증 | 연저증

1척5촌 각색병 | 약반 | 7촌 각색정과 | 생이숙 | 수정과 | 청 | 개자 | 초장 | 1척 편육 | 1척 어전유화 | 1척 생치 전유화 | 7촌 화양적 | 7마리 전치수

1척5촌 절육 | 저포탕 | 홍합탕 | 계탕 | 어만두 | 면 | 각색만두 | 금중탕 | 완자탕 | 숙란 | 4마리 생치숙

자기(磁器) 흑칠족반(黑漆足盤)

72) 인복회: 두들기고 잡아당겨서 늘린 전복.

73) 수상화: 수교위, 수교의, 미만두와 같은 것으로 보인다.

74) 낭화: 밀국수의 하나. 보통 국수보다 굵고 넓게 만들어 장국에 넣고 끓인다.

창경궁 연희당 진찬시 잔치상 반배도(82기)

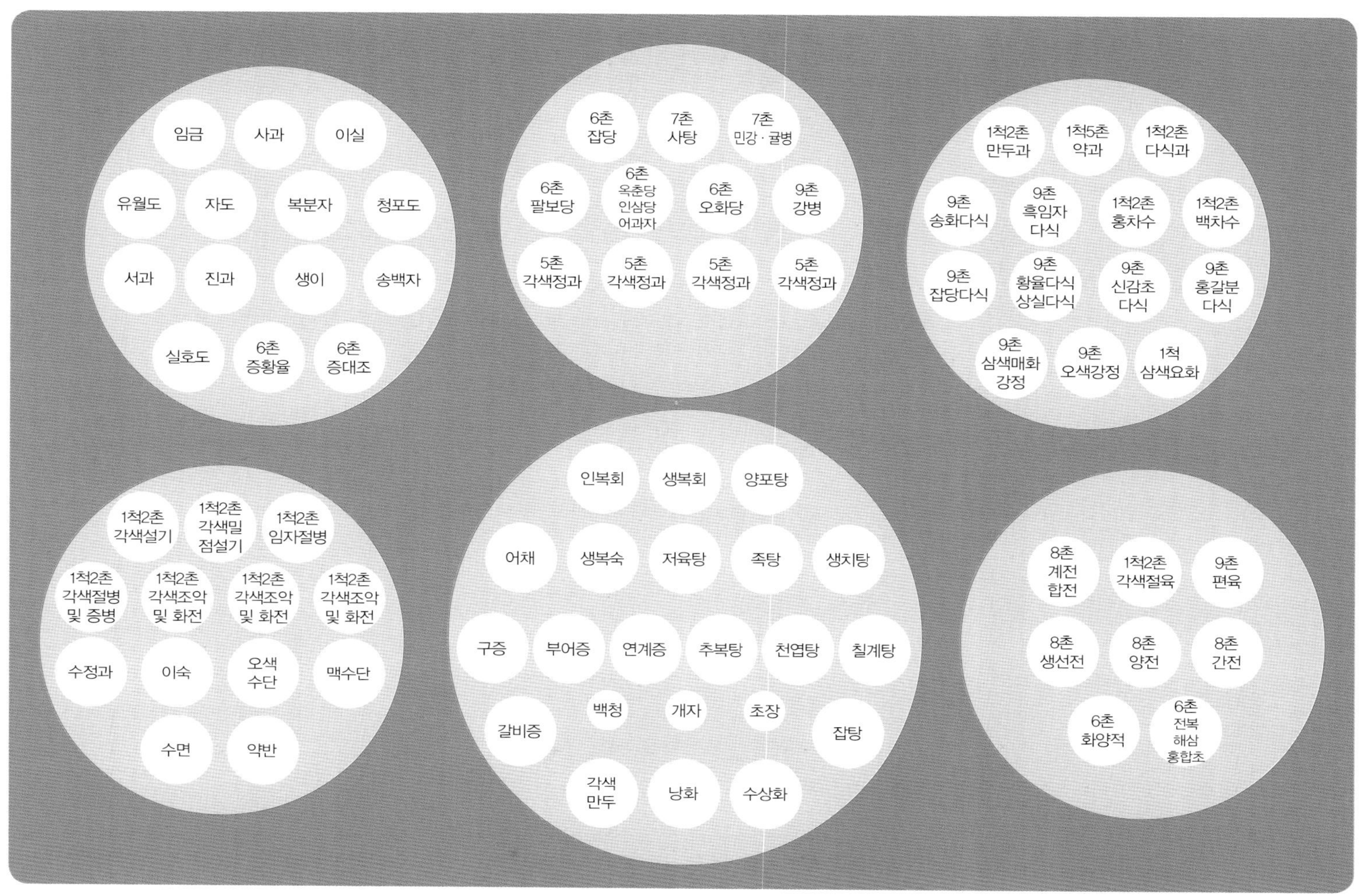

화당기(畵唐器)[1], 심홍변흑조각대원반(心紅邊黑雕刻大圓盤)[2] 1좌, 흑칠조각중협반(黑漆雕刻中挾盤) 5좌

1) 화당기: 중국산의 사기로 그림이 있는 그릇. 당사기(唐沙器), 당화기(唐畵器)라고도 한다. 이것을 본떠 우리나라에서 만든 것도 화당기라고 한다.
2) 심홍변흑조각대원반: 가운데는 붉고 테두리는 검은색의 조각이 된 크고 둥근 상

상화(床花)는 봉수당에서는 42개를, 연희당에서는 83개를 꽂았다. 소주는 연희당에서만 3선을 올렸다. 봉수당에서는 소별미상으로 12기의 찬품을 담아 올렸고, 연희당에서는 주별미상으로 40기의 찬품과 소주 1선을 올렸다. 연희당에서만 상화 32개를 꽂았다.

1. 떡류

● 다소반과에 올린 떡류

날짜	장소	상이름	자궁		대전		비고
윤2월 9일	노량참	조다소반과	각색병	5촌	×		상을 자궁께만 올림
	시흥참	주다소반과	각색병	5촌	각색병	5촌	
		야다소반과	각색병	5촌	각색병	5촌	
윤2월 10일	사근참	주다소반과	각색병	5촌	×		상을 자궁께만 올림
	화성참	주다별반과	각색병	1척	각색병	5촌	
		야다소반과	각색병	5촌	각색병	5촌	
윤2월 11일	화성참	주다소반과	각색송병		각색송병	5촌	
		야다소반과	각색병	5촌	각색병	5촌	
윤2월 12일	화성참	주다소반과	각색병	5촌	각색병	5촌	
	원소참	주다소반과	각색병	5촌	×		상을 자궁께만 올림
	화성참	야다소반과	각색인절미병	5촌	각색인절미병	5촌	
윤2월 13일	화성참	조다소반과	각색병	5촌	각색병	5촌	
		만다소반과	×		×		떡을 올리지 않음
		야다소반과	각색절병	5촌	각색절병	5촌	
윤2월 14일	화성참	주다소반과	각색병	5촌	각색병	5촌	
		야다소반과	각색인절미병	5촌	각색인절미병	5촌	
윤2월 15일	사근참	주다소반과	각색병	5촌	×		상을 자궁께만 올림
	시흥참	주다소반과	각색병	5촌	각색병	5촌	
		야다소반과	각색병	5촌	각색병	5촌	
윤2월 16일	노량참	주다소반과	각색병	5촌	×		상을 자궁께만 올림

소반과에 올린 떡의 종류는 각색병, 각색송병, 각색인절미병, 각색절병이었다. 떡은 진찬 당일의 만다소반과를 제외하고는 소반과(별반과 1회 포함)에 언제나 올렸다. 소반과에서는 각색병으로 재료와 분량만 기록되어 있어, 어떤 종류의 떡을 올렸는지는 알 수 없다. 자궁과 대전 모두 5촌의 높이로 고였는데, 별반과에서만 자궁께 1척, 대전께는 5촌의 높이로 고였다.

● 진찬상에 올린 떡류

날짜	장소	상이름	자궁		대전		내빈 15상	제신상상 30상	제신중상 100상	제신하상 150상
윤2월 13일	화성참	진찬	각색병 백미병 점미병 삭병 밀설기 석이병 각색절병 각색조악 각색사증병 각색단자	1척5촌	각색병 백미병 점미병 삭병 밀설기 석이병 각색절병 각색조악 각색사증병 각색단자	8촌	각색병 백미병 점미병 각색조악	각색병 백미병 점미병 각색조악	각색병 백미병 점미병 각색조악	각색병 백미병 점미병 각색조악
		소별미상	각색병 삭병 각색절병 건시조악병	5촌	각색병 삭병 각색절병 건시조악병	5촌				

진찬에서는 자궁과 대전께 올리는 떡의 종류는 같았고 고임의 높이만 자궁은 1척5촌, 대전은 8촌이었다. 각색병으로 백미병, 점미병, 삭병, 밀설기, 석이병, 각색절병, 각색조악, 각색사증병, 각색단자를 한 그릇에 담았다. 소별미상에도 자궁과 대전께 올리는 떡의 종류와 고임의 높이가 같았다. 각색병으로 삭병, 각색절병, 건시조악병을 한 그릇에 담았다.

내빈상, 제신 상상, 제신 중상, 제신 하상에서는 각색병으로 백미병, 점미병, 각색조악을 한 그릇에 담아 올렸다. 고임의 높이는 기록되어 있지 않다.

(1) 백미병(白米餠)

● 백미병의 재료와 분량

대상 \ 재료	멥쌀	찹쌀	검정콩	대추	깐밤
자궁	4말	1말	2말	7되	7되
대전	2말	5되	1말	4되	4되
내빈	3되	1되	1되	2홉	2홉
제신 상상	3되	1되	1되	2홉	2홉
제신 중상	2되	1되	9홉	2홉	2홉

백미병은 진찬에서 각색병의 하나로 기록되어 있다. 재료와 분량은 표와 같다. 《조선요리법》에서는 백설기에 밤, 대추를 넣었으며 《조선무쌍신식요리제법》에서는 "백설기(白雪糕)에 밤, 대추를

넣었으며 맨 멥쌀로만 만들면 부스러지기 쉽고 찹쌀을 조금 넣으면 좋다."고 하였다. 또한 '흔물이(흰무리)' 조리법에서 "찹쌀가루를 조금 넣어야 부스러지지 않는다. 검은 콩을 불려 물을 뺀 다음 넣기도 하며 굵은 대추의 씨를 빼고 통째 많이 넣어 찌면 좋다. 굵은 팥을 통째로 불려서 넣기도 한다."고 하였다. 이로 보아 백미병은 멥쌀가루에 찹쌀가루를 섞고 검정콩, 밤, 대추를 버무려 찐 설기떡으로 보인다.

(2) 점미병(粘米餠)

● 점미병의 재료와 분량

대상 \ 재료	찹쌀	녹두	대추	깐밤	곶감
자궁	3말	1말2되	4되	4되	4꼬치
대전	1말5되	6되	2되	2되	2꼬치
내빈	2되	8홉	4홉	4홉	
제신 상상	2되	8홉	4홉	4홉	
제신 중상	1되5홉	5홉	3홉	3홉	
제신 하상	1되	4홉	2홉	2홉	

점미병은 진찬에서 각색병의 하나로 기록되어 있다. 재료와 분량은 표와 같다. 자궁과 대전께 올리는 점미병에는 곶감을 더 넣었다. 《시의전서》와 《조선요리법》에서의 녹두찰편은 "찹쌀가루에 대추와 삶은 밤을 드문드문 박아 녹두고물을 얹어 찐다."고 하였다. 이로 보아 점미병은 찹쌀가루에 밤, 대추를 버무려 녹두고물을 얹어 찐 녹두찰편으로 보인다.

(3) 삭병(槊餠)

● 삭병의 재료와 분량

대상 \ 재료	찹쌀	검정콩	대추	깐밤	삶은밤	곶감	계핏가루	꿀
자궁	1말5되	6되	3되	3되		2꼬치	3냥	3되
대전	8되	3되	1되5홉	1되5홉			1냥5전	1되5홉
소별미(자궁)	4되	1되6홉	1되		1되		5전	6홉
소별미(대전)	4되	1되6홉	1되		1되		5전	6홉

삭병은 진찬에서 각색병의 하나로 기록되어 있다. 재료와 분량은 표와 같다. 자궁께 올리는 삭병

에는 곶감을 더 넣었다. 고문헌에서 삭병에 대한 기록을 찾을 수 없다. 삭병은 재료로 보아 찹쌀가루에 계핏가루를 섞고 검정콩, 밤, 대추를 넣고 찐 다음 눌러 썬 찰시루떡으로 보인다.

삭병과 같이 만드는 떡을 충청도에서는 쇠머리편육을 눌러서 썬 것과 같아서 쇠머리떡이라고 하고 경상도에서는 모두 박혀 있다고 모듬백이 또는 만경떡이라고 한다. 《조선요리법》의 쇠머리떡은 찹쌀가루에 쪼갠 밤, 씨를 발린 대추, 불린 콩을 섞어서 시루에 안쳐 찐다. 그릇에 꺼내놓고 거의 식어서 굳으면 납작납작하게 썰어 두고 구워 먹으면 좋다고 하였다.

(4) 밀설기(密雪只)

● 밀설기의 재료와 분량

재료 / 대상	멥쌀	찹쌀	대추	깐밤	꿀	곶감	잣
자궁	5되	3되	3되	2되	2되	2꼬치	5홉
대전	3되	1되5홉	1되5홉	1되	1되	1꼬치	2홉

밀설기는 진찬에서 각색병의 하나로 기록되어 있다. 재료와 분량은 표와 같다.

《조선무쌍신식요리제법》의 꿀설기는 "떡가루에 꿀이나 흑사탕을 많이 섞어서 시루에 안치고 밤, 석이 채친 것과 실백을 쪼개어 매 켜에 백지를 깔고 색 맞추어 안쳐서 찐다."고 하였다. 《시의전서》의 꿀편은 "맨 가루에 꿀을 진히 타서 가루에 버무려 도듬이로 쳐서 안치고 고명은 대추, 밤 채쳐 많이 뿌리고 잣을 흩어 쓰라."고 하였다. 이로 보아 밀설기는 멥쌀가루에 찹쌀가루를 섞고 꿀을 많이 섞어 체에 내려 대추채, 밤채, 곶감채와 비늘잣[길이로 반을 자른 잣]을 얹어 찐 시루떡으로 보인다.

(5) 석이병(石耳餠)

● 석이병의 재료와 분량

재료 / 대상	멥쌀	찹쌀	꿀	석이	대추	깐밤	곶감	잣
자궁	5되	2되	2되	1말	3되	3되	2꼬치	3홉
대전	3되	1되	1되	5되	1되5홉	1되5홉	1꼬치	1홉5작

석이병은 진찬에서 각색병의 하나로 기록되어 있다. 재료와 분량은 표와 같다. 《술 만드는 법》의 석이편은 "다듬은 석이가루에 꿀, 기름 많이 하여 두었다가 멥쌀가루에 섞어 꿀에 반죽하여 어

레미에 쳐 백설기 안치듯 하되 고명은 대추, 곶감, 밤을 채쳐 뿌려 쪄 더운 김에 꿀을 발라 잣가루를 뿌려 쓰라."고 하였다. 《윤씨음식법》에서는 "잘 다듬은 석이가루에 꿀과 기름을 치고 재워서 멥쌀가루에 꿀 달게 쳐 석이가루를 고루고루 섞어 안치고 고명은 잣가루, 밤채, 대추채를 많이 뿌려 찐다."고 하였다.

이로 보아 석이병은 멥쌀가루와 찹쌀가루를 섞은 것에 꿀을 넣어 재워 두었던 석이가루를 섞어서 안치고 고명으로 대추채, 밤채, 곶감채를 얹어 찐 후 잣가루를 뿌린 떡으로 보인다.

(6) 절병(切餠)

● 절병의 재료와 분량

재료 / 대상	멥쌀	연지	치자	쑥	감태	참기름
자궁	5되	1주발	1전	5홉	2냥	
대전	3되	½주발	7푼	3홉	1냥	
소별미 (자궁, 대전)	3되	½주발	1전	3홉	3전	3작

절병은 진찬에서 각색병의 하나로 기록되어 있다. 재료와 분량은 표와 같다. 《시의전서》의 쑥절편은 "쑥을 데쳐 건져서 잘 짜고 떡을 칠 때 넣어 달떡같이도 하고 걸쭉하게도 하여 떡살에 박아 기름을 바른다."고 하였다.

절병(切餠)은 절편(切片)을 이르는 말이며 《원행을묘정리의궤》에서는 멥쌀의 흰색, 연지의 붉은색, 치자의 노란색, 감태의 푸른색, 쑥의 녹색으로 5가지 색으로 만든 것으로 보인다.

또한, 소별미상의 절병 재료에는 참기름이 있는데, 떡에 발라서 굳거나 갈라지지 않도록 표면에 바른 것으로 보인다.

(7) 주악[助岳 조악]

주악은 진찬에서 각색병의 하나로 기록되어 있다. 재료와 분량은 표와 같다. 주악은 찹쌀가루를 반죽하여 송편 빚듯 소를 넣어 빚어서 끓는 기름에 지지면 부풀어 오르고 두 끝이 뾰족하기 때문에 조각병(糙角餠)이라 하고 제사나 손님 대접에 떡 위에 웃기떡으로 쓴다.

《원행을묘정리의궤》의 주악은 찹쌀가루를 육등분하여 각각 송기(송고), 치자, 쑥, 감태, 석이, 연지를 넣어 색을 내어 반죽한다. 소는 콩, 밤, 대추, 곶감, 깨를 꿀에 반죽하고 계핏가루를 넣는다. 반죽에 소를 넣고 송편 모양으로 빚어 참기름에 지져내어 계핏가루나 잣가루를 뿌린 것으로 보

● 주악의 재료와 분량

상차림	대상 ＼ 재료	찹쌀	멥쌀	송고	치자	쑥	감태	석이	연지	검정콩	삶은밤	깐밤	실깨	대추	곶감	잣	꿀	계핏가루	참기름	비고
진찬	자궁	5되		10편	3전	5홉	2냥			2되	2되		2되			2홉	1되 5홉		5되	
	대전	3되		5편	2전	3홉	1냥			1되	1되		1되			1홉	8홉		3되	
소별미	자궁	3되								2되					4꼬치		5홉	3전	1되 5홉	건시 조악
	대전	3되								2되					4꼬치		5홉	3전	1되	〃
진찬	내빈·제신 상상	1되	1되	1편	1개		7푼	3홉 9작	1편	2홉 8작		2홉	7작	2홉	2개	2작	1홉 1작		2홉	
	제신 중상	9홉	9홉	1편	1개		6푼	3홉	1편	2홉 4작		1홉 8작	6작	1홉 8작	1개	2작	9작		1홉 8작	
	제신 하상	5홉	5홉		5푼	2작	5푼		1편	2홉		1홉 5작		1홉 5작	1개		5작		1홉 5작	

인다.

내빈과 제신들에게 올린 주악에는 찹쌀가루와 멥쌀가루를 같은 양으로 섞어서 만들었는데, 이는 지나치게 차져서 늘어짐을 방지하기 위해 넣었을 것으로 생각된다. 《소문사설》에는 "조악전"이 "조악병"이며 흰 멥쌀가루로 만든다고 하였다.

(8) 사증병(沙蒸餠)

● 사증병의 재료와 분량

대상 ＼ 재료	찹쌀	참기름	승검초(가루)	잣	꿀
자궁	5되	5되	5홉	2홉	1되5홉
대전	3되	3되	3홉	1홉	8홉

사증병은 진찬에서 각색병의 하나로 기록되어 있다. 재료와 분량은 표와 같다. 사증병은 《원행을묘정리의궤》에서만 보인다. 《언문후생록(諺文厚生錄)》(19세기 말~20세기 초), 《명물기략》(1870년경)에서 사증병은 산승을 말하는 것으로 확인할 수 있으며, 연희당에서의 혜경궁 홍씨 회갑연, 1809년(순조 9년) 진찬의궤, 1827년(순조 27년)·1828년(순조 28년) 진작의궤에는 산삼(山蔘)으로

기록되어 있기도 하다. 《시의전서》에서는 "잔치산승은 잘게 한다. 주악 반죽같이 하여 화전같이 얇게 하고 오봉지게 하고 족집게로 줄기를 잡고 옆으로도 집어 주악처럼 지져 즙청하여 잣가루, 계핏가루를 묻힌다. 산승은 주악같이 각색으로 한다."고 하였다.

《원행을묘정리의궤》의 사증병은 찹쌀가루만으로 흰색, 찹쌀가루에 승검초가루를 섞어 색을 내어 빚어 참기름에 지져 즙청하고 잣가루를 뿌린 것으로 보인다. 각색은 3가지 이상일 때 붙이는데, 2가지를 하면서도 각색이라 한 것이 독특하다.

(9) 단자병(團子餠)

● 단자병의 재료와 분량

대상 \ 재료	찹쌀	석이	대추	삶은밤	쑥	잣	꿀	계핏가루	생강가루
자궁	5되	3되	3되	3되	5홉	5홉	1되5홉	3전	2전
대전	3되	1되	1되5홉	1되5홉	3홉	3홉	8홉	2전	1전

단자병은 진찬에서 각색병의 하나로 기록되어 있다. 재료와 분량은 표와 같다. 단자는 찹쌀가루에 석이 다진 것, 대추 다진 것 등을 섞어서 익반죽하여 삶거나 쪄서 치댄 후 팥이나 밤, 깨에 꿀을 섞어 소로 넣고 빚어 고물을 묻힌 떡이다. 고물로 잣가루, 팥가루, 밤채, 대추채, 석이채 등을 묻히며 찹쌀에 섞는 재료에 따라 석이 다진 것을 넣으면 석이단자, 대추 다진 것을 넣으면 대추단자라 한다. 주로 웃기떡으로 쓰인다.

《원행을묘정리의궤》에서는 석이단자, 대추단자, 청애단자(쑥단자)를 만들었으며, 소로는 삶은 밤에 계핏가루, 생강가루를 넣었고, 고물로 잣가루, 대추채 등이 쓰인 것으로 보인다.

(10) 송병(松餠)

● 송병의 재료와 분량

대상 \ 재료	찹쌀	멥쌀	검은콩	대추	깐밤	꿀	실깨	계핏가루	미나리	숙저육	묵은닭	표고	석이
자궁	1말	8되	7되	2되	2되	2되	3되	1냥	1단	8냥	2각	2홉	2홉
대전	1말	8되	7되	2되	2되	2되	3되	1냥	1단	8냥	2각	2홉	2홉

송병은 윤2월 11일 주다소반과에 자궁과 대전께 올렸다. 재료와 분량은 표와 같다. 송병은 송편이다. 송편은 쌀가루를 끓는 물로 반죽하여 소를 넣고 반달이나 모시조개 모양으로 빚어 솔잎

을 깔고 찌는 떡이다. 《원행을묘정리의궤》에서는 멥쌀가루보다 찹쌀가루를 더 많이 썼으며 소로 검정콩, 대추, 밤, 실깨 등에 계핏가루나 꿀을 넣어 빚은 것과 미나리, 숙저육, 묵은닭, 표고, 석이 등을 넣어 소를 달리하여 빚은 것이 있었다.

《시의전서》의 어름소편은 "흰떡을 쳐서 개피떡 밀듯 얇게 밀어, 숙주·미나리·오이 등의 채소를 갖춰 양념하여 만든 소를 넣어 개피떡처럼 빚어 쪄 낸 후 다시 또 쪄서 기름을 발라 초장을 곁들인다."고 하였다. 《조선무쌍신식요리제법》에서 재증병은 "송편을 빚을 때 흰떡 친 것으로 송편을 빚은 다음 다시 쪄서 냉수에 씻어 먹으면 송편이 쫄깃하고 단단하여 좋다."고 하였다.

이로 보아 송병은 지금의 송편과 달리 어름소편이나 재증병과 같이 만들었던 것으로 보인다.

(11) 인절미병(引切味餠)

● 인절미병의 재료와 분량

날짜	상차림	재료 / 대상	찹쌀	대추	석이	곶감	팥	실깨	잣	꿀
윤2월 12일	야다소반과	자궁	2말	5되	5되	2꼬치	5되	3되	2되	1되
		대전	2말	5되	5되	2꼬치	5되	3되	2되	1되
윤2월 14일	야다소반과	자궁	2말	5되	5되	2꼬치	5되	3되	2되	1되
		대전	2말	5되	5되	2꼬치	5되	3되	2되	1되

인절미병은 윤2월 12일·14일 야다소반과에 자궁과 대전께 올렸다. 재료와 분량은 표와 같다. 인절미병은 찹쌀을 고두밥으로 찌거나 찹쌀가루를 쪄서 안반이나 절구에 넣고 매우 쳐서 널찍하고 길쭉하게 만들어 고물을 묻힌 떡이다.

《원행을묘정리의궤》에서는 흰인절미, 대추인절미, 석이인절미, 곶감인절미를 만들어 색을 달리하였으며 꿀을 바르고 볶은팥고물, 실깨, 잣가루 등으로 고물을 한 것으로 보인다.

2. 약반(藥飯)

약반은 약식, 약밥이라고도 한다. 찹쌀을 불려 쪄서 고두밥을 짓고 참기름·꿀·진간장을 섞고, 씨 발린 대추, 깐 밤을 잘게 썰어 섞어 장시간 중탕하여 찐 음식이다. 실백을 얹는다.

● 진찬과 반과상에 올린 약반

날짜	장소	상이름	자궁		대전		비고
			음식	높이	음식	높이	
윤2월 9일	노량참	조다소반과	약반	×	×		상을 자궁께만 올림
	시흥참	주다소반과	약반	×	약반	×	
		야다소반과	×		×		
윤2월 10일	사근참	주다소반과	약반	×	×		상을 자궁께만 올림
	화성참	주다별반과	약반	×	약반	×	
		야다소반과	×		×		
윤2월 11일	화성참	주다소반과	약반	×	약반	×	
		야다소반과	×		×		
윤2월 12일	화성참	주다소반과	약반	×	약반	×	
	원소참	주다소반과	약반	×	×		상을 자궁께만 올림
	화성참	야다소반과	×		×		
윤2월 13일	화성참	조다소반과	×		×		
		진찬	약반		약반		
		만다소반과	×		×		
		야다소반과	×		×		
윤2월 14일	화성참	주다소반과	약반	×	약반	×	
		야다소반과	×		×		
윤2월 15일	사근참	주다소반과	약반	×	×		상을 자궁께만 올림
	시흥참	주다소반과	약반	×	약반	×	
		야다소반과	×		×		
윤2월 16일	노량참	주다소반과	약반	×	×		상을 자궁께만 올림

● 약반의 재료와 분량

대상 \ 재료	찹쌀	대추	깐밤	참기름	꿀	잣	간장
진찬(자궁)	5되	7되	7되	7홉	1되5홉	2홉	1홉
진찬(대전)	4되	6되	6되	6홉	1되2홉	2홉	1홉
반과상(자궁, 대전)	3되	3되	3되	5홉	1되5홉	1홉	1홉

약반은 소반과(별반과 1회 포함)로 자궁께 11회 올렸으며 대전께는 6회 올렸다(5회는 상을 올리지 않음). 반과상마다 재료와 분량이 같다. 진찬에서는 자궁과 대전께 올렸으며, 재료는 소반과와 같고 분량만 달랐다.

3. 유밀과류

유밀과는 밀가루에 꿀과 참기름을 넣고 반죽한 것을 약과판에 박거나 모나게 썰거나 모양을 만들어서 기름에 지져낸 후 즙청한 것이며, 크기와 모양에 따라 이름이 다르게 불린다.

유밀과류에는 약과, 만두과, 다식과, 박계, 한과(漢果), 매작과, 차수과 등이 있다.

《원행을묘정리의궤》에서는 자궁과 대전께 올리는 약과는 "대약과"로, 내빈 제신에게는 "소약과"로 기록되어 있다. 대약과와 소약과는 모나게 만든 방약과(方藥果)의 크기에 따라 구분한 것으로

《일성록(日省錄)》(1760~1910)의 약과의 크기는 다음 표와 같다.

● 《일성록》의 약과 크기

종류	길이[方]	두께(厚)	단위(㎝)
대약과	1寸7分	5分	5.151×1.515
중약과	1寸3分	4分	3.939×1.212
소약과	8分	3分	2.424×0.909

※ 1寸(치) 3.03㎝, 1分(푼) 0.303㎝

※ 일성록은 영조 36년(1760) 1월부터 융희 4년(1910) 8월까지 조정 안의 여러 관원에 관련된 매일의 기록이다. 약과의 크기는 정조 20년(1796) 윤2월 11일 정리소에서 올린 절목에 약과를 만드는 식례에 기록되어 있다.

● 소반과에 올린 유밀과류

날짜	장소	상이름	자궁		대전		비고
			음식	높이	음식	높이	
윤2월 9일	노량참	조다소반과	다식과	5촌	×		상을 자궁께만 올림
	시흥참	주다소반과	다식과	5촌	다식과	3촌	대전께 올린 재료 내용을 보면 만두과임
		야다소반과	만두과	5촌	만두과	3촌	재료 내용을 보면 다식과임
윤2월 10일	사근참	주다소반과	다식과	5촌	×		상을 자궁께만 올림
	화성참	주다별반과	소약과, 만두과	1척	소약과, 만두과	3촌	
		야다소반과	다식과	5촌	다식과	3촌	
윤2월 11일	화성참	주다소반과	×		×		
		야다소반과	소약과	5촌	소약과	3촌	

계속

날짜	장소	상이름	자궁		대전		비고
			음식	높이	음식	높이	
윤2월 12일	화성참	주다소반과	다식과, 만두과	5촌	다식과, 만두과	3촌	
	원소참	주다소반과	다식과	5촌	×		상을 자궁께만 올림
	화성참	야다소반과	다식과	5촌	×		
윤2월 13일	화성참	조다소반과	×		×		
		만다소반과	소약과	5촌	×		
		야다소반과	소약과	5촌	소약과	3촌	
윤2월 14일	화성참	주다소반과	다식과	5촌	다식과	3촌	
		야다소반과	다식과, 만두과	5촌	다식과, 만두과	3촌	
윤2월 15일	사근참	주다소반과	다식과	5촌	×		상을 자궁께만 올림
	시흥참	주다소반과	다식과	5촌	다식과	3촌	재료 내용은 만두과임
		야다소반과	만두과	5촌	다식과	3촌	재료 내용은 다식과임
윤2월 16일	노량참	주다소반과	다식과	5촌	×		상을 자궁께만 올림

● 진찬상에 올린 유밀과류

날짜	장소	상이름	자궁		대전		내빈 15상	제신상상 30상	제신중상 100상
			음식	높이	음식	높이			
윤2월 13일	화성참	진찬	대약과	1척5촌	대약과	8촌	소약과	소약과	소약과
			다식과	1척5촌					
		소별미상	다식과, 만두과	5촌	다식과, 만두과	5촌			

유밀과는 소반과(별반과 1회 포함)에서는 자궁께 소약과 3회, 다식과 10회, 만두과 2회, 다식과와 만두과를 한 그릇에 담은 것은 2회, 소약과와 만두과를 한 그릇에 담은 것은 1회 올렸다. 대전께는 소약과 4회, 다식과 5회, 다식과와 만두과를 한 그릇에 담은 것은 2회, 소약과와 만두과를 한 그릇에 담은 것은 1회 올렸다.

대약과는 진찬에서 자궁과 대전께 올렸고, 만두과와 다식과는 자궁께만 올렸다. 소별미상에는 다식과와 만두과를 한 그릇에 담아 자궁과 대전께 올렸다. 내빈에게 올리는 상, 제신 상상, 제신 중상에는 소약과를 올렸다.

(1) 대약과(大藥果)

● 대약과의 재료와 분량

자료 / 대상	밀가루	꿀	참기름	잣	계핏 가루	후춧 가루	생강가루	실깨	사탕
자궁	4말5되	1말8되	1말8되	1되5홉	2작	2작	×	×	×
대전	2말3되	5되2홉	5되2홉	8홉	1전5푼	1전5푼	6푼	1홉	1원

대약과는 진찬에서 자궁과 대전께 올렸고, 재료와 분량은 표와 같다.

대약과의 재료는 밀가루에 꿀, 참기름, 계핏가루, 후춧가루를 넣어 반죽하여 밀어 펴고 네모지게 썰어 참기름에 지져 내어, 꿀에 집청하여 비늘잣을 붙이거나 잣가루를 뿌린 것으로 보인다. 사탕은 중탕해서 녹여 꿀과 함께 즙청의 재료로 사용한 것으로 보인다.

대전께 올린 대약과는 반죽에 생강가루와 실깨를 더하여 만들었으며, 집청에 사탕을 더한 것으로 보인다.

《지봉유설(芝峰類說)》(1614)에서는 "밀과(蜜果)를 약과(藥果)라고 하는 것은 밀(꿀)은 사시(四時)의 최고[精氣]이고 꿀은 백가지 약 중에 제일 어른이요, 기름은 능히 벌레를 죽이는 때문이다. 중국에서는 잔치 때에도 밀과를 쓰지 않는다. 그러나 우리나라 사람들은 보통 제사나 잔치에도 모두 이것을 쓰고 있으니, 습관과 풍속의 사치스러움을 볼 수가 있다."고 설명하였다. 《임원경제지》에서는 "반죽에 잣가루, 후춧가루, 계핏가루를 넣으면 더욱 좋다고 했으며 참깨를 더하기도 하고 참깨를 넣는 것은 수원의 약과 지지는 법이다."라고 했다.

(2) 다식과(茶食菓)

● 다식과의 재료와 분량

재료 / 대상	밀가루	참기름	꿀	생강가루	계핏 가루	잣	실깨	후추 가루	사탕
자궁	3말	1말2되	1말2되	1전	3전	5홉	7홉	2전	2원

다식과는 윤2월 9일·14일 주다소반과, 윤2월 10일 야다소반과, 윤2월 15일 주다소반과·야다소반과에 윤2월 9일 조다소반과에 자궁과 대전께, 윤2월 10일·5일·16일 주다소반과, 윤2월 12일 주다소반과·야다소반과, 윤2월 13일 진찬에 자궁께, 윤2월 15일 야다소반과에 대전께 올렸다. 윤2월 12일 주다소반과, 윤2월 14일 야다소반과에는 만두과와 함께 한 그릇으로 자궁과 대전께 올렸다.

다식과는 유밀과의 일종으로 약과 반죽을 약과판에 박아내어 기름에 지져 꿀에 집청하고 비늘잣을 붙이거나 잣가루를 뿌린 것이다. 집청하는 꿀에 계핏가루를 넣기도 한다. 《원행을묘정리의궤》에서 자궁께 올린 다식과는 재료와 분량으로 보아 밀가루에 참기름, 꿀, 생강가루, 후춧가루를 넣어 반죽하여 다식판에 둥글게 박아내어 참기름에 지진 후, 사탕 녹인 것과 꿀, 계핏가루를 섞어 집청하고 잣가루를 뿌리거나 비늘잣을 붙여 모양을 낸 것으로 보인다. 실깨는 반죽에 섞을 수도 있고 튀겨 낸 약과에 뿌렸을 수도 있다.

(3) 만두과(饅頭菓)

● 만두과의 재료와 분량

대상 \ 재료	밀가루	꿀	참기름	대추	황률가루	곶감	잣	계피가루	후추가루	생강가루	사탕
자궁	3말 5되	1말 2되	1말 2되	8되	8되	5꼬치	3되	1냥	5전	2전	3원

만두과는 유밀과의 일종으로 반죽을 만두 빚듯 파서 소를 넣어 반으로 접어 살잡아 기름에 지져, 즙청하여 잣가루, 계핏가루를 뿌린다. 소는 대추를 곱게 다져서 꿀, 계핏가루를 넣어 작은 대추만큼 쥐어 사용한다. 《증보산림경제》에는 만두과 소로 대추와 곶감을 사용하였고, 《윤씨음식법》에서는 만두과 반죽은 조금 질게 하여야 빚기 쉽고 대추, 황률가루, 곶감을 다져서 꿀을 조금 넣어 반죽하여 계핏가루, 후춧가루를 넣어 소로 한다고 하였다.

《원행을묘정리의궤》의 만두과는 재료와 분량으로 보아 밀가루에 꿀, 참기름, 후춧가루, 생강가루를 섞어 반죽하고, 소는 대추 다진 것, 황률가루, 곶감 다진 것에 계핏가루와 꿀을 넣어 반죽하여 작게 만들어 반죽에 넣어 만두 모양으로 빚어 살을 잡아 참기름에 튀겨 사탕 녹인 것과 꿀, 계핏가루를 섞어 집청하고 잣가루를 뿌린 것으로 보인다.

4. 다식류

다식은 곡물가루, 한약재 가루, 종실, 견과류, 꽃가루 등을 가루 그대로 혹은 볶아서 가루로 하여 꿀을 넣어 반죽하여 다식판에 박아낸 것이다.

● 소반과에 올린 다식류

날짜	장소	상이름	자궁		비고
			음식	높이	
윤2월 초9일	노량참	조다소반과	각색다식(황률,흑임자, 송화, 갈분)	4촌	자궁께만 상을 올림
	시흥참	주다소반과	각색다식(황률,흑임자, 송화, 갈분)	4촌	
10일	사근참	주다소반과	각색다식(황률,흑임자, 송화, 갈분)	4촌	자궁께만 상을 올림
	화성참	주다별반과	각색다식(황률,흑임자, 송화, 갈분)	7촌	
		야다소반과	각색다식(황률,흑임자, 송화, 갈분)	4촌	
11일	화성참	주다소반과	각색다식(황률,흑임자, 송화, 갈분)	4촌	
		야다소반과	각색다식(황률,흑임자, 송화, 갈분)	4촌	
12일	화성참	주다소반과	각색다식(황률,흑임자, 송화, 갈분)	4촌	
	원소참	주다소반과	각색다식(황률,흑임자, 송화, 갈분)	4촌	자궁께만 상을 올림
13일	화성참	조다소반과	각색다식(황률,흑임자, 송화, 갈분)	4촌	
		야다소반과	각색다식(황률,흑임자, 송화, 갈분)	4촌	
14일	화성참	주다소반과	각색다식(황률,흑임자, 송화, 갈분)	4촌	
		야다소반과	각색다식(황률,흑임자, 송화, 갈분)	4촌	
15일	사근참	주다소반과	각색다식(황률,흑임자, 송화, 갈분)	4촌	자궁께만 상을 올림
	시흥참	주다소반과	각색다식(황률,흑임자, 송화, 갈분)	4촌	
16일	노량참	주다소반과	각색다식(황률,흑임자, 송화, 갈분)	4촌	자궁께만 상을 올림

● 진찬상에 올린 다식류

날짜	장소	상이름	자궁		대전		비고
			음식	높이	음식	높이	
윤2월 13일	화성참	진찬	흑임자다식	1척5촌	각색다식	4촌	대전 각색다식은 각색연사과와 함께 1기에 올림
			송화다식	1척5촌			
			밤다식	1척5촌			
			산약다식	1척5촌			
			홍갈분다식	1척5촌			

다식은 소반과에서 자궁께만 16회 올렸으며 황률·흑임자·송화·갈분다식 4종을 4촌의 높이로 고였다. 단, 윤2월 10일 화성참에서 올린 별반과는 7촌의 높이로 고였다. 소반과에서는 대전께 다식을 올리지 않았다. 진찬시 자궁께는 흑임자다식, 송화다식, 율(밤)다식, 산약(마)다식, 홍갈분(칡전분)다식을 각각의 그릇에 1척5촌의 높이로 고여 올렸다. 흑임자(검은 깨)다식은 흑임자 4말, 꿀 8되, 송화다식은 송화 3말5되, 꿀 9되, 율다식은 황률가루 4말, 꿀 9되, 산약다식은 마 30단, 꿀 9되, 홍갈분다식은 칡전분 2말, 녹말 1말5되, 꿀 8되, 연지 15사발, 오미자 5되가 기록되어 있다. 진찬시 대전께는 각색다식을 각색연사과와 함께 한 그릇에 담아 올렸다. 다식의 이름이 나열되지 않았지만 칡전분, 황률, 송화, 흑임자, 꿀 각 3되, 연지 1사발, 오미자 2홉이 기록되어 있는 것으로 미루어 갈분·황률·송화·흑임자다식을 올린 것으로 여겨진다.

● 진찬 때 다식의 종류, 재료, 분량

종류 \ 재료	흑임자	송화	황률가루	산약	칡전분	녹말	꿀	연지	오미자
흑임자다식	4말						8되		
송화다식		3말5되					9되		
율다식			4말				9되		
산약다식				30단			9되		
홍갈분다식					2말	1말5되	8되	15사발	5되

《원행을묘정리의궤》의 흑임자다식은 검정깨를 씻어서 솥에 볶아 절구에 찧어 가루로 하여 꿀로 반죽하여 다식판에 박아낸 것이다. 송화다식은 송화가루를 물에 수비하여 말리어 꿀에 반죽하여 다식판에 박은 것이며, 율다식은 말린 밤 가루에 꿀을 섞어 박아낸 것이다. 산약다식은 마를

쪄서 껍질을 벗기고 체에 내려 꿀로 반죽하거나 다식판에 박아내는 방법 또는 물에 담가 갈아서 여과시켜 볕에 말린 마 가루에 꿀을 넣고 반죽하여 다식판에 박아낸 것이다. 홍갈분다식은 칡전분에 녹말을 섞고 연지와 오미자 즙으로 분홍빛을 내어 꿀로 반죽하여 다식판에 박아낸 것이다.

《임원경제지》 산약다식방에서는 "마를 쪄서 껍질을 벗기고 찧어 체에 걸러 내려 꿀로 반죽하여 계핏가루, 천초가루를 넣고 다식판에 찍어 낸다. 또는 물에 담가 갈아서 여과시켜 볕에 말려 앞의 방법으로 다식판에 박아 낸다."고 하였다. 《역주방문》의 서여다식은 "마를 쪄서 볕에 말려 가루내어 체에 내려 꿀로 윤기 있고 고르게 반죽하여 다식판에 박는다."고 하였다.

《임원경제지》의 녹말다식은 "녹두를 물에 담갔다가 맷돌에 갈아서 여과시켜 앙금을 말린 가루를 오미자즙에 담가 얇게 펴서 볕에 말린다. 녹말에 연지를 넣어 색을 내고 꿀, 설탕 등을 넣고 다식판에 박는다."고 하였다. 《부인필지》의 녹말다식은 "오미자국에 연지를 타 녹말 반죽하여 음건하여 다시 비비어 깁체에 쳐 설탕물과 꿀에 반죽하여 박는다."고 하였다.

《원행을묘정리의궤》에는 동물성 식품으로 만든 다식으로 대구다식, 광어다식, 우포다식, 생치다식, 전복다식, 하설다식 등이 기록되어 있는데 이 다식들은 다식이라는 명칭은 붙었으나 다과류는 아니고 수라상의 좌반에 속하는 것이다.

5. 유과류

유과는 찹쌀가루에 술을 넣고 반죽하여 쪄서 꽈리가 일도록 쳐서 반죽을 밀어 세모나 네모로 썰어 말린다. 이것을 기름에 지지고, 엿이나 꿀을 입혀 고물을 묻힌다. 모양과 크기에 따라 강정, 산자, 연사과, 감사과, 빙사과, 요화로 분류된다.

소반과(별반과 1회 포함)에는 자궁께 각색 강정 5회, 각색 연사과 4회, 각색 감사과 2회를 올렸으며 홍백 연사과와 각색 강정을 한 그릇에 담은 것, 각색 연사과와 각색 강정을 한 그릇에 담은 것, 삼색 연사과 1기 각색 강정 1기를 올린 것이 1회이다. 별반과에는 홍연사과 백연사과 각색 강정 각 1기를 올렸다. 윤2월 9일 시흥참의 야다소반과를 제외하고는 야다소반과에는 유과류를 올리지 않았다. 대전께는 홍백 연사과 1회, 각색 강정 1회, 각색 강정과 삼색 연사과를 한 그릇에 담은 것 1회, 연사과 1회를 올렸다.

진찬에는 자궁께 홍매화강정, 백매화강정, 황매화강정, 홍연사과, 백연사과, 황연사과, 홍감사과, 백감사과, 홍요화, 백요화, 황요화를 1기씩 총 11기를 1척5촌의 높이로 고여 올렸다. 대전께는 각색 연사과·각색 다식을 함께 한 그릇에 담아 4촌의 높이로 고여 올렸고, 각색 강정을 8촌의 높이로 고여 올렸다. 내빈과 제신 상상에는 각색 강정 1기, 각색 요화 1기를 올렸고 제신 중상에는 각색 강정 1기, 제신 하상에는 각색 요화 1기를 올렸다. 내빈에게 올리는 상, 제신 상상, 제신 중상에는 고임의 높이가 기록되어 있지 않다.

● 소반과에 올린 유과류

날짜	장소	상이름	자궁		대전		비고
			음식	높이	음식	높이	
윤2월 9일	노량참	조다소반과	각색강정	4촌	×		상을 자궁께만 올림
	시흥참	주다소반과	각색감사과	4촌	×		
		야다소반과	각색연사과	4촌	×		
10일	사근참	주다소반과	각색강정	4촌	×		상을 자궁께만 올림
	화성참	주다별반과	각색강정 홍연사과 백연사과	7촌	×		
		야다소반과	×		×		
11일	화성참	주다소반과	홍연사과 각색강정	5촌	홍백연사과	3촌	
		야다소반과	×	4촌	×		
	화성참	주다소반과	각색강정	4촌	×		
12일	원소참	주다소반과	각색연사과 각색강정	4촌	×		상을 자궁께만 올림
13일	화성참	야다소반과	×		×		
	화성참	조다소반과	삼색연사과 각색강정	5촌 4촌	각색강정 삼색연사과	3촌	
		만다소반과	각색강정	4촌	×		
		야다소반과	×	4촌	×		
14일	화성참	주다소반과	각색강정	4촌	×		
		야다소반과	×	4촌	×		
15일	사근참	주다소반과	代 각색연사과		×		상을 자궁께만 올림
	시흥참	주다소반과	각색감사과	4촌	×		
		야다소반과	각색연사과		연사과		회반시 만두과 대신 연사과
16일	노량참	주다소반과	代 각색연사과	4촌	×		상을 자궁께만 올림

● 진찬상에 올린 유과류

날짜	장소	상이름	자궁		대전		내빈 15상	제신상상 30상	제신중상 100상	제신하상 150상
			음식	높이	음식	높이				
윤2월 13일	화성참	진찬	홍매화강정	1척5촌	각색연사과	4촌	각색강정	각색강정	각색강정	각색요화
			백매화강정	1척5촌	각색강정	8촌	각색요화	각색요화		
			황매화강정	1척5촌						
			홍연사과	1척5촌						
			백연사과	1척5촌						
			황연사과	1척5촌						
			홍감사과	1척5촌						
			백감사과	1척5촌						
			홍요화	1척5촌						
			백요화	1척5촌						
			황요화	1척5촌						
		소별미상	홍백연사과	5촌						

(1) 강정(强精)

● 강정의 재료와 분량

음식명 \ 재료	찹쌀	찰나락	참기름	백당	술	꿀	지초	울금
백매화강정	2말	7말	9되	5근	2되	2되	×	×
홍매화강정	2말	7말	1말3되	5근	2되	2되	2근	×
황매화강정	2말	7말	9되	5근	2되	1되	×	8냥

강정은 찹쌀가루에 술을 넣고 반죽하여 쪄서 꽈리가 일도록 친다. 반죽을 밀어 네모로 썰어 말려 참기름에 튀겨 고물을 묻힌 것이다.

《언문후생록》에 강정은 ▮ 모양같이 썰어 지져 내면 ⬮ 모양 같다고 했다.

《임원경제지》에는 "좋은 찰벼를 철 냄비 안에 넣고 센 불로 볶으면 알알이 터져 매화 모양으로 되면 희고 모양이 좋은 깨끗한 나화를 골라낸다. 꿀을 바탕에 빈틈없이 바르고 나화를 앞뒤를 돌아가며 빈틈없이 붙인다. 홍색을 내려면 지초기름에 튀겨 내고....."라고 하였다. 《규합총서》에서는 "유난히 희고 고운 흰엿과 꿀을 섞어 놋그릇에 잠깐 녹여 잠깐 졸인 후 중탕하여 바탕 위에 바르고......"라고 하였다.

이로 보아 《원행을묘정리의궤》의 매화강정은 튀긴 강정 바탕에 꿀이나 녹인 백당, 또는 꿀과 백당을 섞어서 바르거나 담갔다가 고물을 붙인 것으로 보인다. 고물은 찰벼를 말려서 밤이슬을 맞히고 술에 축여서 기름에 튀긴다. 고물을 붙일 때는 줄을 맞춰 곱게 박는다. 백매화강정은 흰색 그대로 튀긴 것이고, 홍매화강정은 고물을 지초로 홍색을 낸 홍취유에 튀긴 것이고, 황매화강정은 울금으로 색을 낸 것이다.

(2) 연사과(軟絲果)

● 연사과의 재료와 분량

음식명 \ 재료	찹쌀	세건반	참기름	백당	지초	소주	꿀	잣
백연사과	2말	1말2되	1말	4근	×	1선	3되	×
홍연사과	2말	1말2되	1말2되	4근	2근	1선	3되	×
황연사과	2말		1말	4근	×	1선	3되	1말4되

《규합총서》에서는 "연사과는 강정같이 쪄 얇게 비치게 밀어 기름에 지져 꿀을 많이 바르고 잣가루를 뿌린다."고 하였다.

진찬 때 연사과는 찹쌀가루에 소주를 넣어 반죽하여 쪄서 꽈리가 일도록 친 반죽을 얇고 모나게 썰어 말린다. 이것을 참기름에 튀겨 꿀과 녹인 백당을 섞어 바르고, 백연사과는 세건반을 그대로 묻히고, 홍연사과는 지초로 홍색을 낸 홍세건반을 묻히고, 황연사과는 잣을 사용하였다.

(3) 감사과(甘絲果)

● 감사과의 재료와 분량

음식명 \ 재료	찹쌀	참기름	백당	지초	술	꿀
백감사과	2말	6되	2근	×	2되	2되
홍감사과	2말	9되	2근	1근8냥	2되	2되

《언문후생록》에 감사과는 ▼ 모양같이 썰어 지지면 ♥ 모양 같다고 하였다.

《규합총서》에서는 "반죽과 찌기는 모두 강정 같되, 썰기를 끝이 뾰족하게 엇썰어 바로 볕에 말려 꽃전 지지듯 한다."라고 하였다.

《원행을묘정리의궤》의 감사과는 찹쌀가루에 술을 넣어 반죽하여 쪄서 꽈리가 일도록 쳐서 반죽을 밀어 끝이 뾰족하게 엇썰어 볕에 말린다. 이것을 기름에 지져 꿀을 바른 것으로 보인다. 백감사과는 기름에 희게 지진 것이고, 홍감사과는 지초기름에 지져 붉은 색을 낸 것이다. 진찬 외의 소반과의 감사과는 강정과 같은 종류의 고물을 사용하였다.

(4) 요화(蓼花)

● 요화의 재료와 분량

재료 / 음식명	밀가루	건반	참기름	백당	지초	송화
백요화	2말	1말2되	1말	7근	×	×
홍요화	2말	1말2되	1말3되	6근	2근	×
황요화	2말	1말2되	1말	7근	×	3되

《조선무쌍신식요리제법》에는 요화를 "속나깨(메밀의 고운 속껍질)를 조청이나 사탕을 섞어 끓는 물에 익반죽하여 네모지고 갸름하게 썰어 기름에 지져 조청을 바르고 산자밥풀을 묻힌 과자"라고 설명하였고, 《조선요리제법》에서는 "속나깨에 설탕을 섞어 끓는 물로 반죽하여 강정처럼 기름에 지져서 조청을 바르고, 찹쌀을 불려 쪄서 말린 뒤 기름에 볶아서 묻힌 것이다."라고 하였다.

《원행을묘정리의궤》의 요화는 재료와 분량으로 보아 밀가루를 백당 녹인 것과 끓는 물에 반죽하여 여뀌꽃 모양으로 만들어 기름에 지져 백당 녹인 것을 바르고 건반을 묻힌 것으로 보인다. 백요화는 흰 건반을 묻혀 희게 하고, 홍요화는 지초기름에 튀겨 붉은색을 낸 홍건반을 묻혀 붉게 하고, 황요화는 건반에 송화가루를 묻혀 황색을 낸 것으로 보인다. 요화는 여뀌의 꽃이며 일반적으로 요화는 속나깨로 만든다.

6. 당류

당류, 귤병, 녹용고, 민강, 밀조, 건포도 등 여러 가지를 한 그릇에 고여 담았다. 소반과에는 자궁께 4촌, 대전께는 3촌을 고였으며 자궁께 19회를 올렸고 대전께는 8회를 올렸다.

● 소반과에 올린 당류

날짜	장소	상이름	자궁		대전		비고
			음식	높이	음식	높이	
윤2월 9일	노량참	조다소반과	팔보당, 문동당, 옥춘당, 인삼당, 과자당, 오화당, 설당, 빙당, 귤병 합 4근	4촌	×		상을 자궁께만 올림
	시흥참	주다소반과	팔보당, 문동당, 옥춘당, 인삼당, 청매당, 과자당, 빙당, 건포도, 귤병, 녹용고 합 4근	4촌	팔보당, 문동당, 옥춘당, 인삼당, 청매당, 과자당, 오화당, 사탕, 건포도, 귤병, 밀조, 민강, 녹용고 합 3근	3촌	
		야다소반과	팔보당, 문동당, 옥춘당, 인삼당, 청매당, 과자당, 빙당, 건포도 귤병, 민강, 녹용고 합 4근	4촌	팔보당, 문동당, 옥춘당, 인삼당, 청매당, 과자당, 사탕, 건포도, 귤병, 민강, 녹용고 합 3근	3촌	
윤2월 10일	사근참	주다소반과	인삼당, 오화당, 과자당, 빙당 합 4근	4촌	×		상을 자궁께만 올림
	화성참	주다별반과	팔보당, 문동당, 옥춘당, 인삼당, 오화당 각 1근	5촌	문동당 8냥, 팔보당, 옥춘당, 인삼당, 오화당 각 10냥	3촌	
		야다소반과	밀조, 건포도, 귤병, 민강 각 1근	4촌	×		
윤2월 11일	화성참	주다소반과	팔보당, 옥춘당, 인삼당, 빙당 각 1근	4촌	×		
		야다소반과	팔보당, 문동당, 옥춘당, 오화당 각 1근	4촌	×		
윤2월 12일	화성참	주다소반과	문동당, 인삼당, 밀조, 건포도 각 1근	4촌	×		
	원소참	주다소반과	인삼당, 오화당, 옥춘당, 팔보당, 귤병 합 4근	4촌	×		상을 자궁께만 올림
	화성참	야다소반과	문동당, 빙당, 귤병, 민강 각 1근	4촌	빙당 8냥, 팔보당, 옥춘당, 인삼당, 오화당 각 10냥	3촌	
윤2월 13일	화성참	조다소반과	문동당, 인삼당, 오화당, 빙당 각 1근	4촌	×		
		야다소반과	문동당, 빙당, 밀조, 건포도 각 1근	4촌	×		
윤2월 14일	화성참	주다소반과	팔보당, 인삼당, 귤병, 민강 각 1근	4촌	빙당 8냥, 옥춘당, 밀조, 민강 각 10냥	3촌	
		야다소반과	팔보당, 오화당, 밀조, 건포도 각 1근	4촌	빙당 8냥, 옥춘당, 오화당, 밀조, 민강 각 10냥	3촌	

계속

<table>
<tr><th rowspan="2">날짜</th><th rowspan="2">장소</th><th rowspan="2">상이름</th><th colspan="2">자궁</th><th colspan="2">대전</th><th rowspan="2">비고</th></tr>
<tr><th>음식</th><th>높이</th><th>음식</th><th>높이</th></tr>
<tr><td rowspan="3">윤2월 15일</td><td>사근참</td><td>주다소반과</td><td>팔보당, 문동당, 옥춘당, 청매당</td><td></td><td>×</td><td></td><td>상을 자궁께만 올림</td></tr>
<tr><td rowspan="2">시흥참</td><td>주다소반과</td><td>팔보당, 문동당, 옥춘당, 인삼당, 청매당, 과자당, 빙당, 건포도, 귤병, 녹용고 합 4근</td><td>4촌</td><td>팔보당, 문동당, 옥춘당, 인삼당, 청매당, 과자당, 오화당, 사탕, 건포도, 귤병, 밀조, 민강, 녹용고 합 3근</td><td>3촌</td><td></td></tr>
<tr><td>야다소반과</td><td>팔보당, 문동당, 옥춘당, 인삼당, 청매당, 과자당, 빙당, 건포도, 귤병, 민강, 녹용고 합 4근</td><td>4촌</td><td>팔보당, 문동당, 옥춘당, 인삼당, 청매당, 과자당, 사탕, 건포도, 귤병, 민강 녹용고 합 3근</td><td>3촌</td><td></td></tr>
<tr><td>윤2월 16일</td><td>노량참</td><td>주다소반과</td><td>팔보당, 문동당, 옥춘당, 인삼당, 과자당, 오화당, 설당, 빙당, 귤병 합 4근</td><td>4촌</td><td>×</td><td></td><td>상을 자궁께만 올림</td></tr>
</table>

● 진찬상에 올린 당류

<table>
<tr><th rowspan="2">날짜</th><th rowspan="2">장소</th><th rowspan="2">상이름</th><th colspan="2">자궁</th><th colspan="2">대전</th></tr>
<tr><th>음식</th><th>높이</th><th>음식</th><th>높이</th></tr>
<tr><td rowspan="6">윤2월 13일</td><td rowspan="6">화성참</td><td rowspan="6">진찬</td><td>각색팔보당 14근</td><td>1척4촌</td><td>민강 15근</td><td>7촌</td></tr>
<tr><td>인삼당(문동당, 인삼당, 빙당, 합 13근)</td><td>1척3촌</td><td>귤병 220개</td><td>7촌</td></tr>
<tr><td>오화당(옥춘당 4근, 오화당 8근)</td><td>1척2촌</td><td></td><td></td></tr>
<tr><td>밀조, 건포도(밀조 5근, 포도 6근)</td><td>1척1촌</td><td></td><td></td></tr>
<tr><td>민강 23근</td><td>1척</td><td></td><td></td></tr>
<tr><td>귤병 220개</td><td>1척</td><td></td><td></td></tr>
</table>

7. 숙실과류

숙실과류에는 란(卵)과 초(炒)가 있다. 란이란 과일이나 식물의 뿌리를 다져서 꿀을 넣어 반죽하거나 졸여서 다시 원래의 모양으로 빚어서 잣가루를 묻힌 것이다. 초는 과일의 모양 그대로를 꿀에 졸여 계핏가루와 잣가루를 묻힌 것이다.

● 소반과와 진찬에 올린 숙실과류

날짜	장소	상이름	자궁		대전		비고
			음식	높이	음식	높이	
윤2월 9일	노량참	조다소반과	조란, 율란	4촌	×		상을 자궁께만 올림
	시흥참	주다소반과	조란, 율란, 강고 (산약, 준시)	4촌	×		
윤2월 10일	화성참	주다별반과	조란, 율란	5촌	×		
		야다소반과	조란, 율란	4촌	×		
윤2월 11일	화성참	주다소반과	조란, 율란	4촌	×		
		야다소반과	조란, 율란	4촌	조란, 율란	3촌	
윤2월 12일	원소참	주다소반과	조란, 율란 (산약, 준시)	4촌	×		상을 자궁께만 올림
	화성참	야다소반과	조란, 율란	4촌	×		
윤2월 13일	화성참	조다소반과	조란, 율란, 강과	4촌	×		
		진찬	조란, 율란, 강란	1척	×		자궁께 조란, 율란, 강란을 각 1기씩 올림
		야다	조란, 율란	4촌	조란, 율란	3촌	
윤2월 14일	화성참	야다소반과	조란, 율란	4촌	×		
윤2월 15일	사근참	주다소반과	조란, 율란, 생강병 (준시) (유자, 석류, 감자) 代		×		상을 자궁께만 올림
	시흥참	주다소반과	조란, 율란, 강고 (산약, 준시)	4촌	×		
		야다소반과	조란, 율란, 강고 (용안, 여지) 代	×	×		
윤2월 16일	노량참	주다소반과	조란, 율란	4촌	×		상을 자궁께만 올림

소반과(별반과 1회 포함)에는 자궁께 조란과 율란을 한 그릇에 담아 10회를 올렸다. 그중 1회는 산약, 곶감을 함께 담았다. 조란, 율란, 강란을 한 그릇에 담은 것은 5회이며, 그중 2회는 산약, 곶감과 함께, 1회는 곶감과 함께 담았다. 강란은 강고로 3회 기록되었고, 강과, 생강병이라는 명칭으로는 각각 1회씩 기록되었다. 대전께는 조란과 율란을 한 그릇에 담아 2회 올렸다.

진찬에서는 자궁께만 조란 1기, 율란 1기, 강란 1기를 각 1척의 높이로 고여 올렸다.

● 숙실과의 종류, 재료, 분량

재료 / 음식명	대추	황률	생강	잣	꿀	계핏가루	후춧가루	사탕	백당
조란	2말	1말5되		1말	7되	2냥			
율란		2말5되		8되	6되	1냥	3전	3원	
강란			5말	1말	7되				2근

(1) 조란(棗卵)

조란은 대추의 씨를 빼고 곱게 다져 꿀을 넣고 반죽하여 쪄 낸다. 소는 황률가루에 꿀, 계핏가루를 넣어 섞는다. 쪄낸 대추 반죽에 소를 넣어 다시 대추 모양으로 빚어 꿀을 묻혀 잣가루를 묻힌 것이다.

(2) 율란(栗卵)

율란은 황률가루에 꿀, 계핏가루, 후춧가루, 설탕을 넣어 조려 밤 모양으로 빚어 꿀을 묻히고 잣가루를 묻힌 것이다.

(3) 강란(薑卵)

강란은 껍질을 벗긴 생강을 곱게 다져 물에 헹구어 매운 맛을 빼고 꿀과 백당에 조린다. 이것을 다시 세 뿔이 난 생강 모양으로 빚어 꿀을 바르고 잣가루를 묻힌 것이다. 《원행을묘정리의궤》에서 강란은 강고(薑膏), 강과(薑果), 생강병(生薑餠)으로 기록하기도 하였다.

8. 정과류

정과(正果)는 전과(煎果)라고도 하며 과일이나 식물의 열매·뿌리·줄기를 꿀에 조려 신맛을 없애고 단맛이 나게 졸인 것이다.

● 소반과에 올린 정과류

날짜	장소	상이름	자궁		대전		비고
			음식	높이	음식	높이	
윤2월 9일	노량참	조다소반과	연근, 산사, 감자, 유자, 생이, 모과, 동아, 생강	3촌	×		상을 자궁께만 올림
	시흥참	주다소반과	연근, 산사, 감자, 유자, 생이, 모과, 동아, 생강	3촌	연근, 산사, 감자, 유자, 생이, 모과, 동아, 생강	2촌	
		야다소반과	연근, 산사, 감자, 유자, 생이, 동아, 생강	3촌	연근, 산사, 감자, 유자, 생이, 모과, 동아, 생강	2촌	
윤2월 10일	사근참	주다소반과	연근, 산사, 감자, 유자, 생이, 모과, 동아, 생강	3촌	×		상을 자궁께만 올림
	화성참	주다별반과	연근, 산사, 감자, 유자, 생이, 모과, 동아, 생강	4촌	연근, 산사, 감자, 유자, 생이, 모과, 동아, 생강	2촌	
		야다소반과	연근, 산사, 감자, 유자, 생이, 모과, 동아, 생강	2촌	연근, 산사, 감자, 유자, 생이, 모과, 동아, 생강	2촌	
윤2월 11일	화성참	주다소반과	연근, 산사, 감자, 유자, 생이, 모과, 동아, 생강	3촌	연근, 산사, 감자, 유자, 생이, 모과, 동아, 생강	2촌	
		야다소반과	연근, 산사, 감자, 유자, 생이, 모과, 동아, 생강	2촌	연근, 산사, 감자, 유자, 생이, 모과, 동아, 생강	2촌	
	화성참	주다소반과	연근, 산사, 감자, 유자, 생이, 모과, 동아, 생강	3촌	연근, 산사, 감자, 유자, 생이, 모과, 동아, 생강	2촌	
윤2월 12일	원소참	주다소반과	연근, 산사, 감자, 유자, 생이, 모과, 동아, 생강	3촌	×		상을 자궁께만 올림
	화성참	야다소반과	연근, 산사, 감자, 유자, 생이, 모과, 동아, 생강	2촌	연근, 산사, 감자, 유자, 생이, 모과, 동아, 생강	2촌	
윤2월 13일	화성참	조다소반과	연근, 산사, 감자, 유자, 생이, 모과, 동아, 생강	3촌	연근, 산사, 감자, 유자, 생이, 모과, 동아, 생강	2촌	
		만다소반과	연근, 산사, 감자, 유자, 생이, 모과, 동아, 생강	3촌	연근, 산사, 감자, 유자, 생이, 모과, 동아, 생강	2촌	
		야다소반과	연근, 산사, 감자, 유자, 생이, 모과, 동아, 생강	2촌	연근, 산사, 감자, 유자, 생이, 모과, 동아, 생강	2촌	
윤2월 14일	화성참	주다소반과	연근, 산사, 감자, 유자, 생이, 모과, 동아, 생강	3촌	연근, 산사, 감자, 유자, 생이, 모과, 동아, 생강	2촌	
		야다소반과	연근, 산사, 감자, 유자, 생이, 모과, 동아, 생강	3촌	연근, 산사, 감자, 유자, 생이, 모과, 동아,	2촌	
윤2월 15일	사근참	주다소반과	연근, 산사, 감자, 유자, 생이, 모과, 동아, 생강	3촌	×		상을 자궁께만 올림
	시흥참	주다소반과	연근, 산사, 감자, 유자, 생이, 모과, 동아, 생강	3촌	연근, 산사, 감자, 유자, 생이, 모과, 동아, 생강	2촌	
		야다소반과	연근, 산사, 감자, 유자, 생이, 동아, 생강	3촌	연근, 산사, 감자, 유자, 생이, 동아, 생강	2촌	
윤2월 16일	노량참	주다소반과	연근, 산사, 감자, 유자, 생이, 모과, 동아, 생강	3촌	×		상을 자궁께만 올림

● 진찬상에 올린 정과류

날짜	장소	상이름	자궁		대전	
			음식	높이	음식	높이
윤2월 13일	화성참	진찬	생강, 모과, 연근, 산사, 두충, 동아, 생이, 길경, 유자, 감자, 산사고	7촌	생강, 모과, 연근, 두충, 산사, 동아, 생이, 길경, 유자, 감자, 산사고	5촌
		소별미	연근, 생강, 산사, 감자, 모과, 유자, 생이, 동아, 두충	3촌	연근, 생강, 산사, 감자, 모과, 유자, 생이, 동아, 두충	3촌

정과류는 소반과에서 자궁께는 모든 상에 빠짐없이 20회를 올렸다. 연근, 산사, 감자, 유자, 생리(배), 모과, 동아, 생강정과를 한 그릇에 2~3촌 높이로 고여 올렸으며(단, 별반과에는 4촌으로 고였다.) 다른 한과류에 비해 낮게 고였음을 알 수 있다. 윤2월 9일·15일 야다소반과에는 모과정과가 빠졌다. 자궁께 20회를 올린 것에 비해서 대전께는 15회만 올렸다. 대전께는 자궁과 동일한 정과를 올렸으며 윤2월 9일·15일 야다소반과에는 모과정과, 14일 야다소반과에는 생강정과가 빠졌다. 고임의 높이는 2촌이었다.

진찬 시 자궁과 대전께 생강, 모과, 연근, 산사, 두충, 동아, 생리, 길경, 유자, 감자, 산사고를 한 그릇에 담아 올렸는데 자궁께는 7촌의 높이로 대전께는 5촌의 높이로 고였다.

소별미상에는 자궁, 대전께 연근, 생강, 산사, 감자, 모과, 유자, 생리, 동아, 두충정과를 한 그릇에 담아 3촌 높이로 고여 올렸다.

정과는 미음상마다 빠짐없이 올렸는데 미음상은 대전에게는 올리지 않았으며 자궁과 군주에게만 올렸다. 6~9종류의 정과를 전약과 함께 한 그릇에 담아 올렸는데 높이와 분량은 표기되어 있지 않았다.

● 정과의 재료, 분량

재료 / 음식명	생강	모과	연근	산사	두충	동아	배	도라지	유자	감귤
각색정과	2말	15개	1묶음	5되	3승	1조각	10개	2단	8개	8개

(1) 생강정과(生薑正果)

《임원경제지》에서는 어린 생강을 껍질 벗겨 납작한 조각으로 썰어 물을 붓고 뭉근한 불로 달여서 매운맛을 8~9할 정도 빼고 꿀에 넣어 약한 불로 조린다고 하였다. 《수운잡방》, 《규합총서》, 《부인필지》 등에도 기록되어 있는데 만드는 방법은 거의 같았다. 이로 보아 생강정과는 생강을 껍질 벗겨 납작한 조각으로 썰어 물을 붓고 끓여 매운맛을 뺀 다음 꿀을 넣어 약한 불로 졸인 것으로 보인다.

(2) 모과정과[木苽正果]

《임원경제지》에서는 모과를 껍질과 씨를 제거하고 과육만 취해 칼로 사방 한 치 크기의 얇은 편으로 썰어 끓는 물에 넣어 살짝 데쳐 낸다. 따뜻할 때 흰 꿀을 부어 단맛과 신맛을 알맞게 조절하여 졸인다.《산림경제》,《고사십이집》,《윤씨음식법》 등에도 기록되어 있는데 만드는 법은 거의 같다. 이로 보아 모과정과는 모과의 껍질과 씨를 제거하고 사방 한 치 크기의 얇은 편으로 썰어 끓는 물에 데쳐 내어 꿀을 부어 약한 불로 졸인 것으로 보인다.

(3) 산사정과(山査正果)

《임원경제지》에서는 서리 맞은 색이 곱고 흰 별점이 있는 산사를 허리를 베어 씨 없이 하여 산사 잠길 만치 물을 붓고 슬쩍 데친 후 꿀을 부어 조려 신맛을 조절한다고 하였다.《조선무쌍신식요리제법》에서는 산사를 삶아 어레미에 으깨어 밭쳐서 새옹에 담고 꿀물을 부어 눋지 않게 졸인다고 하였다. 이로 보아 산사정과는 산사를 반으로 쪼개어 씨를 발라내고 끓는 물에 데쳐낸 후 꿀에 졸인 것으로 보인다.

(4) 연근정과(蓮根正果)

《해동농서》에서는 초가을에 햇 연근을 데쳐 반쯤 익혀 껍질을 벗기고 잘 썰어 꿀물에 넣어 약한 불에 졸여 다 졸아들면 별도로 꿀을 첨가하여 조린다고 하였다.《산림경제》,《시의전서》,《윤씨음식법》에도 기록되어 있는데 만드는 방법은 거의 같다. 이로 보아 연근정과는 연근을 껍질을 벗겨 둥글게 썰어 끓는 물에 데쳐 내고 꿀을 부어 졸인 것으로 보인다.

(5) 두충정과(杜冲正果)

두충정과는 고문헌에 나오지 않아 정확히 알 수 없으나 두충을 불려서 꿀에 졸인 것으로 보인다.

(6) 동아정과[冬苽正果 동과정과]

《임원경제지》에서는 동아를 껍질과 속을 긁어내고 편으로 썰어 석회탕에 담갔다가 다시 깨끗한 물에 담가 석회기운을 다 뺀다. 솥에 꿀, 동아를 넣고 끓이다가 꿀물을 따라 버리기를 여러 번 반복하여 동아가 누렇게 될 때까지 졸인다고 하였다. 《산가요록》, 《수운잡방》, 《주식방문》에도 기록되어 있는데 만드는 방법은 거의 같다. 이로 보아 동아정과는 동아의 껍질과 속을 발라내고 편으로 썰어 석회탕에 담갔다가 다시 물에 담가 석회 기운을 뺀 후 꿀을 넣고 끓이다가 꿀물을 따라 버리고 다시 꿀을 붓고 약한 불에 오랫동안 졸인 것으로 보인다.

(7) 배정과[梨正果 이정과]

《시의전서》에서는 배를 두껍게 저며 꿀에 조리되 오래 졸이지 말라고 하였다. 이로 보아 배정과는 배를 두껍게 저며 꿀에 잠깐 졸인 것으로 보인다.

(8) 도라지정과[桔莄正果 길경정과]

《고사신서》에서는 큰 도라지를 골라 쌀뜨물에 담가 껍질을 벗기고 물에 삶는다. 꿀을 붓고 달여서 꿀이 배어들면 다시 꿀을 더 넣는다. 햇볕에 말려 꿀이 마르거든 저장한다고 하였다. 《임원경제지》, 《고사십이집》, 《시의전서》, 《윤씨음식법》에도 기록되어 있는데 만드는 방법이 거의 같다. 이로 보아 도라지정과는 통도라지를 껍질을 벗겨 물에 삶아 꿀을 붓고 졸인 것으로 보인다.

(9) 유자정과(柚子正果)

《시의전서》에는 유자의 겉껍질을 벗겨 4등분하여 하얀 속을 긁어 내고 납작하게 썬다. 이것을 끓는 물에 살짝 데쳐 흰 꿀을 녹여 붓고 유자의 속 알을 쪽쪽이 떼어 내어 함께 졸인다고 하였다. 《규합총서》, 《조선무쌍신식요리제법》에도 기록되어 있는데 만드는 법은 거의 같다. 이로 보아 유자정과는 유자의 껍질을 벗겨 하얀 속을 발라내고 납작하게 썰어 끓는 물에 데쳐낸다. 껍질 벗긴 유자를 쪽쪽이 떼어 씨를 발라낸다. 유자 껍질과 유자알을 함께 섞어 꿀을 붓고 졸인 것으로 보인다.

(10) 감귤정과[柑子正果 감자정과]

《규합총서》와 《시의전서》에서는 감귤의 껍질을 벗겨 버리고 속의 하얀 것들도 모두 제거한다. 제사에 쓸 것은 가로로 썰어서 심을 제거하고 쓰고 그렇지 않은 것은 쪽을 내어서 흰 꿀을 부어 쓴다고 하였다. 이로 보아 감귤정과는 감귤의 껍질을 벗겨 버리고 속의 흰 부분을 떼어내고 알알이 떼어서 꿀을 붓고 졸인 것으로 보인다.

9. 과편류

과편은 신맛이 있는 과일을 즙을 내어 그 즙에 설탕을 넣고 졸이다가 녹말을 넣어 엉기도록 하여 그릇에 쏟아 식힌 다음, 편으로 썬 것이다. 앵두, 모과, 복분자, 살구, 산사, 오미자, 버찌 등을 이용했다.

1) 산사고(山査膏)

《원행을묘정리의궤》에는 진찬상에 정과와 같이 담은 산사고(山査膏)가 기록되어 있다.

《임원경제지》에 기록된 밀전산사방은 "산사를 뭉그러지게 삶아 익으면 껍질과 씨를 제거하고 꿀에 재워 시어지면 자주 꿀을 더해 주어 신맛을 조절한다."고 하였다. 《규합총서》의 산사편은 "산사를 씨 바르고 중탕하여 쪄서 고운체에 두 번 거른다. 꿀을 약한 불에 뭉근하게 졸여 산사에 부어 고루 고루 섞는다. 찬 곳에 두면 단단히 엉긴다."고 하였다.

이로 보아 산사고는 산사의 씨를 발라내고 쪄서 체에 걸러 즙을 받아 꿀을 부어 엉기게 한 음식으로 보인다. 근래에 과편으로 분류하는 산사편(산사병)으로 생각된다.

산사고라는 이름으로는 고문헌에 기록된 것이 없고 《음식법》에 '고'라는 명칭이 들어간 오미자고가 있다.

10. 음청류

음청류는 술 이외의 기호성 음료의 총칭이다. 음청류는 재료나 만드는 법에 따라 차, 화채, 밀수, 식혜, 수정과, 탕, 장수, 갈수, 숙수, 즙 등으로 구분된다. 《원행을묘정리의궤》에서는 화채, 수정과, 배숙이 기록되어 있다. 수정과는 쓰인 재료가 다양하였다.

● 소반과에 올린 음청류

날짜	장소	상이름(소반과)	자궁 음식	자궁 높이	대전 음식	대전 높이	비고
윤2월 9일	노량참	조다소반과	수정과(배 7개, 꿀 5홉, 후추 5작)				자궁께만 상을 올림
	시흥참	주다소반과	수정과(배 7개, 꿀 5홉, 후추 5작)				
		야다소반과	화채(배 4개, 석류 1개, 유자 1개, 꿀 3홉, 연지 1완, 잣 1작)				
윤2월 10일	사근참	주다소반과	수정과(배 7개, 꿀 5홉, 후추 5작)				자궁께만 상을 올림
	화성참	주다별반과	수정과(배 2개, 유자 1개, 석류 ½개 꿀 2홉, 잣 3작)				
		야다소반과	수정과(배 7개, 꿀 5홉, 후추 5작)				
윤2월 11일	화성참	주다소반과	수정과(두충 3홉, 꿀 3홉, 잣 5홉)				
		야다소반과	수정과(곶감 2곶, 꿀 2홉)				
윤2월 12일	화성참	주다소반과	수정과(배 7개, 꿀 5홉, 후추 5작)				
	원소참	주다소반과	수정과(배 2개, 유자 1개, 석류 ½개 꿀 2홉, 잣 3작)				자궁께만 상을 올림
	화성참	야다소반과	수정과(배 2개, 유자 1개, 석류 ½개 꿀 2홉, 잣 3작)				
윤2월 13일	화성참	조다소반과	수정과(배 7개, 꿀 5홉, 후추 5작)				
		만다소반과	수정과(배 2개, 유자 1개, 석류 ½개 꿀 2홉, 잣 3작)		수정과(배 2개, 유자 1개, 석류 ½개 꿀 2홉, 잣 3작)		
		야다소반과	수정과(배 7개, 꿀 5홉, 후추 5작)				
윤2월 14일	화성참	주다소반과	수정과(배 2개, 유자 1개, 석류 ½개 꿀 홉, 잣 3작)				자궁 꿀 분량이 3되로 잘못 기록
		야다소반과	수정과(배 7개, 꿀 5홉, 후추 5작)				
윤2월 15일	사근참	주다소반과	수정과(배 7개, 꿀 5홉, 후추 5작)				자궁께만 상을 올림
	시흥참	주다소반과	수정과(배 7개, 꿀 5홉, 후추 5작)				
		야다소반과	화채(배 8개, 석류 7개, 감자 15개)				
윤2월 16일	노량참	주다소반과	수정과(배 7개, 꿀 5홉, 후추 5작)				자궁께만 상을 올림

● 진찬상에 올린 음청류

날짜	장소	상이름	자궁		대전	
			음식	높이	음식	높이
윤2월 13일	화성참	진찬	수정과 1그릇	×	수정과 1그릇	×
			생이숙 1그릇	×		×

소반과(별반과 1회 포함)에는 자궁께 빠짐없이 음료를 올렸으며 화채 2회, 수정과 18회였다. 화채는 꿀물에 연지를 타고 배와 유자를 건지로 쓰고 석류알과 잣을 띄웠다.

소별미상에는 자궁이나 대전께 음료를 올리지 않았다.

● 소반과(별반과)의 음청류의 종류, 재료, 분량

재료 / 음료명	배	꿀	후추	유자	감귤	석류	잣	두충	곶감	연지	횟수
수정과	7개	5홉	5작								11
수정과	2개	2홉		1개		½개	3작				5
수정과		3홉					5홉	3홉			1
수정과		2홉							2꼬치		1
화채	8개				15개	7개					1
화채	4개	3홉		1개		1개	1작			1원	1

● 진찬상에 올린 음청류의 종류, 재료, 분량

재료	음료명 / 대상	석류	감귤	유자	배	꿀	잣	후추	연지
수정과	자궁	3개	2개	2개	5개	5홉	2홉		1주발
	대전	2개		2개	3개	5홉	1홉		
생이숙	자궁				15개	1되5홉	2홉	3홉	

(1) 수정과(水正果)

자궁께 소반과에 올린 수정과 중에서 11회는 배에 통후추를 박아 꿀물에 끓여 차게 먹는 배숙에 해당하고, 5회는 꿀물에 배와 유자를 건지로 쓰고 석류알과 잣을 띄운 유자화채에 해당한다. 1회는 두충을 꿀물에 끓여 잣을 띄운 음료이며, 1회는 꿀물에 곶감을 띄운 음료이다. 의궤에 수정과로 기록된 음료가 다양함을 알 수 있다. 대전께는 13일 만다소반과에 1회 수정과를 올렸는데 이름은 수정과이지만 내용은 유자화채에 해당된다.

진찬에는 자궁께 수정과 1그릇과 생리숙 1그릇을 올렸다. 수정과의 재료는 석류, 감귤, 유자, 배, 연지, 꿀, 잣이 쓰였다. 꿀물에 연지로 색을 내고 감귤, 유자, 배 건지에 석류알과 잣을 띄운 음료이다. 생리숙은 배, 꿀, 잣, 후추가 쓰였으니 배숙이다.

대전께는 수정과 1그릇을 올렸는데 재료의 내용은 자궁과 같고 감귤과 연지는 없었다.

● 수정과의 재료와 분량

재료 / 상이름	배	꿀	후추	유자	감귤	석류	잣	두충	곶감	연지	횟수
소반과	7개	5홉	5작								11
소반과	2개	2홉		1개		½개	3작				5
소반과		3홉					5홉	3홉			1
소반과		2홉							2꼬치		1
진찬(자궁)	3개	2개	2개	5개	5홉	2홉		1주발	2꼬치		1
진찬(대전)	2개		2개	3개	5홉	1홉			2꼬치		1

(2) 화채(花菜)

화채는 윤2월 9일·15일 야다소반과에 자궁께 올렸다. 재료로 보아 배, 유자, 감귤, 석류를 꿀에 재웠다가 연지로 색을 낸 꿀물에 띄우고 잣을 띄워서 마신 것으로 보인다.

● 화채의 재료와 분량

재료 / 음료명	배	유자	감귤	석류	꿀	잣	연지
화채	4개	1개		1개	3홉	1작	1원
화채	8개		15	7개			

(3) 배숙[梨熟 이숙]

윤2월 13일 진찬 때 자궁께 올렸으며 재료와 분량은 배 15개, 꿀 1되5홉, 잣 2홉, 후추 3홉이었다. 재료로 보아 배숙은 배에 후추를 박아 꿀물에 끓여 식혀 잣을 띄워 마신 것으로 보인다.

● 배숙의 재료와 분량

음료명	대상 (재료)	배	꿀	잣	후추
생리숙	자궁	15개	1되5홉	2홉	3홉

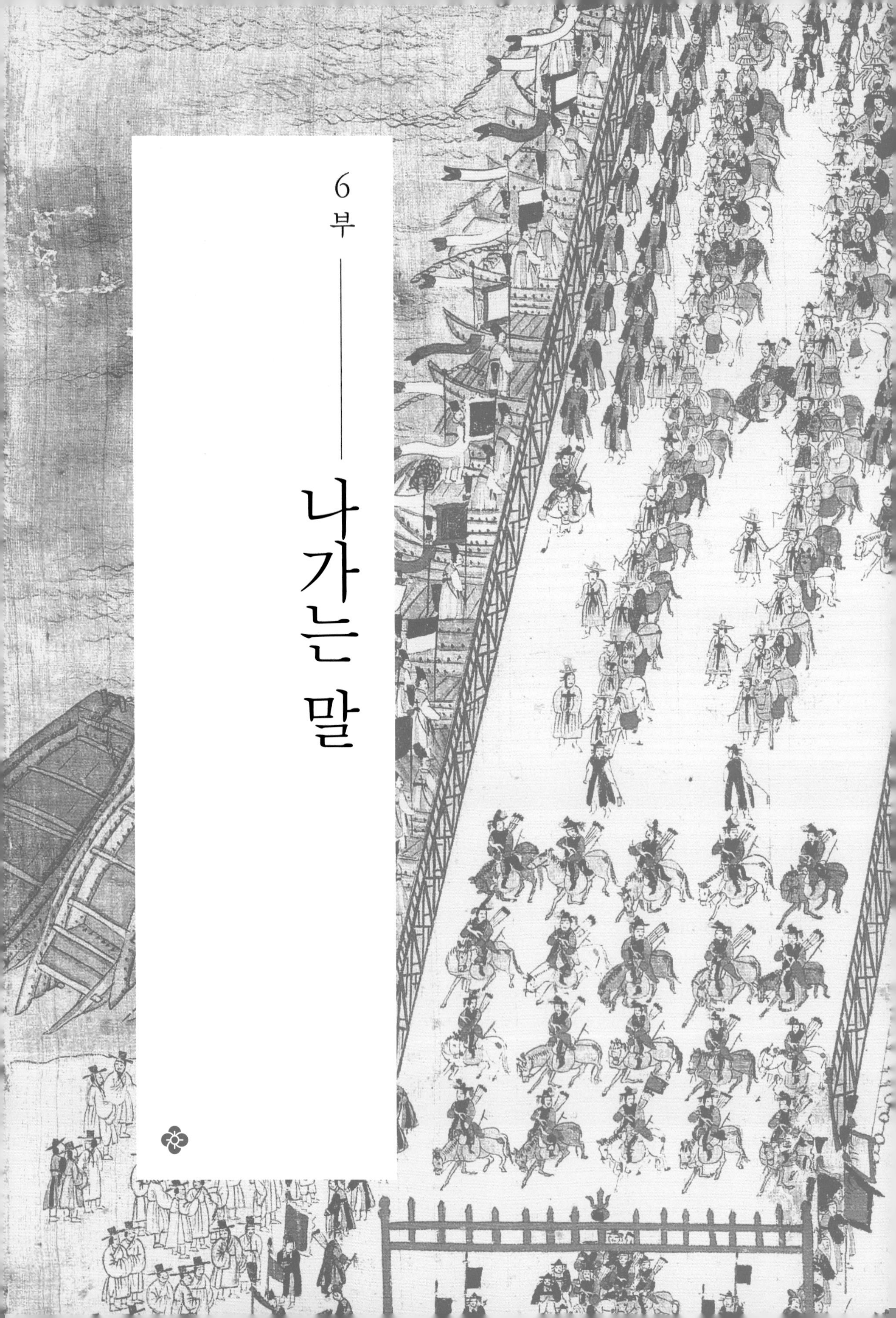

6부

나가는 말

나가는 말

《원행을묘정리의궤》는 정조 21년(1795년) 윤2월 9일부터 윤2월 16일까지 혜경궁 홍씨의 회갑연을 위한 8일간의 화성행차를 할 때 궁중의 일상식과 회갑연의 잔치음식을 기록한 책이다. 그리고 혜경궁 홍씨의 본래 회갑날인 6월 18일에 창덕궁 연희당에서 회갑잔치를 한 기록도 포함되어 있다. 이것을 토대로 날짜별 상차림을 고찰하였고, 윤2월 13일 봉수당에서의 회갑잔치 음식과 6월 18일 연희당에서의 회갑잔치 음식을 비교분석하였다.

매일의 일정과 차려진 음식의 내용은 다음과 같다.

● 《원행을묘정리의궤》 일정 및 장소별 수라 내용

날짜		장소	자궁	대전	군주	기타
첫째날 창덕궁 (출발) ↓ 시흥행궁 (숙박)	2/9	노량참	조다소반과	–	–	
			조수라	조수라	조수라	조반(궁연 및 내외빈, 당상 이하 아전)
		마장천 다리 북쪽	미음	–	미음	조반, 궤(饋)
		시흥참	주다소반과	주다소반과	주다소반과	
			석수라	석수라	석수라	
			야다소반과	야다소반	야다소반	
		안양점 남쪽 변두리	미음	–	미음	궤(궁인, 내외빈, 당상 원역)

계속

날짜		장소	자궁	대전	군주	기타
둘째날 시흥행궁 ↓ 화성행궁 (숙박)	2/10	시흥참	조수라	조수라	조수라	
		사근참	주다소반과	–	–	
		일용리 앞길	주수라	주수라	주수라	
			미음	미음	미음	미음(궁인 및 내외빈, 당상 이하 아전)
		화성참	주다별반과	주다별반과	주다별반과	
			석수라	석수라	석수라	
			야다소반과	야다소반과	야다소반과	
셋째날 화성행궁	2/11	화성참	죽수라	죽수라	–	
			조수라	조수라	–	
			주다소반과	주다소반과	주다소반과	
			석수라	석수라	석수라	
			야다소반과	야다소반과	야다소반과	
넷째날 화성행궁 원소 참배	2/12	화성참	조수라	조수라	조수라	
		원소참	주다소반과			
			주수라	주수라	주수라	
		대황교 남쪽변	미음	–	미음	궁인 및 내외빈, 본소 당상 이하 원역
		화성참	주다소반과	주다소반과	주다소반과	
			석수라	석수라	석수라	
			야다소반과	야다소반과	야다소반과	
다섯째날 화성행궁 회갑연	2/13	화성참	죽수라	죽수라	죽수라	
			조다소반과	조다소반과	조다소반과	
			진찬/소별미	진찬/소별미	진찬/소별미	잔치상(내외빈급 제신 이하 연상)
			조수라	조수라	조수라	
			만다소반과	만다소반과	만다소반과	
			석수라	석수라	석수라	
			야다소반과	야다소반과	야다소반과	양로연찬품

계속

날짜		장소	자궁	대전	군주	기타
여섯째날 화성행궁 양노연	2/14	화성참	죽수라	죽수라	죽수라	
			조수라	조수라	조수라	
			주다소반과	주다소반과	주다소반과	
			석수라	석수라	석수라	
			야다소반과	야다소반과	야다소반과	
일곱째날 화성행궁 ↓ 시흥행궁 (숙박)	2/15	화성참	조수라	조수라	조수라	
		대황교 남쪽변	미음	–	미음	(궁인 30인, 내빈, 외빈, 추도외빈, 본소당상, 낭청 2인, 각신 4인, 장용영제조원 1인, 도총관 1인, 내외책임감관 2인, 검서관 2인, 각리 2인, 별수가장관 23인, 연부통장석거청, 본소장교 11인, 서리 16인, 서사 1인, 창고지기 3인 여령, 악공)
		사근참	미음	–	미음	
			주다소반과			
			주수라	주수라	주수라	
		시흥참	주다소반과	주다소반과	주다소반과	
			석수라	석수라	석수라	
			야다소반과	야다소반과	야다소반과	
여덟째날 시흥행궁 ↓ 창덕궁 (도착)	2/16	시흥참	조수라	조수라	조수라	
		노량참	주다소반과	–	–	
			주수라	주수라	주수라	
			미음	–	미음	궤(궁인 및 내외빈 본소 당상 이하 원역)

일상식

1. 주식

- 밥[飯]: 팥물밥(적두수화취), 멥쌀밥(백반)
- 죽(粥): 멥쌀죽(백미죽), 잣죽(백자죽), 팥죽(두죽), 식혜암죽(白甘粥, 백감죽)
- 미음(米飮): 백미음, 대추미음, 백감미음, 차조미음, 메조미음, 가을보리미음(추모미음), 삼합미음
- 국수(麵 면): 메밀국수
- 만두(饅頭): 양만두, 골만두, 꿩만두(생치만두), 어만두, 채만두, 김치만두(침채만두), 각색만두(어육만두), 만두탕, 어만두탕, 생복만두탕
- 떡국[餠羹]
- 분탕(粉湯)

2. 찬물류

- 갱·탕(羹·湯): 간막이탕, 게탕(해탕), 골탕, 금중탕, 꿩고기탕(생치탕), 낙지탕(낙제탕), 냉이국(제채탕), 누치탕(눌어탕), 닭국(계탕), 대구탕, 두부탕(두포탕), 명태탕, 배추탕(백채탕), 별잡탕, 생치숙, 생치연포, 쇠꼬리탕(우미탕), 소루쟁이국(소로장탕), 송이탕, 숭어백숙탕(수어백숙탕), 숭어탕(수어탕), 쑥국(애탕), 양숙, 어장탕, 완자탕, 잡탕, 저포탕, 조개탕(합탕), 죽합탕, 진계백숙, 초계탕, 추복탕, 토란탕(토련탕), 홍합탕
- 고음: 양고음, 닭고음(鷄膏), 붕어고음
- 조치(助致)[75]: 붕어잡장, 숭어잡장, 숭어장자, 잡장자, 잡장전
- 열구자탕(悅口資湯)
- 전철(煎鐵): 수잔지
- 찜(蒸): 각색증, 갈비찜, 건숭어찜, 곤자소니찜, 골찜, 봉총찜, 붕어찜, 생복찜, 생치증, 전치증, 송이증, 숭어찜, 숭어장증, 연계찜, 연저증, 연저잡증, 잡증, 저포찜, 해삼증, 흑태증

75) 조치: 본 의궤에서 조치로 기록된 음식은 찜[蒸], 초(炒), 볶기[卜只], 탕(湯), 잡장(雜醬), 장자(醬?), 장전(醬煎), 장증(醬蒸), 만두(饅頭), 수잔지(水盞脂) 등 다양하였다. 그 중에서 찜·초·볶기 등을 해당 조리법으로 분류하고 나머지는 조치로 분류하였다.

- 초(炒):건청어초, 낙지초, 반건대구초, 생복초, 저포초, 전복초, 죽합초, 토화초
- 복기(卜只): 골복기, 생치복기, 쇠고기복기(황육복기), 양복기, 죽합복기, 진계복기, 천엽복기, 콩팥복기(두태복기)
- 구이(炙): 게다리구이(해각구이), 꿩구이(생치구이), 전치수(구이), 낙지구이, 돼지갈비구이(저갈비구이), 등골구이, 붕어구이, 생게구이, 생대하구이, 생복구이, 숙전복구이, 연복구이, 추복구이, 생합구이, 석화구이, 쇠고기구이(황육구이), 숭어구이, 쏘가리구이, 승검초구이, 양구이, 연계구이, 우육내장구이, 우족구이, 은어구이, 잡육구이, 전어구이, 청어구이, 침청어구이, 침방어구이, 침숭어구이, 침연어구이, 파구이(생총구이), 설야적구이, 잡산적구이, 잡적구이, 쇠꼬리구이, 방어구이, 세갈비구이, 농어구이, 곤자손구이
- 적: 각색적, 각색화양적, 화양적, 꿩적(생치적), 생복적, 약산적
- 각색어육: 갈비, 전치수, 연계, 양, 등골, 쏘가리, 청어
- 절육(截肉)
- 전유화: 각색전유화, 각색전, 전유화, 생선전(어전유화), 계란전, 꿩고기전(생치전유화), 메추라기전(순조전) 양전, 해삼전, 골전
- 편육(片肉): 양지머리, 소머리, 우설, 돼지머리, 돼지다리, 저포, 숙육
- 족병: 돼지고기, 우족, 묵은닭, 꿩, 두골
- 좌반(佐飯): 육장, 세장은 장이란 이름은 붙었으나 좌반에 속해 있다. 쇠고기복기, 저육, 족병, 육병, 잡육병, 장복이, 감장초, 생치병 등은 복기, 초, 육병으로 보냈다. 광어, 광어다식, 반건대구, 대구다식, 민어, 불염민어, 담염민어, 염민어, 민어어포, 민어전, 대하, 새우가루다식(하설다식), 염송어, 숭어장, 숭어포, 은어, 조기, 건석어(굴비), 건청어, 어란, 어포, 전복, 감복, 반건전복, 전복다식, 전복쌈, 김, 건치, 약건치, 염건치, 치포, 꿩약포(생치약포), 꿩고기편포(생치편포), 건치쌈, 생치다식(꿩다식), 쇠고기다식(황육다식), 우포다식, 쇠고기복기, 약포, 염포, 육포, 편포, 육병, 생치병, 잡육병, 세장, 육장, 장복기, 감장초
- 회·어채: 육회, 생복회, 어회, 각색어육회, 각색어채, 어채, 숙합회, 육채
- 수란(水卵)·숙란(熟卵)
- 채(菜): 거여목(목숙), 겨자나물(개자장음), 고들빼기, 도라지, 도라지생채, 도라지숙채, 동아, 무(청근), 무숙채(청근숙채), 무순, 물쑥생채[水艾生菜 수애생채], 미나리, 미나리생채, 박고지, 생강순, 숙주(녹두장음), 승검초, 쑥갓생채(애개생채), 오이, 죽순, 파, 파순, 숙채, 잡채, 도라지잡채,
- 젓갈(醢): 해해, 약게젓(약해해), 게알젓(해란), 굴, 굴젓(석화해), 석화잡해(어리굴젓), 대구알젓(대구란해), 고지교침해, 명태고지젓, 명태알젓(명태란), 감동해(자하젓, 곤쟁이젓), 새우젓(백하해), 세

하젓, 새우알젓(하란), 밴댕이알젓(소어란해), 생복, 생복해(생전복젓갈), 조기아가미젓(석어아감해), 조기알젓(석란), 숭어알젓(숭어란), 연어알젓(연어란), 왜방어젓, 조개젓(합해), 침청어젓, 홍어알젓(홍어란), 황석어젓, 달걀해

- 침채

  침채: 교침채, 청근침채, 수근침채, 백채침채, 청과침채, 동과초침채

  담침채: 동과담침채, 백채담침채, 산갓담침채, 수근담침채, 청근담침채, 석화잡저, 해저, 치저

- 장[76]: 간장, 청장, 수장(水醬), 수장증, 전장(煎醬), 증장, 증감장(蒸甘醬), 즙장, 고추장, 고추장전(煎), 겨자장, 초장, 게장(해장)

의례식

사도세자는 1735년 1월 21일생이고, 혜경궁 홍씨는 1735년 6월 18일생으로 1795년이 두 사람의 회갑인 해이다. 그러나 두 사람의 회갑 날을 피해서 윤2월 13일에 화성의 봉수당에서 회갑잔치를 열고, 환궁 후에 혜경궁 홍씨의 실제 회갑날인 6월 18일에 창덕궁의 연희당에서 다시 회갑연을 열었다. 봉수당에서의 잔치에는 70기의 음식을 차렸고, 42개의 상화를 꽂았다. 연희당에서의 잔치에는 82기의 음식을 차렸고, 83개의 상화를 꽂았다.

봉수당의 잔치에 차려진 음식은 다음과 같다.

- 면
- 만두: 각색만두, 어만두
- 탕: 금중탕, 완자탕, 저포탕, 계탕, 홍합탕
- 편육
- 절육
- 전: 어전유화, 생치전유와
- 적: 전치수, 화양적
- 생치숙
- 찜: 숭어찜, 해삼찜, 연저찜

---

76) 장: 장은 소반과, 수라상, 진찬 등의 상에 종지에 담아 올린 것이다.

- 회: 어채, 어회, 숙합회
- 숙란
- 장: 청, 초장, 개자
- 떡류: 백미병, 점미병, 삭병, 밀설기, 석이병, 절병, 주악(조악), 사증병, 단자병, 송병, 인절미병
- 약반
- 유밀과류: 대약과, 소약과, 다식과, 만두과
- 다식류: 황률다식, 흑임자다식, 송화다식, 갈분다식, 산약다식
- 유과류: 강정(각색강정, 홍매화강정, 백매화강정, 황매화강정), 연사과(각색연사과, 삼색연사과, 홍연사과, 홍백연사과), 감사과(각색감사과, 홍감사과, 백감사과), 요화(각색요화, 홍요화, 백요화, 황요화)
- 당류: 밀조, 건포도, 문동당, 빙당, 과자당, 녹용고, 민강, 팔보당, 옥춘당, 인삼당, 오화당, 귤병, 민강, 청매당, 사탕
- 숙실과류: 율란, 조란, 강란(강과, 강고, 생강병)
- 정과류: 생강정과, 모과정과, 산사정과, 연근정과, 두충정과, 동아정과, 배정과, 도라지정과, 유자정과, 감귤정과, 전약
- 과편류: 산사고
- 음청류: 수정과, 화채, 배숙(이숙)
- 과일: 건시, 대추, 생률, 용안, 여지, 생리, 유자, 석류, 당유자, 감귤, 준시, 산약, 생률

연희당의 잔치에서 차려진 음식은 다음과 같다.
- 낭화
- 만두: 각색만두, 수상화
- 탕: 잡탕, 칠계탕, 생치탕, 양포탕, 천엽탕, 족탕, 추복탕, 저육탕
- 편육
- 각색절육
- 전: 생선전, 양전, 간전, 게전, 합전
- 적: 화양적
- 생복숙
- 초: 전복초, 해삼초, 홍합초
- 찜: 개고기찜(구증), 붕어찜, 연계찜, 갈비찜
- 회: 어채, 인복회, 생복회

● 《원행을묘정리의궤》에 표기된 계량단위

분류	단위	사례
길이	척, 치	고임의 높이
부피	말(斗 두), 되(升 승), 홉(合 홉), 작(勺 작)	곡류: 멥쌀, 찹쌀, 보리쌀, 찰나락, 건반, 세건반, 미식 두류: 팥, 거피팥, 녹두, 검정콩, 푸른콩 채소: 생강, 도라지, 숙주, 쑥, 당귀잎, 국화잎 종실류: 흰깨, 검정깨 과실: 밤, 황율, 숙율, 대추, 잣, 호두, 은행, 오미자, 산자, 두충, 복분자 패류: 대합살 버섯: 석이, 표고버섯 가루: 밀가루, 메밀가루, 녹말, 갈분, 송화, 승검초 양념: 간장, 감장, 전장, 식초, 참기름, 후춧가루, 겨자, 소금 기타: 꿀, 백감, 홍취유, 술
형(衡): 무게	근(斤 근), 냥(兩 량), 돈(錢 전), 푼(分 분)	당류: 팔보당, 문동당, 옥춘당, 인삼당, 과자당, 오화당, 청매당, 빙당, 백당, 설당, 귤병, 민강, 건포도, 밀조 과실: 용안, 여지, 잣 육류: 쇠고기, 삶은 쇠고기, 돼지고기, 삶은 돼지고기, 저심육, 우심육, 저포, 간, 양, 곤자소니, 우설 가루: 계핏가루, 생강가루, 감태, 후춧가루 기타: 천문동, 맥문동, 지초, 치자, 울금
개수	개(箇), 개(介)	과실: 유자, 당유자, 배, 모과, 석류, 유월도, 자두, 감귤, 사과, 임금, 오얏, 수박, 참외, 유행(柳杏), 귤병, 곶감 채소류: 무, 순무, 오이, 도라지, 동아, 고추 육류: 우족, 돼지머리, 갈비 어패류: 해삼, 전복, 생복, 대합, 홍합, 죽합, 대하 난류: 달걀 기타: 치자
	구(口)	연저, 삶은 돼지고기
	수(首)	묵은닭, 연계, 꿩, 연치, 황구, 염건치, 약건치, 건치, 메추라기
	미(尾)	숭어, 광어, 문어, 붕어, 백대구, 황대구, 건대구, 홍어, 상어, 농어
	부(部)	두골, 등골, 곤자소니, 돼지간막기, 우둔, 우심육, 저심육, 양, 간, 우포, 저포, 저각, 양지머리, 쇠머리, 돼지머리, 천엽, 우설, 콩팥
	각(脚)	꿩고기, 닭고기, 돼지고기, 삶은 돼지고기
	척(隻)	콩팥
	첩(貼)	오징어, 염포, 약포, 강요주, 어포, 추복, 해삼, 인복
	조(條)	추복, 염포, 문어, 박고지
	곶(串)	곶감, 전복, 해삼
	속(束)	연근, 숭어, 도라지, 무, 당귀잎
	원(員)	사탕, 귤병
	단(丹)	마, 미나리, 파, 도라지, 파순, 무

계속

분류	단위	사례
	편(片)	송기, 동아, 산사고, 연지, 우둔
	악(握)	승검초, 배추김치, 박고지, 고사리, 도라지, 파
	다래(月乃)	고사리
	뿌리(本)	연근
	쪽(角)	생강
	토리(吐里)	박고지
	사리(沙里)	말린 국수
	타(朶: 떨기)	청포도
	입(立)	다시마, 추복, 약과 개수
	완(椀)	연지
	우(禺)	두부(太泡)
	장(長)	감태
	선(鐥: 복자)[77]	소주
	병(甁)	술
	잔(盞)	소주
	행담	밥
	동이	탕
	쟁반	찬
	항아리	침채

- 장: 백청, 초장, 개자
- 떡류: 백설기, 밀설기, 석이설기, 신감초설기, 임자설기, 밀점설기, 잡과점설기, 합병, 임자점설기, 임자절병, 오색절병, 증병, 산병, 칠색조악, 오색화전, 석이포, 석이단자, 각색산삼, 잡과고, 당귀엽전, 국화엽전
- 약반
- 유밀과류: 약과, 만두과, 다식과, 홍차수, 백차수
- 다식류: 황률다식, 상실다식, 흑임자다식, 송화다식, 홍갈분다식, 잡당다식, 신감초다식
- 유과류: 강정(오색강정, 삼색매화강정), 요화(삼색요화)

77) 선: 약 2되.

- 당류: 사탕, 오화당, 팔보당, 옥춘당, 인삼당, 어과자, 잡당, 밀조, 건포도, 문동당, 청매당, 빙당, 민강, 귤병
- 숙실과류: 율란, 조란, 강란(강과, 강고, 생강병)
- 정과류: 동과정과, 연근정과, 두충정과, 생강정과, 길경정과, 천문동정과, 맥문동정과, 유월도정과, 유행정과, 복분자정과
- 음청류: 수정과, 이숙, 오색수단, 맥수단, 수면
- 과일류: 증황률, 증대조, 실호도, 복분자, 송백자, 오얏, 자도, 사과, 유월도, 생리, 참외, 임금, 수박, 청포도

《원행을묘정리의궤》의 조리법을 연구하면서 새롭게 확인된 것은 다음과 같다.

1. 윤2월 9일 자궁의 주다소반과에 올린 생복회의 재료로 생복 100개, 생강 5홉, 생총 5단, 고추 30개가 기록되어 있고, 윤2월 9일·15일 대전께 올린 석수라에 고추장전이 기록되어 있다. 윤2월 9일·15일 자궁의 석수라와 윤2월 12일·13일 자궁과 대전께 올린 조수라에 고추장이 기록되어 있다. 이것으로 보아 1795년에 이미 고추와 고추장이 궁중의 일상식에서 등장하고 있음을 확인하였다.
2. 윤2월 12일 대전의 주수라에 올린 침채의 재료로 도라지, 무, 미나리, 승검초, 숙주가 기록되어 있고, 담침채로 섞박지가 기록되어 있다. 그러나 담침채로 섞박지가 오른 경우는 없었고, 침채에 재료가 나열된 경우도 없었다. 따라서 도라지, 무, 미나리, 승검초, 숙주는 침채의 재료가 아니고 채이며, 섞박지는 담침채가 아니고 침채인 것이다. 이로 보아 윤2월 12일의 침채와 담침채의 기록은 잘못된 것으로 확인되었다.
3. 본 의궤의 미음상에는 항상 미음, 정과, 고음이 올랐다. 그러나 윤2월 15일 환궁할 때 올린 미음상에서만 고음이 빠져 있다. 이것은 이 날에만 고음을 올리지 않은 것일 수도 있지만, 이 날짜에 한번만 기록되어 있지 않은 것으로 보아 누락된 것으로 생각된다.
4. 본 의궤에는 조리법이 기록되어 있지는 않지만, 소반과와 진찬에서는 재료와 분량이 기록되어 있어 조리법을 추정할 수 있었다. 그러나 분량이 너무 과다하게 기록되어 있는 것이 있다. 예를 들어 윤2월 13일 진찬에 자궁께 올린 꿩고기전의 재료와 분량은 꿩 10마리, 달걀 150개, 녹말 1되, 메밀가루 6되, 소금 1홉, 참기름 8되가 기록되어 있다. 달걀, 메밀가루, 참기름 등의 양이 너무 과다하게 기록되어 있음을 확인할 수 있다. 이것은 잔치에 필요한 것 외에 여분으로 비축하기 위한 것이라 생각된다.

필자들이 조리법을 연구하면서 확인하지 못한 것과 의문사항은 다음과 같다.

1. 조치에 기록된 음식은 찜[蒸], 초(炒), 볶기[卜只], 탕(湯), 잡장(雜醬), 장자(醬煮), 장전(醬煎), 장증(醬蒸), 만두(饅頭), 수잔지(水盞脂) 등 10가지로 다양하여 조치의 성격을 규명하기 어려웠다.

   특히 잡장, 장자, 장전, 장증 등은 음식명이 너무 생소하고, 고문헌에도 없어서 조리법을 추측하기조차 어려웠다.

2. 골탕은 윤2월 9일 조수라에 자궁과 대전, 윤2월 16일 주수라에 자궁께 조치로 올렸고, 윤2월 10일 조수라에 자궁과 대전께 갱으로 올렸다. 같은 음식을 갱과 조치로 올린 이유를 알 수 없고 혼동을 주는 대목이다.

3. 윤2월 9일 조수라에 자궁과 대전께 올린 채 한 그릇에 박고지, 미나리, 도라지, 무순, 오이, 죽순, 파순, 윤2월 12일 주수라에 자궁과 대전께 올린 채 한 그릇에 도라지, 동아, 무, 미나리, 숙주, 승검초가 기록되어 있다. 다른 날짜에 올린 채에는 한두 가지의 채소만 있었으나 이 두 날에는 7가지의 채소를 올리고 있어서 7가지 나물을 각색나물로 한 그릇에 올린 것인지, 아니면 모든 나물을 섞어서 잡채의 형태로 올린 것인지 분별이 안 된다.

4. 현재 궁중의 수라상차림은 12첩 반상으로 알려져 있는데 본 의궤에서는 첩이라고 표현하지 않고 그릇(器 기)으로 표기하였다. 그릇으로 표기할 때도 장을 그릇에 포함시킨 것도 있고 포함시키지 않은 것도 있어서 혼동을 주고 있다. 이것은 의궤를 기록한 사람이 여러 명이라서 기록한 사람의 지식에 따라 달랐다고 생각된다.

5. 윤2월 10·13일 석수라에 채 1기로 길경잡채, 윤2월 11일 죽수라에 녹두장음잡채가 기록되어 있는데, 도라지나물, 숙주나물을 주재료로 한 잡채인지 도라지나물과 잡채, 숙주나물과 잡채 두 가지 나물을 한 그릇에 담은 것인지 분별이 안 된다.

6. 윤2월 11일 석수라에 채 1기라고 하고 고들빼기애개생채로 기록된 것은 고들빼기나물과 쑥갓나물을 한 그릇에 담은 것으로 생각된다.

참고문헌

고문헌

강정일당(姜貞一堂). 《정일당잡지(貞一堂雜識)》. 1856
김유(金綏). 《수운잡방(需雲雜方)》. 1540
김형수(金逈洙). 《월여농가(月餘農歌)》. 1861
서거정(徐居正). 《사가집(四佳集)》. 1488
서명응(徐命膺). 《고사신서(攷事新書)》. 1771
서유구(徐有榘). 《임원경제지(林園經濟志)》. 1827
서호수(徐浩修). 《해동농서(海東農書)》. 1700년대 후반
안동장씨. 《음식디미방[閨壼是議方]》. 1670
연안이씨. 《주식시의(酒食是義)》. 1800년대 후반
《원행을묘정리의궤(園幸乙卯整理儀軌)》. 1797
유득공(柳得恭). 《경도잡지(京都雜誌)》. 1700년대 후반
유중림(柳重臨). 《증보산림경제(增補山林經濟)》. 1766
이규경(李圭景). 《오주연문장전산고(五洲衍文長箋散稿)》. 1800년대 중엽
이수광(李睟光). 《지봉유설(芝峯類說)》. 1614
이시필(李時弼). 《소문사설(謏聞事說)》. 1720
이익(李瀷). 《성호사설(星湖僿說)》. 1681
이행·윤은보·신공제·홍언필·이사균. 《신증동국여지승람(新增東國輿地勝覽)》. 1530
《일성록(日省錄)》. 1760
전순의(全循義). 《산가요록(山家要錄)》. 1450
《조선왕조실록(朝鮮王朝實錄)》. 서울대학교 규장각 한국학연구원
《진연의궤(進宴儀軌)》. 1902
《진작의궤(進爵儀軌)》. 1828
《진찬의궤(進饌儀軌)》. 1827
《진찬의궤(進饌儀軌)》. 1877
《진찬의궤(進饌儀軌)》. 1892
《진찬의궤(進饌儀軌)》. 1901
찬자미상. 《규곤요람(閨壼要覽)》. 1896(연세대학교 도서관 소장)
찬자미상. 《박해통고(博海通攷)》-〈군학회등(群學會騰)〉. 1800년대 중엽
찬자미상. 《술 만드는 법》. 1800년대 말
찬자미상. 《시의전서(是議全書)》. 1800년대 말
찬자미상. 《언문후생록(諺文厚生錄)》. 19세기 말~20세기 초

찬자미상. 《역주방문(歷酒方文)》. 1800년대 중
찬자미상. 《온주법(蘊酒法)》. 1700년대
찬자미상. 《요록(要錄)》. 1680
찬자미상. 《음식법[饌法]》. 1854
찬자미상. 《주방문(酒方文)》. 1700년대 초
찬자미상. 《주초침저방》. 1600년대
찬자미상. 노가재공댁 《주식방문》. 1847
허균(許筠). 《도문대작(屠門大嚼)》. 1611
홍만선(洪萬選). 《산림경제(山林經濟)》. 1715

단행본

김상보. 〈다시 보는 조선왕조 궁중음식: 원행을묘정리의궤를 중심으로〉. 수학사. 2011
《뎡니의궤(整理儀軌)》(1797). 수원화성박물관 편역. 수원화성박물관. 2019
문화재관리국. 《한국향토음식 조사보고서》. 1984
박창희. 《한방용어사전》. 한방서당. 2007
방신영. 《(사철)우리나라 음식 만드는 법》. 청구문화사. 1954
방신영. 《우리나라 음식 만드는 법》. 1954
방신영. 《조선요리제법》. 1917
방신영. 《조선음식 만드는 법》. 대양공사. 1946
백두현 편역. 〈주방문·정일당잡지〉 주해. 글누림. 2013
빙허각이씨 원저. 《부인필지》. 1915
빙허각이씨. 《규합총서(閨閤叢書)》(1809). 정양완 역. 보진재. 2008
서명응(徐命膺). 《고사십이집(攷事十二集)》(1787). 농촌진흥청 역. 진한엠앤비. 2014
서영보. 《만기요람(萬機要覽)》(1808). 민족문화추진회 편집부. 1971
서울대학교 규장각 편역. 《원행을묘정리의궤(園幸乙卯整理儀軌)》 상·중·하권. 보경문화사. 1994
손정규. 《우리음식》. 1948
안동장씨 원저. 백두현 역. 〈음식디미방〉. 경북대학교 출판부, 2005
윤서석. 〈한국의 음식용어〉. 민음사. 1991
윤숙경 편역. 〈수운잡방·주찬〉. 신광출판사. 1998
이석만(李奭萬). 《간편조선요리제법(簡便朝鮮料理製法)》. 삼문사. 1934
이용기(李用基). 《조선무쌍신식요리제법(朝鮮無雙新式料理製法)》. 한흥서림. 1924
이효지 외 편역. 〈시의전서〉. 신광출판사. 2004
이효지 외 편역. 〈주방문〉. 교문사. 2017
이효지 외 편역. 〈주식방문〉. 교문사. 2017
이효지 외 편역. 《부인필지》. 교문사. 2010
이효지. 《조선왕조궁중연회음식의 분석적 연구》 수학사. 1985

이효지. 《한국음식의 맛과 멋》 신광출판사. 2005
전순의(全循義). 《식료찬요(食療纂要)》(1460). 농촌진흥청 편역. 진한엠앤비. 2014
전희정. 〈현대 한국음식용어사전〉. 지구문화사. 2002
정약용(丁若鏞). 《여유당전서(與猶堂全書)》(1934-1938 영인). 다산학술재단 역. 사암. 2013
조자호. 《조선요리법》. 광한서림. 1939
찬자미상. 《보감록》. 1927
최영년(崔永年). 《해동죽지(海東竹枝)》. 1925
최한기(崔漢綺). 《농정회요(農政會要)》(1830). 농촌진흥청 편역. 2005
한복려 역. 〈다시 보고 배우는 산가요록〉. 궁중음식연구원. 2007
한영우. 《정조의 화성행차 그 8일》. 효형출판. 1988
한희순, 황혜성, 이혜경. 《이조궁정요리통고》. 학총사. 1957
허준(許浚). 《동의보감(東醫寶鑑)》(1610). 동의보감 국역위원회 역. 남산당. 2003
황필수(黃泌秀). 《명물기략(名物紀略)》(1870). 박재연 외 편역. 학고방. 2015

웹사이트

규장각 한국학연구원 https://kyu.snu.ac.kr
조선왕조실록 http://sillok.history.go.kr
한국고전종합DB https://db.itkc.or.kr
한국사데이타베이스 http://db.history.go.kr
한국역사정보통합시스템 http://www.koreanhistory.or.kr
한국의 지식콘텐츠 https://www.krpia.co.kr
한국전통지식포탈 https://www.koreantk.com/ktkp2014
한국학 디지털아카이브 http://yoksa.aks.ac.kr/main.jsp

원행을묘정리의궤

2021년 6월 21일 초판 발행
등록번호 1960.10.28. 제406-2006-000035호
ISBN 978-89-363-2179-6(93590)
값 25,000원

지은이
이효지, 정길자, 정낙원, 김현숙, 유애령, 최영진, 김은미, 차경희
펴낸이
류원식
편집팀장
모은영
책임진행
모은영
디자인
신나리
본문편집
우은영

펴낸곳
교문사
10881, 경기도 파주시 문발로 116
문의
Tel. 031-955-6111
Fax. 031-955-0955
www.gyomoon.com
e-mail. genie@gyomoon.com

저자 소개

이효지 한양대학교 식품영양학과 명예교수

정길자 (사)궁중병과연구원 원장
국가무형문화재 제38호 조선왕조궁중음식 기능보유자

정낙원 배화여자대학교 조리학과 교수

김현숙 우송대학교 외식조리학부 글로벌 한식조리전공 강사

유애령 전 한국학중앙연구원 수석전문위원

최영진 가톨릭관동대학교 가정교육과 교수

김은미 김포대학교 호텔조리과 교수

차경희 전주대학교 한식조리학과 교수